TRAITÉ D'ASTRONOMIE SPHÉRIQUE ET D'ASTRONOMIE PRATIQUE.

Gauthier-Villars

PARIS. — IMPRIMERIE DE GAUTHIER-VILLARS,
rue de Seine-Saint-Germain, 10, près l'Institut.

TRAITÉ
D'ASTRONOMIE SPHÉRIQUE
ET
D'ASTRONOMIE PRATIQUE,

PAR M. F. BRÜNNOW,
DIRECTEUR DE L'OBSERVATOIRE DE DUBLIN.

ÉDITION FRANÇAISE
PUBLIÉE
PAR C. ANDRÉ,
Agrégé des Sciences physiques, Astronome adjoint à l'Observatoire de Paris,

AUGMENTÉE

de Tables astronomiques, de nombreux développements sur la construction et l'emploi des instruments, sur les méthodes adoptées à l'Observatoire de Paris, sur l'équation personnelle, sur la parallaxe du Soleil, etc.

2e partie.

ASTRONOMIE PRATIQUE.

AVEC FIGURES DANS LE TEXTE.

PARIS,
GAUTHIER-VILLARS, IMPRIMEUR-LIBRAIRE
DU BUREAU DES LONGITUDES, DE L'ÉCOLE POLYTECHNIQUE,
SUCCESSEUR DE MALLET-BACHELIER,
Quai des Augustins, 55.

1872

TABLE DES MATIÈRES.

CHAPITRE PREMIER.

INSTRUMENTS AUXILIAIRES D'UN USAGE GÉNÉRAL.

I. — *Niveau à bulle d'air.*

II. — *Vernier ou Nonius.*

III. — *Microscope micrométrique.*

CHAPITRE II.

ERREURS COMMUNES A TOUS LES INSTRUMENTS.

I. — *Excentricité.*

II. — *Graduation d'un cercle. — Erreurs de division.*

III. — *Flexion ou influence de la pesanteur sur les cercles et les lunettes.*

IV. — *Erreurs d'une vis micrométrique.*

CHAPITRE III.

ALTAZIMUT. — THÉODOLITE. — INSTRUMENT DES HAUTEURS.

CHAPITRE IV.

ÉQUATORIAL.

CHAPITRE V.

INSTRUMENTS MÉRIDIENS.

I. — *Lunette méridienne.*

II. — *Cercle mural. — Cercle méridien.*

CHAPITRE VI.

LUNETTE BRISÉE. — SIDÉROSTAT.

I. — *Lunette brisée.*

II. — *Sidérostat.*

CHAPITRE VII.

SEXTANT. — CERCLE DE RÉFLEXION.

I. — *Sextant.*

II. — *Cercle de réflexion.*

CHAPITRE VIII.

INSTRUMENTS DESTINÉS A LA MESURE DES POSITIONS RELATIVES D'ASTRES VOISINS. — MICROMÈTRES. — HÉLIOMÈTRES.

I. — *Micromètres à fils.*

II. — *Micromètre circulaire.*

III. — *Héliomètre.*

APPENDICE.

NOTES. — TABLES.

I. — NOTES.

II. — TABLES.

FIN DE LA TABLE DES MATIÈRES.

ERRATA.

Pages.	Lignes.	*Au lieu de :*	*Lire :*
54	13	$+1'',2$	$+1'',52$
58	22	$-\alpha'-\alpha''-\ldots-\alpha^n$	$-\alpha'-\alpha''-\ldots-\alpha^n$
77	12	par z et z'	par z' et z
83	5	$\Sigma(u'-u-f)$	$-\Sigma(u'-u-f)$
83	7	$\Sigma(u'-u-f)$	$-\Sigma(u'-u-f)$
92	4	$\sin A \sin b$	$\sin A \cos b$
127	25	$\beta \sin\varphi \cos\tau''$	$\beta \cos\varphi \cos\tau''$
167	5	les distances des fils	chaque fil
167	11	les distances des fils	les valeurs précédentes
192	10	$\frac{1}{2}(d+d')$	$\frac{1}{4}(d+d')$
192	11	$\frac{1}{2}(d-d')$	$\frac{1}{4}(d-d')$
193	32	$b'=+3'',0$	$+3'',0$
193	33	$b'_1=-2,39$	$-2,39$
197	3	$0^s,144$	$0'',114$
197	6	$0^s,144$	$0'',114$
251	2	$\sin(\varphi'-\delta)$	$\sin(\varphi'-\delta')$
251	6	$\mp 2\sin p \sin^2 \frac{1}{2}h$	$-2\sin p \sin^2 \frac{1}{2}h$
267	3	$-\cos b \cos k \sin z'$	$+\cos b \sin k \sin z'$
268	14	$\frac{1}{\cos t}=\frac{\text{tang}\,\delta}{\text{tang}\,\varphi'}$	$\frac{1}{\cos t}=\frac{\text{tang}\,\varphi'}{\text{tang}\,\delta}$
291	15	$73^\circ 45' 48'',9$	$73^\circ 45' 48'',0$
292	8	$\frac{15}{106\,265}$	$\frac{15}{206\,265}$
292	15	37,26	37,24
328	7	$\sin\frac{7}{2}(s-O)$	$\sin\frac{1}{2}(s-O)$
361	17	$\cos\varphi \mp \cos\varphi$	$\cos\varphi \mp \cos\varphi'$
362	7	11. 0.50,5	0. 0.50,5
362	9	11. 1.53,5	0. 1.53,5
363	11	en ajoutant et retranchant	en retranchant

Pages.	Lignes.	*Au lieu de :*	*Lire :*
363	12	$\delta' - D$	$\delta - D$
363	17	d'où	d'où en les ajoutant
365	26	$\pm \sin\varphi \cos\varphi' d\mu$	$\pm \sin\varphi \cos\varphi' d\mu'$
370	28	$\delta - D =$	$\delta' - D =$
371	4	$-(15\tau')^2 \cos^2\tau$	$-(15\tau')^2 \cos^2\delta'$
371	6	$(15\tau)^2 \cos^2\delta' =$	$(15\tau')^2 \cos^2\delta' =$
371	19	2,79721	2,99721
387	17	$[1 + \frac{1}{2}(\delta'' - \delta') \operatorname{tang}\delta]$	$[1 - \frac{1}{2}(\delta'' - \delta') \operatorname{tang}\delta]$
410	20	104	supprimer ce numéro.
411	2	$(\alpha'_1 - \alpha_1) \cos\delta$	$(\alpha'_1 - \alpha_1) \cos\delta_1$
412	14	105	104
415	25	$\alpha = 22^h 1^m 56^s,63$	$\alpha = 22^h 1^m 59^s,63$
416	7	$r = 9' 26'',9$	$r = 9' 26'',29$

A l'Errata de l'*Astronomie sphérique* ajouter :

58	Éq. (3)	$\frac{h}{\pi}$	$\frac{h}{\sqrt{\pi}}$
62	21	$x - n,\ x - n', \ldots$	$x - n,\ x' - n', \ldots$
66	26	$x + \xi$	$x_0 + \xi$
71	25	(a)	(d)
96	7	latitude	longitude
213	22	$l = 00007459314$	$l = 0,0007459314$

AVERTISSEMENT.

Ce *Traité d'Astronomie pratique* a été rédigé d'après le Chapitre VII du *Lehrbuch der sphærischen Astronomie* de M. Brünnow. Tout en conservant les méthodes élégantes du savant Directeur de l'Observatoire de Dublin, on a cherché à rendre l'étude de cette portion si importante de l'Astronomie d'observation facile à ceux qui ne sont point initiés à la pratique des instruments. On y a ajouté des Tables numériques recueillies ou calculées par M. Lucas, et destinées à faciliter l'emploi des formules démontrées dans l'*Astronomie sphérique,* ainsi que les réductions des observations elles-mêmes. De plus, des Notes, placées à la fin du volume, traitent quelques-unes des questions discutées et encore indécises de l'Astronomie pratique : l'équation personnelle, la parallaxe du Soleil par exemple. Les deux Traités, *Astronomie sphérique* et *Astronomie pratique,* forment ainsi un ouvrage complet, qui, je l'espère, rendra d'utiles services.

Dans le corps de l'Ouvrage, je n'ai point désigné, par un signe spécial, les nombreuses additions et modifications que j'ai apportées au texte primitif. Dans bien des cas, en effet, une telle désignation eût nui à la clarté des démonstrations, certains Chapitres, ceux qui sont relatifs au cercle méridien et au sextant par exemple, ayant été remaniés de telle sorte que le texte primitif et le texte nouveau s'y trouvent complétement enchevêtrés; mais toutes les additions formant un article indépendant ont été indiquées par un astérisque dans la table des matières.

Qu'il me soit permis, en terminant, de remercier mon maître, M. Wolf, du soin avec lequel il a bien voulu continuer à suivre la publication de cet Ouvrage.

C. ANDRÉ.

TRAITÉ
D'ASTRONOMIE PRATIQUE.

INTRODUCTION.

Tout instrument qui permet une détermination complète de la position d'un astre par rapport à l'un des plans fondamentaux de la sphère représente un système de coordonnées qui a ce plan pour base. Un pareil instrument se compose donc essentiellement de deux cercles perpendiculaires entre eux : l'un qui est fixe et représente le plan des xy du système de coordonnées; l'autre, qui porte la lunette, est mobile autour d'un axe perpendiculaire au premier, et peut, par suite, représenter tous les grands cercles perpendiculaires au plan des xy. Si cet instrument était parfait, les lectures faites sur chacun des deux cercles donneraient immédiatement les coordonnées sphériques du point vers lequel est dirigée la lunette. Mais chaque instrument porte avec lui des erreurs provenant à la fois de sa construction et de son installation, par suite desquelles les cercles de l'instrument ne coïncident pas avec les plans fondamentaux qu'ils représentent, mais font avec eux de petits angles; on aura donc à résoudre le problème suivant :

Déterminer les angles que font les plans des cercles d'un instrument avec les plans des coordonnées, afin de pouvoir déduire ensuite les coordonnées vraies d'un astre des lectures faites sur les différents cercles.

Il peut, en outre, se présenter dans les instruments d'autres erreurs dues soit à l'action de la pesanteur et de la température sur certaines portions de l'instrument, soit aux défauts d'exécution de certaines parties, telles que les axes et les coussinets, la graduation des cercles, etc. Il faut pouvoir les déterminer aussi exactement que possible, pour obtenir ensuite, au moyen des données instrumentales et avec la plus grande approximation, les coordonnées vraies de l'astre par rapport aux grands cercles de la sphère céleste.

Ces instruments, qu'on pourrait appeler *complets*, et qui se suffisent à eux-mêmes, ne sont d'ailleurs ni les seuls ni les plus fréquemment employés. D'autres, surtout en usage dans les observatoires, donnent seulement, soit l'une des coordonnées de l'astre, soit sa position par rapport à un second astre connu. Nous donnerons aussi les méthodes à l'aide desquelles on déduit des lectures instrumentales la position vraie de l'astre observé.

CHAPITRE PREMIER.

INSTRUMENTS AUXILIAIRES D'UN USAGE GÉNÉRAL.

I. — NIVEAU A BULLE D'AIR.

1. *Principe sur lequel repose l'emploi du niveau à bulle d'air.* — Le niveau à bulle d'air sert à déterminer l'inclinaison d'une ligne sur l'horizon. Il se compose d'un tube de verre fermé à ses deux bouts (*fig.* 1), portant sur son arête supérieure une échelle dont

Fig. 1.

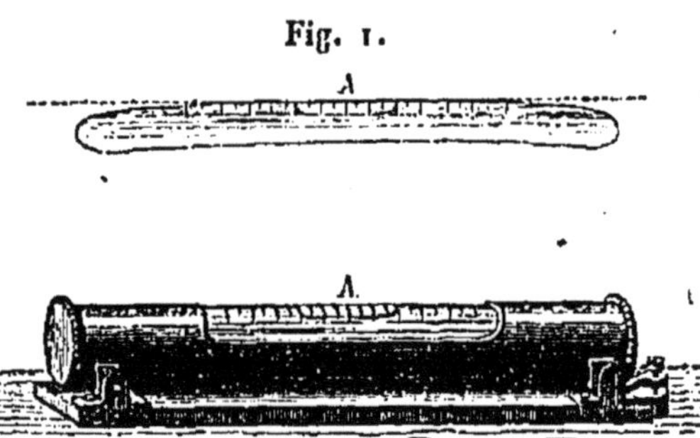

les divisions sont tracées à intervalles égaux, et rempli presque entièrement d'un liquide très-fluide, comme l'alcool et l'éther. L'espace que ne remplit pas le liquide est occupé par la vapeur de celui-ci. L'arête du tube qui porte l'échelle est taillée en arc de cercle; de sorte que, dans chaque position du niveau, la bulle, supposée réduite à un point, occupera le point le plus élevé de l'arc. Au point le plus élevé de l'arc, dans la position horizontale du niveau, on a marqué zéro, et, de part et d'autre de ce point, on a marqué des divisions équidistantes que l'on considère comme positives du milieu vers l'une des extrémités, et comme négatives du milieu vers l'autre extrémité.

Supposons la bulle réduite à un point, et soit n la longueur de l'arc qui la sépare du zéro, soit φ l'inclinaison, exprimée en secondes, de la tangente en ce point par rapport à l'horizon, r le rayon du cercle dont fait partie l'arête du niveau, on a

$$n = \frac{r}{206\,265}\,\varphi.$$

Cette équation montre que la grandeur du déplacement de la bulle dépend du rayon r et croît avec elle. Si l'on veut, par exemple, que le déplacement de la bulle soit de 3 millimètres pour une variation de 1″ dans l'inclinaison, le rayon du cercle devra être de 619 mètres. En réalité, la bulle occupe toujours une fraction notable, le quart et même le tiers de l'échelle divisée; dans ces proportions, en effet, elle se déplace plus rapidement et revient plus promptement à sa position d'équilibre. On lit alors la division à laquelle s'arrête chacune des extrémités de la bulle, et l'on prend pour position de son milieu la moyenne des deux lectures.

Nous avons maintenant à montrer comment on donne au tube la forme circulaire et quels sont les procédés employés pour le remplir et le fermer.

Construction du tube. — Pour donner à la surface intérieure du tube une courbure circulaire, on emploie le procédé suivant. On prépare à l'avance une tige métallique d'épaisseur un peu moindre que le diamètre intérieur du tube, et à laquelle on donne, par les procédés connus (*), une courbure très-voisine de celle que l'on veut obtenir pour le tube du niveau; puis le tube de verre, d'abord sensiblement cylindrique, qui doit servir à faire le niveau, étant saisi en son milieu par un cercle de cuivre qui peut pivoter en tous sens autour d'un de ses points, on y fait pénétrer cette tige recouverte d'une couche d'émeri imbibée d'huile, et l'on

(*) On prendra, par exemple, une tige bien cylindrique, et au moyen d'une série de petits coups donnés avec un maillet cylindrique de bois perpendiculairement à une arête déterminée, on l'infléchira peu à peu. On vérifiera ensuite la courbure de ses diverses parties à l'aide d'un petit niveau auxiliaire qu'on appliquera tangentiellement successivement en ses différents points. Les longueurs comparées de la corde et de la flèche permettent aussi d'obtenir la valeur de la courbure générale.

exerce à la main des frictions longitudinales sur toute l'étendue d'une arête déterminée; après quoi, on retourne le tube bout pour bout et l'on répète les frictions le long de la même arête; la tige et le tube s'usent mutuellement, et bientôt ce dernier prend une courbure qui est à fort peu près celle de la tige primitive. On fait ensuite tourner le tube systématiquement dans son support d'angles fort petits, de façon à amener successivement à la partie supérieure un grand nombre d'arêtes équidistantes et très-voisines les unes des autres, et sur chacune d'elles on recommence les mêmes frictions. Lorsque, par cette suite d'opérations, le constructeur est revenu à son point de départ, il a obtenu un tube dont toutes les arêtes intérieures sont théoriquement des arcs de cercle de même courbure. Mais, en réalité, la courbure de chacune d'elles est plus ou moins régulière, et il convient de les essayer successivement au moyen de l'appareil que nous décrirons plus loin, et qu'on appelle *examinateur de niveaux*. Sur celle que cet essai indique comme ayant la courbure la plus régulière, on trace une graduation linéaire; puis on ferme le tube à l'une de ses extrémités (*).

Fermeture du tube. — La fermeture que l'on préfère généralement est la fermeture à la lampe. C'est la plus hermétique, mais elle a le défaut d'altérer le tube dans une portion de sa longueur, qui est à peu près égale à trois fois son demi-diamètre; cette méthode est toujours employée dans les grands niveaux. Si le niveau à construire est court, on se sert, pour le fermer (*fig.* 2), d'un obturateur en glace rodé à l'avance sur le tube, et qu'on recouvre d'une peau de baudruche enduite d'une solution de gomme arabique ou de colle de poisson. Mais ce mode de fermeture n'est pas parfait, et la longueur de la bulle, prise à la même tempéra-

---

(*) Nous devons ces détails à l'obligeance de M. Dutrou, constructeur de niveaux à Paris : il arrive ainsi à prédire, à un trentième près de sa valeur, la longueur du déplacement de la bulle, correspondant à une variation d'une seconde dans l'inclinaison du niveau. Il est important de roder le tube dans toute l'étendue de sa surface intérieure, afin de lui donner partout même épaisseur; dans le cas contraire, les dilatations pourraient en altérer irrégulièrement la courbure.

ture, peut changer avec le temps; M. Dutrou remplace, pour les niveaux à éther, cet enduit par une fermeture galvanique. Le plan rodé étant appliqué sur le tube, on en métallise la surface, et l'on

Fig. 2.

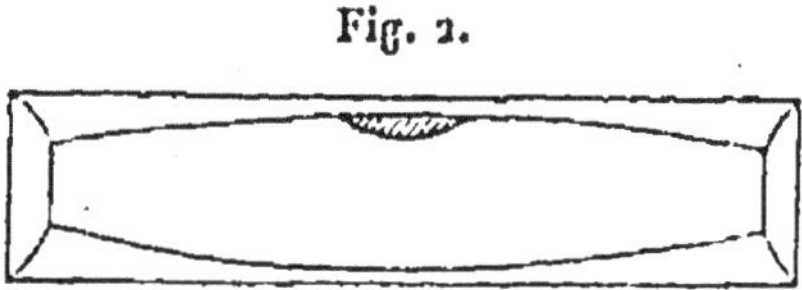

y fait déposer, par voie électrique, une couche de cuivre; le dépôt de cuivre pénètre même entre le tube et le plan de verre. Dans un tube ainsi fermé, la longueur de la bulle n'a pas paru varier dans un intervalle de quinze années.

Remplissage du tube. — Reste à remplir le tube d'alcool ou d'éther, car les niveaux à eau ne sont plus employés aujourd'hui (*). Pour l'alcool, on procède comme il suit. On verse de l'alcool dans le tube à peu près jusqu'au bord, et on enflamme le liquide. Après un temps assez court déterminé par cette condition que la bulle n'ait pas une trop grande étendue, et l'alcool brûlant encore, on ferme l'extrémité ouverte avec son obturateur, que la pression extérieure maintient ensuite solidement fixé. La flamme s'éteint dès lors d'elle-même faute d'oxygène, et l'on obtient ainsi une bulle presque entièrement formée de vapeur d'alcool.

Pour obtenir un niveau fait avec de l'éther, on ne peut employer la méthode précédente à cause des dangers d'explosion. On maintient le tube plein d'éther dans un bain de sable ou d'eau à 36 degrés, température d'ébullition de l'éther. Aussitôt que ce liquide bout, on en ajoute quelques gouttes pour que la bulle ne soit pas trop grosse, et on ferme le tube soit à la lampe, soit au moyen d'un plan rodé. Mais, si l'on veut appliquer au niveau la fermeture galvanique, on procède un peu différemment. Le tube étant rempli d'éther, on applique contre son extrémité ouverte un plan rodé, taraudé en son milieu en forme d'écrou, dans le-

(*) D'après Poggendorf, *Biographisch-litterarisches Handwörterbuch* (t. I, § 1138), le niveau à esprit-de-vin a été inventé par Hooke, en l'année 1666.

quel peut s'adapter une vis de cuivre; on laisse le tube avec son ouverture médiane dans le bain d'eau, on le ferme au moyen de la vis, puis on y fait le dépôt galvanique comme nous l'avons indiqué précédemment.

Détermination de l'inclinaison d'un axe. — Si l'on pouvait placer le niveau directement sur une ligne, on rendrait cette ligne horizontale en changeant son inclinaison jusqu'à ce que le milieu de la bulle occupât le point le plus élevé du tube, c'est-à-dire fût au zéro; mais ce procédé n'est pas praticable, car, en réalité, le niveau est toujours renfermé dans une gaîne protectrice de laiton. La *fig.* 3 donne une disposition applicable surtout aux petits instruments. La fiole du niveau est enchâssée dans un tube

Fig. 3.

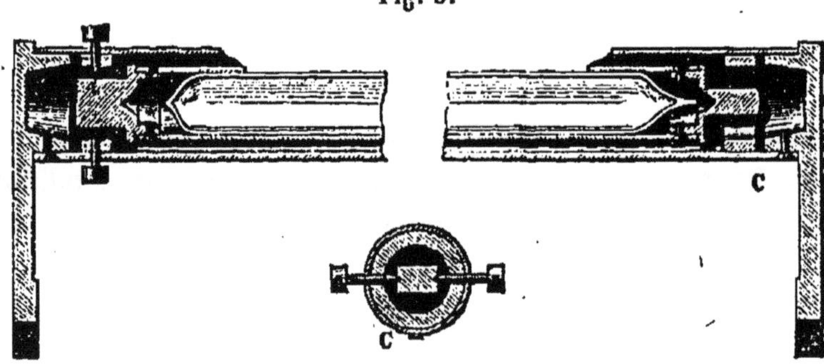

de laiton qui laisse à nu la partie divisée, et est enfermé lui-même dans un tube de laiton plus large, d'une longueur égale à celle de l'axe de l'instrument, et qui, dans la partie superposée à la graduation, est percée d'une fenêtre rectangulaire, quelquefois fermée par un plan de verre. Des vis horizontales et verticales, qui servent en même temps de vis de rectification, permettent de fixer le premier tube à l'intérieur du second, dans une position telle, que la partie graduée du niveau puisse être amenée sous la fenêtre (*), afin qu'il soit possible d'effectuer les lectures; en outre, à l'aide de deux supports perpendiculaires au niveau, terminés inférieu-

(*) Une des causes de cette correction est que, le niveau étant renfermé dans un espace clos, la chaleur causée par la présence de l'observateur, ou celle de la lampe qui sert à la lecture, modifie son état.

rement par des fourchettes, on le place sur les tourillons de l'axe dont on veut mesurer l'inclinaison.

Les variations de température dilatent et contractent successivement le tube dans lequel est enchâssée la fiole du niveau, et il est à craindre qu'il n'en résulte des changements dans sa courbure; aussi réduit-on souvent ce tube intérieur à deux anneaux de cuivre, sur lesquels agissent les vis de rectification. M. Eichens, constructeur à Paris, emploie un procédé plus simple encore. Sur chaque extrémité de la fiole, on enroule une petite bande de papier, que l'on colle ensuite lorsque l'épaisseur de l'anneau ainsi formé est telle, que la fiole entre à frottement doux dans le tube intérieur. Après avoir fait entrer la fiole dans le tube, on y mastique à l'arcanson l'un de ces anneaux, et l'autre est laissé libre. Aucune influence du tube intérieur sur la courbure de la fiole n'est alors à craindre; mais ici, c'est sur le tube extérieur qu'agissent les vis de rectification, et le niveau est porté par un tube qui réunit les deux supports verticaux.

Si l'axe de l'instrument a une longueur un peu grande, on y suspend le niveau par des crochets en forme de V renversés, comme le montre la *fig.* 4. Mais dans ce cas, si le mode d'attache

Fig. 4.

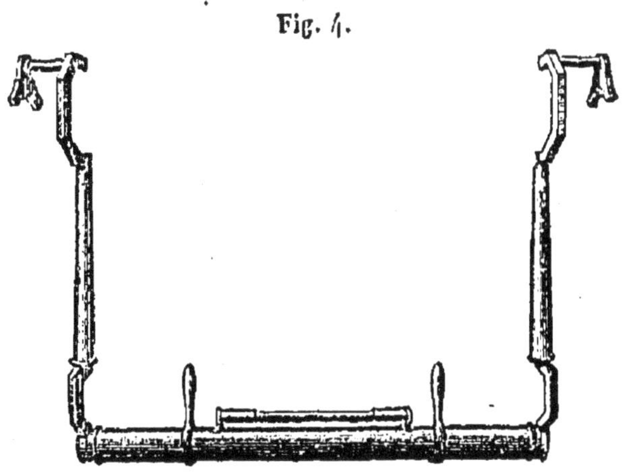

du tube extérieur du niveau à ses supports était celui qui est indiqué (*fig.* 3), ce tube manquerait de rigidité à cause de son évidement central. Le niveau est alors toujours porté par un tube (*fig.* 4) qui réunit les deux supports verticaux.

Ces deux manières d'opérer nécessitent une correction due à la différence de longueur des supports ou des crochets, et la détermination de l'inclinaison n'est plus aussi simple que nous l'avons dit. Soient dès lors (*fig.* 5) AB le tube qui porte le niveau, L sa longueur, AC et BD les deux supports, dont les longueurs sont a et b; supposons le niveau placé sur une ligne qui fait, avec l'horizon, l'angle α, et de telle sorte que le côté BD soit le plus élevé;

Fig. 5.

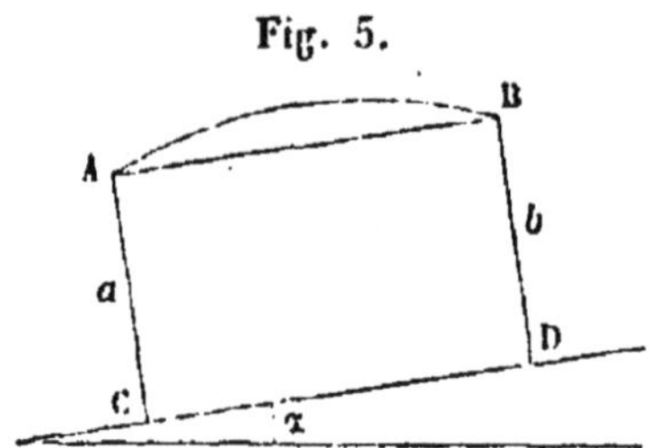

alors A sera à une hauteur

$$a + c,$$

et B à une hauteur

$$b + c + \mathrm{L}\tang\alpha.$$

A la vérité, ces expressions ne sont pas tout à fait rigoureuses, puisque les deux supports AC, BD ne sont pas perpendiculaires à l'horizon. Mais, comme il ne s'agit jamais ici que d'angles au plus égaux à quelques minutes et ordinairement même à quelques secondes, une pareille approximation est bien suffisante. Appelons x l'angle que fait avec l'horizon la ligne AB, nous aurons

$$\mathrm{tang}.x = \frac{b - a + \mathrm{L}\,\mathrm{tang}\,\alpha}{\mathrm{L}},$$

ou

$$x = \alpha + \frac{b - a}{\mathrm{L}}.$$

Retournons maintenant le niveau de sorte que la branche BD remplace AC et réciproquement, et soit x' l'angle que fait actuellement la ligne AB avec l'horizon, nous aurons

$$x' = \alpha - \frac{b - a}{\mathrm{L}}.$$

Supposons, en outre, que la position du zéro de la graduation soit erronée, et qu'il soit, par exemple, plus près de B que de A de la quantité λ; il en résultera que, si le niveau repose sur une ligne horizontale, l'extrémité de la bulle sera du côté de A à la division $l+\lambda$, en désignant par $2l$ la longueur de la bulle, et du côté de B à la division $l-\lambda$. Si nous supposons maintenant que le niveau repose sur la ligne AB, inclinée de l'angle x sur l'horizon, les deux lectures seront

$$A = l + \lambda - rx, \quad \text{du côté de A,}$$
$$B = l - \lambda + rx, \quad \text{du côté de B,}$$

r étant le rayon de l'arc de cercle qui forme la courbure du niveau.

Retournons maintenant le niveau avec ses supports et amenons le point B à se trouver à l'extrémité la plus basse, les lectures correspondantes auront pour expressions

$$A' = l + \lambda + rx',$$
$$B' = l - \lambda - rx';$$

substituons à x et x' les valeurs trouvées précédemment. Nous aurons pour les quatre lectures différentes, en appelant u l'inégalité des supports évaluée en parties du niveau,

$$A = l - r\alpha + (\lambda - ru),$$
$$B = l + r\alpha - (\lambda - ru),$$
$$A' = l + r\alpha + (\lambda - ru),$$
$$B' = l - r\alpha - (\lambda - ru).$$

On voit par là qu'on ne peut séparer l'une de l'autre les deux grandeurs λ et ru, et qu'il est tout à fait indifférent, pour la lecture, que le zéro ne soit pas au milieu, ou que les supports soient inégalement longs. Mais on peut, par une combinaison de ces équations, trouver $(\lambda - ru)$ et α.

En effet, si l'extrémité B de la bulle se trouve d'un certain côté de l'axe de l'instrument, par exemple celui qui porte le cercle et qu'on appellera *côté du cercle*, après le retournement du niveau l'extrémité A′ de la bulle sera de ce côté. On fera donc successivement la lecture de chacune des deux extrémités de la bulle; on aura ainsi

$$\tfrac{1}{2}(\mathrm{B}-\mathrm{A}) = r\alpha - (\lambda - ru),$$
$$\tfrac{1}{2}(\mathrm{A}'-\mathrm{B}') = r\alpha + (\lambda - ru),$$

d'où

$$\alpha = \tfrac{1}{2}\left[\tfrac{1}{2}(\mathrm{B}-\mathrm{A}) + \tfrac{1}{2}(\mathrm{A}'-\mathrm{B}')\right]\frac{206\,265}{r},$$

$$\lambda - ru = \tfrac{1}{2}\left[\tfrac{1}{2}(\mathrm{A}'-\mathrm{B}') - \tfrac{1}{2}(\mathrm{B}-\mathrm{A})\right]\frac{206\,265}{r},$$

où α est l'inclinaison exprimée en secondes d'arc, et où la quantité $\frac{206\,265}{r}$ est la valeur d'une partie du niveau en secondes d'arc.

La mesure de l'inclinaison de l'axe d'un instrument se fait donc comme il suit. On place le niveau sur l'axe, dans deux positions successives, et on lit, dans chaque cas, la position des deux extrémités de la bulle; la somme des lectures ainsi trouvées, faites en considérant comme positives celles qui correspondent au côté du cercle, est égale, en parties du niveau, à quatre fois la quantité dont cette extrémité de l'axe s'élève au-dessus de l'autre. En multipliant ce nombre par la valeur en secondes d'une partie du niveau, et divisant le résultat par 4, on aura, en secondes d'arc, l'élévation de l'extrémité de l'axe qui correspond au cercle. De plus, comme il est difficile d'éviter des changements de température dans les branches métalliques de l'instrument pendant l'intervalle des deux opérations, il convient d'ajouter aux deux mesures précédentes une troisième mesure faite dans la même position du niveau que la première, et de combiner avec la seconde la moyenne des deux opérations extrêmes.

Si l'on pouvait supposer que, pendant toute la durée de l'observation, la longueur de la bulle reste invariable, on aurait

$$\alpha = \tfrac{1}{2}(\mathrm{A}'-\mathrm{A})\frac{206\,265}{r},$$

ou

$$\alpha = \tfrac{1}{2}(\mathrm{B}-\mathrm{B}')\frac{206\,265}{r};$$

c'est-à-dire que l'inclinaison serait égale à la moitié de la variation éprouvée par la bulle à une extrémité déterminée.

Si enfin le niveau était parfaitement construit, on aurait

$$\lambda - ru = 0,$$

et il ne serait pas nécessaire de le retourner; mais la demi-différence des deux lectures faites en B et en A dans l'une ou l'autre des deux positions du niveau donnerait immédiatement l'inclinaison cherchée.

Exemple. — Pour déterminer l'inclinaison de l'axe d'un instrument des passages, on a fait le nivellement suivant :

	Côté du cercle.	
Première position......	$29^p,1$	$31^p,2$
Après retournement....	$35\ ,4$	$24\ ,9$

$$\tfrac{1}{2}(B - A) = -1^p,05,$$
$$\tfrac{1}{2}(A' - B') = +5\ ,25.$$

Et, par suite, on a en parties du niveau pour l'erreur $\lambda - ru$ et l'inclinaison b de l'extrémité de l'axe qui correspond au cercle, inclinaison qui est positive si cette extrémité est la plus élevée,

$$\lambda - ru = -3^p,15, \quad b = +2^p,1;$$

comme la valeur d'une division de l'échelle était

$$1'',83,$$

on en déduit

$$b = +2'',63.$$

Rectification du niveau. — Dans ce qui précède, nous avons supposé que la tangente au point zéro et l'axe de rotation qu'on veut niveler sont dans un même plan. Pour obtenir ce résultat, on fait deux séries d'opérations.

La première a pour but d'amener cette tangente dans un plan

parallèle à l'axe, ce qui aura lieu quand l'expression $\lambda - ru$ sera nulle. Si les nivellements nous montrent que cette condition est satisfaite, l'etablissement du niveau est tel que nous le voulons; mais si, comme dans l'exemple précédent, on trouve pour cette quantité une valeur différente de zéro, on changera l'inclinaison du niveau à l'aide des vis de correction verticales jusqu'à ce que la condition précédente soit remplie, c'est-à-dire jusqu'à ce que $B = A'$ et $A = B'$, ou, ce qui revient au même, jusqu'à ce que les positions occupées par la bulle ne changent point par le retournement, aussi bien du côté du cercle que du côté opposé.

Dans l'exemple précédent, où $\lambda - ru$ est égal à $-3^p,15$, il aurait fallu changer l'inclinaison du niveau jusqu'à ce que, dans la dernière position (après retournement), la bulle ait donné les lectures $32^p,25$ et $28^p,05$; pour le niveau ainsi disposé, on aurait fait les lectures suivantes :

	Coté du cercle.	
Première position	$32^p,25$	$28^p,05$
Après retournement....	32 ,25	28 ,05

ce qui aurait donné pour l'inclinaison

$$+ 0^p,79,$$

et pour $\lambda - ru$, une valeur nulle. Nous ajouterons qu'en général, on fait seulement en sorte que $\lambda - ru$ ne soit pas trop grand.

Après ces modifications apportées à l'état du niveau, la tangente au point zéro est dans un plan parallèle à l'axe; il faut rendre maintenant ces deux lignes parallèles. Or faisant tourner un peu le niveau autour de l'axe de l'instrument, de façon que les crochets ou fourchettes restent toujours en contact parfait avec les tourillons, si la tangente au point zéro est parallèle à l'axe, elle y restera pendant ce mouvement, et la bulle sera immobile; mais si cette tangente, tout en étant située dans un plan parallèle à l'axe, fait dans ce plan un angle avec cette ligne, elle décrira, pendant la rotation, un cône de révolution autour de l'axe, et son inclinaison sur le plan de l'horizon variera d'une façon continue.

Prenons comme exemple une lunette méridienne, et supposons que, dans la position d'équilibre du niveau, la tangente au point zéro, prolongée vers l'est, perce la sphère céleste en un point situé entre la portion est de l'axe et le sud; admettons en outre que, l'observateur étant au sud de l'axe, il amène le niveau vers lui, la portion est de la tangente s'élèvera alors au-dessus de l'horizon, et par conséquent la bulle s'avancera vers l'est. Un mouvement de la bulle vers l'ouest indiquerait qu'au contraire le prolongement est de la tangente perce la sphère céleste du côté nord par rapport à l'axe. Le sens dans lequel a lieu le mouvement de la bulle détermine donc le sens dans lequel on doit faire marcher les vis horizontales de rectification. Après quelques tâtonnements, on arriverait de cette manière, si les vis verticales étaient fixes, à ce résultat, que la bulle restât immobile pendant la rotation du niveau; la tangente au point zéro serait alors parallèle à l'axe de l'instrument. Mais par le mouvement des vis horizontales, on déplace toujours un peu les vis verticales; aussi faudra-t-il, dans la pratique, répéter plusieurs fois ces corrections dans les deux sens avant d'obtenir le parallélisme parfait de la tangente et de l'axe.

2. *Valeur d'une partie du niveau.* — Le point essentiel de cette détermination est d'examiner le niveau dans des conditions aussi identiques que possible avec celles où il est employé dans l'instrument. Il importe donc de ne pas sortir alors l'instrument de sa monture, ce qui pourrait donner lieu à une variation de courbure du tube par suite d'un changement de pression.

Rigoureusement, il faudrait aussi, pour examiner le niveau et déterminer la valeur d'une de ses parties, le faire reposer sur ses supports habituels (fourchettes ou crochets), mais en raison de leur rigidité, une pareille précaution n'est pas nécessaire.

Ceci posé, on peut procéder de plusieurs façons différentes :

1° *Emploi d'un cercle de hauteur ou d'un cercle mural.* — On fixe le niveau au cercle des hauteurs au moyen d'une disposition appropriée à cet effet, ou bien on le suspend aux rayons du cercle, et l'on fait simultanément les lectures sur le niveau et le cercle. Après avoir fait tourner le cercle autour de son axe d'une petite quantité, on recommence les mêmes lectures : on trouve ainsi le nombre de parties du niveau qui correspond au nombre de secondes dont a tourné le cercle. Supposons, par exemple, que la bulle se soit déplacée de α parties pendant que le cercle a tourné de β secondes, alors $\frac{\beta}{\alpha}$ est évidemment la valeur en secondes d'une division du niveau.

2° *Examinateur de niveaux.* — Lorsque le niveau, au lieu de se suspendre à l'axe, doit être placé sur lui, on dispose rarement d'un cercle divisé approprié à cet usage; on se sert alors d'un appareil que Struve a appelé l'*examinateur*, et à l'aide duquel on peut étudier avec soin la courbure même du niveau et en vérifier la graduation.

L'examinateur se compose essentiellement (*fig.* 6) de deux

Fig. 6.

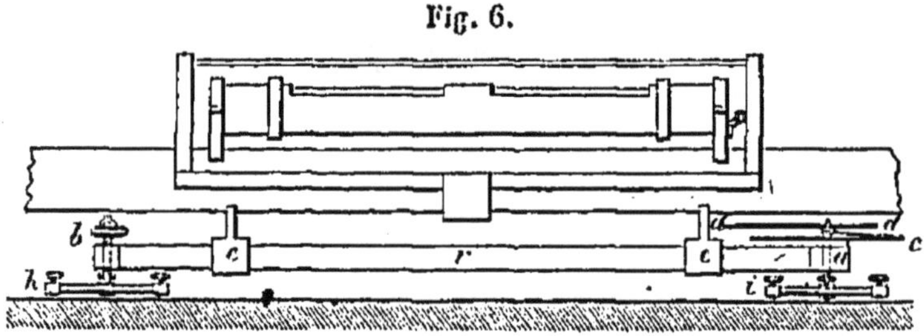

barres de fer d'inégale longueur réunies en forme de T. Aux trois extrémités de la croix, dont le grand bras est *r*, sont trois vis verticales à bouts inférieurs convexes et polis, dont l'une *a* est destinée aux mesures et a été travaillée avec beaucoup de soin; la vis *a* est munie d'un tambour divisé de grand diamètre qui se meut devant un index, et à l'aide duquel on évalue ses moindres déplacements. Deux coussinets *c* glissent le long de la règle *r*, et servent à supporter le niveau, dont les bras pendent alors des deux côtés du pilier sur lequel est l'appareil. Celui-ci se place sur deux plaques de verre à surfaces planes *h* et *i*, pourvues toutes deux de trois vis calantes et dont l'horizontalité s'obtient au moyen d'un petit niveau auxiliaire; la vis *a* est alors sensiblement verticale.

Une autre disposition d'examinateur plus simple que la précédente, employée surtout pour essayer les niveaux, est donnée dans la *fig.* 7.

Fig. 7.

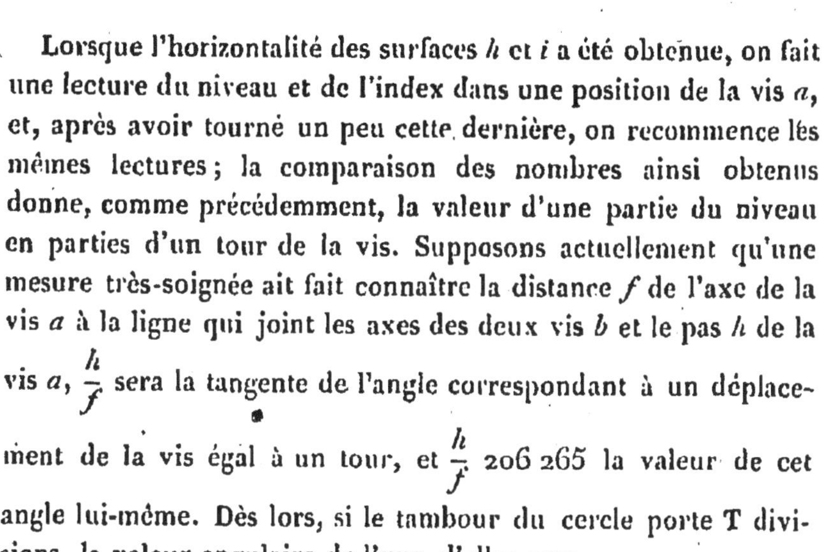

Lorsque l'horizontalité des surfaces h et i a été obtenue, on fait une lecture du niveau et de l'index dans une position de la vis a, et, après avoir tourné un peu cette dernière, on recommence les mêmes lectures; la comparaison des nombres ainsi obtenus donne, comme précédemment, la valeur d'une partie du niveau en parties d'un tour de la vis. Supposons actuellement qu'une mesure très-soignée ait fait connaître la distance f de l'axe de la vis a à la ligne qui joint les axes des deux vis b et le pas h de la vis a, $\frac{h}{f}$ sera la tangente de l'angle correspondant à un déplacement de la vis égal à un tour, et $\frac{h}{f}\,206\,265$ la valeur de cet angle lui-même. Dès lors, si le tambour du cercle porte T divisions, la valeur angulaire de l'une d'elles sera

$$\frac{h}{f}\,\frac{206\,265}{T},$$

et si n divisions du niveau correspondent à t divisions du tambour, la valeur angulaire d'une division du niveau sera

$$\frac{h}{f}\,\frac{t}{T}\,\frac{206\,265}{n}.$$

Exemple. — Pour l'examinateur de l'Observatoire de Poulkowa, on a trouvé en pouces (*)

$$f = 21^p,820, \quad 93h = 1^p,1842,$$

d'où

$$\frac{h}{f}\, 206\,265 = 120'',4.$$

D'ailleurs le cercle porte 120 divisions, chacune d'elles correspond donc à un déplacement angulaire de 1'',0033.

Ceci posé, le 9 juin 1842, le niveau de l'instrument des passages dans le premier vertical fut placé sur l'examinateur; avant de commencer l'opération, on l'y laissa pendant une heure pour qu'il prît la température de la salle et qu'ainsi la longueur de la bulle devînt constante. On divisa la révolution entière de la vis en 8 portions de 15 divisions, en plaçant successivement l'index à 0, 15, 30, etc., et en opérant une seconde fois dans l'ordre inverse; les mouvements correspondants de la bulle ont été les suivants :

	Dans la direction positive.		Dans la direction négative.
	$13^p,85$		$14^p,10$
	13,85		14,27
	14,07		14,23
	13,83		14,27
	14,20		13,70
	13,65		13,65
	14,15		13,90
	14,05		14,00
Somme...	111,65	Somme...	112,12

Moyenne....... $111^p,88 = 120'',4$,

d'où, pour la valeur moyenne d'une partie du niveau,

$$1'',076.$$

(*) Struve. — *Description de l'Observatoire central de Poulkowa*, p. 223.

Chacun des deux procédés qui précèdent permet de vérifier aisément la construction du niveau et de voir si la forme intérieure du tube est bien celle d'un arc de cercle; il suffit pour cela de s'assurer que la bulle se déplace toujours de la même quantité pour un déplacement angulaire constant, soit du cercle divisé, soit de la vis de l'examinateur. Soient, en effet, y la lecture faite aux microscopes ou sur la tête de vis, v la position du milieu de la bulle donnée par la lecture des divisions tracées sur la fiole et correspondante à y, nous aurons l'équation

$$y = a + v\frac{dy}{dv},$$

où $\frac{dy}{dv}$ est la valeur d'une partie du niveau exprimée en divisions du cercle ou de la tête de vis. On appliquera cette équation aux données relatives à chaque position du cercle ou de la vis; ajoutant toutes ces équations et divisant par leur nombre, on aura une moyenne qui, retranchée de chaque équation primitive, en donnera une nouvelle, d'où a sera éliminée. Une combinaison de ces nouvelles équations fournira la valeur $\frac{dy}{dv}$ d'une division du niveau. En substituant ensuite la valeur ainsi trouvée dans les équations primitives, on aura des résidus qui permettront d'apprécier suivant quelle loi varie la courbure du tube; appliquée à l'exemple précédent, cette méthode ne fournit que des résidus très-petits, ne suivant aucune loi apparente, et imputables aux erreurs des observations.

D'ailleurs, il n'est pas nécessaire que les parties du niveau soient réellement d'égale longueur dans toute l'étendue de la graduation; il suffit que ce résultat soit atteint pour les portions employées dans les nivellements, portions qui n'auront jamais une bien grande étendue, car on évite toujours, dans l'emploi du niveau, les grandes inclinaisons; celles que l'on mesure ainsi n'étant ordinairement que de quelques secondes et n'allant qu'exceptionnellement jusqu'à vingt ou trente secondes. Dans le cas où l'inclinaison de l'axe serait considérable, on devrait la réduire tout d'abord à l'aide des vis de correction dont il est muni.

Dans les niveaux récents, on emploie souvent une disposition qui permet de réduire encore la portion de l'échelle employée dans les nivellements. La longueur de la bulle du niveau change avec la température par suite de la contraction ou de la dilatation de l'alcool ou de l'éther; pour éviter ces variations de longueur, on munit le niveau d'une petite chambre en partie remplie de liquide et qui communique par une petite ouverture avec le tube du niveau. Si la bulle est trop longue, on inclinera le niveau de manière que cette chambre soit à l'extrémité la plus élevée : un peu de liquide passera alors de la chambre dans le tube et réduira la longueur de la bulle; celle-ci au contraire est-elle trop courte, on inclinera le niveau en sens inverse, et une portion du liquide contenu dans le tube pénétrera dans la chambre. De cette façon, la bulle conservera toujours à peu près la même longueur. Si, de plus, on a soin que le niveau soit toujours bien rectifié, si l'on se borne à mesurer des inclinaisons faibles, il est clair qu'on ne se servira, dans tous les nivellements, que d'un petit nombre de divisions du tube, dont il sera facile d'obtenir la valeur avec une grande exactitude.

Il sera bon de répéter cette détermination à des températures très-différentes et de voir si la valeur d'une division de l'échelle change avec la température. Si une pareille dépendance avait lieu, on représenterait la valeur d'une partie du niveau par une formule de la forme

$$l = a + b(t - t_0);$$

a est la valeur de l qui correspond à la température t_0; b est une constante dont on obtiendra la valeur la plus probable par la méthode des moindres carrés, à l'aide d'un grand nombre d'observations faites à des températures fort différentes les unes des autres.

3° *Emploi d'un cercle de hauteurs et d'un collimateur.* — Au lieu d'un instrument spécial pour la détermination des parties du niveau, on peut se servir d'un instrument de hauteurs et d'un collimateur. Le collimateur est construit de telle sorte qu'on puisse y fixer deux supports rectangulaires sur lesquels on place le niveau dans une position telle, que la tangente au zéro du niveau et l'axe du collimâteur soient dans un même plan; tout le système est établi en face d'un cercle de hauteurs soigneusement divisé. Le niveau étant placé sur les supports, pointons les fils du réticule de la lunette sur ceux du collimateur, et lisons les indications du cercle et du niveau; au moyen d'une des vis calantes du collimateur, changeons son inclinaison ainsi que celle du niveau, pointons de nouveau la lunette sur le collimateur, et recommençons les lectures. La comparaison des nombres obtenus dans les deux cas donnera évidemment la valeur en secondes d'une partie du niveau.

4° *Théodolites et instruments universels.* — Les théodolites et les instruments universels sont quelquefois construits de façon à permettre la détermination de la valeur d'une partie de leurs niveaux au moyen d'une des vis calantes du pied. Dans ce but, l'une *a* des trois vis, disposées à peu près aux sommets d'un triangle équilatéral, qui forment le pied de l'appareil, est soigneusement travaillée et porte une tête divisée.

a. Niveau fixé à l'axe horizontal. — Donnons à cet axe une position telle, que la tangente au zéro du niveau aille passer par l'axe de la vis *a*, ou bien soit perpendiculaire à la ligne qui joint les axes des deux autres; de plus, au moyen d'un niveau auxiliaire, rendons la vis *a* sensiblement verticale; supposons, en outre, que l'on connaisse le pas de la vis *a*, ainsi que la distance de son axe à la ligne qui passe par ceux des deux autres vis, il est évident que la comparaison du déplacement linéaire de la vis et du mouvement correspondant de la bulle suffira pour obtenir la valeur inconnue d'une division du niveau. Il faut remarquer cependant que, dans les théodolites, la distance d'une des vis à la ligne qui joint les deux autres est généralement trop petite pour que ce procédé puisse donner une bien grande exactitude.

b. Niveaux fixés aux porte-microscopes et aux porte-verniers. — Quant aux niveaux fixés aux porte-microscopes et aux porte-verniers du cercle vertical, on obtient la valeur d'une division de leur échelle de la façon suivante. Après avoir dirigé la lunette sur le réticule d'un collimateur ou sur un objet terrestre éloigné, on fait la lecture à la fois sur le cercle et sur le niveau; puis, à l'aide des vis calantes, on change l'inclinaison de la lunette par rapport à l'objet; on lit sur le niveau la valeur de cet angle en parties du niveau, et, d'autre part, on en obtient la valeur en secondes en ramenant la lunette sur l'objet, et recommençant la lecture du cercle dans cette nouvelle position.

3. *Effet de l'inégalité des tourillons.* — Le problème que nous avons résolu jusqu'ici, et qui consiste à déterminer, au moyen du niveau, l'inclinaison d'une ligne sur laquelle celui-ci peut être placé, ne se présente jamais dans la pratique. En réalité, on a toujours à chercher l'inclinaison de l'axe d'un solide terminé par deux *tourillons* cylindriques sur lesquels se place le niveau. Nous examinerons d'abord le cas où ces deux tourillons seraient parfaitement réguliers et formeraient des cylindres de révolution.

1° *Les sections droites des tourillons sont supposées circulaires.* — Quand même l'axe de chacun de ces cylindres coïnciderait avec l'axe mathématique de l'instrument, comme ils peuvent avoir des rayons différents, les indications du niveau qu'ils supportent ne donneraient pas la véritable inclinaison de l'axe réel de l'instrument. D'autre part, ces tourillons sont toujours portés

Fig. 8.

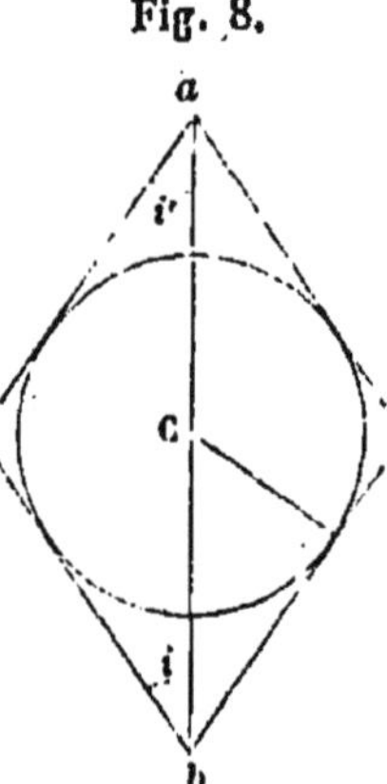

par deux plans qui se coupent (*fig.* 8) et font entre eux par exemple l'angle $2i$; soient $2i'$ l'angle des crochets au moyen desquels le niveau est suspendu sur les tourillons, et r_0 le rayon d'un des tourillons (celui qui est du côté du cercle) : dès lors la distance bC du centre de ce tourillon à la droite d'intersection des plans qui lui servent de support, ou *arête des coussinets*, est

$$bC = r_0 \operatorname{coséc} i,$$

de même

$$aC = r_0 \operatorname{coséc} i';$$

d'où

$$ab = r_0 (\operatorname{coséc} i + \operatorname{coséc} i');$$

à l'autre extrémité de l'axe, on aura pareillement

$$a'b' = r_1 (\operatorname{coséc} i + \operatorname{coséc} i'),$$

r_1 étant le rayon du tourillon correspondant.

Si les tourillons ont des rayons égaux, l'angle que fait avec l'horizon l'arête des coussinets, sur lesquels les tourillons reposent, est immédiatement donné par les nivellements. Mais plaçons-nous dans le cas où les rayons ont des valeurs inégales, et supposons que l'extrémité de cette arête, située du côté du cercle, soit la plus élevée; appelons x l'angle que cette arête fait avec l'horizon, b l'angle donné par le niveau et L la longueur de l'axe, nous aurons

$$(1) \qquad b = x + \frac{r_0 - r_1}{L} (\operatorname{coséc} i' + \operatorname{coséc} i).$$

Retournons l'instrument tout entier, de manière à placer l'extrémité qui porte le cercle sur le coussinet le plus bas; l'angle b' donné par le niveau sera

$$(2) \qquad b' = -x + \frac{r_0 - r_1}{L} (\operatorname{coséc} i' + \operatorname{coséc} i).$$

On déduit de ces deux équations

$$(3) \qquad \tfrac{1}{2}(b + b') = \frac{r_0 - r_1}{L} (\operatorname{coséc} i' + \operatorname{coséc} i),$$

quantité qui demeure constante tant que l'épaisseur des tourillons ne change pas.

Mais la quantité que l'on veut obtenir, à l'aide des nivellements, est l'inclinaison de l'axe mathématique des deux cylindres, il faut, de chaque valeur b donnée par le niveau, retrancher la quantité

$$\frac{r_0 - r_1}{L} \operatorname{coséc} i',$$

ou, en remplaçant $\frac{r_0 - r_1}{L}$ par sa valeur déduite de l'équation (3), la quantité

$$\frac{\frac{1}{2}(b + b') \operatorname{coséc} i'}{\operatorname{coséc} i + \operatorname{coséc} i'},$$

ou encore

$$\frac{\frac{1}{2}(b + b') \sin i}{\sin i + \sin i'}.$$

Dans la pratique, cette correction est toujours très-petite, et les angles i, i' sont tous deux très-voisins de 90°; on peut donc poser $i = i'$, et l'expression précédente devient

$$-\tfrac{1}{4}(b + b').$$

La quantité $\frac{1}{4}(b + b')$ s'appelle *inégalité des tourillons;* b et b' étant les nivellements trouvés dans les deux positions de l'instrument, il faudra ajouter à chacun d'eux la grandeur

$$-\tfrac{1}{4}(b + b')$$

pour tenir compte de l'inégalité des tourillons.

Des équations (1) et (2), on déduit encore

$$x = \tfrac{1}{2}(b - b'),$$

expression qui fait connaître l'inclinaison de l'arête des coussinets, grandeur tout à fait indépendante de la position de la lunette.

Exemple. — Le 2 janvier 1863, à l'Observatoire impérial de Paris, les nivellements faits à la lunette méridienne de Gambey dans les deux positions de l'instrument, que nous distinguerons par les noms de *position directe* et *position inverse*, ont donné les résultats suivants :

Position directe...... $b = +1'',10$,
Position inverse..... $b' = -6,61$;

on en conclut

$$\frac{1}{4}(b+b') = -1'',38.$$

D'après ce que nous avons dit, l'inclinaison de l'axe mathématique des tourillons est dans les deux positions

Position directe.........	$-0'',28$,
Position inverse.........	$-7\ ,99$;

quant à l'inclinaison de l'arête des coussinets, elle a pour valeur

$$+3'',85.$$

2° *Les sections des tourillons dans les plans de contact avec les coussinets ne sont plus supposées circulaires.* — Nous avons supposé jusqu'ici que les sections droites des tourillons étaient exactement des cercles. Dans ce cas, le niveau donne, pour chaque inclinaison de la lunette, une valeur constante de l'inclinaison de l'axe, et la lunette, en tournant, décrit un grand cercle. Mais si cette condition n'est pas remplie, l'inclinaison change pour chaque position de la lunette, et, dans la rotation de celle-ci, son axe optique ne décrit plus un cercle parfait de la sphère céleste, mais une courbe gauche de forme inconnue.

Dans ce cas encore, le niveau peut suffire à déterminer la correction qu'il faut apporter à un nivellement effectué dans une position déterminée de la lunette pour obtenir l'inclinaison correspondante à une autre position. Supposons, en effet, que le niveau puisse être suspendu à la lunette dans les différentes positions de celle-ci (cela ne sera impossible que lorsque la lunette pointera vers le zénith ou vers le nadir), on pourra déterminer l'inclinaison de l'axe dans les différentes positions de la lunette, par exemple pour des hauteurs variant de 15° en 15° ou de 30° en 30°. En faisant ces observations dans chacune des positions de l'instrument, on détermine l'inégalité des tourillons ou la grandeur $\frac{1}{4}(b+b')$ pour les différentes distances zénithales, grandeur qui, retranchée des nivellements correspondant à chaque position de la lunette, donne l'inclinaison de l'axe pour ces différentes distances zénithales. Leur comparaison avec l'inclinaison trouvée dans la position horizontale fait connaître la correction qu'il faut apporter à l'inclinaison correspondante à cette dernière position pour avoir l'inclinaison qui correspond à une hauteur quelconque. On peut trouver par l'observation immédiate cette correction de 15° en 15° ou de 30° en 30°, et en déduire une série périodique qui la reproduise, ou, plus simplement encore, considérer les distances zénithales comme des abscisses, les corrections expérimentales de l'inclinaison comme des ordonnées, et par leurs extrémités faire passer une courbe dont les ordonnées représentent les corrections correspondantes aux distances zénithales non observées.

Il vaut mieux étudier séparément la forme de chaque tourillon à l'aide d'un niveau auxiliaire. C'est la méthode appliquée par Struve au grand cercle méridien d'Ertel. L'appareil employé par Struve est réellement un levier de touche à niveau horizontal, porté à l'une de ses extrémités par l'un des piliers de l'instrument et venant par l'autre s'appuyer sur le tourillon. On fait tourner l'axe successivement d'arcs égaux qui soient des parties aliquotes de la circonférence, et on lit à chaque fois l'inclinaison donnée par le niveau; elle dépend évidemment des trois rayons correspondants aux trois points de contact du tourillon, avec le coussinet d'une part, et avec le pied du levier de touche d'autre part. La moyenne de toutes les indications successivement obtenues correspond au rayon moyen du tourillon; la différence de cette moyenne avec les indications isolées donne les petites corrections α_z dues à l'irrégularité de forme du tourillon, exprimées en divisions du niveau, et si l est la distance horizontale entre l'axe du levier de touche et le point de contact du levier avec le tourillon, $\beta_z = \frac{l}{L}\alpha_z$ sera la variation angulaire rapportée au grand cercle céleste. On trouvera de même une série de valeurs β'_z pour l'autre tourillon, et $\beta_z - \beta'_z = \gamma_z$ est la quantité dont, à la distance zénithale z, le tourillon situé du côté du cercle, par exemple, s'élève au-dessus de l'autre; de la série des valeurs de γ_z, on déduira encore une courbe donnant les valeurs de γ pour les distances zénithales intermédiaires.

La sensibilité de ce procédé est assez grande. Ainsi, dans le niveau employé par Struve, chaque division du niveau valait

4″,89; comme on lit les dixièmes de division, la valeur de α est connue à 0″,49. Mais on avait en pouces

$$l = 1^{p},49, \quad L = 43^{p},3,$$

d'où

$$\frac{l}{L} = \frac{1}{29,1};$$

les valeurs de β étaient donc données avec une approximation de 0″,0168, ou environ $\frac{1}{60}$ de seconde (*).

La forme des tourillons peut encore être étudiée par une méthode fondée sur un principe tout différent et qui a été employé d'abord par M. Airy (**), puis, plus tard, par M. Yvon Villarceau, après des modifications importantes (***).

Les extrémités des tourillons ont été creusées de manière à former une cavité cylindrique, dans laquelle on a ajusté, à simple frottement, un disque de laiton, au centre duquel était implanté un petit tube de verre formant saillie. Vers le centre de ce tube, la matière du verre forme un vide qui, vu au microscope, a l'aspect d'un point ou d'une tache circulaire ayant un diamètre excessivement faible. En face de chaque tourillon est fixé un microscope horizontal, dont l'axe optique est perpendiculaire au méridien, et dans le plan focal duquel on peut déplacer, au moyen de vis micrométriques, deux fils indépendants l'un de l'autre, rectangulaires, et dont l'un est rigoureusement vertical. La lunette étant d'abord horizontale, par exemple, on lui fait faire un tour entier, en changeant sa hauteur de quantités égales, de 5° en 5°, et dans toutes ses positions, on pointe les deux fils de chaque microscope sur le point formé dans le tourillon, de façon à en avoir dans chaque cas les deux coordonnées; on en déduira une courbe égale à celle que décrit ce point pendant la rotation de

(*) STRUVE. — *Description de l'Observatoire central de Poulkowa*, p. 121 et suiv.

(**) AIRY. — *Astronomical Observations made at the royal Observatory Greenwich in the year* 1852. Introduction, p. IV.

(***) YVON VILLARCEAU. — *Étude du mouvement de rotation de la lunette méridienne.* (*Annales de l'Observatoire impérial*, t. VII, p. 320 et suiv.)

l'instrument, courbe dont la forme représentera celle du tourillon correspondant (*).

Remarque. — Outre les Ouvrages déjà indiqués, consulter sur le niveau à bulle d'air :

SAWITSCH. — *Abriss der praktischen Astronomie*, vol. I, p. 70 et suiv.

MAURY. — *Astronomical Observations made at the national Observatory Washington*, vol. I, table III.

LAMONT. — *Beschreibung der an der Münchner Sternwarte verwendeten neuen Instrumente und Apparate*, p. 95 et suiv.

LIAGRE. — *Sur les oscillations du niveau à bulle d'air.* (*Bulletin de l'Académie de Bruxelles*, t. XI, 1844; seconde partie, p. 274 et suiv.)

PELTIER. — *Sur la cause des oscillations du niveau à bulle d'air.* (*Grunert's Archiv*, t. VII, 1846; p. 1 et suiv.)

II. — VERNIER OU NONIUS.

4. *Vernier ou Nonius.* — Le nonius ou vernier (**) sert à déterminer les subdivisions de la graduation d'une échelle divisée au moyen des divisions mêmes de la graduation. Il se compose, dans le cas d'une échelle circulaire, d'un arc de cercle mobile

---

(*) Il est, en pratique, très-important que la figure des tourillons d'un axe quelconque atteigne un grand degré de perfection : quoique l'erreur provenant de l'irrégularité de figure des tourillons soit comprise dans une des erreurs instrumentales, celle de *collimation*, il ne suffit pas que les tourillons et leurs coussinets soient à peu près cylindriques et suffisamment résistants pour conserver leur forme pendant un long espace de temps. En effet, à raison de la dilatation de l'axe de rotation, il arrive que la tranche d'un tourillon qui, à un instant donné, est en contact avec une certaine tranche d'un coussinet, cesse bientôt de répondre à cette dernière, et le mode de rotation se trouve modifié si les tourillons n'ont pas une forme rigoureusement cylindrique. Or la matière des coussinets étant toujours moins dure que celle des tourillons, et les variations de la température n'étant jamais très-brusques, au bout de quelques jours les coussinets prennent une forme qui est pour ainsi dire l'empreinte des tourillons, et si cette empreinte n'est pas cylindrique, une variation de position mutuelle produira évidemment un changement dans le mode de rotation.

(**) On trouve la première description de cet instrument dans l'Ouvrage : *La construction, l'usage et les propriétés du Quadrant nouveau de Mathématiques*, etc., de PIERRE VERNIER, Bruxelles, 1631. L'instrument décrit en 1542 par le Portugais NUNNEZ ou NONIUS, repose sur un principe tout à fait différent.

autour du centre du cercle et divisé en parties de longueur différente de celles de la graduation; le rapport des divisions du vernier et de celles du cercle détermine la grandeur des subdivisions qu'on peut lire au moyen du vernier.

Théorie générale du vernier. — Supposons donc que l'on ait une échelle circulaire divisée en parties de longueur constante a, de telle sorte que la position de chaque trait de l'échelle soit donnée par un multiple de a, et désignons par y la position du zéro du vernier, c'est-à-dire du point qui, sur l'instrument astronomique, détermine la direction de l'alidade ou celle de la lunette. Si ce zéro coïncidait avec un des traits du cercle, sa position serait immédiatement donnée par la lecture faite sur le cercle; mais s'il tombe entre deux divisions du cercle, il arrive nécessairement, en raison de la différence de grandeur des divisions du cercle et du vernier, que l'un des autres traits de division du vernier coïncide avec un des traits de division du cercle, ou tout au moins que l'un d'eux soit aussi peu distant d'un de ces traits de division que le comporte la différence de grandeur des divisions du vernier et du cercle, c'est-à-dire la grandeur qu'on peut lire avec le vernier. Supposons que cette coïncidence ait lieu à la division p à partir du zéro du vernier, l'abscisse de ce point, à partir du zéro de la règle, sera $y+pa'$, si a' désigne la grandeur d'une division du vernier. Soit, d'autre part, qa l'abscisse du trait du cercle qui précède immédiatement le zéro du vernier, l'abscisse du point de coïncidence du cercle sera

$$qa+pa;$$

on a donc

$$y+pa'=qa+pa,$$

$$y=qa+p(a-a').$$

Soit d'ailleurs

$$ma=(m+1)a';$$

en d'autres termes, supposons que m divisions de la règle soient équivalentes à $(m+1)$ divisions du vernier, nous aurons

$$a'=\frac{m}{m+1}a,$$

et par suite

$$(a) \qquad y = qa + \frac{p}{m+1}a.$$

Ainsi on obtient la position du zéro du vernier en ajoutant au nombre marqué par la division qui, sur le cercle, le précède immédiatement, p parties du vernier dont chacune est la $(m+1)^{ième}$ partie d'une division du cercle; en outre, ce nombre p est celui des traits du vernier qui séparent le zéro du trait en coïncidence. Pour faciliter le calcul, et aussi pour éviter la multiplication par $\frac{a}{m+1}$, les nombres $\frac{p}{m+1}a$ sont assez souvent inscrits eux-mêmes sur le vernier.

On voit d'ailleurs que, si l'on a pris le nombre m assez grand, on pourra lire avec le vernier des divisions aussi petites que l'on voudra. Veut-on, par exemple, lire les 10″ avec un instrument dont le cercle donne immédiatement les 10′, il faut prendre sur le vernier un arc égal à 59 divisions du cercle et le diviser en 60 parties; dès lors $\frac{a}{m+1} = 10''$. Pour faciliter la lecture, on devrait écrire 10″ à côté de la première division du vernier, 20″ à côté de la deuxième, etc. Au lieu de cela, on n'indique que les minutes, de sorte que la sixième division porte le chiffre 1, la douzième le chiffre 2, etc.

En général, le nombre m se déduit de l'équation

$$a - a' = \frac{a}{m+1},$$

d'où

$$m = \frac{a}{a - a'} - 1,$$

$a' - a$ étant la grandeur que l'on veut lire au moyen du vernier, a la distance de deux traits de divisions du cercle, $a - a'$ et a étant de plus évaluées toutes deux avec la même unité.

Jusqu'ici, on a supposé que

$$ma = (m+1)a',$$

c'est-à-dire que la distance de deux traits du vernier était moindre que celle qui sépare deux traits du cercle. On peut aussi disposer le vernier de manière que le contraire ait lieu. Posons, en effet, $(m+1)a = ma'$, il viendra

$$a' - a = \frac{a}{m}$$

et

$$(b) \qquad y = qa - p\frac{a}{m},$$

équation dont l'interprétation est la même que celle de l'équation (a), à la condition toutefois de compter la coïncidence en sens opposé.

Remarque. — Sur le vernier, consulter :

REICHENBACH. — *Nachricht von der Forschritten der mathematischen Werkstatt in München.* (*Monatliche Correspondenz von Zach*, vol. IX, p. 377 et suiv.)

III. — MICROSCOPE MICROMÉTRIQUE.

5. *Description et usage.* — Dans les instruments qui doivent servir à des observations très-précises, la différence entre la longueur d'une division du vernier et celle d'une division de la règle devant être très-petite, il faut lire la coïncidence avec une loupe. Mais même en utilisant le grossissement de cet appareil, on se trouve bientôt arrêté; aussi on a aujourd'hui, dans presque tous les instruments, substitué au vernier un appareil fondé sur un principe différent, et qui porte le nom de *microscope micrométrique*. Une ou plusieurs paires de microscopes invariablement fixés, soit aux piliers, soit aux murs qui supportent l'axe de l'appareil, sont disposées perpendiculairement à la graduation du cercle, dans le sens des rayons du cercle si celui-ci est divisé sur la tranche, suivant une perpendiculaire au plan du cercle s'il est divisé sur son limbe. Chacun de ces microscopes donne à son intérieur l'image d'un certain nombre de traits de division du cercle, image qu'on regarde avec l'oculaire en même temps que celle d'un fil tendu à l'intérieur du microscope, dans le plan de l'image, et parallèlement aux traits de division du cercle. Dans le

mouvement de rotation de l'instrument, l'image de chacun de ces traits vient successivement coïncider avec le fil, et lorsque le cercle est fixé, il faut déterminer la position de la ligne idéale du cercle dont l'image coïnciderait avec une position déterminée du fil du microscope. Pour cela, ce fil est mobile; le châssis (*fig.* 9)

Fig. 9

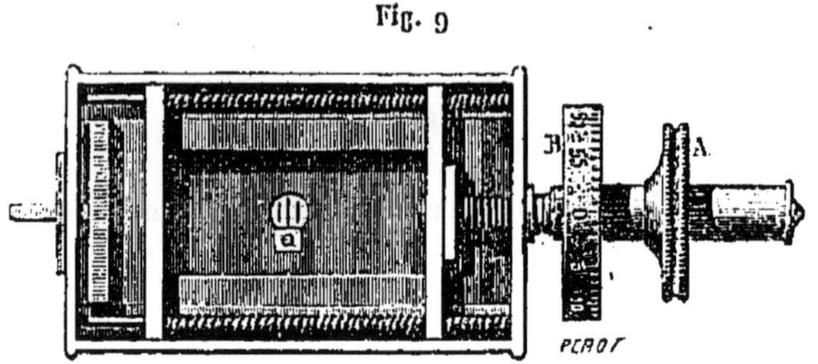

sur lequel il est tendu, à l'intérieur du microscope dans son plan focal, peut, au moyen d'une vis B à tête divisée qui en mesure le déplacement, être entraînée suivant une direction perpendiculaire aux traits de la graduation, dans un plan parallèle au plan du cercle, si celui-ci est divisé sur son limbe, ou dans un plan perpendiculaire à un des rayons du cercle, si celui-ci est divisé sur la tranche. On mesure ainsi dans chaque cas la distance qui sépare une position déterminée du fil servant de point de repère et celle où il est en coïncidence avec l'image d'un trait de la graduation. En d'autres termes, cette position déterminée du fil étant le *zéro du microscope*, et celui-ci étant orienté de manière que, dans l'image qu'il donne de la graduation, le sens dans lequel croissent les divisions soit celui dans lequel doit marcher l'œil de l'observateur pour aller du fil vers la tête de vis (il suffit pour cela que la tête de vis B corresponde sur le cercle à des divisions plus élevées que l'extrémité opposée), on compte dans chaque cas le nombre de tours, et, à l'aide de la tête divisée, les fractions de tour qui correspondent à la position occupée par le fil lorsqu'il est en coïncidence avec le trait du cercle. En ajoutant ce nombre, évalué en minutes et secondes, au chiffre de la graduation porté par le trait, on a, en degrés, minutes et secondes, la position de la ligne du cercle dont l'image coïncide avec le zéro.

Dans le plan où se produit l'image de la graduation est une plaque rectangulaire fixe (*fig.* 10) dont deux arêtes sont perpen-

Fig. 10.

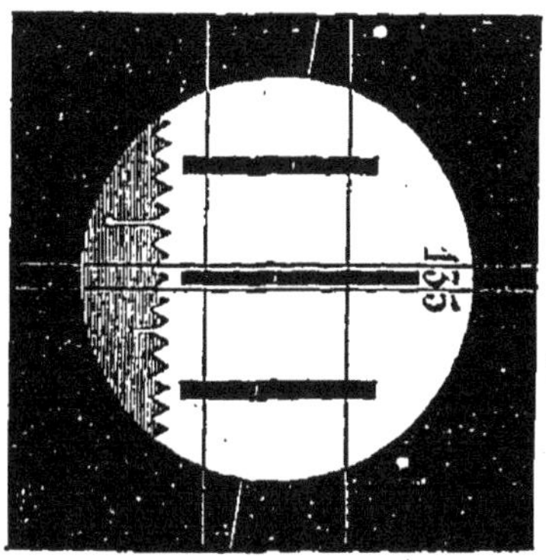

diculaires au fil. Celle de ces arêtes qui est visible dans le microscope est dentelée, et l'intervalle compris entre deux dents consécutives équivaut à un tour de la vis. La denture est partagée par intervalles de cinq dents au moyen d'entailles pratiquées dans la plaque, et l'une d'elles, un peu plus longue, se termine par un cercle dont le centre correspond au zéro du microscope. A la seule inspection de l'image donnée par le microscope, on voit donc immédiatement le nombre de tours; quant aux fractions de tour, elles se lisent sur le tambour de la tête divisée. La mesure faite comme nous l'avons supposé jusqu'ici, avec un seul fil, ne serait point exacte. En effet, le fil devient invisible aussitôt qu'il se trouve sur un trait de la graduation; on peut donc se tromper de toute l'épaisseur apparente du trait, erreur souvent considérable à cause du grossissement du microscope. Il vaut mieux soit, comme Pond (*), amener le trait en coïncidence avec le point de croisement de deux fils, ou, comme Encke (**), faire mouvoir par la vis du microscope deux fils parallèles voisins, et amener au milieu de leur intervalle l'image du trait de

---

(*) Pond. — *Astronomical Observations made at the royal Observatory at Greenwich in the year* 1832.

(**) Encke. — *Astronomische Beobachtungen auf der Königl. Sternwarte zu Berlin*, vol. IX, p. IX.

la graduation. Il faut, dans les deux cas, arriver à ce résultat, que les deux plages lumineuses qui sont de part et d'autre du trait de la graduation, entre les deux fils, soient égales, résultat qu'il est évidemment plus facile d'obtenir avec deux fils parallèles, où ces plages ont partout même largeur, qu'avec deux fils croisés; aussi le système d'Encke est-il aujourd'hui généralement employé, c'est celui que nous avons figuré.

Nous donnerons plus tard le moyen d'obtenir la valeur en secondes d'un tour de la vis; mais nous devons ajouter, dès à présent, que, pour faciliter la transformation des tours et fractions de tour en minutes et secondes, on dispose toujours le microscope de manière qu'un nombre entier de tours de la vis soit équivalent à la distance apparente de deux traits consécutifs du cercle. Il suffit pour cela d'éloigner ou de rapprocher l'objectif du microscope de son oculaire. On fait de la sorte varier l'image de la distance qui sépare deux traits du cercle, et on peut la rendre égale à la longueur que parcourent les fils en un nombre entier de tours de la vis. Si, lorsque les fils passent d'une division à la division voisine, le déplacement de la vis surpasse un nombre entier de tours, on rapprochera l'objectif du microscope de l'oculaire; on l'en éloignera dans le cas contraire. Mais comme par cette opération on a fait sortir l'image du plan dans lequel se meuvent les fils, on rapprochera ou l'on éloignera du cercle le microscope tout entier, de manière à rétablir la netteté de la vision.

Exemples. — En Allemagne, les cercles méridiens sont généralement divisés de deux en deux minutes, et deux tours de la vis équivalent à une division du cercle; chaque tour de la vis vaut donc une minute, et si le tambour de la tête de vis est divisé en 60 parties, chacune d'elles vaut une seconde; le dixième de seconde s'estime à l'œil, par la position qu'occupe, entre deux traits, l'index du tambour. Dans ce cas, il est presque inutile d'avoir à l'intérieur du microscope une arête dentelée; mais on ajoute à la lecture du cercle, soit la lecture faite sur le tambour, soit cette lecture augmentée d'une minute, suivant que le zéro du microscope est voisin d'un trait de division ou qu'il en est distant de plus de la moitié de l'intervalle de deux traits.

A l'Observatoire impérial de Paris, le cercle de Gambey est divisé de cinq en cinq minutes. Le travail de l'artiste qui trace la graduation du cercle, et celui que nécessite la vérification de cette graduation, se trouvent par là même diminués, et c'est là un grand avantage. Dans l'intervalle de ces divisions, il suffit d'étudier, une fois pour toutes, la vis du microscope, dont chaque tour vaut une minute. Les dixièmes de seconde s'évaluent comme plus haut.

Établissement du microscope. — 1° Le fil (ou les fils parallèles) dont le microscope est muni doit être parallèle aux traits de la graduation; il suffit, pour obtenir ce résultat, de tourner le microscope tout entier dans son support.

2° Il faudrait, en outre, que l'axe du microscope (nous considérons d'abord un cercle divisé sur le limbe, comme le grand cercle méridien Secretan-Eichens de l'Observatoire de Paris) soit perpendiculaire au plan du cercle; car, dans ce cas seulement, le déplacement du fil mobile mesure bien la distance qui sépare le trait de la graduation de la projection sur le plan du cercle du fil supposé au zéro. Mais comme une faible inclinaison de l'axe sur le plan du cercle n'a pas une influence sensible, à cause du peu d'étendue de la course du fil mobile, le constructeur réalise toujours cette condition suffisamment bien, en s'assurant que les arêtes de la boîte dans laquelle est renfermé le châssis qui porte le fil mobile sont à la même distance du plan du cercle. D'ailleurs l'observateur serait averti qu'il existe une inclinaison un peu forte, par ce fait que l'image d'un trait de la graduation ne conserverait pas sensiblement la même grandeur et la même netteté lorsque, par une rotation du cercle, on lui ferait parcourir le champ du microscope.

Si la graduation était tracée sur la tranche du cercle (cercle de Gambey de l'Observatoire de Paris), l'axe du microscope devrait être dans le prolongement d'un de ses rayons; dans le cas enfin où la graduation formerait une surface conique portée par la tranche du cercle (cercle méridien de Greenwich), il faudrait que cet axe fût perpendiculaire au plan tangent mené à cette surface conique par le point où l'axe vient la rencontrer. Ces conditions sont pour le constructeur aussi faciles à réaliser que la première, et l'observateur possède le même moyen de vérification.

Étude de la vis du microscope micrométrique. — La distance du microscope micrométrique au cercle est soumise à de petites variations, il faut donc déterminer de temps à autre l'erreur d'un tour, c'est-à-dire la différence entre un nombre entier de tours de la vis et la distance de deux traits de division, afin de pouvoir en corriger ensuite les lectures faites sur le microscope. Mais ici, il n'est pas indifférent de prendre sur le cercle deux traits quelconques pour en mesurer la distance, car, en raison des erreurs de division, cette distance peut varier un peu d'un trait à l'autre. En conséquence, il faudra déterminer à l'avance, par un procédé quelconque, la distance de deux traits déterminés, et comparer toujours la vis du microscope à ces deux traits. Enfin la construction de la vis peut elle-même comporter des erreurs par suite desquelles, à des fractions de tour égales, ne correspondent pas des déplacements linéaires du fil égaux entre eux. C'est à l'étude de cette dernière cause d'erreurs que nous nous attacherons d'abord, en prenant comme exemple un cercle divisé de deux en deux minutes.

1° *Inégalité de la vis.* — Pour déterminer ces erreurs de la vis, on peut procéder comme il suit. Le cercle gradué porte un petit trait auxiliaire de forme telle, qu'il ne puisse être confondu avec un trait de la graduation, et placé à une distance d'un trait de graduation égale à une partie aliquote d'une division de la graduation, à une distance de $10''$ ou $15''$ par exemple, en général, à une distance α'', telle que $n\alpha = 120$. Alors, la vis du microscope étant au zéro, on amène entre les fils l'un quelconque des deux traits voisins, par exemple celui de la graduation; puis en tournant la vis, on fait mouvoir les fils jusqu'à ce que l'autre trait occupe, par rapport à eux, la même position; la distance des deux traits se trouve ainsi mesurée à l'aide de la tête de vis. Par un déplacement du cercle, on amène le premier trait entre les deux fils, puis le second à l'aide de la vis, et ainsi de suite, jusqu'à ce que la vis ait fait deux tours entiers.

S'il n'y a point sur le cercle un trait auxiliaire, on peut, pour déterminer les erreurs de la vis, se servir des deux fils du microscope, pourvu toutefois que leur distance soit une partie aliquote de deux minutes. La vis étant au zéro, on fait tourner le cercle jusqu'à ce que l'un des traits de sa graduation soit sous l'un des fils, puis on fait tourner la vis de manière à amener ce même trait sous l'autre fil, et ainsi de suite, jusqu'à ce que la vis ait fait deux tours entiers.

Actuellement, supposons que les distances des traits ou des fils mesurées avec la vis soient données par le tableau suivant :

De 0 à α.................... a',
De α à 2α.................... a'',
De 2α à 3α.................... a''',
....
De $(n-1)\alpha$ à $n\alpha$............ a^n.

La vis devra toujours être assez bien construite pour que la dernière lecture corresponde à un point très-voisin du zéro; nous pouvons donc supposer que la moyenne de toutes les quantités a', a'',..., est exempte des erreurs de la vis. On répétera ces observations un grand nombre de fois, en mesurant les intervalles, tantôt dans un sens, de 0 à 120 (si une division du cercle vaut 2'), tantôt dans l'autre, de 120 à 0, et on adoptera la moyenne des valeurs a', a'',... ainsi obtenues : posons donc

$$\frac{a' + a'' + a''' + \ldots + a^n}{n} = a_0.$$

Supposons qu'on ait mesuré aussi les intervalles $-\alpha$ à 0, et n à $(n+1)\alpha$, et soient a^{-1} et a^{n+1} les distances correspondantes; les corrections qu'il faut ajouter aux lectures α faites sur le tambour, pour tenir compte des erreurs de la vis, seront représentées par le tableau suivant :

Lectures.	Corrections.
$-\alpha$	$a^{-1} - a_0$
0	0
α	$a_0 - a'$
2α	$2a_0 - a' - a''$
...	....
$(n-1)\alpha$	$(n-1)a_0 - a' - a'' - \ldots - a^{n-1}$
$n\alpha$	0
$(n+1)\alpha$	$a_0 - a^{n+1}$.

On peut dès lors construire une table qui donne de 10″ en 10″ la correction à ajouter aux lectures. Il ne restera plus qu'à interpoler les corrections pour les lectures intermédiaires. La lecture ainsi corrigée sera exempte des erreurs de la vis et représentera toujours la distance du point zéro au trait de la graduation qui le précède, exprimée en soixantièmes d'un tour de la vis. Mais si deux tours de la vis ne valent pas exactement deux minutes, ce nombre ne donnera pas réellement en secondes la distance précédente; nous devons donc chercher à obtenir la valeur d'un tour de la vis.

2° *Valeur d'un tour de la vis.* — Pour déterminer cette constante du microscope de lecture, on fait choix de deux traits du cercle dont la distance soit connue exactement, et, si l'on suppose un cercle divisé de 2′ en 2′, égale, par exemple, à

$$120 + y.$$

Après avoir mis la vis du microscope au zéro, on fait tourner le cercle de manière à amener entre les fils celui des deux traits qui correspond au numéro de graduation le plus élevé, puis, à l'aide de la vis, on amène le trait précédent entre les fils (*).

(*) On suppose ici que les lectures du tambour vont en croissant quand le fil marche d'un trait de la graduation vers le trait immédiatement inférieur; les microscopes sont ordinairement construits de telle sorte, qu'un déplacement dans ce sens corresponde à un mouvement du fil dirigé du zéro vers la tête de vis, et l'on mesure toujours la distance comprise entre le zéro et le trait le plus voisin situé du côté de la tête de vis.

Soit

$$120 + p$$

la lecture de la vis corrigée de son inégalité; si à partir du zéro la vis s'était déplacée de 120″, la lecture aurait dû être

$$120 + p - y.$$

Il faudra donc multiplier les lectures faites sur le tambour, et déjà corrigées de l'erreur de la vis, par le facteur

$$\frac{120}{120 + p - y}.$$

Il nous reste maintenant à montrer comment on peut déterminer la longueur de l'intervalle compris entre deux traits, les traits 0° 0′ et 0° 2′ par exemple. Pour cela, on évalue d'abord la longueur de cet intervalle en parties de la vis micrométrique; on place la vis au zéro et le trait 0° 2′ entre les deux fils, et on amène ensuite, au moyen de la vis, le trait 0° 0′ entre les mêmes fils : soit $120 + x$ la valeur de cet intervalle, donnée par la moyenne d'un grand nombre de mesures. On mesure de même un grand nombre de ces intervalles dans différentes régions du cercle, et comme on doit admettre que les intervalles mesurés sont aussi souvent trop grands que trop petits, on regardera leur moyenne comme étant, en parties de la vis, la valeur exacte d'un intervalle de 120″. Par conséquent, si l'on trouve pour cette moyenne le nombre

$$120 + u,$$

le premier intervalle est trop grand de $x - u$, et l'on a

$$y = x - u,$$

ce qui fait connaître la longueur de cet intervalle.

On réduira en table, avec la lecture de la vis pour argument, cette correction due à la différence qui existe entre la valeur d'un tour de la vis et deux minutes, en négligeant toutefois dans l'argument la correction qui résulte de l'inégalité de la vis, car, en raison de sa petitesse, cette correction ne peut avoir aucune influence; et aussi longtemps que la valeur d'un tour de la vis ne changera pas, on pourra combiner cette Table avec la précédente, destinée à tenir compte de l'inégalité de la vis.

Remarque. — Outre les ouvrages déjà indiqués, consulter sur le microscope micrométrique :

BOND. — *History and Description of the astronomical Observatory of Haward College*, p. XLVI.

BOND. — *Annals of the astronomical Observatory of Georgetown College*, n° 1, p. 193.

ROBINSON. — *Description of the Armagh Observatory and examination of its divisions.* (*Memoirs of the royal Astronomical Society*, IX.)

MAURY. — *Astronomical Observations made at the national Observatory Washington.* Introduction, p. XCI, Table VI.

STRUVE. — *Description de l'Observatoire de Poulkowa*, p. 154 et suiv.

BESSEL. — *Astronomische Beobachtungen auf der Königliche Universitäts-Sternwarte zu Königsberg*, Chap. XXVII, 1re Partie, p. XII.

LAMONT — *Jahresbericht der Münchner Sternwarte für* 1852, p. 21.

CHAPITRE II.

ERREURS COMMUNES A TOUS LES INSTRUMENTS.

I. — EXCENTRICITÉ.

6. *Théorie générale.* — Tout instrument astronomique comporte une erreur inévitable due au défaut de coïncidence du centre de rotation de l'alidade et du centre du cercle ou de la graduation qui y est tracée. Soient (*fig.* 11) C le centre de la graduation, C′ celui de l'alidade et C′A′ la direction trouvée; OCA′

Fig. 11.

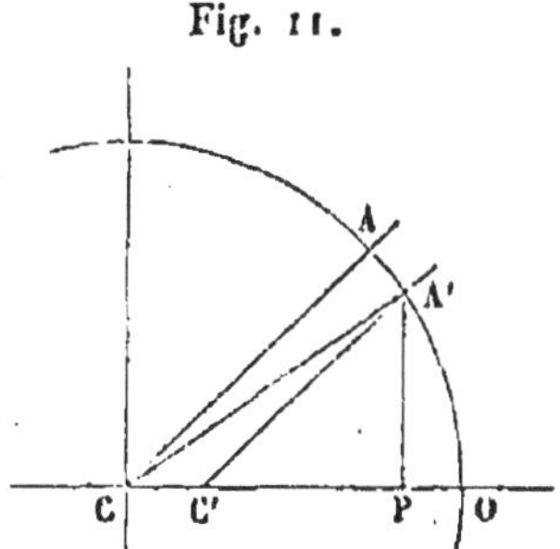

sera l'angle mesuré; comptons les angles à partir de la droite CO, ou les arcs à partir du point O, et représentons cet angle par A — O. S'il n'y avait pas d'excentricité, l'angle lu sur le cercle serait ACO, ou son égal A′C′O; mais supposons que les deux centres C et C′ soient distants de la quantité $CC' = e$, et représentons par r le rayon CO du cercle, par A — O l'angle $ACO = A'C'O$, nous aurons

$$A'P = r\sin(A' - O) \qquad = A'C'\sin(A - O),$$
$$C'P = r\cos(A' - O) - e = A'C'\cos(A - O).$$

Multiplions la première équation par $\cos(A' - O)$, la seconde par $\sin(A' - O)$, et retranchons la seconde de la première, il viendra

$$A'C' \sin(A - A') = e \sin(A' - O).$$

Multiplions au contraire la première équation par $\sin(A' - O)$, la seconde par $\cos(A' - O)$, et ajoutons les équations résultantes, nous obtiendrons

$$A'C' \cos(A - A') = r - e \cos(A' - O);$$

d'où

$$\tang(A - A') = \frac{\frac{e}{r} \sin(A' - O)}{1 - \frac{e}{r} \cos(A' - O)},$$

ou, d'après la formule (12) du n° 11 de l'*Astronomie sphérique*,

$$A - A' = \frac{e}{r} \sin(A' - O) + \frac{1}{2} \frac{e^2}{r^2} \sin 2(A' - O) + \frac{1}{3} \frac{e^3}{r^3} \sin 3(A' - O) + \ldots$$

Mais comme $\frac{e}{r}$ est toujours une petite quantité, on peut limiter la série à son premier terme et prendre pour valeur de $(A - A')$, exprimée en secondes,

$$A - A' = \frac{e}{r} \sin(A' - O) \times 206\,265.$$

A cause de ce facteur numérique, le nombre de secondes qui exprime l'erreur d'excentricité pourra toujours être considérable, quand bien même e ne serait qu'une petite fraction de r.

Élimination de l'erreur d'excentricité. — Pour n'avoir pas besoin de connaître la grandeur de l'excentricité et éviter la correction qui en résulte pour chaque lecture, on adapte toujours au cercle plusieurs verniers ou microscopes, placés de telle façon que l'erreur d'excentricité disparaisse dans la moyenne des lectures faites à chacun d'entre eux. Si, par exemple, l'alidade se compose de deux bras solides faisant entre eux un angle quelconque, il faut apporter à la lecture B′ faite au second bras une correction analogue à celle que nous avons indiquée pour le premier, de sorte que l'on a

$$A = A' + \frac{c}{r}\sin(A' - O),$$

$$B = B' + \frac{c}{r}\sin(B' - O);$$

d'où

$$\tfrac{1}{2}(A+B) = \tfrac{1}{2}(A'+B') + \frac{c}{r}\sin\left[\tfrac{1}{2}(A'+B') - O\right]\cos\tfrac{1}{2}(A'-B').$$

Il résulte de là que la différence entre $\frac{1}{2}(A+B)$ et $\frac{1}{2}(A'+B')$ sera d'autant moindre que l'angle $(A'-B')$ des deux bras de l'alidade sera plus voisin de 180°, et si $(A'-B')$ est rigoureusement égal à 180°, la moyenne arithmétique des lectures correspondra à la moyenne des directions réellement visées. Aussi, on adapte toujours aux instruments un cercle-alidade muni de deux verniers opposés l'un à l'autre, et l'on évite complétement l'erreur d'excentricité par la lecture simultanée des deux verniers.

Valeur de l'excentricité. — Pour trouver la valeur véritable de l'excentricité, il suffit de retrancher l'une de l'autre les lectures faites en A et en B; on a ainsi

$$B - A = B' - A' + 2\frac{c}{r}\cos\left[\tfrac{1}{2}(A'+B') - O\right]\sin\tfrac{1}{2}(B' - A'),$$

ou, en admettant que les alidades font entre elles un angle qui diffère très-peu de 180°, de telle sorte que, α étant un petit angle,

$$B - A = 180^\circ + \alpha,$$

et s'arrêtant aux termes du second ordre, on aura

$$B' - A' = 180^\circ + \alpha + 2\frac{c}{r}\sin(A' - O)$$

$$= 180^\circ + \alpha + 2\frac{c}{r}\cos O \sin A' - 2\frac{c}{r}\sin O \cos A'.$$

Posons

$$B' - A' - 180^\circ = X_{A'},$$

$$2\frac{c}{r}\cos O = z, \quad 2\frac{c}{r}\sin O = y,$$

nous aurons

$$X_{A'} = \alpha + z\sin A' - y\cos A',$$

et les grandeurs inconnues α, z et y se détermineront au moyen de lectures faites en différents points de la circonférence.

Exemple. — Au cercle méridien de l'Observatoire de Berlin, l'observation a donné, pour un couple de microscopes opposés, les valeurs suivantes de la quantité $X_{A'} = B' - A' - 180^\circ$:

$X_0 = +0'',3$	$X_{180} = +1'',5$
$X_{30} = +3,3$	$X_{210} = -0,6$
$X_{60} = +3,8$	$X_{240} = +0,7$
$X_{90} = +3,1$	$X_{270} = +0,7$
$X_{120} = +4,8$	$X_{300} = -2,5$
$X_{150} = +6,4$	$X_{330} = -4,8$

En faisant la somme de toutes ces grandeurs, on a

$$+16'',7 = 12\alpha,$$

d'où

$$\alpha = +1'',39.$$

De plus, on a, d'après le n° 27 de l'*Astronomie sphérique*,

A	$\underset{+}{X_A}$	$\underset{+-}{X_A}$	$\underset{-}{X_A}$	$\underset{-+}{X}$
0°	+0'',3	−1'',2		
30	−1,5	−7,3	+8'',1	+15'',1
60	+1,3	−4,2	+6,3	+10,4
90	+3,8		+2,4	+2,4
120	+5,5		+4,1	
150	+5,8		+7,0	
180	+1,5			

et par suite

$$\tfrac{1}{2}ny = +9'',62, \quad \tfrac{1}{2}nz = +18'',96;$$

ainsi

$$\theta = 26^{\circ}\,54',2 \quad \text{et} \quad \frac{e}{r} = 1'',772.$$

II. — Graduation d'un cercle. — Erreurs de division.

7. *Graduation d'un cercle.* — Avant d'étudier les erreurs de division d'un cercle et les méthodes employées pour en corriger les lectures, il convient de décrire brièvement les procédés à l'aide desquels on obtient cette graduation.

Une pareille opération en comprend deux autres distinctes : 1° la construction de la machine à diviser, machine qui, une fois construite, pourra servir à diviser tous les cercles de dimensions voisines; 2° le tracé de la graduation.

1° *Construction de la machine à diviser.* — Cette première opération en comprend elle-même deux autres successives. Tout d'abord, on trace sur un cercle parfaitement plan une graduation bien exacte, d'après laquelle on taille ensuite une denture sur la circonférence de ce cercle. On a ainsi ce que l'on appelle la *plate-forme* de la machine à diviser. Nous décrirons la méthode employée par M. Eichens (*).

Le cercle A (*fig.* 12) qui doit servir de plate-forme est installé horizontalement au moyen d'un axe de rotation très-solide, autour duquel il peut tourner au-dessus d'un second cercle A' également horizontal et qui sert de support aux pièces accessoires de l'appareil; les deux cercles peuvent être fixés l'un à l'autre au moyen de la pince *e*. En un point quelconque de la circonférence de A, on trace un trait M, qui soit autant que possible dans le

(*) *Rapports du jury de l'Exposition universelle de* 1867, t. II, p. 457 et suiv.

Le principe de cette méthode a été donné par Reichenbach. — *Theilungsmethode der Theilemachine für kreise betreffend* (*Auszug des Gilberts Annalen*, vol. LXVIII-LXIX).

plan d'un rayon, et sur le cercle A', en regard de ce trait, on fixe à demeure un microscope K dans une position telle, que le

Fig. 12.

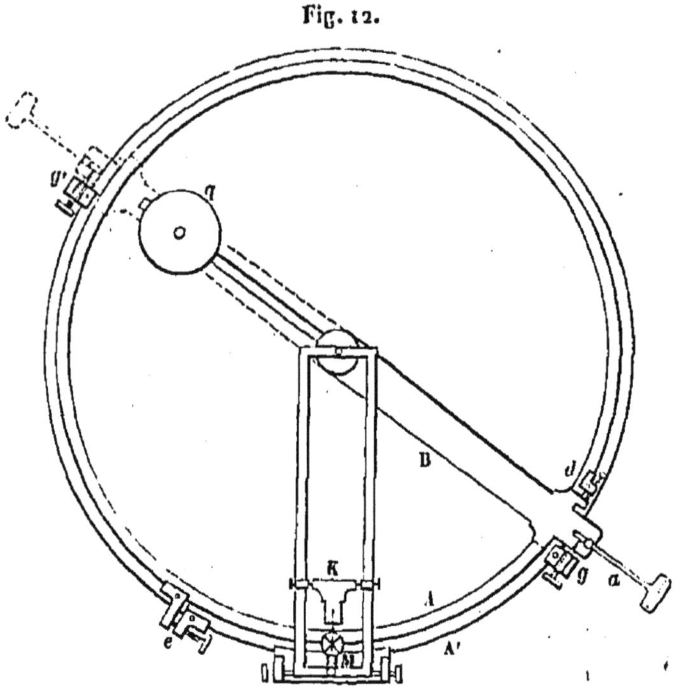

fil, dont est muni son réticule, recouvre entièrement le trait M. Il s'agit maintenant de tracer sur le cercle A un trait qui soit exactement à 180° de celui-ci.

Pour cela, sur le cercle A', en regard du cercle A et dans des points quelconques, on fixe deux pointes *g* et *g'* aussi voisines que possible des extrémités d'un même diamètre; à l'axe de rotation, on adapte un bras B mobile dans un plan horizontal voisin de celui du cercle A, et portant à son extrémité un comparateur vertical *a*; celui-ci est formé par une longue aiguille d'aluminium, équilibrée inférieurement par un petit parallélépipède d'acier trempé, et qui, à sa partie supérieure, porte un petit arc divisé; le bras B porte en outre un microscope dont le réticule est muni d'un fil vertical avec lequel on fera toujours coïncider le zéro de la graduation précédente. De plus, ce comparateur peut être fixé au cercle A, au moyen de la pince *d*; une vis de rappel permet alors de lui donner de petits mouvements.

Ceci étant posé, on amène la branche inférieure du comparateur au contact de la pointe g, on le fixe au cercle A', et, au moyen de la vis de rappel d, on fait passer l'aiguille au zéro. Desserrant ensuite la pince e, on fait tourner autour de l'axe le cercle A et le comparateur, qui forment alors un seul et même corps, jusqu'à ce que la branche inférieure du comparateur rencontre la pointe g'; puis on serre la pince e, et, au moyen de la vis de rappel de cette pince, on fait mouvoir le cercle A tout entier, jusqu'à ce que l'aiguille du comparateur soit encore au zéro. On a ainsi déplacé le cercle A d'un arc égal à celui qui sépare les deux pointes g et g', c'est-à-dire d'environ 180° (*), et par conséquent le trait tracé sur le cercle A se trouve maintenant à 180° environ de sa position primitive. Laissant alors invariables les deux cercles, on ramène le comparateur en contact avec la pointe g, de façon que l'aiguille soit encore au zéro, puis on fait tourner, comme plus haut, le cercle et le comparateur jusqu'à ce que, celui-ci étant en contact avec la pointe g', l'aiguille soit revenue au zéro. Le cercle A a alors marché d'un arc double de celui qui sépare les deux pointes g et g', et si celui-ci était rigoureusement de 180°, le trait M serait revenu sous le fil du microscope. En réalité, cette coïncidence ne se reproduira pas, et lorsque, au moyen de la vis de rappel de la pince e, on aura ramené le trait M sous le fil du microscope, l'aiguille du comparateur sera à une certaine distance du zéro; on fera mouvoir la vis de rappel de la pointe g, en sens convenable, de la moitié de cet écart, et on recommencera plusieurs fois successivement la série d'opérations précédentes, jusqu'à ce que, au commencement et à la fin d'une même série, la coïncidence du trait et du fil soit

(*) En réalité, ce n'est pas ainsi qu'est disposé le comparateur. Afin d'avoir un contact plus parfait, on ne l'amène jamais au zéro, suivant la verticale même, mais suivant une direction un peu inclinée; et comme les pointes g et g' touchent le contre-poids du comparateur successivement sur ses deux faces opposées, l'aiguille porte deux graduations différentes (comme le montre la figure) qui servent alternativement. Le cercle ne s'est donc pas déplacé d'un arc égal à celui qui sépare les deux pointes, mais d'un arc un peu plus grand; le principe de la méthode n'en reste pas moins le même.

conservée, l'aiguille étant toujours au zéro. Il suffira alors de tracer sur le cercle un trait M', dont la direction coïncide avec celle du fil du microscope mobile dans la seconde position du cercle, pour avoir un trait qui soit à 180° du premier, aussi exactement que le comportent l'exactitude des pointés et le centrage du cercle.

Ceci fait, on installe à demeure sur le cercle A' un microscope dont le fil coïncide avec ce nouveau trait, et l'on déplace la pointe *g'*, jusqu'à l'amener sensiblement à 90° de la pointe *g*. On recommencera alors la série d'opérations précédentes, jusqu'à ce que l'on ait obtenu ce résultat, que le trait M, étant sous le fil d'un des microscopes au commencement de la série, soit, à la fin de cette même série, sous le fil du second microscope. Les deux pointes seront alors à 90° l'un de l'autre. En opérant comme plus haut, on trouvera deux nouveaux traits à 90° des premiers, et l'on continuera ainsi en ajoutant de nouveaux microscopes, et déplaçant l'une des pointes d'une façon continue, de façon à subdiviser de plus en plus l'intervalle de deux traits consécutifs.

Dans la machine construite par M. Eichens, on a tracé ainsi, points par points, 720 traits, et, par conséquent, la plate-forme a été divisée de la sorte par intervalles d'un demi-degré.

On fixe alors sur le cercle A' une pince à vis tangente, avec laquelle on évalue successivement en tours et fractions de tour l'intervalle compris dans chacune de ces 720 divisions. En mettant le tracelet de cette vis tangente en coïncidence avec le premier trait, il suffit ensuite de faire tourner cette vis successivement d'un sixième du nombre ainsi obtenu, d'appuyer chaque fois le tracelet sur le cercle A, pour diviser celui-ci de 5' en 5', ce qui donnera à sa surface 4320 divisions. On vérifie ensuite l'exactitude de la division ainsi obtenue au moyen de quatre microscopes, placés à 90° l'un de l'autre. Ce résultat obtenu, reste à transformer ce cercle divisé en une roue dentée dont les dents soient séparées de 5', et à construire la vis tangente qui conduira cette roue dentée.

La denture a été taillée au moyen d'un couteau ou *appareil de hache à fendre*, ayant avec le plan perpendiculaire au plan du limbe une inclinaison égale au *rampant* de la vis tangente, qui devait ensuite s'y appliquer, ou, en d'autres termes, qui faisait avec ce plan un angle calculé d'après le nombre des dents et les dimensions de cette vis tangente. L'achèvement de la denture s'est fait en enlevant avec des couteaux identiques des quantités de plus en plus faibles de métal (*).

La vis tangente, exécutée dans des dimensions calculées d'avance, présentait un assez grand diamètre pour que son contact avec la denture n'ait lieu que sur une faible portion de son contour. Il résulte de là que le filet hélicoïdal de la vis tangente et l'entaille cylindrique qui constitue l'intervalle des dents se moulant sensiblement l'une sur l'autre, comme des éléments de courbe ayant une tangente commune, la denture est très-sensiblement la reproduction même de la division tracée sur la plate-forme A. On vérifie d'ailleurs l'identité de la graduation et de la denture en faisant tourner la vis tangente d'un trait en un point quelconque de la graduation; les traits consécutifs de celle-ci doivent se substituer les uns aux autres sous les microscopes qui sont placés au-dessus du limbe.

2° *Tracé de la graduation.* — La machine à diviser est dès lors construite. Pour diviser un cercle, on l'installera horizontalement au-dessus de la plate-forme A, puis, au moyen de la vis tangente et d'un compteur convenablement construit, on fera tourner la plate-forme de manière à la faire avancer d'un arc égal à celui qui doit séparer deux traits du limbe du cercle à diviser, d'un tour de la vis tangente si, par exemple, on veut diviser ce cercle de 5′ en 5′. Après chaque déplacement du cercle, un tracelet s'abaisse automatiquement sur lui et trace à sa surface le trait correspondant.

Quelque soin que l'on ait apporté à la construction de la plate-forme de la machine à diviser, il est bien certain que la division ainsi obtenue n'est pas exempte d'erreurs. Elles peuvent provenir soit des défauts des pointés et des tracés, soit de l'irrégularité de la vis qui a servi à diviser les 720 traits primitifs. Il en résulte deux sortes d'erreurs : les unes particulières à chaque

---

(*) La dernière passe exécutée par un seul et même couteau sur les 4320 dents n'a donné que 16 grammes de métal, soit $0^{gr},017$ par dent.

trait, indépendantes les unes des autres et provenant des erreurs faites dans les pointés et les tracés : nous les appellerons erreurs *accidentelles*; les autres suivent une loi régulière, se reproduisent périodiquement, et sont dues tant aux irrégularités de la vis qui a servi à terminer la plate-forme, qu'aux erreurs de pointés et de tracés des 720 traits primitifs : ce sont des erreurs *périodiques*. D'autres causes que les défauts mêmes de la graduation peuvent d'ailleurs influer sur les lectures faites à un cercle divisé ; nous avons maintenant à étudier ces erreurs diverses et à chercher les moyens de les éliminer.

8. *Erreurs de division. — Théorie générale.* — Dans la pratique un cercle porte toujours plusieurs paires de verniers ou de microscopes opposés. S'il n'existait pas d'autres erreurs que celle due à l'excentricité, il est évident qu'il y aurait alors, dans toutes les positions du cercle, une différence constante entre les lectures faites à deux paires quelconques de microscopes. En réalité ce fait ne se présente jamais, car la graduation est elle-même erronée. Mais, quelle que soit la nature de cette erreur, elle pourra, en général, être représentée par une série périodique de la forme

$$\begin{aligned} a_0 + a_1 \cos A + a_2 \cos 2A + \ldots \\ + b_1 \sin A + b_2 \sin 2A + \ldots, \end{aligned}$$

où A représente la lecture faite à l'un des verniers ou des microscopes.

Actuellement, soit i la fraction de la circonférence qui correspond à la distance de deux des verniers supposés équidistants, de telle sorte que les lectures faites à chacun d'eux, dans une position déterminée, aient pour expressions

$$A, \quad A + \frac{2\pi}{i}, \quad A + 2\frac{2\pi}{i}, \ldots, \quad A + (i-1)\frac{2\pi}{i};$$

de plus, p pouvant prendre toutes les valeurs entières positives, et m les valeurs $0, 1, \ldots, (i-1)$, représentons par

$$\sum_0^p a_p \cos p\left(A + m\frac{2\pi}{i}\right), \quad \sum_0^p b_p \sin p\left(A + m\frac{2\pi}{i}\right)$$

les sommes

$$a_0 + a_1 \cos A + a_2 \cos 2A + \ldots$$

et

$$+ b_1 \sin A + b_2 \sin 2A + \ldots,$$

dans lesquelles A prend toutes les valeurs indiquées plus haut. La moyenne des lectures faites aux i microscopes devra être corrigée de la quantité

$$\frac{1}{i}\sum_0^p a_p \cos\left(A + m\frac{2\pi}{i}\right) + \frac{1}{i}\sum_0^p b_p \sin\left(A + m\frac{2\pi}{i}\right),$$

ou, en développant les fonctions trigonométriques,

$$\frac{1}{i}\sum_0^p \left[(a_p \cos pA + b_p \sin pA)\sum_0^{i-1} \cos m\frac{2\pi}{i}\right]$$
$$+ \frac{1}{i}\sum_0^p \left[(b_p \cos pA + a_p \sin pA)\sum_0^{i-1} \sin m\frac{2\pi}{i}\right].$$

Or nous avons vu (*Astronomie sphérique*, n° 26) que

$$\sum_0^{i-1} \sin m\frac{2\pi}{i} = 0, \quad \text{en général,}$$

et

$$\sum_0^{i-1} \cos m\frac{2\pi}{i} = 0, \quad \text{en général,}$$
$$= i, \quad \text{si } m = ki.$$

Dans la moyenne des lectures faites aux i microscopes, un grand nombre de termes de la série périodique disparaissent donc; *ceux dont l'indice est un multiple de i subsistent seuls*, et la correction, qu'il faut apporter à la moyenne des lectures pour la corriger des erreurs de division, peut être représentée par la formule

$$\Sigma_0^k (a_{ki} \cos kiA + b_{ki} \sin kiA).$$

Ainsi avec deux microscopes la correction sera

$$a_2 \cos 2A + a_4 \cos 4A + \ldots$$
$$+ b_2 \sin 2A + b_4 \sin 4A + \ldots;$$

avec quatre microscopes elle aura pour expression

$$a_4 \cos 4A + a_8 \cos 8A + \ldots$$
$$+ b_4 \sin 4A + b_8 \sin 8A + \ldots;$$

et ainsi de suite, le nombre des termes de la série diminuant à mesure que le nombre des microscopes augmente.

Ainsi, en faisant les lectures avec plusieurs microscopes, une grande partie des erreurs de division disparaîtra de la moyenne, et l'on voit qu'il y aura tout avantage à multiplier le nombre des paires de verniers ou de microscopes.

Erreur périodique de division : sa détermination. — On obtient les erreurs de division par la comparaison successive d'intervalles qui soient des parties aliquotes de la circonférence. Si l'on veut avoir, par exemple, les erreurs des traits de 5° en 5°, on disposera, perpendiculairement à la graduation, deux microscopes séparés par un arc d'environ 5°; puis on amènera, par un mouvement de rotation du cercle, le trait 0° sous l'un des microscopes, microscope auquel on ne devra point toucher pendant toute la série des opérations; puis, au moyen de la vis du second microscope, on amènera l'autre trait entre les fils de ce microscope, et on lira la distance qui le sépare du zéro; on tournera ensuite le cercle de façon à amener le trait 5° entre les fils du premier microscope, et, avec le second microscope, on recommencera, sur le trait 10°, les mêmes opérations que tout à l'heure sur le trait 5°; et ainsi de suite, en parcourant toute la circonférence pour revenir au trait 0°. Les mêmes opérations devront alors être répétées en tournant le cercle en sens opposé. Soit α_0 la moyenne arithmétique de toutes les lectures de la vis, α', α'',... les lectures correspondant aux traits 5°, 10°,...; et regardons en outre le trait 0° comme exact, les erreurs des traits successifs seront :

$\alpha_0 - \alpha'$,	pour 5°,
$2\alpha_0 - \alpha' - \alpha''$,	pour 10°,
............,	.......,
$(n-1)\alpha_0 - \alpha' - \alpha'' - \ldots - \alpha_{n-1}$,	pour $(n-1) \times 5°$.

En raison des changements que les influences extérieures pourraient faire éprouver au cercle pendant une aussi longue série d'opérations, il vaut mieux déterminer successivement, et pour ainsi dire une à une, les erreurs de chacun des traits de la graduation.

On étudie d'abord avec le plus grand soin les positions de quelques traits principaux de la graduation; puis, s'appuyant sur les corrections ainsi trouvées, on fixe les positions de nouveaux points de la graduation en divisant en deux parties égales l'arc compris entre les premiers : on continue de la sorte, en se servant toujours des corrections déjà obtenues, pour diviser les arcs précédents en deux, trois ou un plus grand nombre de parties égales.

Les intervalles d'au plus un ou deux degrés pourront, sans inconvénient, être partagés en cinq ou six parties, mais il conviendra de ne diviser les intervalles d'étendue plus considérable qu'en deux ou trois parties. Ces dernières opérations se font d'ailleurs très-rapidement, et peuvent, pour plus de sécurité, être recommencées aussi souvent qu'on le jugera convenable.

Ces recherches s'effectuent à l'aide de deux microscopes qui peuvent être fixés, à une distance convenable l'un de l'autre, perpendiculairement à la graduation (*). Pour les petits intervalles, un degré par exemple, il sera commode d'employer un microscope à objectif divisé. Au commencement d'une série d'observations, on réglera les microscopes comme il a été dit au n° 5; en outre, il sera bon d'employer toujours dans les mesures le même microscope et de diriger les opérations de manière à se servir toujours de la même portion de la vis micrométrique, résultat qu'il sera facile d'obtenir en déplaçant d'une quantité convenable, au commencement de chaque série, le microscope fixe, qui n'est, à proprement parler, que le zéro du microscope employé.

On peut donc trouver, par la méthode précédente, les erreurs de chaque degré de la graduation et même celles des demi-degrés.

(*) On peut se servir d'un des microscopes du cercle; il suffit alors que la construction de l'instrument permette d'en établir un second à une distance convenable du premier.

Si le tableau des corrections qu'il faut ajouter à la moyenne de chaque groupe de lectures

$$\frac{0^\circ + 90^\circ + 180^\circ + 270^\circ}{4} \quad \text{jusqu'à} \quad \frac{90^\circ + 180^\circ + 270^\circ + 0^\circ}{4}$$

met en évidence une marche régulière, une portion au moins de ces corrections peut être représentée par une série périodique de la forme

$$a \cos 4z + a_1 \cos 8z + \ldots + b \sin 4z + b_1 \sin 8z + \ldots,$$

et donne la portion de l'erreur de division qu'on appelle *erreur périodique de division*. Ces erreurs seront réduites en tables avec la distance zénithale pour argument.

Exemple. — Dans l'étude de la graduation du cercle méridien d'Ann-Arbor, les deux microscopes furent d'abord placés à 180° l'un de l'autre. Quand le trait 0° de la graduation était placé sous le premier microscope, la lecture faite au second microscope, pointant sur le trait 180°, était — 17″,9. Mais quand le trait 180° était sous le premier microscope, la lecture faite à l'autre, pointant sur le trait 0°, était — 2″,7. La moyenne est — 10″,3, et l'erreur du trait 180° est + 7″,60; la moyenne de dix observations a donné 7″,61, et cette quantité sera considérée comme l'erreur du trait 180°.

Pour avoir les erreurs des traits 90° et 270°, on a divisé, en deux parties égales, les arcs compris entre 0° et 180°, 180° et 0°, en plaçant les deux microscopes à une distance de 90° l'un de l'autre : quand le trait 0° était sous le premier microscope, la lecture faite au second, pointant sur le trait 90°, était — 6″,5; tandis que, lorsque le trait 90° correspondait au premier microscope, la lecture faite au second, pointant sur le trait 180°, était — 3″,5 : résultat qui, corrigé de l'erreur du trait 180°, donne + 4″,11. La moyenne des nombres — 6″,5 et + 4″,11 est — 1″,19. L'erreur du trait 90° est donc + 5″,31.

On a déterminé tout à fait de la même manière les erreurs des traits 45°, 135°, 225° et 315°, en divisant en deux parties égales chacun des arcs de 90° qui précèdent. On aurait pu déterminer ainsi les erreurs de division de 15° en 15° en divisant en trois parties égales les arcs de longueur 45° ; mais comme, dans cet instrument, les microscopes ne peuvent être placés aussi près l'un de l'autre, on a divisé en trois parties égales l'arc de 315° et celui de 225°. Dans ce but, les microscopes furent d'abord placés à une distance de 105° ; quand les traits 0°, 105°, 210° étaient successivement sous le microscope fixe, les lectures du second microscope étaient successivement

$$-11'',9, \quad -5'',6, \quad +2'',0;$$

ou, en corrigeant la dernière lecture de l'erreur du trait 315°, qui avait été trouvée égale à $-0'',48$, ces lectures étaient

$$-11'',9, \quad -5'',6, \quad +1'',2.$$

Leur moyenne arithmétique est égale à $-5'',33$; par conséquent, l'erreur du trait 105° était

$$+6'',57.$$

On a trouvé de même pour l'erreur du trait 210°

$$2\alpha_0 - \alpha' - \alpha'' = +6'',84.$$

Pour trouver les erreurs des traits 75°, 150°, on procéderait de la même manière.

Lorsque, dans cette série d'opérations, on prenait pour point de départ un trait de la graduation autre que le trait 0°, la première lecture devait aussi être corrigée, et pour cela on lui ajoutait la correction de ce trait prise en signe contraire. Ainsi, quand le premier microscope pointait successivement les traits 90°, 195° et 300°, les lectures du second, qui correspondait alors aux traits 195°, 300° et 45°, étaient successivement

$$-6'',6, \quad +2'',1, \quad -7''9.$$

Or les erreurs des traits 90° et 45° avaient été trouvées égales à $+5'',46$ et $+3'',36$; les lectures corrigées avaient donc pour valeurs

$$-12'',06, \quad +2'',10, \quad -4'',54.$$

Leur moyenne est $-4'',83$, et par conséquent les erreurs des traits 195° et 300° sont $+7'',23$ et $+0'',30$.

Causes de l'erreur périodique : son élimination. — Les erreurs ainsi trouvées sont formées par la somme des erreurs dues aux défauts mêmes de la graduation, à l'excentricité du cercle et à l'irrégularité des tourillons. Il faut y ajouter encore l'erreur de *flexion*, c'est-à-dire les changements produits dans les distances relatives des traits de la graduation, par l'influence que la pesanteur exerce sur le cercle.

Les variations qu'amène cette dernière cause dans la position d'un trait dépendent de sa situation par rapport à la verticale, de telle sorte que la correction qui en résulte pour un trait déterminé du cercle, peut en général être représentée par une série de la forme

$$a'\cos z + a''\cos 2z + a'''\cos 3z + \ldots$$
$$+ b'\sin z + b''\sin 2z + b'''\sin 3z + \ldots,$$

dont les coefficients varieront d'un trait à l'autre, et dépendront de la distance qui sépare le trait considéré de celui que l'on a pris, sur le cercle, pour zéro de la graduation. En amenant un trait de la distance zénithale z à la distance zénithale $180° + z$, tous les termes de rang impair, dans l'une ou l'autre ligne, changeront de signe en conservant leurs valeurs absolues. En conséquence, si l'on mesure la distance de deux traits dans une première position du cercle où la distance zénithale de l'un d'eux est égale à z, puis dans la position opposée, pour laquelle la distance zénithale de ce même trait est $180° + z$, la demi-somme des deux distances ainsi mesurées sera indépendante des termes impairs de la flexion, les termes en $2z$, $4z$, ... subsistant seuls dans le résultat. Si ces observations ont été répétées dans quatre positions du cercle distantes de 90°, la moyenne des mesures ne contiendra plus que les termes dépendant de $4z$, $8z$, ..., et ainsi de suite. En général, les termes qui sont des fonctions du double de l'angle, sont déjà très-petits; on pourra donc regarder la moyenne des distances, observées dans deux positions opposées du cercle, comme entièrement débarrassée de l'erreur de flexion (*).

Les erreurs d'excentricité disparaissent dans la moyenne des erreurs de deux traits diamétralement opposés; avec elles disparaissent aussi les erreurs dues à l'irrégularité de forme des tourillons. En effet, de telles irrégularités n'ont d'autre résultat que de faire varier un peu l'erreur d'excentricité du cercle dans les différentes positions de l'instrument, puisque, dans la rotation de l'instrument autour de l'axe, le centre de la graduation occupe successivement des positions différentes par rapport aux supports des tourillons (**).

Si le cercle est muni de quatre microscopes, on prendra la moyenne arithmétique des erreurs de division correspondantes à un certain nombre de groupes de quatre lignes, distantes l'une de l'autre de 90°, et en ajoutant cette quantité à la moyenne des lectures données par les quatre microscopes, on obtiendra un résultat débarrassé des erreurs périodiques de division.

En outre, d'après la formule générale que nous avons donnée en commençant cette étude, il est bien clair que l'emploi d'un grand nombre de verniers ou de microscopes équidistants atténue beaucoup les erreurs périodiques de division.

(*) Dans les nos 577, 578 et 579 des *Astronomische Nachrichten*, Bessel a étudié théoriquement l'influence que peut avoir la pesanteur sur la distance de deux traits d'un cercle, et a trouvé qu'on pouvait la représenter par l'expression simple

$$a'\cos z + b'\sin z;$$

mais le cas qu'il examine, celui d'un cercle parfaitement homogène, est bien peu probable; en général, il est vrai, les termes d'ordre plus élevé dans l'expression de l'erreur de flexion sont très-petits, mais il sera toujours bon de s'en assurer par une recherche spéciale.

(**) Les erreurs provenant de l'excentricité du cercle et de l'irrégularité des tourillons ont la forme

$$(e + c'_1 \cos z + c''_1 \sin z + c'_2 \cos 2z + c''_2 \sin 2z)\sin(A - O_z),$$

A désignant la lecture du cercle, z la distance zénithale du zéro de la graduation, O_z la direction, généralement variable avec z, de la ligne menée par le centre de la graduation et le centre de la section faite dans l'axe par son plan.

Erreurs accidentelles. — Les erreurs *accidentelles* des traits sont celles qui ne suivent aucune loi régulière et dont la valeur numérique peut, avec une égale probabilité, être positive ou négative pour une division donnée. On les obtient de la même manière que plus haut, en subdivisant les arcs d'un demi-degré. Ces opérations, exécutées pour chaque trait de la graduation, exigent un travail énorme. Ainsi l'illustre Bessel a employé vingt-deux jours à la détermination des erreurs de 96 traits de la graduation du cercle de Kœnigsberg, et il estimait qu'il lui aurait fallu quatre ou cinq ans pour avoir, avec la même précision, les erreurs des 7560 traits portés par la graduation entière.

Aussi Hansen (*) a-t-il proposé une construction spéciale du cercle et des microscopes, construction appliquée plus tard par Peters au cercle méridien d'Altona (**), et qui permet de diminuer notablement le nombre des traits dont il faut déterminer les erreurs. Le procédé de Hansen consiste essentiellement à n'employer à la lecture qu'un nombre fort restreint de traits du cercle, traits dont on détermine les erreurs avec la plus grande exactitude. Quant aux subdivisions de ces intervalles, on les lit sur un arc auxiliaire spécial, au moyen d'un microscope à vis micrométrique; les divisions de cet arc auxiliaire, dont Hansen se sert comme d'un vernier, doivent aussi être étudiées avec le plus grand soin.

L'évaluation des erreurs est surtout importante pour les traits que l'on rencontre dans la détermination des latitudes, des déclinaisons des étoiles fondamentales, et dans les observations du Soleil.

Lorsque les erreurs de chaque demi-degré ont été déterminées, on obtient celles de chaque trait en mesurant, à l'aide des vis des microscopes, tous les intervalles de deux ou cinq minutes compris dans l'arc d'un demi-degré où se trouve le trait à

(*) Hansen. — *Beschreibung der Einrichtungen, welche am Meridiankreise der Beobachtung der Seeberger Sternwarte angebracht worden sind, am grössere Genauigkeit in der Verticalwinkel zu Wege zu bringen.* (*Astronomische Nachrichten*, nos 388 et 389.)

(**) Peters. — *Notizen über den auf der Altonaer Sternwarte, befindlichen Meridiankreis.* (*Astronomische Nachrichten*, n° 1061.)

étudier. Dans ce but, après avoir mis la vis du microscope au zéro, on fait tourner le cercle de façon à amener entre les fils l'un des traits de degré, et l'on mesure, avec la vis, sa distance au trait le plus voisin. On remet alors la vis au zéro, par un déplacement du cercle on amène entre les fils le trait dont on vient de mesurer la distance, on mesure ensuite avec la vis sa distance au trait suivant, et ainsi de suite jusqu'au premier trait de degré ou de demi-degré. Ces mesures seront alors faites en sens opposé, et l'on prendra la moyenne des valeurs trouvées pour le même intervalle dans les deux séries d'observations. Soient x et x' les erreurs du premier et du dernier trait, α', α'',... les intervalles mesurés entre le premier et le second, le second et le troisième,..., la quantité

$$\frac{\alpha' + \alpha'' + \alpha''' + \ldots + x' - x}{15} = \alpha_0$$

sera égale à un intervalle de deux ou cinq minutes mesuré avec la vis, et par conséquent les erreurs des différents traits intermédiaires seront

$x + \alpha_0 - \alpha'$, pour le premier,

$x + 2\alpha_0 - \alpha' - \alpha''$, pour le second,

$x + 3\alpha_0 - \alpha' - \alpha'' - \alpha'''$, pour le troisième,

..................., ...,

$x + n\alpha_0 - \alpha' - \alpha'' - \ldots - \alpha''$, pour le dernier.

Nous ajouterons encore que l'emploi de plusieurs microscopes tend à réduire l'effet des erreurs accidentelles, sans cependant l'éliminer entièrement. En effet, si ε est l'erreur accidentelle probable d'une division, l'erreur accidentelle probable de la moyenne des lectures à m microscopes est $\frac{\varepsilon}{\sqrt{m}}$. (*Astronomie sphérique*, n° 22.)

Méthode suivie dans l'étude des divisions du grand cercle méridien de l'Observatoire impérial de Paris. — Quelles que soient d'ailleurs la perfection de l'ajustement de l'axe du cercle dans ses coussinets, l'habileté avec laquelle ont été travaillés les tourillons, les précautions que l'on apporte au maniement de l'appareil, il est impossible de le faire tourner autour d'un axe mathématiquement invariable (*); aussi la position du cercle n'est-elle jamais déterminée par la lecture à un seul microscope, mais par la moyenne des lectures faites à deux microscopes opposés. Il n'y a donc en réalité, pour l'astronome, aucun intérêt immédiat à chercher les erreurs des traits pris isolément; mais la seule détermination possible et utile est celle de l'erreur moyenne de deux divisions diamétralement opposées. C'est là seulement ce qu'ont déterminé MM. Wolf, Barbier et Stephan dans l'étude des divisions du cercle méridien Secretan-Eichens.

Cette étude a d'ailleurs été divisée en deux parties. Dans la première, on a cherché à obtenir les erreurs des traits principaux, de tous les degrés. Dans la seconde, on a déterminé les erreurs ou les corrections des dernières divisions; pour cela, le cercle étant en place, on évaluait, en tours de vis des deux microscopes placés aux extrémités du diamètre horizontal, les divisions comprises dans chaque degré et son correspondant, $0^\circ - 1^\circ$ et $180^\circ - 181^\circ$. La valeur de chaque degré étant connue par les opérations de la première partie, on pouvait en conclure, avec une exactitude suffisante, celle de chacune des subdivisions.

Quant à la recherche des traits principaux, elle a été effectuée par la méthode générale suivante (**). Soient une règle rectiligne ou circulaire divisée en parties égales, et des microscopes pointés sur chacune des divisions; en faisant marcher la règle de manière à amener une nouvelle coïncidence pour l'un des microscopes, cette coïncidence devrait se reproduire pour tous les autres, si l'égalité des divisions était parfaite. Mais ce cas est irréalisable, d'abord, parce que la graduation n'est jamais exacte, puis, parce qu'il est impossible de déplacer exactement la règle d'une lon-

(*) *Voir* à ce sujet les *Annales de l'Observatoire impérial* (*Observations*, t. I) : *Détermination des erreurs de division du cercle de Fortin*, par M. Yvon Villarceau.

(**) *Annales de l'Observatoire impérial* (*Observations*, t. XIX, 1863).

gueur égale à l'intervalle de deux divisions, et qu'enfin le pointé d'un microscope sur un trait n'est jamais qu'approximatif.

Ceci posé, imaginons deux microscopes distants d'une quantité $\varphi = l + \lambda$, sensiblement égale à l'intervalle l de deux divisions, et amenons l'un d'eux à peu près sur la division K. Si nous déplaçons la règle d'une quantité $l + \alpha$, ce microscope se trouvera voisin de la division $K + l$, et l'autre de la division K, et pour les amener à pointer sur les deux divisions, il faudra les déplacer respectivement des quantités $\alpha + \varepsilon$, $\alpha + \lambda + \varepsilon'$, ε et ε' étant les erreurs de graduation des deux traits, les lectures faites aux deux microscopes sont donc

Au premier..... $l_0 = K + \alpha + \varepsilon$,

Au second...... $l_1 = K + l + \alpha + \lambda + \varepsilon'$,

d'où, en désignant par γ_1 la différence $l_1 - l_0$,

$$\gamma_1 = l_1 - l_0 = l + \lambda + \varepsilon_1 - \varepsilon, \quad \gamma_1 = \varphi + \varepsilon_1 - \varepsilon.$$

En faisant subir à la règle un nouveau déplacement, sensiblement égal au premier, nous aurons encore

$$\gamma_2 = \varphi + \varepsilon_2 - \varepsilon_1,$$

et ainsi de suite

$$\gamma_n = \varphi + \varepsilon_n - \varepsilon_{n-1}.$$

La somme de toutes ces équations donne

$$\Sigma\gamma = n\varphi + \varepsilon_n - \varepsilon,$$

$$\varphi = \frac{\Sigma\gamma}{n} + \frac{\varepsilon - \varepsilon_n}{n}.$$

Or, dans le cas d'un cercle, on revient après un tour à la division origine; il en résulte

$$\varepsilon - \varepsilon_n = 0, \quad \varphi = \frac{\Sigma\gamma}{n}.$$

On a donc les équations

$$\varepsilon_1 = \varepsilon \quad + \gamma_1 - \varphi,$$

$$\varepsilon_2 = \varepsilon_1 \quad + \gamma_2 - \varphi,$$

....

$$\varepsilon = \varepsilon_{n-1} + \gamma_n - \varphi;$$

et cette dernière relation sera une identité propre à la vérification des calculs.

Pour appliquer cette méthode générale, le cercle était placé horizontalement sur un massif en maçonnerie et tournait autour d'un faux centre, dans les conditions mêmes où il avait été gradué. Sur le massif, étaient également fixés quatre microscopes micrométriques aux extrémités de deux diamètres inclinés l'un sur l'autre de 60°, et un pointeur à fil dans une position telle, que, lorsqu'il se trouvait au-dessus de la division 0°, les microscopes visaient les divisions 90°, 150°, 270° et 330°; une lampe placée au-dessus du centre du cercle éclairait la graduation par l'intermédiaire de réflecteurs que portaient les microscopes. Avec ces quatre microscopes, on détermina d'abord les erreurs de graduation des divisions (0° — 180°), (60° — 240°), (120° — 300°), puis on a considéré les traits (0° — 180°), (60° — 240°), (120° — 300°) comme de nouvelles origines auxquelles on a rapporté les traits intermédiaires de 20° en 20°.

Dans ce but, deux nouveaux microscopes ont été fixés sur le massif en maçonnerie, aux extrémités d'un diamètre faisant un angle de 20° avec celui qui passait par l'un des couples de microscopes déjà employés, et l'application de la même méthode répétée douze fois a donné les erreurs des traits de 20° en 20°.

Ces deux microscopes ont été ensuite portés à 25° des microscopes les plus voisins, et l'on a obtenu ainsi les erreurs de 5° en 5°. Enfin, pour avoir les erreurs de degré en degré, on a placé les deux couples de microscopes aux extrémités de deux diamètres faisant un angle de 19°.

Les avantages de cette façon de procéder sont évidents. Les observations se partagent en petits groupes de déterminations, cinq au plus, complétement indépendants l'un de l'autre. L'horizontalité du cercle élimine l'influence de la flexion; de plus, en raison de cette position du cercle, si l'observateur se déplace régulièrement autour de lui, et si la température de la salle où l'on opère varie peu, il n'y a pas lieu de craindre aucune erreur accidentelle provenant d'un inégal échauffement des diverses parties du limbe.

Détermination des erreurs de division au moyen d'observations astronomiques. — Cette méthode, empruntée au Mémoire de M. Villarceau sur la latitude de Dunkerque (*), a été employée pour déterminer les erreurs de division d'un cercle méridien de petites dimensions; mais on pourrait évidemment l'appliquer à un cercle de dimensions quelconques.

Le cercle dont on se servait était muni de quatre microscopes. Or, si l'on déplace systématiquement et de quantités égales le zéro du cercle par rapport à l'axe de la lunette, de manière à lui faire parcourir un quart de la circonférence, par exemple si l'on fait occuper au cercle cinq positions équidistantes, le résultat donné par la moyenne des observations correspondantes à une même étoile dans ces cinq positions sera, par rapport aux erreurs de division, complétement identique à celui que l'on aurait obtenu si chaque observation avait été faite au moyen de vingt microscopes équidistants. En d'autres termes, la portion périodique des erreurs de division n'aura pas d'influence sensible sur cette moyenne; de plus, les erreurs accidentelles de division, ainsi que les erreurs d'observation, seront considérablement atténuées: nous en ferons complétement abstraction. Par conséquent, la moyenne des lectures faites dans les cinq positions peut être considérée comme exacte, et la différence entre cette quantité et la moyenne des lectures relatives à chaque position est égale à l'erreur moyenne des traits qui se trouvent alors sous les quatre microscopes, c'est-à-dire à la seule quantité qu'il soit en définitive utile de déterminer.

Ceci posé, soient L la latitude du lieu ou la déclinaison du zénith, D la déclinaison d'une étoile, Z et l les lectures qui, dans une position du cercle, correspondent au zénith et à cette étoile, et supposons que les lectures croissent avec les hauteurs; nous aurions, si la graduation était exacte,

$$Z - L = l - D \text{ (**)}.$$

(*) *Annales de l'Observatoire impérial*, t. VIII, p. 230 et suiv.

(**) Pour simplifier, nous n'avons pas tenu compte ici de la réfraction et de la flexion, mais en réalité la lecture l doit être corrigée de ces deux effets.

Soient au contraire δZ et δl les erreurs des lectures z et l, nous aurons

$$Z + \delta Z - L = l + \delta l - D,$$

d'où

$$L = D + Z - l + \delta Z - \delta l.$$

Que dans chacune des N positions du cercle on répète la même observation, la moyenne des lectures faites au cercle étant, d'après ce que nous avons dit, exempte d'erreurs, la valeur vraie de la latitude sera la moyenne arithmétique des quantités telles que $D + Z - l$, c'est-à-dire que

$$L = \frac{1}{N} \Sigma (D + Z - l);$$

de sorte que, en comparant pour chaque étoile et pour chaque position du cercle cette valeur L à la valeur de $(D + Z - l)$, qui résulte de l'observation, on aura une expression numérique de la différence $\delta Z - \delta l$ relative à cette position, expression évidemment indépendante de la réfraction et de la flexion, ainsi que des erreurs constantes qui pourraient affecter la déclinaison de l'étoile.

D'autre part, chacune des corrections δl et δZ pouvant s'exprimer par une série trigonométrique de la forme

$$A_4 \cos 4l + A_8 \cos 8l + \ldots + B_4 \sin 4l + B_8 \sin 8l + \ldots$$

ou

$$A_4 \cos 4Z + A_8 \cos 8Z + \ldots + B_4 \sin 4Z + B_8 \sin 8Z + \ldots,$$

chaque observation donnera une équation entre les coefficients inconnus et des quantités connues; il sera donc possible, au moyen d'un nombre suffisant d'observations d'étoiles convenablement espacées, de déterminer les valeurs de ces coefficients.

Élimination simultanée de toutes les erreurs de division. — Il est facile d'éliminer sûrement les erreurs de division soit *périodiques*, soit *accidentelles*, et ce moyen doit toujours être employé quand on fait une longue suite d'observations avec un même instrument. On déplace systématiquement et de quantités égales le zéro du cercle par rapport à l'axe autour duquel il tourne, de manière à lui faire parcourir la circonférence entière ou simplement le $\frac{1}{n}$ de la circonférence, si le cercle porte n microscopes, 60° par exemple dans le cas de six microscopes. En donnant au cercle p positions équidistantes, et prenant la moyenne de toutes les observations d'une même étoile, on aura évidemment, quant aux erreurs de division, le même résultat que si l'on avait fait chaque observation avec un cercle muni d'un nombre de microscopes égal à

$$p \times n.$$

Les erreurs de division résultant d'une pareille combinaison d'observations seront évidemment très-minimes. Ainsi, supposons que le cercle porte six microscopes, et qu'on ait fait occuper au cercle cinq positions équidistantes, la série qui représente les erreurs de division ne commencera qu'aux termes, en

$$\cos 30 A \quad \text{et} \quad \sin 30 A,$$

et par suite, les erreurs seront négligeables. On arrivera ainsi à éliminer entièrement la partie périodique des erreurs de division et à diminuer presque indéfiniment l'influence des erreurs accidentelles.

Cette méthode, imaginée par Bessel, peut s'appliquer tout aussi bien aux grands instruments des observatoires qu'aux instruments portatifs. Elle a reçu le nom de méthode de la *réitération*, et a remplacé la méthode de la répétition, dont le principe est dû à Tobie Mayer (*), mais qui a été introduite dans l'Astronomie pratique par Borda, sous une forme un peu différente et avec le nom de *double répétition* ou *multiplication* des angles. Bien que cette méthode de la répétition n'ait été employée que dans les opérations géodésiques, et qu'elle soit aujourd'hui complétement abandonnée, nous en exposerons cependant le principe dans le Chapitre III, à propos des théodolites.

(*) Tobie Mayer. — *Nova methodus perficiendi instrumenta geometrica, et novum instrumentum goniometricum* (*Commentarii societatis regiæ Gottingensis*, 1752, t. I, p. 324).

Remarque I. — Consulter sur le mode de graduation d'un cercle :

RAMSDEN. — *Description d'une machine à diviser les instruments de mathématiques.* (Traduction de de Lalande.)

A. OERTLING. — *Beschreibung einer auf Veranlassung des Königlichen Finanzministerii in den Jahren 1840 und 1841 erbauten, und in den beiden folgenden Jahren in ihrer Ajustirung vollendeten Kreis machine;* Berlin, 1850.

FROMENT. — *Procédé de correction de la graduation d'un cercle (Comptes rendus des séances de l'Académie des Sciences,* t. XLVII; 1868).

GAMBEY. — *Compte rendu de la méthode suivie par Gambey pour diviser le cercle mural de l'Observatoire de Paris (Comptes rendus des séances de l'Académie des Sciences,* t. LXVIII, p. 207; 1869).

Remarque II. — Consulter sur la détermination des erreurs de division :

BESSEL. — *Königsberger Beobachtungen,* vol. I et VII.

BESSEL. — *Astronomische Nachrichten,* n° 841.

F. W. STRUVE. — *Observationes Dorpatenses,* vol. VI, ou *Novæ seriæ* vol. III.

F. W. STRUVE. — *Astronomische Nachrichten,* n°s 344 et 345.

F. W. STRUVE. — *Description de l'Observatoire de Poulkowa,* p. 166.

PETERS. — *Bestimmung der Theilungsfehler des Ertelschen Verticalkreises der Pulkowaer Sternwarte.*

LAMONT. — *Jahresbericht der Münchner Sternwarte,* 1852, n°s 21 et 22.

ENCKE. — *Berliner Beobachtungen,* vol. I, p. XVI.

REPSOLD. — *Königsberger Beobachtungen,* abthl. XXVII, tbl. 1, p. XIII.

SAWITSCH. — *Abriss der praktischen Astronomie* (Hambourg, 1850), I, 292.

AIRY. — *Astronomical Observations made at the royal Observatory Greenwich, in the year* 1852. — Appendice I, p. 19 et suiv.

III. — FLEXION OU INFLUENCE DE LA PESANTEUR SUR LES CERCLES ET LES LUNETTES.

9. *Formules qui représentent la flexion dans les observations de distance zénithale.* — La pesanteur agissant dans la même direction sur les différents points d'un cercle vertical en altère nécessairement la forme; les distances des différents traits de la graduation au trait le plus haut, et par suite au zéro, ne sont donc plus les mêmes que si le cercle était horizontal; de plus, les distances des différents traits au zéro varient dans les différentes positions que le cercle peut prendre en tournant autour de son axe. Ainsi soit α_0 la variation qu'éprouve la distance au zéro d'un trait A, ou le déplacement de ce trait, lorsque le diamètre du cercle qui correspond au zéro est dirigé vers le zénith, le dépla-

cement de ce trait ne sera plus α_0, lorsque l'on aura fait tourner le cercle de manière que le trait z corresponde au zénith, c'est-à-dire que le zéro ait une distance zénithale z. En général, désignons par α_ζ le déplacement d'un trait A dans une position du cercle où la distance zénithale du zéro est ζ, distance que nous compterons de 0° à 360°, nous pourrons représenter α_ζ par une série périodique de la forme

$$\begin{gathered} a' \cos\zeta + a'' \cos 2\zeta + a''' \cos 3\zeta + \ldots \\ + b' \sin\zeta + b'' \sin 2\zeta + b''' \sin 3\zeta + \ldots. \end{gathered}$$

Le déplacement d'un trait autre que le trait A pourra être représenté par une série trigonométrique analogue et qui ne différera de celle-ci que par les valeurs des coefficients a, a', ..., b, b', ...; ces coefficients peuvent eux-mêmes être représentés par des séries périodiques dépendant de la lecture du cercle, de telle sorte que le déplacement du trait u de la graduation correspondant à la position du cercle où la distance zénithale du zéro est ζ peut être exprimé par une série périodique de la forme

$$\begin{gathered} a'_u \cos\zeta + a''_u \cos 2\zeta + a'''_u \cos 3\zeta + \ldots \\ + b'_u \sin\zeta + b''_u \sin 2\zeta + b'''_u \sin 3\zeta + \ldots, \end{gathered}$$

dans laquelle a'_u, a''_u, a'''_u, ..., b'_u, b''_u, b'''_u, ... sont eux-mêmes des fonctions périodiques de u. Le signe de cette expression doit être choisi de manière qu'il faille toujours ajouter à la lecture du cercle la correction qui en résulte, pour débarrasser cette lecture de l'erreur de flexion.

Une lecture complète du cercle est la moyenne arithmétique des lectures faites à différents microscopes, par exemple quatre à 90° l'un de l'autre. Nous les supposerons placés de telle sorte que l'un d'eux pointe sur le zéro quand la lunette du cercle est dirigée vers le zénith, et nous représenterons par m la distance zénithale de ce microscope avec lequel on lit la distance zénithale de la lunette. Actuellement, tournons la lunette de manière à lui donner la distance zénithale z, le trait z sera sous le microscope dont nous venons de parler, et puisqu'alors la distance zénithale du zéro est $z+m$, nous aurons

$$u=z, \quad \zeta=z+m;$$

la correction à apporter à la lecture faite à ce microscope sera donc

$$\begin{aligned} &a'\cos(z+m)+a''\cos 2(z+m)+a'''\cos 3(z+m)+\ldots \\ &+b'\sin(z+m)+b''\sin 2(z+m)+b'''\sin 3(z+m)+\ldots . \end{aligned}$$

Pour un autre microscope, celui auquel correspond la lecture $90^\circ+z$, on a

$$u=90+z, \quad \zeta=z+m;$$

les coefficients de l'expression de la flexion deviennent alors

$$a'_{90+z}, \quad a''_{90+z}, \ldots, \quad b'_{90+z}, \quad b''_{90+z}, \ldots,$$

et l'on voit que si l'on emploie quatre microscopes équidistants, et si l'on prend toujours la moyenne des quatre lectures, la correction qu'il faudra apporter à cette moyenne pour faire disparaître l'erreur de flexion sera

$$\begin{aligned} &\alpha'_z\cos(z+m)+\alpha''_z\cos 2(z+m)+\alpha'''_z\cos 3(z+m)+\ldots \\ &+\beta'_z\sin(z+m)+\beta''_z\sin 2(z+m)+\beta'''_z\sin 3(z+m)+\ldots, \end{aligned}$$

où les coefficients α et β sont des fonctions périodiques de z qui ne dépendent que des angles $4z$, $8z$, ..., les termes qui contiennent les autres multiples de z disparaissant dans la somme des quatre lectures. Si les coefficients de ces termes en $4z$, $8z$,... sont nuls, la pesanteur n'a aucune influence sur la moyenne arithmétique des lectures faites aux quatre microscopes; dans le cas contraire, on doit tenir compte de la flexion, et puisque m est une constante, on peut, en général, donner à la correction qu'il faut appliquer à la moyenne des quatre lectures la forme

$$\text{(A)} \quad \left\{ \begin{aligned} &a'\cos z+a''\cos 2z+a'''\cos 3z+\ldots \\ &+b'\sin z+b''\sin 2z+b'''\sin 3z+\ldots . \end{aligned} \right.$$

La pesanteur agit aussi sur le tube de la lunette, et tend à en abaisser les deux extrémités aussitôt que la lunette cesse d'être verticale. Si cette flexion est la même pour les deux extrémités de la lunette, de sorte que le centre de l'objectif s'abaisse tout autant que le point de croisement des fils du réticule, il est clair qu'alors la flexion n'a aucune influence, puisque la ligne droite qui joint ces deux points, *la ligne de collimation*, reste constamment parallèle à une ligne déterminée du cercle; mais si cette flexion diffère aux deux extrémités, la position de la ligne de collimation change relativement à une ligne déterminée du cercle, et par suite les angles que décrit la ligne de collimation ne sont pas égaux à ceux qu'on lit sur le cercle. La correction qu'il faudra dès lors apporter aux lectures pourra s'exprimer aussi par une fonction périodique de z, et, par suite, on peut admettre que l'expression (A) représente les deux flexions, tout aussi bien celle du cercle que celle de la lunette.

Méthodes d'observation destinées à éliminer la flexion. — 1° *Méthode de Bessel* (*). — On peut combiner les observations de manière à obtenir des résultats qui, s'ils ne sont pas complétement indépendants de la flexion, soient au moins débarrassés de la plus grande partie de cette erreur; une première méthode est la suivante. On observe chaque étoile directement et par réflexion, dans les deux positions de l'instrument, *directe* et *inverse* (*voir* n° 3); or soit z la distance zénithale de l'étoile observée, son image réfléchie sera vue à la distance zénithale $180° - z$, et, par suite, dans ces deux observations, ces deux traits, z et $180° - z$, seront sous le microscope qui donne les distances zénithales; si l'on retourne l'instrument, les divisions croîtront sur le cercle en sens inverse que précédemment, la lecture correspondante à l'observation directe sera $360° - z$, et celle qui correspond à l'observation réfléchie $180° + z$. Ceci posé, soient z, z', z'', z''' les quatre lectures complètes corrigées de l'erreur de division, et ζ la vraie distance zénithale débarrassée de la flexion,

---

(*) Bessel. — *Über die aus der Schwere hervorgehenden Veränderungen, die der Kreis eines astronomischen Instruments in der lothrechten Lage seiner Ebene erfährt* (*Astronomische Nachrichten*, vol. XXV, nos 577, 578, 579).

soit enfin N le point nadiral, nous aurons les quatre équations suivantes (*) :

$$
(B)\left\{
\begin{aligned}
\zeta &= z + a'\cos z + a''\cos 2z + a'''\cos 3z + \ldots \\
&\quad + b'\sin z + b''\sin 2z + b'''\sin 3z + \ldots \\
&\quad - (180^\circ + N) + a' - a'' + a''' - \ldots \quad \text{Directe,}\\
180^\circ - \zeta &= z' - a'\cos z + a''\cos 2z - a'''\cos 3z + \ldots \\
&\quad + b'\sin z - b''\sin 2z + b'''\sin 3z - \ldots \\
&\quad - (180^\circ + N) + a' - a'' + a''' - \ldots \quad \text{Réfléchie,}\\
360^\circ - \zeta &= z'' + a'\cos z + a''\cos 2z + a'''\cos 3z + \ldots \\
&\quad - b'\sin z - b''\sin 2z - b'''\sin 3z - \ldots \\
&\quad - (180^\circ + N') + a' - a'' + a''' - \ldots \quad \text{Directe,}\\
180^\circ + \zeta &= z''' - a'\cos z + a''\cos 2z - a'''\cos 3z + \ldots \\
&\quad - b'\sin z + b''\sin 2z - b'''\sin 3z + \ldots \\
&\quad - (180^\circ + N') + a' - a'' + a''' - \ldots \quad \text{Réfléchie.}
\end{aligned}
\right.
$$

On déduit de ces équations

$$
\begin{aligned}
90^\circ - \zeta &= \tfrac{1}{2}(z' - z) - a'\cos z - a'''\cos 3z - \ldots \\
&\quad - b''\sin 2z - b^{\text{iv}}\sin 4z - \ldots, \\
90^\circ - \zeta &= \tfrac{1}{2}(z'' - z''') + a'\cos z + a'''\cos 3z + \ldots \\
&\quad - b''\sin 2z - b^{\text{iv}}\sin 4z - \ldots;
\end{aligned}
$$

d'où

$$90^\circ - \zeta = \tfrac{1}{2}\left[\tfrac{1}{2}(z' - z) + \tfrac{1}{2}(z'' - z''')\right] - b''\sin 2z - b^{\text{iv}}\sin 4z - \ldots;$$

l'on voit donc que la moyenne des quatre observations d'une étoile, faites directement et par réflexion dans les deux positions de l'instrument, donne un résultat où n'entrent plus que les termes de la flexion dépendant des sinus des multiples pairs de la distance zénithale.

De plus, la moyenne des deux premières et des deux dernières

(*) La correction qu'il faut appliquer au point nadiral est

$$-a' + a'' - a''' + \ldots.$$

équations (B) donne

$$\begin{aligned}90^\circ = \tfrac{1}{2}(z + z') &+ a''\cos 2z + a^{\text{IV}}\cos 4z + \ldots \\ &+ b'\sin z + b'''\sin 3z + \ldots \\ &- (180^\circ + \text{N}) + a' - a'' + a''' - \ldots,\end{aligned}$$

$$\begin{aligned}270^\circ = \tfrac{1}{2}(z'' + z''') &+ a''\cos 2z + a^{\text{IV}}\cos 4z + \ldots \\ &- b'\sin z - b'''\sin 3z - \ldots \\ &- (180^\circ + \text{N}') + a' - a'' + a''' - \ldots;\end{aligned}$$

d'où il résulte

$$\begin{aligned}360^\circ = \tfrac{1}{2}(z + z') + \tfrac{1}{2}(z'' + z''') &+ 2a''\cos 2z + 2a^{\text{IV}}\cos 4z + \ldots \\ &- (\text{N} + \text{N}') + 2(a' - a'' + a''' - \ldots),\end{aligned}$$

$$\begin{aligned}180^\circ = \tfrac{1}{2}(z'' + z''') - \tfrac{1}{2}(z + z') &- 2b'\sin z - 2b'''\sin 3z - \ldots \\ &+ (\text{N} - \text{N}').\end{aligned}$$

Chaque étoile, observée ainsi directement et par réflexion dans les deux positions du cercle, donnerait une équation analogue, et l'ensemble d'un certain nombre de ces équations permettrait de déterminer les valeurs les plus probables des coefficients qu'elles contiennent.

Ces observations ayant été faites en des jours différents, il faudra évidemment réduire les distances zénithales z, z', z'' et z''' à une même époque : pour plus de commodité on adopte le commencement de l'année ; il suffit alors d'ajouter à la lecture faite sur le cercle la réduction au lieu apparent (*Astronomie sphérique*, n° 87), prise avec un signe contraire. En outre, pendant l'intervalle des observations, les microscopes changent de position relativement au cercle ; il est donc nécessaire de déterminer, pour chaque observation, la position du nadir (*voir* plus loin, *cercle méridien*, Chap. V), et d'éliminer l'effet des déplacements des microscopes en introduisant dans chaque équation la valeur de N qui lui correspond.

Enfin les observations par réflexion exigent une correction spéciale. En effet, ces observations se font rigoureusement à une latitude différente de celle des observations directes, et donnent la distance zénithale de l'étoile vue du point où se fait la réflexion sur l'horizon artificiel. Ce point, étant toujours dans le prolongement de l'axe de la lunette, se trouve à une distance horizontale du centre du cercle égale à h tang$z$, si h représente la hauteur de l'axe de rotation de l'instrument au-dessus de l'horizon artificiel.

Or, en un lieu situé aux environs du parallèle moyen de notre hémisphère, la variation que fait éprouver à la latitude un déplacement de 1 mètre est de 0", 0324 ; on devra donc, si h est exprimé en mètres, ajouter

$$0'',0324 \times h \tang z$$

à la distance zénithale déduite de l'observation par réflexion.

2° *Méthode de Hansen.* — Repsold, en 1823, et après lui Hansen (*) ont proposé, pour éliminer les erreurs provenant de la flexion, une méthode différente et qui exige une construction spéciale de la lunette. Elle doit être construite de telle sorte que l'on puisse substituer l'oculaire à l'objectif sans changer les distances à l'axe de l'instrument des centres de gravité des deux extrémités du tube de la lunette ; de cette façon l'équilibre n'est pas troublé par cette substitution, et l'on peut admettre que l'effet de la pesanteur reste le même dans les deux cas. Alors, si, dans l'un des cas, le trait 180° du cercle est dirigé vers le nadir, et qu'on lise, à l'un des microscopes, la distance zénithale z, dans le second cas, ce sera le trait 0° qui sera dirigé vers le nadir, et la distance zénithale, lue au même microscope, sera 180° + z. Par conséquent, si ζ est la distance zénithale débarrassée de la flexion, et si les lectures corrigées des erreurs de division sont, dans les deux cas, z et z', on a

$$\begin{aligned}\zeta = z &+ a'\cos z + a''\cos 2z + a'''\cos 3z + \ldots\\ &+ b'\sin z + b''\sin 2z + b'''\sin 3z + \ldots\\ &- (180^\circ + \mathrm{N}) + a' - a'' + a''' - \ldots,\\ \zeta = z' &- a'\cos z + a''\cos 2z - a'''\cos 3z + \ldots\\ &- b'\sin z + b''\sin 2z - b'''\sin 3z + \ldots\\ &- (180^\circ + \mathrm{N}') - a' - a'' - a''' - \ldots.\end{aligned}$$

(*) *Astronomische Nachrichten*, vol. XVII, p. 70 et suiv.

Désignons par Z et Z′ les deux lectures $180^\circ + N$ et $180^\circ + N'$, qui, dans les deux cas, correspondent au zénith; la demi-somme de ces deux équations donnera

$$\begin{aligned}\zeta = \tfrac{1}{2}(z - Z) + \tfrac{1}{2}(z' - Z') + a'' \cos 2z + a^{\text{iv}} \cos 4z + \ldots \\ + b'' \sin 2z + b^{\text{iv}} \sin 4z + \ldots - a'' - a^{\text{iv}} - \ldots.\end{aligned}$$

Ainsi la moyenne arithmétique des distances zénithales obtenues dans les deux positions est tout à fait indépendante des termes impairs de la flexion, et il suffit de la corriger de l'influence due aux termes pairs de cette même quantité, si toutefois ces termes ont une valeur sensible.

On obtient de même, par la soustraction des équations précédentes,

$$\begin{aligned}0 = \tfrac{1}{2}(z - Z) - \tfrac{1}{2}(z' - Z') - a' \cos z - a''' \cos 3z - \ldots \\ - b' \sin z - b''' \sin 3z - \ldots - a' - a''' - \ldots,\end{aligned}$$

équation qui montre la possibilité de déterminer les termes impairs de la flexion par des observations d'étoiles de distances zénithales variées, ou bien au moyen de collimateurs placés à différentes distances zénithales.

Détermination des coefficients. — En général on obtient les coefficients des termes impairs en amenant la lunette dans deux positions qui diffèrent exactement de 180°. Dans ce but on établit, dans le plan de l'instrument (*), deux collimateurs dont les axes prolongés passent par le milieu de l'axe de rotation de l'instrument, et de telle sorte qu'au moyen d'ouvertures pratiquées, à cet effet, dans le cube de la lunette, on puisse les pointer l'un sur l'autre et amener en coïncidence les fils horizontaux de leurs réticules. Tout étant ainsi disposé, fermons le cube de la lunette, visons avec elle l'un des collimateurs, et faisons coïncider les fils horizontaux de leurs réticules (**), puis répétons la même opération sur l'autre

(*) Bessel. — *Astronomische Nachrichten*, vol. III, n° 209.

(**) La disposition suivante, due à M. Wolf, permet d'établir les coïncidences avec une grande exactitude. Le collimateur est un miroir en verre argenté, obtenu en suivant les procédés de L. Foucault. En avant du miroir

collimateur : il est évident que, pour passer d'une position à l'autre, la lunette aura tourné exactement de 180°. Par conséquent, si nous faisons la lecture sur le cercle dans les deux positions de la lunette, et si ζ désigne la distance zénithale vraie des collimateurs, nous aurons dans l'une des positions

$$\begin{aligned}\zeta = z &+ a'\cos z + a''\cos 2z + a'''\cos 3z + \ldots \\ &+ b'\sin z + b''\sin 2z + b'''\sin 3z + \ldots \\ &- Z + a' - a'' + a''' - \ldots,\end{aligned}$$

et dans l'autre

$$\begin{aligned}180^\circ + \zeta = z' &- a'\cos z + a''\cos 2z - a'''\cos 3z + \ldots \\ &- b'\sin z + b''\sin 2z - b'''\sin 3z + \ldots \\ &- Z + a' - a'' + a''' - \ldots,\end{aligned}$$

d'où il résulte

$$\begin{aligned}0 = \tfrac{1}{2}(z' - z - 180^\circ) &- a'\cos z - a'''\cos 3z - \ldots \\ &- b'\sin z - b'''\sin 3z - \ldots.\end{aligned}$$

En répétant ces observations à différentes distances zénithales,

---

un prisme à réflexion totale renvoie les rayons qui en proviennent sur un microscope latéral, dont l'axe est perpendiculaire à celui du miroir et dont le réticule porte deux fils rectangulaires, l'un horizontal, l'autre vertical. L'oculaire de ce microscope est armé d'un opercule, formé essentiellement d'une lame métallique noircie, ayant une largeur à peu près égale au tiers du diamètre de l'oculaire. La charnière de cet opercule est portée par un collier en cuivre mobile autour de la monture de l'oculaire : de la sorte on peut non-seulement abaisser cette lame sur l'oculaire ou la relever, mais encore la tourner de manière qu'étant abaissée, elle recouvre soit le fil horizontal, soit le fil vertical du réticule. Dès lors, qu'on regard de l'oculaire et à une distance convenable on amène la flamme d'un bec de gaz, le microscope donnera une image de cette flamme qu'on verra dans le miroir. Mais si l'on abaisse l'opercule placé horizontalement par exemple, cette image sera coupée en deux par une portion obscure; et le fil horizontal, éclairé obliquement par les rayons émanés des deux parties de la flamme, se détachera en un filet brillant, sur le fond obscur formé par la lame elle-même. C'est avec ce fil lumineux qu'on fera coïncider le fil de l'autre collimateur ou de la lunette. Pour cela, on pointera dix fois le fil d'un des collimateurs sur le fil de l'autre, on fera les lectures, puis on amènera ce fil à la position indiquée par la moyenne de ces dix lectures.

c'est-à-dire dans les différentes inclinaisons de la lunette, on obtiendra un grand nombre d'équations analogues, d'où il sera facile de déduire les valeurs des coefficients. D'ailleurs, comme dans les deux positions de la lunette ce sont les mêmes traits qui se trouvent sous les microscopes, les valeurs des différences $z' - z$, et par suite celles des coefficients, sont complétement indépendantes des erreurs de division.

Ces observations se font sans aucune difficulté quand la lunette est dans une position horizontale. Mais quand l'inclinaison de celle-ci est considérable, il est nécessaire de placer l'un des collimateurs très-haut, cas où il devient fort difficile de lui assurer une stabilité suffisante. On peut alors remplacer ce collimateur par un miroir plan, en procédant comme il suit. Un miroir plan est placé à une certaine distance en avant de l'objectif de la lunette, ou mieux encore est tenu au moyen d'un bras fixé au pilier de l'instrument, et qui permet de lui donner une position quelconque (*); devant l'oculaire du collimateur on dispose une lame de verre à faces parallèles, inclinée de 45° sur son axe (**), destinée à réfléchir la lumière dans son intérieur, et que l'on peut enlever dès qu'on a fini de l'employer. Supposons le collimateur pointant sur le miroir, et regardons à son intérieur à travers la lame de verre, nous verrons à la fois l'image directe des fils du réticule et leur image réfléchie par le miroir; en amenant les deux images en coïncidence, nous rendrons le collimateur perpendiculaire au miroir. Rendons, par la même méthode, la lunette du cercle perpendiculaire au miroir resté immobile, et, visant ensuite avec elle sur le collimateur, amenons en coïncidence les fils horizontaux des deux réticules. Les deux positions de la lunette seront distantes exactement de 180°,

(*) Ce miroir peut être mis en mouvement par des vis et amené dans une position telle, qu'une ligne horizontale de son plan soit perpendiculaire à l'axe de la lunette.

(**) On peut, par une disposition spéciale, changer l'inclinaison de cette lame par rapport à l'oculaire et la faire tourner autour de l'axe du collimateur, de manière que la lumière réfléchie soit toujours renvoyée sur le miroir. D'ailleurs il vaut mieux employer ici un oculaire avec une seule lentille, car les images réfléchies du réticule sont alors plus nettes.

et par conséquent les lectures faites sur le cercle, dans ces deux positions, permettront, comme nous l'avons dit précédemment, de trouver les termes impairs de la flexion, ceux qui dépendent de z, $3z$,.... Il convient de faire ces observations dans une pièce sombre et de se servir d'une lampe pour éclairer le champ des lunettes.

La seule difficulté est alors de trouver un miroir plan qui supporte un grossissement considérable. Mais comme il est inutile que les dimensions de ce miroir surpassent celles du collimateur, et que, d'autre part, la lumière y tombe toujours normalement, l'exécution d'un pareil miroir n'a rien d'impossible (*).

On peut aussi déterminer les coefficients des termes en cosinus, en observant, dans les deux positions de l'instrument, la distance zénithale d'un objet, par exemple le réticule d'un collimateur; ou bien encore en amenant la lunette à être, dans les deux positions de l'instrument, perpendiculaire à un miroir invariablement fixé. En effet, il résulte, de la première et de la troisième des équations (B),

$$180^\circ = \tfrac{1}{2}(z - Z) + \tfrac{1}{2}(z'' - Z') + a'\cos z + a''\cos 2z + a'''\cos 3z + \ldots$$
$$+ a' - a'' + a''' - \ldots,$$

équation dans laquelle

$$Z = 180^\circ + N, \quad Z' = 180^\circ + N',$$

et où z' et z'' sont les lectures faites sur le cercle dans les deux positions de l'instrument, et corrigées des erreurs de division.

Reste à obtenir les termes pairs en sinus : il faudrait pour cela faire tourner la lunette d'angles connus, et qui ne seraient ni 90° ni 180°. Le mécanisme qui permettrait de faire ainsi tourner la lunette d'un angle quelconque est jusqu'à présent inconnu; néan-

(*) Les recherches de L. Foucault et les travaux de M. Martin ont apporté à la fabrication des miroirs plans des perfectionnements considérables. La substitution du verre argenté au métal et les méthodes nouvelles d'essai du miroir permettent d'arriver au but avec certitude. M. Martin vient de construire, pour le sidérostat de L. Foucault, un miroir plan d'une perfection presque absolue, même sous l'incidence rasante.

moins, au moyen du miroir dont nous avons parlé plus haut et de deux collimateurs, on peut donner à l'axe de la lunette une distance zénithale de 45°, et par conséquent déterminer les coefficients des termes qui dépendent du double de cet angle. On commence par donner au miroir une position telle que, lorsqu'elle est pointée perpendiculairement sur lui, la lunette vise un point situé à 45° du nadir, c'est-à-dire que sa distance zénithale soit 135°; puis on établit deux collimateurs, l'un vertical, situé au-dessus du miroir et pointant vers le nadir, et l'autre horizontal, situé en avant du miroir et pointant vers lui, et tels, en outre, que leurs axes passent par le centre du miroir. Pour obtenir ce résultat, on recouvre leurs objectifs sauf une très-petite ouverture en leurs centres, et de plus toute la surface du miroir jusqu'à la circonférence d'un petit cercle tracé autour de son centre, et l'on fait ensuite mouvoir les collimateurs jusqu'à ce que la lumière réfléchie par la portion laissée à nu du miroir passe par l'ouverture de chaque objectif. Ce but atteint, on enlève le miroir; puis, au moyen d'un horizon artificiel et d'un niveau, on rend l'axe du premier collimateur parfaitement vertical, et celui du second exactement horizontal (il faut, en outre, s'assurer à l'avance que la ligne de collimation du collimateur horizontal coïncide bien avec son axe de rotation). Les lignes de collimation des deux collimateurs font alors évidemment entre elles un angle droit. Remettons le miroir en place et ramenons-le vers sa position primitive, il arrivera certainement un moment où les rayons partis du réticule de l'un des collimateurs seront renvoyés par le miroir à l'intérieur de l'autre. Il sera facile de faire coïncider les images des deux réticules, cas où le miroir sera incliné de 45° sur l'horizon. Il suffira alors, pour faire tourner la lunette d'un angle de 45°, de lui donner deux positions successives où elle soit verticale, puis perpendiculaire au miroir.

En toute rigueur il faut encore apporter à ce résultat une petite correction, afin de tenir compte des différences de latitude des deux collimateurs; or, soient y et x les petits angles que font, avec le collimateur vertical et avec le collimateur horizontal, la verticale et l'horizontale de l'instrument, l'angle de la normale au miroir et d'une ligne passant par le nadir sera alors

$$45^\circ + \tfrac{1}{2}(x - y),$$

en supposant toutefois que les deux collimateurs sont situés de côtés différents de l'instrument. En d'autres termes, soient h et h' les distances, exprimées en mètres, du collimateur horizontal et du collimateur vertical à la verticale de l'instrument, soit b l'inclinaison du collimateur horizontal déterminée par le niveau et prise positivement lorsque l'extrémité du collimateur la plus voisine de l'instrument est la plus élevée, cet angle aura pour expression

$$45^\circ + 0'',0162\,(h - h') + \tfrac{1}{2}b.$$

Désignons cet angle par ζ, par z et z' les lectures du cercle qui correspondent aux cas où la lunette est verticale puis perpendiculaire au miroir, c'est-à-dire aux distances zénithales 180° et 135°, nous aurons

$$\begin{aligned}\zeta = z' - z - a'\left(1 - \tfrac{1}{2}\sqrt{2}\right) + a'' - a'''\left(1 + \tfrac{1}{2}\sqrt{2}\right) + \ldots \\ - b'\tfrac{1}{2}\sqrt{2} + b'' - b'''\tfrac{1}{2}\sqrt{2} + \ldots.\end{aligned}$$

Répétons la même observation après avoir placé les collimateurs et le miroir, de sorte que, lorsqu'elle est perpendiculaire au miroir, la lunette ait une distance zénithale de 225° : soit z'' la lecture correspondante du cercle, et soit encore, en admettant que le point nadiral du cercle n'ait pas changé, z' celle qui correspond au nadir, nous aurons

$$\begin{aligned}\zeta' = z'' - z' + a'\left(1 - \tfrac{1}{2}\sqrt{2}\right) - a'' + a'''\left(1 + \tfrac{1}{2}\sqrt{2}\right) - \ldots \\ - b'\tfrac{1}{2}\sqrt{2} + b'' - b'''\tfrac{1}{2}\sqrt{2} + \ldots;\end{aligned}$$

d'où il résulte

$$\tfrac{1}{2}(\zeta + \zeta') = \tfrac{1}{2}(z'' - z) - b'\tfrac{1}{2}\sqrt{2} + b'' - b'''\tfrac{1}{2}\sqrt{2} + \ldots,$$

équation qui permettra de déterminer les coefficients b', b'', ...

10. *Flexion de la lunette.* — L'expression (A) (n° 8) représente l'ensemble de la flexion du cercle et de celle de la lunette ; il nous reste maintenant à chercher l'une d'entre elles : c'est ce que per-

met d'obtenir la méthode suivante, due à M. Marth, et destinée à faire connaître la flexion de la lunette (*).

Au milieu de la surface de l'objectif, on trace un point de repère, et au centre du cube de la lunette on dispose un petit appareil auxiliaire, destiné à former, dans le plan du réticule, une image du *repère* de l'objectif, ainsi qu'une image du réticule lui-même. Le repère de l'objectif sera, par exemple, le point de croisement de deux lignes très-minces, tracées à angle droit sur un petit cercle noir, obtenu par un moyen quelconque à la surface de l'objectif. Quant à l'appareil auxiliaire, il est constitué par l'ensemble de deux petits objectifs ayant leurs axes sur une même droite et leurs surfaces extérieures en regard l'une de l'autre, et d'un miroir placé entre eux; ce miroir est une lame de verre argentée sur les deux faces, et au milieu de laquelle on a pratiqué une petite ouverture circulaire d'un diamètre sensiblement égal aux deux tiers de celui des deux objectifs; le tout est renfermé dans un tube, de façon à ce que les positions relatives des différentes pièces restent invariables, et on doit lui donner une position telle, que le réticule et le repère de l'objectif soient respectivement au foyer de l'objectif auxiliaire qui leur correspond.

Ceci posé, éclairons le réticule et le repère de l'objectif, et mettons l'œil à l'oculaire de la lunette, nous verrons à la fois dans le champ, à côté du fil moyen, l'image réfléchie de ce fil et l'image du repère; faisons alors tourner la lunette successivement d'angles égaux, de manière à parcourir la circonférence entière, et, dans chacune de ses positions, mesurons, au moyen du fil micrométrique rendu horizontal, la distance verticale de ces deux images à un point déterminé A du réticule; il nous sera facile d'en déduire la flexion de la lunette. En effet, en admettant que les positions relatives des différentes pièces de l'appareil auxiliaire soient invariables, tout aussi bien que sa position par rapport à la lunette, les variations de ces distances seront dues aux flexions des deux moitiés du tube de la lunette. Considérons deux posi-

(*) *Vorschlag eines neuen Verfahrens, die von der Biegung eines Instruments und von Unregelmässigkeiten seiner Zapfen erzeugten Astronomischen Beobachtungsfehler zu bestimmen* (*Astronomische Nachrichten*, vol. LVII, n° 1361).

tions successives de la lunette, la variation de la distance de l'image du repère au point A mesure la somme des flexions de ces deux moitiés, et la variation de la distance de l'image du point A donnée par le miroir à ce point A lui-même sera égale au double de la flexion de la moitié du tube qui porte l'oculaire; de telle sorte que la variation de la distance de l'image du repère à celle de l'image réfléchie du point A mesurera la différence des flexions des deux moitiés du tube de la lunette, c'est-à-dire l'effet astronomique de la flexion.

Par conséquent, si R désigne la lecture faite sur le tambour de la vis, lorsque, dans une position quelconque de la lunette, le fil mobile coïncide avec l'image du repère, F la lecture qui correspond à l'image réfléchie du point A, R_m et F_m la moyenne arithmétique de toutes les valeurs obtenues dans les positions successives, et si l'on pose

$$R - R_m = \delta R, \quad F - F_m = \delta F,$$

la différence

$$\delta R - \delta F$$

mesurera l'effet astronomique de la flexion de la lunette.

A défaut de point fixe A apparent (par exemple, le point de croisement de deux fils du réticule), on pourra prendre comme position origine du fil mobile, celle où il coïncide avec son image réfléchie; mais alors, au lieu de l'expression précédente, il faudrait prendre

$$\delta R - 2\delta F,$$

car la quantité δF ne représenterait plus que l'effet de la flexion de la moitié oculaire du tube, au lieu du double de cet effet.

En réalité, pour éliminer l'effet d'une variation possible survenue dans l'appareil auxiliaire, on fait, dans chaque position de la lunette, quatre lectures correspondantes aux quatre positions de l'appareil, obtenues en le retournant successivement face pour face et bout pour bout (*). Ce sont les moyennes de ces quatre lectures que nous avons représentées par R et F.

(*) Cette nécessité de retourner l'appareil est la raison pour laquelle le miroir est argenté sur ses deux faces.

Après avoir obtenu les valeurs de la flexion aux différentes distances zénithales, on calculera, d'après les procédés habituels, les coefficients de l'expression

$$\alpha + \alpha_1 \cos z + \alpha_2 \cos 2z + \ldots$$
$$+ \beta_1 \sin z + \beta_2 \sin 2z + \ldots,$$

analogue à l'expression (A) (n° 8), par laquelle on peut la représenter.

Remarque. — En disposant le fil micrométrique verticalement, et répétant les mêmes observations que plus haut, on obtiendrait la flexion de la lunette dans un sens perpendiculaire au méridien, ou la valeur de l'erreur qu'elle produit dans les *observations de passage;* mais il faut remarquer que les premiers termes

$$\alpha + \alpha_1 \cos z + \beta_1 \sin z,$$

de l'expression qui la représenterait font partie, dans les formules de réduction de ces observations, des termes qui représentent les corrections ordinaires dues aux défauts d'orientation et de construction de l'instrument, pour la *lunette méridienne* par exemple, les corrections de collimation, d'inclinaison de l'axe et d'azimut; si les erreurs correspondantes ont été déterminées dans l'étude de la lunette elle-même, il n'y aura pas lieu de tenir compte de cette portion de la flexion dans les observations de passage. Cette conclusion exige d'ailleurs que l'on ait pu déterminer les erreurs, dont nous venons de parler, pour toutes les hauteurs de l'axe optique de la lunette.

IV. — Erreurs d'une vis micrométrique.

11. *Origines de ces erreurs.* — La mesure de la distance de deux points au moyen d'une vis micrométrique suppose que le déplacement linéaire de l'appareil micrométrique, c'est-à-dire des fils que la vis fait mouvoir, est proportionnel aux indications de la tête de la vis et de l'échelle sur laquelle se marquent les tours entiers de la vis. En réalité cette condition n'est jamais rigoureusement remplie, et cela tient à deux causes : 1° à des fractions égales d'un tour de la vis ne correspondent pas, dans toute l'étendue d'un tour, des déplacements linéaires égaux : ce sont là des irrégularités qui se reproduisent à chaque tour, ou les *erreurs périodiques du tour*; 2° les pas de la vis sont de grandeur inégale dans ses différentes portions, et, par suite, un tour entier de la vis correspond à des déplacements linéaires différents : c'est l'*irrégularité du pas*.

Nous avons déjà montré comment on peut déterminer les inégalités de la vis du microscope micrométrique; mais, dans cet instrument, on ne fait servir aux mesures qu'un petit nombre des pas de cette vis, il nous reste donc à traiter le cas où l'on emploie, dans le même but, la vis tout entière.

Erreurs périodiques du tour. — Les grandeurs qu'il faut ajouter aux fractions d'un tour de la vis pour avoir son déplacement vrai peuvent être exprimées par une fonction périodique de la lecture faite sur la tête de vis; ainsi, u désignant cette lecture, la correction sera de la forme

$$a_1 \cos u + a_2 \cos 2u + \ldots + b_1 \sin u + b_2 \sin 2u + \ldots.$$

Ces corrections seront d'ailleurs, à très-peu près, les mêmes pour les spires successives de la vis; de sorte que, dans les différentes spires, les coefficients a_1, $a_2, \ldots$, b_1, $b_2, \ldots$ peuvent être considérés comme ayant les mêmes valeurs; tout au moins, cette supposition sera-t-elle certainement admissible pour plusieurs spires consécutives, et elle permettra de déterminer les coefficients a_1, $a_2, \ldots$, b_1, $b_2, \ldots$ par la moyenne d'observations faites dans ces spires consécutives : on répétera les mêmes déterminations pour différentes portions de la vis.

Soit f la valeur vraie de la distance linéaire de deux points (*) que nous supposerons être une partie aliquote d'un tour de la vis; mesurons cette distance avec la vis, en pointant successi-

(*) Ces deux points seront les deux fils d'un collimateur avec lesquels on fera successivement coïncider le fil mobile. Ou bien si la vis est adaptée à un instrument monté équatorialement, on prendra deux étoiles dont les

vement le fil micrométrique sur chacun d'eux, et soient u et u' les lectures faites dans les deux cas sur le tambour de la vis, on aura

$$f = u' - u + a_1(\cos u' - \cos u) + a_2(\cos 2u' - \cos 2u) + \ldots$$
$$+ b_1(\sin u' - \sin u) + b_2(\sin 2u' - \sin 2u) + \ldots.$$

On répétera ces mesures dans différentes portions de la vis, en disposant d'ailleurs les observations de façon que le fil mobile étant, dans la première opération, sur l'un des deux points, la vis marque $0^t,00$; que, dans la seconde opération, le même fil étant sur le même point, la vis marque $0^t,10$, puis $0^t,20$, et ainsi de suite jusqu'à complet achèvement du tour. Si les coefficients a_1, $a_2, \ldots, b_1, b_2, \ldots$ sont petits, ce qui a toujours lieu, car la vis est toujours soigneusement travaillée, on pourra supposer que f est égal à la moyenne de toutes les valeurs observées pour $u' - u$, et, par suite, remplacer, dans l'équation précédente,

$$u' \quad \text{par} \quad u + f.$$

Si l'on se borne aux deux premiers termes, chaque valeur observée pour $u' - u$ donnera donc une équation de la forme

$$u' - u - f = +2a_1 \sin\tfrac{1}{2}f \sin(u + \tfrac{1}{2}f) - 2b_1 \sin\tfrac{1}{2}f \cos(u + \tfrac{1}{2}f)$$
$$+ 2a_2 \sin f \sin(2u + f) - 2b_2 \sin f \cos(2u + f),$$

---

différences de déclinaison sont exactement connues, deux des Pléiades par exemple, que l'on bissectera successivement avec le fil mobile.

On peut encore employer une disposition fort ingénieuse imaginée par M. Vogel, de Leipzig. A la place de l'oculaire on visse une coulisse à ressort à l'intérieur de laquelle se meut un bon microscope achromatique. L'oculaire de ce microscope contient une lame de verre soigneusement divisée et dont les traits paraissent distants d'environ $\frac{2}{4}$ de millimètre. En tirant convenablement l'oculaire et en variant le grossissement, on arrive facilement à trouver deux de ces traits, dont la distance mesurée avec le fil mobile et par l'intermédiaire de la vis soit sensiblement $0^t,25$ ou $0^t,50$. Il ne reste plus ensuite qu'à amener, au moyen de la coulisse de l'oculaire, le fil mobile a être en coïncidence avec l'un de ces deux traits, la tête de vis marquant successivement $0^t,1$, $0^t,2, \ldots$, et de mesurer, dans chacune de ces positions, au moyen de la vis et du fil mobile, la distance qui sépare les deux traits choisis sur la lame de verre. (*Beobachtungen von Nebelflecken und Sternhaufen ausgeführt* von HERMANN CARL VOGEL; Leipzig; 1867.)

et, avec les dix équations de cette série d'observations, on aura, puisque les valeurs de u sont distribuées tout le long de la circonférence (*Astronomie sphérique*, n° 28),

$$10a_1 \sin\tfrac{1}{2}f = \Sigma(u' - u - f)\sin(u + \tfrac{1}{2}f),$$
$$10b_1 \sin\tfrac{1}{2}f = \Sigma(u' - u - f)\cos(u + \tfrac{1}{2}f),$$
$$10a_2 \ \sin f = \Sigma(u' - u - f)\sin(2u + f),$$
$$10b_2 \ \sin f = \Sigma(u' - u - f)\cos(2u - f),$$

équations d'où l'on pourra déduire les valeurs des coefficients (*).

Exemple. — Bessel a appliqué la méthode précédente à la vis de l'héliomètre de Königsberg (**); partant de différents points de la tête de vis, il a mesuré la longueur d'un intervalle égal environ à la moitié d'un tour, et comme moyenne des observations correspondantes à dix déplacements de la vis, il a trouvé :

Dixième lu sur la tête de vis.	Intervalle mesuré $u' - u$.
0	$0^t,50045$
1	0,49690
2	0,49440
3	0,49240
4	0,49260
5	0,49555
6	0,49905
7	0,50140
8	0,50340
9	0,50350

$$f = 0,497965 = 179^\circ 16',0.$$

(*) Bessel. — *Darstellung der Untersuchungen und Maasregeln.*
(**) Bessel. — *Astronomische Untersuchungen*, t. I, p. 75 et suiv.

D'où l'on déduit

$u'-u-f$.	$(u'-u-f)\sin(u+\frac{1}{2}f)$.
+ 0,002485	+ 0,002485
− 0,001065	− 0,000865
− 0,003565	− 0,001123
− 0,005565	+ 0,001686
− 0,005365	+ 0,004320
− 0,002415	+ 0,002415
+ 0,001085	− 0,000882
+ 0,003435	− 0,001083
+ 0,005435	+ 0,001646
+ 0,005535	+ 0,004457
Somme.......	+ 0,013056

On aura donc, puisque $\sin\frac{1}{2}f = 1$,

$$10a_1 = +0,013056,$$
$$10b_1 = -0,024874,$$
$$0,128a_2 = +0,000147,$$
$$0,128b_2 = +0,000337.$$

Bessel fit ensuite une série analogue d'observations, dans laquelle il mesura un intervalle égal au quart d'un tour de la vis, et trouva

$$7,339a_1 = +0,015915,$$
$$7,339b_1 = -0,016126,$$
$$9,970a_2 = -0,004987,$$
$$9,970b_2 = -0,000576.$$

La combinaison de ces deux déterminations donne (*Astronomie sphérique*, n° 24, Remarque II)

$$a_1 = +0,001608,$$
$$b_1 = -0,002386,$$
$$a_2 = -0,000499,$$
$$b_2 = -0,000057.$$

L'introduction de ces valeurs dans l'expression de $u' - u$ donne la valeur de la correction périodique qu'il faut ajouter à toutes les lectures faites sur la tête de vis.

Élimination de l'erreur périodique du tour. — Mais on peut aussi combiner les observations de manière à éliminer complétement ces termes périodiques. En effet, mesure-t-on une distance déterminée en plaçant d'abord la vis à la position $-0^t,25$, puis à la position $+0^t,25$, pour ces deux observations, u sera successivement -90° et $+90^\circ$, et, par suite, dans les deux expressions de f, les termes en $\sin u$ seront égaux et de signes contraires, ceux en $\cos u$ seront nuls dans les deux cas; les termes qui ne contiennent que l'angle u disparaîtront donc dans la moyenne des deux observations. De même, en prenant la moyenne des valeurs de f, obtenues en répétant cinq fois la mesure pour les positions : $-0^t,4$; $-0^t,2$; $0^t,0$; $+0^t,2$; $+0^t,4$ de la vis, on aura une valeur indépendante tout aussi bien des termes en $\sin u$ et $\cos u$, que de ceux en $\sin 2u$ et $\cos 2u$, et ainsi de suite.

Irrégularité du pas de la vis. — Pour essayer la régularité du pas de la vis, on mesure, dans différentes positions de la vis, une même distance, peu différente de son pas ou d'un multiple de ce pas. Il est, en outre, convenable de disposer les observations, comme nous venons de le dire, de manière à éliminer les irrégularités périodiques.

Exemple. — Avec la vis dont nous avons déjà parlé, Bessel a mesuré un intervalle presque égal à dix fois son pas, et, en partant successivement des positions indiquées sur la tête de la vis par

$$0^t, 10^t, 20^t, \ldots,$$

il a trouvé

0^t	10,0142
10^t	20,0147
20^t	30,0131
30^t	40,0122
40^t	50,0107
...	....

où chaque nombre est la moyenne de cinq mesures : la seconde, par exemple, est la moyenne de cinq observations faites dans les positions de la vis : $9^t,6$; $9^t,8$; $10^t,0$; $10^t,2$ et $10^t,4$.

Soit ensuite $10^t + x_1$ la vraie distance, et soient $f_{10}, f_{20}, \ldots$ les corrections périodiques de la vis pour les positions $f_{10}, f_{20}, \ldots$, on aura, puisqu'on peut prendre $f_0 = 0$ (*),

$$x_1 = +0,0142 + f_{10},$$
$$x_1 = +0,0147 + f_{20} - f_{10},$$
$$x_1 = +0,0131 + f_{30} - f_{20},$$
$$\ldots\ldots\ldots\ldots\ldots\ldots\ldots\ldots$$

Bessel mesura de même un intervalle égal à $20^t + x_2$ en partant de différentes positions de la vis, et obtint ainsi un système d'équations

$$x_2 = a + f_{20},$$
$$x_2 = a + f_{40} - f_{20}.$$
$$\ldots\ldots\ldots\ldots\ldots$$

Il obtint ensuite des systèmes analogues en mesurant des intervalles égaux à $30^t + x_3, \ldots$, et, à l'aide de toutes ces équations, il put déterminer les valeurs de $x_1, x_2, x_3, \ldots$, et en même temps les corrections de la vis pour les positions 10^t, $20^t, \ldots$, c'est-à-dire $f_{10}, f_{20}, \ldots$.

Remarque I. — Nous donnerons plus loin, à propos de la lunette méridienne, un moyen de déterminer les erreurs d'une vis micrométrique, à l'aide d'observations astronomiques.

(*) f_0 est arbitraire, et, par suite, peut être supposé nul; il en est de même de la correction périodique de la dernière division de l'échelle employée.

CHAPITRE III.

ALTAZIMUT. — THÉODOLITE. — INSTRUMENT DES HAUTEURS.

Nous avons déjà donné (*Astronomie sphérique*, p. 91) une description sommaire de ces instruments, qui correspondent au second système de coordonnées. Ils sont, avons-nous dit, de trois espèces différentes : l'*altazimut*, qui donne à la fois les azimuts et les hauteurs; le *théodolite*, qui ne permet d'observer que les azimuts; et l'*instrument des hauteurs*, à l'aide duquel on ne peut déterminer que la seconde des deux coordonnées.

12. *Description.* — L'altazimut se compose d'un cercle porté par trois vis calantes (*fig.* 13) et qu'un niveau permet de rendre sensiblement horizontal; ce cercle est divisé en degrés et parties de degré, il est traversé par un axe vertical, massif et légèrement conique, qui porte un cercle sur lequel sont fixés les verniers ou les microscopes. En deux points diamétralement opposés de ce dernier cercle, sont fixés deux supports verticaux très-solides, de longueurs aussi égales que possible, et terminées, à leurs extrémités supérieures, par deux coussinets en forme de V, dont l'un peut être élevé ou abaissé au moyen d'une vis. C'est sur ces coussinets que repose, au moyen de tourillons soigneusement travaillés, l'axe horizontal qui porte la lunette et le cercle des hauteurs. Enfin, sur les tourillons de cet axe horizontal, on place, au moyen d'une disposition convenable, un niveau à bulle d'air, qui permet d'obtenir la verticalité de l'axe autour duquel tourne le cercle des hauteurs; on se sert pour cela des vis calantes du pied, que l'on fait mouvoir jusqu'à ce que la bulle du niveau conserve la même position pendant une rotation entière du cercle. De plus, en retournant ce niveau sur l'axe horizontal, on trouve l'inclinaison de ce dernier, inclinaison que l'on peut faire disparaître au moyen de la vis qui règle l'un des coussinets. Quant au cercle des hauteurs, il est divisé comme le cercle horizontal,

Fig. 13.

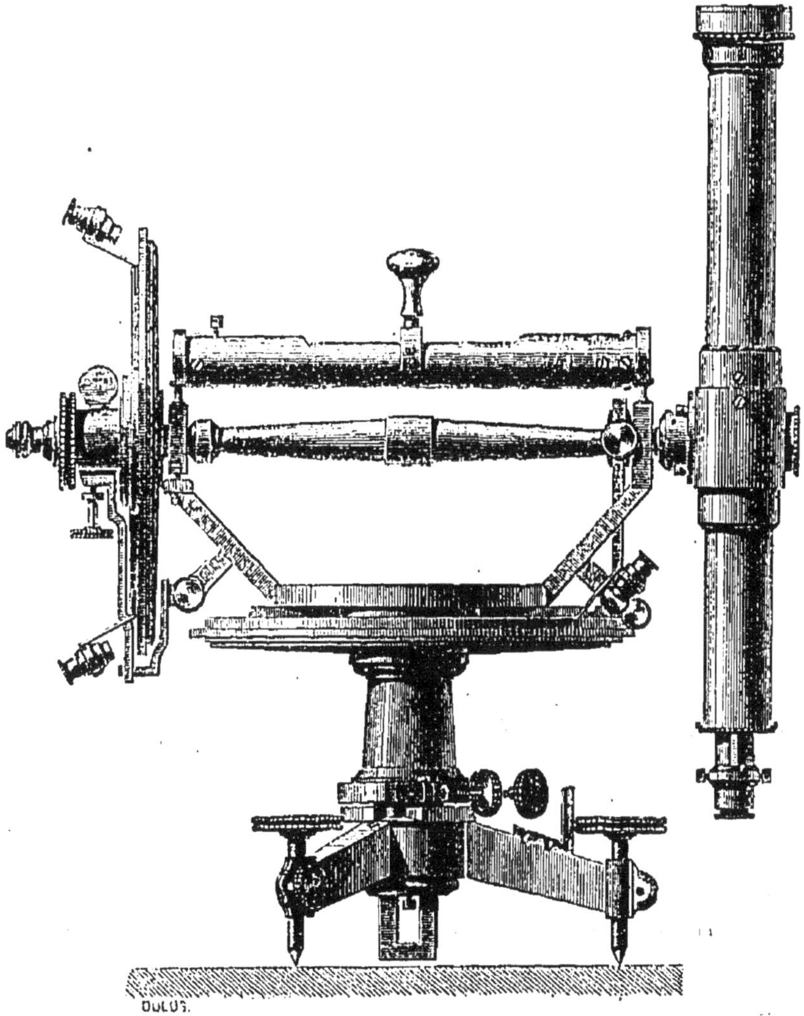

et tourne, en même temps que la lunette, devant des verniers portés par un second cercle solidement fixé à l'un des supports verticaux. Souvent ces verniers sont remplacés par des microscopes; ceux-ci sont alors portés par des bras également fixés au support, et qui sont en outre munis de niveaux à bulle d'air.

Le cercle des verniers du cercle azimutal étant mobile autour d'un axe vertical, et le cercle des hauteurs, ainsi que la lunette, étant mobile autour d'un axe horizontal, on pourra diriger cette dernière sur un objet quelconque; et si l'instrument est bien établi, les lectures faites sur les deux cercles nous en donneront les deux coordonnées.

Cet instrument porte quelquefois le nom d'*instrument universel*, car il peut donner non-seulement les azimuts et les hauteurs, mais aussi, en fixant le cercle des hauteurs dans le méridien, les ascensions droites et les déclinaisons.

En supprimant le cercle des hauteurs ou le réduisant à de petites dimensions, on a le *théodolite* ou *instrument des azimuts* (*fig.* 14).

Fig. 14.

En reliant au contraire à un axe horizontal une lunette et un cercle divisé, on obtiendra l'*instrument des hauteurs*.

En général ces instruments sont des instruments de petites dimensions, et transportables. Cependant on a parfois construit, sur les mêmes principes, des instruments fixes de grandes dimensions. Tels sont les instruments construits par Reichenbach pour l'Observatoire de Munich, par Ertel pour l'Observatoire de Poulkowa (*), et le grand altazimut installé par Piazzi à l'Observatoire de Palerme (**). Enfin en 1847 M. Airy faisait construire, pour l'Observatoire de Greenwich sur le modèle de celui de Palerme, un altazimut de grandes dimensions dont la disposition présente des particularités fort intéressantes (***). Dans ces instruments fixes la lunette est, en général, portée par le milieu de l'axe horizontal; et le cercle vertical est équilibré par un second cercle identique, de façon que l'appareil soit symétrique.

Mais quel que soit leur mode de construction, tous ces instruments dérivent de l'altazimut, et une théorie complète de cet instrument contiendra tous les éléments nécessaires à l'intelligence de chacun d'eux.

Dans l'altazimut le plan de l'un des cercles doit être horizontal, et il est clair que ce résultat ne sera jamais rigoureusement obtenu, le plan de ce cercle fera toujours avec l'horizon un petit angle : nous le désignerons par i; en d'autres termes, si P est le pôle du cercle de l'instrument, Z le zénith ou pôle de l'horizon, l'arc PZ mesurera l'angle i. De même nous représenterons par :

i', l'angle que fait avec le plan du cercle horizontal la ligne qui passe par les deux V de l'axe horizontal,

K, le point où cette ligne, prolongée du côté du cercle, coupe la sphère céleste,

b, la hauteur de ce point au-dessus de l'horizon vrai.

Ces trois quantités i, i' et b seront toujours très-petites dans un instrument bien installé. Ces conventions admises, passons à l'étude générale de l'instrument, que nous diviserons en deux

(*) Struve. — *Description de l'Observatoire de Poulkowa*, p. 130 et suiv.
(**) Biot. — *Astronomie physique*, t. II, p. 377 et suiv.
(***) Airy. — *Description of the altitude and azimuth instrument* (*Astronomical Observations made at Royal Observatory Greenwich in the year* 1847).

parties : l'une relative aux azimuts, l'autre relative aux hauteurs.

13. *Mesure des azimuts. — Formule générale.* — On ne mesure jamais avec cet instrument que des différences d'azimuts, la position de l'origine des azimuts est donc indifférente; mais il sera commode de la choisir pour chaque instrument en particulier, et puisque les deux points P et Z ne changent pas tant que l'instrument reste lui-même invariable, tandis qu'au contraire, pendant la rotation du cercle des verniers, le point K parcourt une circonférence entière, nous prendrons, pour zéro des azimuts, la lecture du cercle azimutal qui correspond au cas où les trois points P, K et Z sont dans un même cercle vertical. Soit a_0 cette lecture, nous désignerons toute autre position du cercle vertical par l'arc compris entre ce point et celui où l'arc PK prolongé rencontre le plan du cercle azimutal; nous supposerons, en d'autres termes, que l'arc PK prolongé passe par le zéro du vernier, et cette convention est évidemment permise, car, entre les deux lectures ainsi obtenues, il existe une différence constante; enfin nous désignerons par A l'azimut compté sur l'horizon vrai, à partir de l'origine que nous avons adoptée.

Supposons maintenant trois axes de coordonnées rectangulaires, dont l'un soit perpendiculaire à l'horizon vrai et les deux autres soient situés dans ce plan, l'axe des y passant par l'origine des azimuts; par rapport à ces axes, les trois coordonnées du point K seront

$$z = \sin h, \quad y = \cos h \cos A, \quad x = \cos h \sin A.$$

De même, par rapport à trois axes rectangulaires, dont l'un est perpendiculaire au plan horizontal de l'instrument, les deux autres sont dans ce plan, et dont l'axe des x coïncide avec l'axe des x du premier système, les coordonnées du point K auront pour expressions

$$z = \sin i', \quad y = \cos i' \cos(a - a_0), \quad x = \cos i' \sin(a - a_0).$$

Puisque l'axe des z du premier système fait un angle i avec l'axe des z du second, on a, d'après les formules (1) de la transformation des coordonnées (*Astronomie sphérique*, p. 2),

$$\begin{aligned} \sin b &= \cos i \sin i' - \sin i \cos i' \cos(a - a_0), \\ \cos A \cos b &= \sin i \sin i' + \cos i \cos i' \cos(a - a_0), \\ \sin A \sin b &= \cos i' \sin(a - a_0). \end{aligned}$$

On pourrait encore obtenir ces équations en appliquant les formules connues au triangle formé par le zénith Z, le pôle P du cercle azimutal et le point K, triangle dont les côtés PZ, PK et ZK ont respectivement pour valeur

$$i, \quad 90^\circ - i, \quad 90^\circ - b,$$

et dans lequel les angles opposés aux côtés PK et ZK sont

$$A, \quad 180^\circ - (a' - a_0).$$

Mais b, i et i' étant, comme nous l'avons dit, de petits angles, il est permis de supposer leurs cosinus égaux à l'unité, et de remplacer leurs sinus par les arcs eux-mêmes; on obtient ainsi

$$(a) \qquad \begin{cases} b = i' - i\cos(a - a_0), \\ A = a - a_0. \end{cases}$$

Nous avons supposé jusqu'ici que la lunette était perpendiculaire à l'axe horizontal de l'instrument, c'est-à-dire que son axe optique lui était perpendiculaire. En général il n'en est pas ainsi, mais cette ligne fait, avec la portion de l'axe située du côté du cercle, un angle un peu différent de 90°, et que nous représenterons par $90° + c$. L'angle c, qui, lui aussi, est toujours une petite quantité, est désigné sous le nom d'*erreur de collimation*. L'axe optique est la ligne qui va du centre optique de l'objectif au point de croisement des fils d'un réticule placé dans son plan focal; une vis permet de déplacer le réticule perpendiculairement à l'axe optique, afin de réduire à volonté l'angle c.

Soit maintenant O le point du ciel sur lequel est dirigée la lunette; soient e et z son azimut et sa distance zénithale, et par suite

$$\cos z, \quad \sin z \cos e$$

ses coordonnées par rapport aux axes des z et des y du n° 30 de l'*Astronomie sphérique*; supposons de plus que, sur le cercle, les divisions aillent en croissant de la gauche vers la droite, c'est-à-dire dans le sens même où l'on compte les azimuts sur l'horizon. Dans ces conditions, si le cercle est à gauche et que l'azimut du point O soit plus grand que celui du point K, les coordonnées de ce point O, rapportées au système d'axes précédents dans lequel on suppose l'axe des y dirigé de manière à se trouver dans le vertical du point K, auront pour expressions

$$\cos z \quad \text{et} \quad \sin z \cos(e - A);$$

si le cercle était à droite il faudrait remplacer, dans les expressions précédentes, $e - A$ par $A - e$.

D'autre part, relativement à un second système qui a pour axe des x celui du système précédent, et dont l'axe des y passe par le point K, l'y du point O est $-\sin c$, et comme les deux axes des z font entre eux l'angle b, on a, d'après les formules de la transformation des coordonnées,

$$-\sin c = \cos z \sin b + \sin z \cos b \cos(e - A).$$

On pourrait encore obtenir cette équation en appliquant les formules ordinaires au triangle formé par le zénith Z, le point K et le point O sur lequel est dirigée la lunette, et dans lequel les côtés ZO, ZK et OK sont respectivement égaux à

$$z, \quad 90^\circ - b, \quad 90^\circ + c,$$

et l'angle KZO compris entre les deux premiers est

$$\text{KZO} = \text{PZO} - \text{PZK} = e - A.$$

Or, dans cette équation, b et c sont de petites quantités; elle peut donc se réduire à

$$-c = b \cos z + \sin z \cos(e - A);$$

ou enfin, en remplaçant A par sa valeur tirée des équations (a),

$$0 = c + b \cos z + \sin z \cos[e - (a - a_0)].$$

Il en résulte que $[e - (a - a_0)]$ est une petite quantité de l'ordre de grandeur de b et c, et que si l'on remplace $\cos[e - (a - a_0)]$ par $\sin\{90° - [e - (a - a_0)]\}$, on pourra confondre le sinus avec l'arc et écrire

$$0 = c + b\cos z + [90° - e + (a - a_0)]\sin z,$$

formule dont les signes conviennent, comme nous l'avons déjà fait remarquer, au cas où le cercle est à gauche. Si le cercle était à droite, il faudrait remplacer $(e - A)$ par $(A - e)$, ce qui donnerait

$$0 = c + b\cos z + [90° + e - (a - a_0)]\sin z.$$

On obtient donc l'azimut vrai e par les formules

$$e = a - a_0 + 90° + \frac{c}{\sin z} + b\cot z, \quad \text{Cercle à gauche,}$$

$$e = a - a_0 - 90° - \frac{c}{\sin z} - b\cot z, \quad \text{Cercle à droite.}$$

En désignant par A l'azimut donné par le vernier de l'instrument et par ΔA l'erreur de l'index du vernier, de telle sorte que $A + \Delta A$ soit l'azimut compté sur le cercle à partir du zéro des azimuts, on peut encore écrire

$$e = A + \Delta A \pm c\,\text{coséc}\, z \pm b\cot z,$$

formule où il faut prendre :

Les signes supérieurs, quand le cercle est à gauche;

Les signes inférieurs, quand le cercle est à droite.

14. *Démonstration géométrique des formules précédentes.* — On peut établir ces formules par de simples considérations géométriques. Supposons que le plan du papier représente l'horizon, le cercle vertical dans lequel se trouve l'objet sera alors figuré par une ligne droite AB, dont le milieu z sera le zénith (*fig.* 15). Si la lunette tourne autour d'un axe incliné sur l'horizon d'un angle b, elle décrira un grand cercle qui passera encore par les points A et B de l'horizon et par un point Z′ distant du zénith de l'arc b, de telle sorte que lorsqu'on lira l'azimut du cercle verti-

cal AZ, la lunette visera en réalité, à cause de l'erreur d'inclinaison, le point O du grand cercle AZ'B, et, par suite, le cercle

Fig. 15.

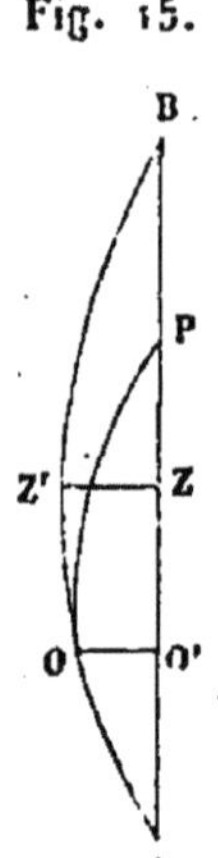

étant supposé à gauche, l'azimut mesuré sera trop petit de l'angle sous lequel apparaît OO' vu du point Z ; la correction ΔA, qu'il faut apporter à l'azimut, est donc égale à l'angle OZO'. Or on a, d'une part :

$$\begin{aligned}\sin OO' &= \sin AO \sin b,\\ &= \cos z \sin b,\end{aligned}$$

et, d'autre part :

$$\begin{aligned}\sin OO' &= \sin ZO \sin \Delta A,\\ &= \sin z \sin \Delta A,\end{aligned}$$

d'où il résulte

$$\sin \Delta A = \sin b \cot z.$$

Lorsque le cercle est à gauche, il faut donc, pour tenir compte de l'inclinaison b, ajouter à l'azimut lu sur l'instrument une correction dont la valeur est

$$+ b \cot z.$$

Cherchons la correction de l'azimut nécessitée par l'erreur de collimation. Soit AB (*fig.* 16) le cercle vertical que décrirait l'axe optique de la lunette si l'erreur de collimation était nulle. Dans les conditions actuelles, il fait, avec l'axe de l'instrument, côté du cercle, un angle égal à $90° + c$; dans son mouvement autour de l'axe, il décrit donc un cône qui coupe la sphère céleste suivant un petit cercle dont la distance au grand cercle AB est égale à c.

Fig. 16.

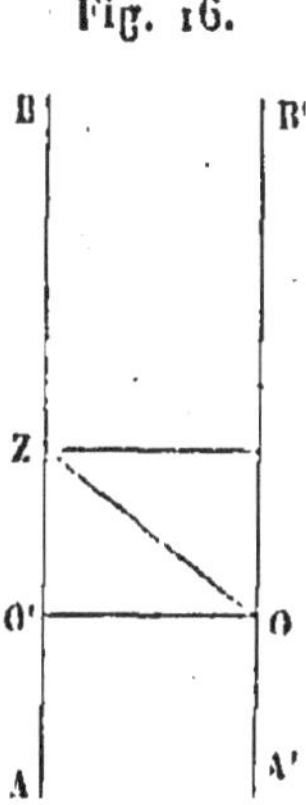

Quand le cercle est à gauche, on lit donc encore un azimut trop petit, et si l'on désigne encore par ΔA l'angle AZO, on a

$$\sin \Delta A = \frac{\sin c}{\sin z},$$

ou

$$\Delta A = + c \operatorname{coséc} z.$$

Remarque. — Ces résultats peuvent s'interpréter d'une autre manière :

1° Supposons que, la lunette visant vers un point O, on ait fait sur le cercle azimutal la lecture A, l'azimut vrai serait, si l'erreur de collimation était nulle,

$$A + b \cot z;$$

pour un second objet O, on aurait de même

$$A_1 + b \cot z_1;$$

par conséquent, la différence de leurs azimuts est

$$(A_1 - A) + a(\cot z_1 - \cot z).$$

Visons maintenant chacun de ces deux objets dans une position opposée du cercle vertical, le signe de b aura évidemment changé, et l'on aura pour différence de leurs azimuts

$$(A'_1 - A') - b(\cot z_1 - \cot z).$$

La moyenne de ces deux valeurs

$$+\frac{(A_1 - A + A'_1 - A')}{2}$$

est indépendante de l'inclinaison b : ainsi, en écartant toute autre cause d'erreur, *on élimine l'effet de l'inclinaison de l'axe de rotation de la lunette, en prenant la moyenne arithmétique des valeurs de l'angle mesuré dans deux positions opposées de la lunette.*

De plus la différence des deux valeurs du même angle est

$$+ 2b(\cot z_1 - \cot z),$$

d'où l'on conclut que, si l'expérience donne pour cet angle les mêmes valeurs dans les deux cas, la quantité b est nulle. Il en résulte un moyen simple de rendre un axe vertical sans le secours d'un second niveau : il suffit de s'assurer à l'avance que le plan du cercle qui le porte est horizontal.

2° De même, en tournant le cercle vertical de 180° en azimut, on change évidemment le signe de l'erreur de collimation c. Les lectures vraies correspondantes aux deux cas sont donc

$$A + \frac{c}{\sin z}, \quad A_1 - \frac{c}{\sin z},$$

dont la moyenne est indépendante de c. Par conséquent, en supposant que cette erreur soit seule, *on l'élimine en prenant la moyenne des lectures faites dans deux positions opposées du cercle vertical.* Nous ajouterons encore que la différence des deux lectures est $2\frac{c}{\sin z}$: par suite, si l'expérience donne la même lecture dans les deux cas, c est nul, et l'instrument n'a pas d'erreur de collimation.

Il est bien clair d'ailleurs que par cette opération les deux erreurs sont simultanément éliminées.

15. *Détermination des erreurs.* — Il faut maintenant montrer comment on détermine la grandeur de chacune des erreurs de l'instrument, c'est-à-dire comment, au moyen des formules que nous venons de trouver, on réduit à l'azimut vrai chaque azimut observé avec un pareil instrument.

Inclinaison. — On trouverait immédiatement l'inclinaison b en suivant la marche donnée au n° 1 de ce volume, c'est-à-dire en plaçant un niveau sur les tourillons de l'axe horizontal. Mais, d'après les formules (a) du n° 13, on a

$$b = i' - i\cos(a - a_0),$$

où i est l'angle que fait avec l'horizon le plan du cercle horizontal, et i' l'angle du cercle horizontal et de l'axe qui porte la lunette; cette équation contient trois inconnues : i', i et a_0. Pour les déterminer il faudra donc trois nivellements effectués dans différentes positions de l'axe. Supposons que, dans une position arbitraire de l'axe, par exemple celle qui correspond à la lecture a faite sur l'un des verniers, on ait trouvé b pour valeur de l'inclinaison; donnons ensuite à l'axe les positions $a + 120°$ et $a + 240°$, et soient b_1 et b_2 les inclinaisons trouvées dans ces deux cas; substituons ces valeurs dans la formule précédente, et remarquons que

$$\cos 120° = -\tfrac{1}{2}, \quad \sin 120° = +\tfrac{1}{2}\sqrt{3},$$
$$\cos 240° = -\tfrac{1}{2}, \quad \sin 240° = -\tfrac{1}{2}\sqrt{3}.$$

Nous aurons les trois équations suivantes :

$$b = i' - i\cos(a - a_0),$$
$$b_1 = i' + \tfrac{1}{2} i\cos(a - a_0) + \tfrac{1}{2}\sqrt{3}\, i\sin(a - a_0).$$
$$b_2 = i' + \tfrac{1}{2} i\cos(a - a_0) - \tfrac{1}{2}\sqrt{3}\, i\sin(a - a_0),$$

dont la somme est

$$i' = \frac{b + b_1 + b_2}{3}.$$

En retranchant la troisième équation de la seconde, on a

$$i\sin(a - a_0) = \frac{b_1 - b_2}{\sqrt{3}};$$

et, en ajoutant à la somme des deux dernières le double de la première,

$$i\cos(a - a_0) = \frac{b_1 + b_2 - 2b}{3}.$$

Ainsi à l'aide de nivellements effectués sur l'axe horizontal dans trois positions qui divisent la circonférence en trois parties égales, on déterminera i, i' et a_0; la formule

$$b = i' - i\cos(a - a_0)$$

donnera ensuite l'inclinaison pour toute autre position.

Erreur de collimation. — Pour trouver l'erreur de collimation, on observe un objet lumineux éloigné, dans deux positions successives de l'instrument où le cercle soit d'abord à gauche puis à droite, et dans les deux cas on lit l'azimut. Soient A la lecture faite le cercle étant à gauche, A' la lecture faite le cercle à droite; on a les deux équations

$$e = A + \Delta A + b\cot z + c\,\text{coséc}\,z,$$
$$e = A' + \Delta A - b'\cot z - c\,\text{coséc}\,z,$$

d'où l'on déduit

$$c\,\text{coséc}\,z = \frac{A' - A}{2} - \frac{b' + b}{2}\cot z.$$

Or on connaît les inclinaisons b et b' dans les deux positions, et la lecture faite sur le cercle de hauteur donne la distance zénithale z de l'objet; on peut donc, en observant le même objet dans différentes positions du cercle, déterminer l'erreur de collimation.

On peut, à défaut de mire, se servir d'une étoile, la Polaire par exemple. On vise la Polaire au temps t, et l'on fait la lecture de l'azimut; puis on retourne l'instrument au temps t', on ramène la polaire sous la croisée des fils. On a les deux équations

$$e = A + \Delta A + b\cot z + c\,\text{coséc}\,z,$$
$$e' = A' + \Delta A - b'\cot z - c\,\text{coséc}\,z;$$

or, $\frac{dA}{dt}$ étant la variation de l'azimut pendant l'unité de temps pour l'époque $\frac{1}{2}(t+t')$, on aura

$$e'-e=\frac{dA}{dt}(t'-t),$$

d'où

$$c\,\mathrm{coséc}\,z=\tfrac{1}{2}(A'-A)-\tfrac{1}{2}\frac{dA}{dt}(t'-t)-\tfrac{1}{2}(b'+b)\cot z.$$

Excentricité de la lunette. — Nous avons supposé jusqu'ici que l'axe optique de la lunette passait par le centre de la graduation, ou que, si cette lunette était fixée à l'extrémité d'un axe, l'objet observé était infiniment éloigné. Lorsque ces conditions ne sont pas remplies, il faut faire subir à l'erreur de collimation que nous venons de trouver une correction nouvelle. Imaginons, par exemple, qu'avec une lunette fixée en F (*fig.* 17) à l'extrémité d'un axe, on ait observé un objet O, et soit M le centre de

Fig. 17.

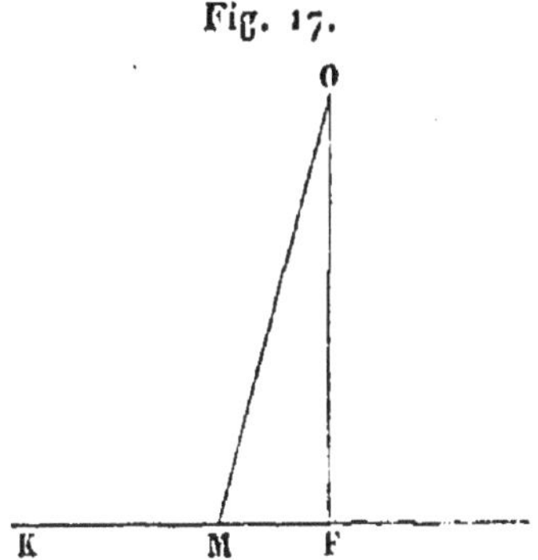

la graduation. D'après nos conventions, l'angle OFK sera égal à $90^\circ+c_0$, et l'angle OMK à $90^\circ+c$. Si le point O était à une distance infinie, de telle sorte que OF et OM fussent parallèles, on pourrait supposer que les angles $90^\circ+c_0$ et $90^\circ+c$ sont égaux; mais dans le cas contraire, on aura

$$c=c_0+\mathrm{MOF};$$

mais l'angle MOF est très-petit, et

$$\mathrm{tang\,MOF}=\frac{\rho}{d},$$

en désignant par d la distance OM de l'objet, et par ρ la longueur du demi-axe de l'instrument. On pourra donc écrire

$$c = c_0 + \frac{\rho}{d}.$$

Ainsi, lorsque la lunette est fixée à l'extrémité d'un axe, tout azimut d'un objet rapproché donné par l'instrument est

trop petit de $\frac{\rho}{d}$ coséc z, lorsque le cercle est à gauche;

trop grand de $\frac{\rho}{d}$ coséc z, lorsque le cercle est à droite.

Par conséquent, si c_0 désigne l'erreur de collimation trouvée précédemment, A et A′ les deux lectures du cercle, on aura les équations

$$e = A + \Delta A + b \cot z + \left(c_0 + \frac{\rho}{d}\right) \operatorname{coséc} z,$$

$$e = A' + \Delta A - b' \cot z - \left(c_0 + \frac{\rho}{d}\right) \operatorname{coséc} z,$$

à l'aide desquelles on pourra, connaissant d'ailleurs d, déterminer la quantité ρ, et par suite la nouvelle erreur de collimation.

Remarque. — Cette formule conduit à une remarque analogue à celle que nous avons faite au numéro précédent. Si a est l'angle de deux objets mesuré du centre du cercle azimutal, et α cet angle mesuré avec une lunette excentrique, on a

$$a = \alpha - \ldots,$$

si la lunette est à droite du centre, et

$$a = \alpha + \ldots,$$

si la lunette est à gauche du centre.

La moyenne des deux valeurs est indépendante de l'erreur d'excentricité; donc, *en combinant deux mesures faites dans deux positions opposées du cercle vertical, on élimine l'erreur d'excentricité*.

Flexion de l'axe. — Une lunette ainsi placée à l'extrémité d'un axe produit par son poids une flexion de cet axe, qui rend l'erreur de collimation c variable avec la distance zénithale. Si la lunette est horizontale, cette flexion n'a aucune influence sur la collimation, car la pesanteur n'a d'autre effet que d'abaisser l'axe optique de la lunette dans son plan vertical. Mais si la lunette est verticale, l'angle que la ligne de collimation fait avec l'axe sera changé. On peut donc représenter l'erreur de collimation correspondante à une distance zénithale z par une expression de la forme

$$c + a \cos z,$$

où les coefficients c et a sont l'un l'erreur horizontale de collimation, l'autre la variation qu'éprouve cette quantité quand on passe de la position horizontale de la lunette à la position verticale. Nous donnerons plus loin les méthodes employées pour leur détermination.

Erreur de l'index. — Pour déterminer l'erreur ΔA de l'index, on visera une étoile connue, ordinairement la Polaire, et on lira l'azimut A; soit t l'angle horaire de l'étoile, l'azimut vrai e sera donné par les formules

$$\sin z \sin e = \cos\delta \sin t,$$
$$\sin z \cos e = \cos\delta \cos t \sin\varphi - \cos\varphi \sin\delta,$$

et cet azimut étant connu, l'erreur ΔA se déduira de la relation

$$\Delta A = e - A \mp b \cot z \mp c \operatorname{coséc} z \begin{cases} - \text{ Cercle à gauche,} \\ + \text{ Cercle à droite.} \end{cases}$$

16. *Mesure des hauteurs.* — Cette mesure se fait comme il suit : après avoir dirigé l'instrument sur un objet dans une première position et lu l'indication du cercle des hauteurs, on fait tourner l'instrument de 180° en azimut, on vise une seconde fois le même objet, et l'on recommence la lecture; la demi-différence de ces deux lectures, faite dans un sens ou dans l'autre, suivant le sens dans lequel croissent les divisions, serait égale à la distance zénithale de l'objet, ou, plus exactement, à la distance de cet objet au point P où l'axe vertical de l'instrument rencontre la sphère céleste, si les angles i et i' ainsi que l'erreur de collimation c étaient nuls. Nous admettrons encore que la lecture du cercle des hauteurs désigne le point où un plan mené par l'axe optique de la lunette, perpendiculairement au plan du cercle, vient couper la graduation; dans cette hypothèse, la lunette sera dirigée vers le point P, lorsque les grands cercles KO et KP coïncideront (*voir* n° 13).

Si, partant de cette position, on dirige ensuite l'axe optique vers le point O situé en dehors du cercle PK, la lunette aura décrit l'angle PKO. Cet angle sera donné par la lecture du cercle; mais il ne sera mesuré par le côté PO, ou la distance du point O au point P, que si les côtés OK et PK sont égaux à 90°.

En général, ces côtés seront $90° + c$, $90° - i$, et, en désignant PO par ζ et l'angle PKO lu sur le cercle par ζ', on aura

$$\begin{aligned}\cos\zeta &= -\sin c \sin i' + \cos c \cos i' \cos\zeta' \\ &= \cos(i' + c)\cos^2\tfrac{1}{2}\zeta' - \cos(i' - c)\sin^2\tfrac{1}{2}\zeta',\end{aligned}$$

au moyen de la formule

$$\cos x = 1 - 2\sin^2\tfrac{1}{2}x.$$

On en déduit

$$\begin{aligned}\cos\zeta = &+\cos^2\tfrac{1}{2}\zeta' - 2\sin^2\tfrac{1}{2}(i'+c)\cos^2\tfrac{1}{2}\zeta' \\ &- \sin^2\tfrac{1}{2}\zeta' + 2\sin^2\tfrac{1}{2}(i'-c)\sin^2\tfrac{1}{2}\zeta',\end{aligned}$$

ou

$$\cos\zeta - \cos\zeta' = 2[\sin^2\tfrac{1}{2}(i' - c)\sin^2\tfrac{1}{2}\zeta' - \sin^2\tfrac{1}{2}(i'+c)\cos^2\tfrac{1}{2}\zeta'];$$

et, en remplaçant $\cos\zeta - \cos\zeta'$ par $(\zeta' - \zeta)\sin\zeta'$, ce qui est toujours permis, car $\zeta' - \zeta$ est une petite quantité, puis $\sin\zeta'$ par $2\sin\frac{1}{2}\zeta'\cos\frac{1}{2}\zeta'$, et faisant la réduction, il vient

$$\zeta = \zeta' + \sin^2\tfrac{1}{2}(i'+c)\cot\tfrac{1}{2}\zeta' - \sin^2\tfrac{1}{2}(i' - c)\tang\tfrac{1}{2}\zeta',$$

ou encore, puisque c et i' sont tous deux de petites quantités,

$$\zeta = \zeta' + \tfrac{1}{2}(i'^2 + c^2)\cot\zeta' + i'c\,\mathrm{cos\acute{e}c}\,\zeta'.$$

ζ est alors la distance zénithale rapportée au pôle P de l'instrument.

Mais si P ne coïncide pas avec le zénith, $PO = \zeta$ n'est pas la distance zénithale vraie, qui est alors donnée par l'arc ZO; néanmoins les formules que nous venons d'établir s'appliquent encore à ce cas, à la condition d'y remplacer l'inclinaison i', de l'axe horizontal de l'instrument sur le cercle azimutal, par son inclinaison b par rapport à l'horizon, inclinaison donnée (n° 15) par la formule

$$b = i' - i\cos(a - a_0),$$

et aussi de retrancher de la lecture faite sur le cercle des hauteurs la projection de l'arc PZ sur le cercle, c'est-à-dire l'angle PKZ, dont la valeur

$$i\sin(a - a_0)$$

pourra toujours être déterminée au moyen d'un niveau fixé au cercle des verniers du cercle vertical. Ceci posé, désignons par :

Z le point du cercle qui correspond au zéro du niveau;
p la lecture faite sur le niveau, du côté où, sur le cercle, la graduation va en croissant à partir du point le plus élevé;
n la lecture faite sur le niveau du côté opposé;
ε la valeur en secondes d'une des parties de l'échelle du niveau.

Ce point zénithal du cercle sera représenté par

$$Z + \tfrac{1}{2}(p - n)\varepsilon, \quad \text{dans une position du cercle,}$$

et par

$$Z + \tfrac{1}{2}(p' - n')\varepsilon, \quad \text{dans la position diamétralement opposée.}$$

En conséquence, si ζ' et ζ'_1 sont les deux lectures faites sur le cercle dans ces deux positions, la lunette visant d'ailleurs le même objet, la distance zénithale de cet objet sera donnée par

$$\zeta' - Z - \tfrac{1}{2}(p - n)\varepsilon, \quad \text{dans la première position,}$$

et par

$$Z - \zeta'_1 + \tfrac{1}{2}(p' - n')\varepsilon, \quad \text{dans la seconde,}$$

ou, en prenant la moyenne arithmétique afin de nous débarrasser de l'erreur d'inclinaison du niveau,

$$z' = \tfrac{1}{2}\left[\zeta' + \zeta'_1 - \tfrac{1}{2}(p - n)\varepsilon + \tfrac{1}{2}(p' - n')\varepsilon\right].$$

Pour avoir la distance zénithale vraie, il faut encore ajouter à z' la correction

$$+\sin^2\tfrac{1}{2}(b + c)\cot\tfrac{1}{2}z' - \sin^2\tfrac{1}{2}(b - c)\tan\tfrac{1}{2}z'$$

ou

$$+\tfrac{1}{2}(b^2 + c^2)\cot z' + bc\,\operatorname{cos\acute{e}c} z'.$$

Or on peut toujours rendre l'erreur b excessivement petite. Posons donc, pour simplifier, $b = 0$; la correction se réduira à l'expression

$$+\tfrac{1}{2}c^2\cot z';$$

ainsi, pour $c = 10'$, $\tfrac{1}{2}c^2 = 0'',87$ (*). Par conséquent, si z' est très-petit, c'est-à-dire si l'objet observé est voisin du zénith, cette correction pourra devenir très-considérable; d'où résulte la règle que, dans l'observation des distances zénithales fort inférieures à 45°, il faut pointer dans le milieu du champ, ou, en d'autres termes, le plus près possible de la croisée des fils du réticule.

17. *Passage des formules de l'altazimut à celles qui sont relatives aux autres instruments.* — Des formules relatives à l'*altazimut*, on peut aisément déduire les formules qui serviront pour les autres instruments.

1° *Équatorial.* — L'équatorial ne diffère de l'altazimut qu'en ce qu'au lieu de reposer sur le plan de l'horizon, il a pour base l'équateur; par suite, en attribuant, dans les formules précédentes, aux quantités qui tout à l'heure étaient rapportées à l'ho-

---

(*) En effet, ce terme $\tfrac{1}{2}c^2$ provient de l'hypothèse $b = 0$, faite dans l'expression

$$\sin^2\tfrac{1}{2}(b + c) = \tfrac{1}{4}(b + c)^2\sin^2 1'';$$

si l'on veut avoir la valeur de cette expression en secondes, on devra la diviser par sin 1″, de telle sorte que, en y faisant ensuite $b = 0$, il vient

$$\tfrac{1}{4}c^2\sin 1''.$$

rizon la même signification relativement à l'équateur, on aura immédiatement les formules de l'équatorial.

- a sera la lecture faite sur le cercle parallèle à l'équateur, qu'on appelle *cercle horaire* de l'instrument;
- i' l'inclinaison de l'axe de rotation de la lunette sur le plan du cercle horaire;
- i l'inclinaison du cercle horaire sur l'équateur;
- $90^\circ + c$ l'angle de l'axe optique de la lunette avec son axe de rotation,

et les formules seront exactement les mêmes.

2° *Lunette méridienne.* — Il n'est pas plus difficile d'obtenir les formules relatives aux instruments avec lesquels l'observation ne peut se faire que dans un plan déterminé, la lunette méridienne par exemple. Cet instrument reste toujours dans le plan du méridien; il faut donc que la quantité $a - a_0 + 90^\circ$ diffère peu de zéro. Désignons par $-k$ la petite quantité dont elle s'en écarte

$$90^\circ - (a - a_0) = k,$$

les formules données au n° **13** pour l'instrument azimutal deviennent alors

$$e = -k + b \cot z + c \operatorname{cos\acute{e}c} z, \quad \text{Cercle à gauche;}$$
$$e = -k - b \cot z - c \operatorname{cos\acute{e}c} z, \quad \text{Cercle à droite.}$$

Si cette quantité e n'est pas nulle, l'étoile au lieu d'être, au moment de l'observation, exactement dans le méridien, en est à une petite distance. Dans le cas, par exemple, où e est négatif, l'étoile a été observée avant le méridien. Soit τ le temps qu'il faut ajouter au temps de l'observation pour avoir le temps du passage au méridien, c'est-à-dire l'angle horaire de l'étoile au moment de l'observation; on a, en prenant cet angle horaire positivement à l'est (*Astronomie sphérique*, n° 34),

$$\sin\tau = -\sin e \frac{\sin z}{\cos\delta},$$

d'où

$$\tau = -e \frac{\sin z}{\cos\delta},$$

et les formules précédentes deviennent

$$\tau = -b\frac{\cos z}{\cos\delta} + k\frac{\sin z}{\cos\delta} - c\,\text{séc}\,\delta, \quad \text{Cercle à gauche (est)};$$

$$\tau = +b\frac{\cos z}{\cos\delta} + k\frac{\sin z}{\cos\delta} + c\,\text{séc}\,\delta, \quad \text{Cercle à droite (ouest)}.$$

Ce sont les formules relatives à l'instrument des passages; la quantité b désigne l'inclinaison de l'axe horizontal par rapport à l'horizon, k l'azimut de l'instrument pris positivement à l'est du méridien.

3° *Instrument des passages dans le premier vertical.* — On obtient de la même manière les formules relatives à l'instrument des passages dans le premier vertical. En effet, on a (*Astronomie sphérique*, n° 35)

$$\cot A \sin t = -\cos\varphi \operatorname{tang}\delta + \sin\varphi \cos t,$$

et en comptant l'azimut e à partir du premier vertical, de sorte que

$$A = 90° + e,$$

il vient

$$(1) \qquad \operatorname{tang} e \sin t = \cos\varphi \operatorname{tang}\delta - \sin\varphi \cos t.$$

Soit maintenant Θ le temps sidéral du passage de l'étoile dans le premier vertical, on aura (*Astronomie sphérique*, n° 54)

$$(2) \qquad 0 = \sin\varphi \cos\Theta - \cos\varphi \operatorname{tang}\delta,$$

et, en ajoutant membre à membre les équations (1) et (2),

$$\operatorname{tang} e \sin t = 2\sin\varphi \sin\tfrac{1}{2}(t-\Theta)\sin\tfrac{1}{2}(t+\Theta).$$

Par conséquent, si e est très-petit, et que par suite t soit très voisin de Θ, cette formule donnera

$$e = (t-\Theta)\sin\varphi$$

ou

$$\Theta = t - \frac{e}{\sin\varphi}.$$

Remplaçons e par la valeur trouvée précédemment

$$e = -k \pm b \cot z \pm c \operatorname{coséc} z,$$

il viendra

$$\Theta = t + \frac{k}{\sin\varphi} \mp \frac{b}{\sin\varphi} \cot z \mp \frac{c}{\sin\varphi} \operatorname{coséc} z,$$

formule de l'instrument des passages dans le premier vertical.

Remarque. — Nous démontrerons dans la suite toutes ces formules directement; notre but, en les déduisant ici des formules relatives à l'instrument universel, a été surtout de montrer une fois de plus les relations qui existent entre les différents instruments.

18. *Méthode de la répétition des angles.* — Nous devons maintenant parler de la méthode appliquée par Borda aux théodolites pour éliminer les erreurs de division et de lecture. Dans cette méthode, au lieu de mesurer directement un arc sur un cercle divisé, on le porte plusieurs fois successivement sur le cercle, de façon qu'entre l'extrémité d'un arc et le commencement de l'autre il n'y ait aucune discontinuité; on mesure, par une lecture faite à la fin des opérations, l'arc total ainsi parcouru, et, en le divisant par le nombre de ces opérations, on a une valeur de l'arc cherché, dans laquelle l'erreur de division et celle de lecture sont divisées par le nombre des opérations.

Pour l'appliquer, on a construit des instruments dits *répétiteurs* (*fig.* 14), qui satisfont aux deux conditions suivantes : 1° le cercle et la lunette peuvent tourner ensemble autour de l'axe commun; 2° la lunette, entraînant l'alidade qui fait corps avec elle, peut tourner seule autour de ce même axe.

Ceci posé, soit à mesurer la distance angulaire de deux objets A et B situés dans le plan du cercle. Par un mouvement d'ensemble, on amènera la lunette à viser l'objet A, puis on calera le cercle, on rendra libre la lunette, que l'on dirigera alors sur l'objet B; fixant ensuite la lunette sur le cercle et décalant celui-ci, on amènera, par un mouvement d'ensemble, la lunette à pointer sur A, et ainsi de suite.

Cette méthode est sujette à une objection capitale. En effet, elle suppose que les différents arcs s'ajoutent rigoureusement l'un à l'autre sur le cercle, c'est-à-dire que, pendant l'intervalle de deux lectures, les positions relatives de la lunette et du cercle n'ont pas changé. Or le contraire arrivera toujours par suite de causes très-nombreuses : le jeu des axes emboîtés les uns dans les autres, celui des vis de rappel dans leurs écrous, les frottements et l'élasticité des métaux, l'action de la pesanteur qui varie avec la position de la lunette, et surtout, si l'on opère pendant le jour, les variations de température, qui produisent des effets considérables. En outre, son emploi nécessite pour l'instrument une construction compliquée, ce qui est une nouvelle source d'erreurs. La méthode de la *réitération* (p. 64) n'a aucun de ces inconvénients. Elle élimine très-rapidement par compensation les erreurs *périodiques* tenant à la graduation; quant aux erreurs *accidentelles*, elles se trouvent diminuées (*Astronomie sphérique*, n° 22) dans le rapport

$$\frac{1}{\sqrt{n}},$$

n étant le nombre des réitérations. L'erreur de lecture, au contraire, se conserve évidemment tout entière dans la moyenne de n observations; mais, nous l'avons déjà dit, même dans les petits instruments transportables, on tend aujourd'hui à substituer partout les microscopes micrométriques aux verniers; l'erreur de lecture est alors infiniment petite par rapport aux erreurs de division et peut être négligée.

19. *Théodolite à réflexion, de M. d'Abbadie.* — Nous terminerons ce Chapitre par la description d'un instrument destiné à la pratique de la géodésie expéditive, et qui, dans certains cas spéciaux, présente de grands avantages. Cet appareil est représenté dans la *fig.* 18. Il se compose essentiellement de deux cercles, l'un horizontal, l'autre vertical, et d'une lunette qui reste constamment horizontale et tourne autour de son axe. Les deux cercles, d'un diamètre de $0^m,1$, sont divisés d'une manière continue dans le sens des aiguilles d'une montre, selon la graduation déci-

male (*), et sont munis tous deux d'une paire de verniers donnant 0, 01 grade ou 32″ sexagésimales, limite de précision qu'exige la géodésie expéditive.

Fig. 18.

La lunette a $0^m,028$ d'ouverture objective et $0^m,18$ de foyer. Au devant de l'objectif est fixé à demeure un prisme à réflexion totale, qui renvoie suivant son axe optique les rayons provenant des parties du ciel vers lequel il est dirigé. En tournant le système formé par le cercle vertical et la lunette autour de l'axe vertical, puis la lunette elle-même autour de son axe, on peut ainsi viser un point quelconque du ciel, et l'observateur lit sans se déplacer la hauteur sur le cercle vertical, et l'azimut sur le cercle horizontal; d'ailleurs la lunette, ayant toujours une position horizontale, est ainsi préservée de toute erreur de flexion.

L'instrument est complété par deux niveaux placés en croix

(*) D'après M. d'Abbadie, l'emploi de cette graduation assure une économie notable de temps, soit sur le terrain, soit dans les calculs de réduction.

sur le tube de la lunette, au moyen desquels on peut niveler vite et sans retournement, et vérifier à tout moment la position du cercle vertical et celle de l'axe de la lunette. Tout l'appareil repose par trois vis calantes sur un pied ordinaire de géodésie, et ses petites dimensions en font un instrument d'un transport très-facile.

Remarque. — Sur l'instrument des hauteurs et des azimuts, consulter :

AIRY. — *Description of the altitude and azimuth instrument* (*Astronomical observations made at the royal Observatory Greenwich, in the year* 1847).

SAWITSCH. — *Abriss der praktischen Astronomie*, t. I; Hambourg, 1850.

STRUVE. — *Le grand Cercle vertical de Reichenbach et d'Ertel* (*Description de l'Observatoire central de Poulkowa*, p. 130 et suiv.; et *Astronomische Nachrichten*, t. II, nos 47 et 48).

STRUVE. — *Ueber ein auf der Dorpater Sternwarte befindliches, mit einem verticalkreise versehenes tragbares Durchgangsinstrument aus der mechanischen Werkstätte von Repsold in Hamburg* (*Astronomische Nachrichten*, t. XV, no 344).

BAUERFEIND. — *Elemente der Vermessungskunde*, p. 183 et suiv.; Munich, 1862.

K. HUNÄUS. — *Die geometrischen Instrumente der gesammten praktischen Geometrie*, p. 242 et suiv.; Hanovre, 1864.

G. DOLLOND. — *The description of a refracting instrument upon a new construction* (*Memoirs of the royal Astronomical Society*, t. I.).

D'ABBADIE. — *Description d'un instrument pour la pratique de la géodésie expéditive* (*Comptes rendus des séances de l'Académie des Sciences*, t. LVI).

CHAPITRE IV.

ÉQUATORIAL.

20. *Description d'un équatorial.* — L'altazimut et les instruments que nous avons décrits dans le Chapitre précédent correspondent au premier système de coordonnées célestes, celui des *hauteurs* et des *azimuts;* l'équatorial se rapporte au second système, celui des *ascensions droites* et des *déclinaisons.* En d'autres termes, en inclinant l'axe vertical d'un altazimut de façon à le faire coïncider avec l'axe du monde, on obtient un équatorial.

A chacun des deux axes (*fig.* 19) est fixé un cercle divisé qui fait corps avec lui; le cercle parallèle au plan de l'équateur indique le plan horaire où se trouve l'axe optique de l'instrument : on l'appelle *cercle horaire;* et l'axe correspondant porte le nom d'*axe horaire.* Sur l'autre on lit, au contraire, la distance angulaire à laquelle ce même axe optique se trouve du plan de l'équateur, c'est le *cercle de déclinaison;* l'axe correspondant s'appelle *axe de déclinaison.*

La *fig.* 19 représente l'équatorial Secretan-Eichens installé dans la tour de l'ouest de l'Observatoire de Paris. A chacune des extrémités de l'axe horaire se trouve un cercle parallèle au plan de l'équateur; mais un seul, celui qui est à l'extrémité supérieure de l'axe, est véritablement un cercle horaire sur lequel les lectures se font au moyen de microscopes parallèles à l'axe horaire; l'autre, divisé avec moins de soin et placé à portée de l'observateur, sert au calage de l'instrument. Il y a de même deux cercles divisés, portés par l'axe de déclinaison : l'un, situé à la partie inférieure de cet axe, est gradué avec soin, et l'on y effectue les lectures au moyen de deux microscopes; l'autre, placé à la partie supérieure de l'axe de déclinaison, et donnant les 5′, sert au calage de l'instrument. Une lampe, que l'on voit dans la

Fig. 19.

Echelle $\frac{1}{20}$

figure un peu au-dessus de l'oculaire, éclaire ce cercle au moyen d'un système convenable de prismes et de lentilles. On fait alors la lecture à l'aide d'une longue lunette placée du côté opposé de l'instrument. A l'aide d'une tringle dont l'extrémité est aussi à côté de l'oculaire, on peut fixer l'instrument en déclinaison; une vis de rappel permet ensuite de lui donner de petits déplacements par rapport au pôle. Une pince, que l'on voit au-dessous du cercle horaire de calage, à la main de l'observateur, sert à fixer l'instrument en ascension droite.

En outre, l'oculaire de la lunette porte à son intérieur un *micromètre à fils*. Cet appareil, dont nous donnerons plus loin la description complète, l'usage et la théorie, se compose essentiellement de deux systèmes de fils perpendiculaires entre eux : les uns fixés à la plaque du micromètre, et qui, dirigés parallèlement au méridien, serviront habituellement à la mesure des ascensions droites; les autres, mus par une vis micrométrique perpendiculairement aux premiers, et qui sont destinés à la mesure des déclinaisons. Au moyen d'une disposition, que nous décrirons plus loin (Chapitre V), la lampe peut éclairer soit le champ de la lunette, soit les fils eux-mêmes du micromètre.

Si l'équatorial était stable, c'est-à-dire si, dans les diverses positions de la lunette, la position absolue de l'axe horaire et les positions relatives des autres axes ne variaient pas, un pareil instrument pourrait évidemment donner par des observations extra-méridiennes les positions absolues des astres. Malheureusement, on n'a pas jusqu'à présent réussi à donner aux équatoriaux la stabilité nécessaire à de pareilles mesures; néanmoins les constructeurs allemands reprennent la question, surtout au point de vue des petits instruments, et ils paraissent avoir obtenu des résultats satisfaisants; c'est pourquoi nous croyons utile d'exposer la théorie complète de l'équatorial.

21. *Théorie complète de l'équatorial. Ascensions droites.* — Soient :

P le pôle du monde,

Π le pôle du cercle horaire de l'instrument,

λ l'arc de grand cercle compris entre ces deux points,

h l'angle horaire du pôle Π,

i' l'angle que l'axe de déclinaison fait avec le cercle horaire, ou $90^\circ + i'$ l'angle de l'axe horaire et de l'axe de déclinaison du côté des deux cercles,

K le point où l'axe de déclinaison, prolongé du côté du cercle de déclinaison, rencontre la sphère céleste,

D la déclinaison de ce point.

Prenons en outre, comme origine ou zéro des angles horaires, la lecture t_0 qui, sur le cercle horaire, correspond au cas où les trois points K, P et Π sont sur un même méridien de la sphère céleste, et appelons *lecture du cercle horaire* l'arc $(t - t_0)$ compris entre le zéro et le point où le grand cercle mené par les deux pôles P et Π rencontre la graduation, point qui diffère évidemment d'une quantité constante des lectures faites sur le cercle au moyen des verniers. Pour compléter ces notations, nous désignerons par T l'angle horaire compté sur l'équateur vrai à partir de l'origine précédente.

Imaginons maintenant trois axes rectangulaires dont l'un, l'axe des z, soit perpendiculaire au plan de l'équateur vrai, tandis que les deux autres seraient dans ce plan, l'axe des y étant dirigé vers l'origine des angles horaires; par rapport à ces axes, les trois coordonnées du point K seront

$$z = \sin D, \quad y = \cos D \cos T, \quad x = \cos D \sin T;$$

par rapport à un second système d'axes rectangulaires, l'un perpendiculaire au plan du cercle horaire, les deux autres dans ce plan, et dont l'axe des x coïncide avec l'axe des x du premier système, les coordonnées du point K ont pour expressions

$$z = \sin i', \quad y = \cos i' \cos(t - t_0), \quad x = \cos i' \sin(t - t_0);$$

et puisque les axes des z des deux systèmes font entre eux l'angle λ, les formules de la transformation des coordonnées donnent les équations suivantes (*Astronomie sphérique*, n° 2) :

$$\begin{aligned} \sin D &= \sin i' \cos\lambda - \cos i' \sin\lambda \cos(t - t_0), \\ \cos T \cos D &= \sin i' \sin\lambda + \cos i' \cos\lambda \cos(t - t_0), \\ \sin T \cos D &= \cos i' \sin(t - t_0); \end{aligned}$$

si l'instrument est à fort peu près réglé, λ, i' et D sont de très-petites quantités, et l'on déduit des équations précédentes

$$D = i' - \lambda \cos(t - t_0),$$
$$T = t - t_0.$$

Comme nous l'avons dit, la lunette est fixée à un axe qui porte le cercle de déclinaison; nous représenterons par $90^\circ + c$, c étant l'*erreur de collimation*, l'angle que fait la direction de l'axe optique (*), prise du côté de l'objectif, avec l'axe de déclinaison prolongé du côté du cercle. Soient maintenant :

δ la déclinaison du point O du ciel vers lequel la lunette est dirigée,

τ_1 l'angle horaire de ce point O, compté à partir de l'origine indiquée,

ses trois coordonnées auront pour expressions

$$z = \sin\delta, \quad y = \cos\delta \cos\tau_1, \quad x = \cos\delta \sin\tau_1.$$

Supposons que sur le cercle horaire la graduation croisse de 0° à 360°, ou de 0^h à 24^h, du sud vers l'ouest, le nord et l'est; si le cercle de déclinaison précède la lunette en ascension droite (s'il est à l'ouest de la lunette), celle-ci visera toujours un point dont l'angle horaire sera plus petit que celui du point K, et si l'axe des y est dans le plan même du cercle de déclinaison du point K, on aura pour coordonnées du point vers lequel est dirigée la lunette

$$z = \sin\delta, \quad y = \cos\delta \cos(T - \tau_1), \quad x = \cos\delta \sin(T - \tau_1);$$

(*) L'équatorial étant destiné à recevoir plusieurs micromètres et non une plaque micrométrique fixe comme la lunette méridienne, on peut désirer avoir une correction c qui ne soit pas spéciale à un micromètre donné; on choisit alors pour axe optique la droite qui joint le centre optique de l'objectif et le centre du cercle intercepté, dans le plan focal principal, par le coulant auquel s'adaptent tous les micromètres; et pour obtenir le temps du passage par cet axe, on donne d'abord au fil mobile une position suffisamment excentrique, du côté par lequel entrent les étoiles; on observe le passage à ce fil, et l'on renverse immédiatement le micromètre de 180° : la moyenne des deux temps observés est le temps cherché.

si au contraire le cercle suit la lunette en ascension droite (est à l'est), on devra prendre pour coordonnées

$$z = \sin\delta, \quad y = \cos\delta\cos(\tau_1 - T), \quad x = \cos\delta\sin(\tau_1 - T).$$

Rapportons maintenant le point O, vers lequel la lunette est dirigée, à trois axes rectangulaires dont l'axe des y soit parallèle à l'axe de déclinaison de l'instrument et par suite dirigé vers le point K, et dont l'axe des x coïncide avec l'axe des x du système précédent, nous aurons, en désignant par δ' la déclinaison lue sur le cercle,

$$z = \sin\delta'\cos c, \quad y = -\sin c, \quad x = \cos\delta'\cos c.$$

Les axes des z des deux systèmes font entre eux l'angle D, on a donc, d'après les formules de la transformation des coordonnées,

$$-\sin c = \cos\delta\cos(\tau_1 - T)\cos D + \sin\delta\sin D,$$

ou

$$-c = \cos\delta\cos(\tau_1 - T) + D\sin\delta;$$

et, en remplaçant D et T par leurs valeurs précédemment trouvées,

$$-c = [i - \lambda\cos(t - t_0)]\sin\delta + \cos\delta\cos[\tau_1 - (t - t_0)].$$

Il résulte de là que $\cos[\tau_1 - (t - t_0)]$ est une petite quantité; or

$$\sin[90^\circ - \tau_1 + (t - t_0)] = \cos[\tau_1 - (t - t_0)],$$

et $\sin[90^\circ - \tau_1 + (t - t_0)]$ étant petit, on peut le remplacer par l'arc; on a donc pour l'angle horaire vrai

$$\tau_1 = (t - t_0) + 90^\circ - \lambda\cos(t - t_0)\tan\delta + i'\tan\delta + c\sec\delta,$$

si le cercle est à l'est de la lunette; et

$$\tau_1 = (t - t_0) - 90^\circ + \lambda\cos(t - t_0)\tan\delta - i'\tan\delta - c\sec\delta,$$

si le cercle est à l'ouest de la lunette.

Par l'addition de h aux deux membres de ces équations, les angles seront comptés à partir du méridien : $\tau_1 + h$ sera donc l'angle horaire vrai τ compté à partir du méridien, et les angles horaires fournis par l'instrument seront

$h+t-t_0+90^\circ$, dans la première position de l'instrument,

$h+t-t_0-90^\circ$, dans la deuxième position de l'instrument.

Introduisons maintenant la lecture des verniers; soit t' cette lecture (lecture dont il faudra retrancher 180°, si les verniers ne donnent pas l'angle horaire lui-même, mais cet angle augmenté de 180°), Δt l'erreur de l'index, on aura

$$\tau = t' + \Delta t - \lambda \sin(t' + \Delta t - h) \operatorname{tang}\delta \pm c \operatorname{séc}\delta \pm i' \operatorname{tang}\delta,$$

ou encore

$$\tau = t' + \Delta t - \lambda \sin(\tau - h) \operatorname{tang}\delta \pm c \operatorname{séc}\delta \pm i' \operatorname{tang}\delta,$$

équation dans laquelle on devra prendre

le signe supérieur, si le cercle est à l'est de la lunette,
le signe inférieur, si le cercle est à l'ouest de la lunette.

22. *Démonstration géométrique de la formule précédente: Déclinaisons.* — On peut encore obtenir ces formules, ainsi que celles qui sont relatives aux déclinaisons, en appliquant les formules de la Trigonométrie sphérique aux deux triangles formés par les points

P, Π et O,

P, K et O.

Dans le premier triangle POΠ, les côtés sont respectivement égaux à

$90^\circ-\delta$, distance polaire vraie du point vers lequel est dirigée la lunette,

$90^\circ-\delta'$, distance polaire du même point comptée à partir du pôle de l'instrument,

λ, arc de cercle compris entre ce pôle et le pôle vrai;

et les angles opposés aux deux premiers côtés ont pour valeurs

$180° - (\tau' - h)$, $\tau' - h$ étant l'angle horaire rapporté au pôle de l'instrument, et compté à partir de son méridien, c'est-à-dire du grand cercle qui passe par les points P et Π;

$(\tau - h)$, $\tau - h$ étant l'angle horaire rapporté au pôle vrai et compté à partir de ce même grand cercle.

Les formules de la Trigonométrie sphérique appliquées à ce triangle donnent donc rigoureusement les trois équations suivantes (*Astronomie sphérique*, n° 3) :

$$\sin\delta = \sin\delta'\cos\lambda - \cos\delta'\sin\lambda\cos(\tau' - h),$$

$$\cos(\tau - h)\cos\delta = \sin\delta'\sin\lambda + \cos\delta'\cos\lambda\cos(\tau' - h),$$
$$\sin(\tau - h)\cos\delta = \cos\delta'\sin(\tau' - h);$$

d'où l'on déduit, en admettant que λ soit une petite quantité,

$$(a)\qquad \begin{cases} \tau = \tau' - \lambda\,\text{tang}\,\delta'\sin(\tau' - h), \\ \delta = \delta' - \lambda\cos(\tau' - h). \end{cases}$$

Les quantités désignées par τ' et δ' ne sont d'ailleurs les grandeurs lues sur l'instrument, qu'à la condition expresse que i', c et les erreurs des index des verniers soient nulles. Tout d'abord, il est bien clair que l'angle $(90° - \delta'' - \Delta\delta)$, donné par la lecture du cercle de déclinaison ($\Delta\delta$ est l'erreur de l'index du vernier), est égal à l'angle K du triangle ΠKO; l'angle SΠO, S étant un point situé sur le prolongement de l'arc ΠP, est égal à $(\tau' - h)$; l'angle lu sur l'instrument est l'angle dont l'arc ΠK se déplace quand l'instrument passe de la position où les deux cercles ΠO et ΠS se confondent, à la position actuelle. Si les conditions indiquées plus haut étaient remplies, cet angle serait égal à $\tau' - h$, et quant à l'angle SΠK, il aurait pour valeur

$90° + \tau' - h$, si l'axe de déclinaison, prolongé du côté du cercle, précède la lunette, ou en d'autres termes s'il est à l'ouest du méridien,

$\tau' - h - 90°$, si l'axe de déclinaison est à l'est du méridien.

Dans le cas contraire, désignons ce dernier angle par

$$90^\circ + \tau'' - h + \Delta t \quad \text{et} \quad \tau'' - h + \Delta t - 90^\circ,$$

l'angle OΠK sera alors égal à

$$90^\circ - \tau' + \tau'' + \Delta t, \quad \text{si l'axe est à l'ouest,}$$

ou à

$$90^\circ + \tau' - \tau'' - \Delta t, \quad \text{si l'axe est à l'est;}$$

en général, il aura pour expression

$$90^\circ \mp (\tau' - \tau'' - \Delta t).$$

Or, dans ce même triangle, les angles et les côtés ont respectivement pour mesures :

Angle OΠK et côté opposé,

$$\text{O}\Pi\text{K} = [90^\circ \mp (\tau' - \tau'' - \Delta t)], \quad \text{OK} = 90^\circ \pm c;$$

Angle ΠKO et côté opposé

$$\Pi\text{KO} = (90^\circ - \delta'' - \Delta\delta), \quad \Pi\text{O} = 90^\circ - \delta';$$

et enfin

$$\Pi\text{K} = 90^\circ - i'.$$

On aura donc

$$(b) \left\{ \begin{aligned} &\cos(\tau' - \tau'' - \Delta t)\cos\delta' = +\cos c \cos(\delta'' + \Delta\delta), \\ &\sin(\tau' - \tau'' - \Delta t)\cos\delta' = \mp \sin c \cos i' \mp \cos c \sin i' \sin(\delta'' + \Delta\delta), \\ &\qquad\qquad \sin\delta' = -\sin c \sin i' + \cos c \cos i' \sin(\delta'' + \Delta\delta); \end{aligned} \right.$$

d'où il résulte

$$(c) \qquad \tau' = \tau'' + \Delta t \mp c \,\text{séc}(\delta'' + \Delta\delta) \mp i' \,\text{tang}(\delta'' + \Delta\delta).$$

En procédant comme on l'a fait (Chap. III, nº 16), on déduit de la dernière des équations (b)

$$\begin{aligned} \delta' = \delta'' + \Delta\delta - \sin^2\tfrac{1}{2}(i' + c)\,\text{tang}[45^\circ + \tfrac{1}{2}(\delta'' + \Delta\delta)] \\ + \sin^2\tfrac{1}{2}(i' - c)\,\cot[45^\circ + \tfrac{1}{2}(\delta'' + \Delta\delta)], \end{aligned}$$

ou encore

$$(d) \quad \delta' = \delta'' + \Delta\delta - \tfrac{1}{2}(i'^2 + c^2)\,\text{tang}(\delta'' + \Delta\delta) - i'c\,\text{séc}(\delta'' + \Delta\delta).$$

La substitution des valeurs (c) et (d) dans les équations (a) donne

$$(\mathrm{A})\quad \left\{\begin{aligned} \tau &= \tau'' + \Delta t - \lambda \sin(\tau' - h)\,\mathrm{tang}\,\delta \mp c\,\mathrm{séc}\,\delta \mp i'\,\mathrm{tang}\,\delta,\\ \delta &= \delta'' + \Delta\delta - \lambda\cos(\tau' - h) - \tfrac{1}{2}(i'^2 + c^2)\,\mathrm{tang}\,\delta - i'c\,\mathrm{séc}\,\delta.\end{aligned}\right.$$

Dans la première équation, il faut prendre les signes :

supérieurs, si l'axe de déclinaison (côté du cercle) est à l'ouest;
inférieurs, si l'axe de déclinaison (côté du cercle) est à l'est;

et dans la seconde, on suppose que, sur le cercle de déclinaison, les divisions croissent dans le même sens que les déclinaisons elles-mêmes; dans le cas contraire, il faudrait lui substituer l'équation

$$(\mathrm{A}')\quad \left\{\begin{aligned} \delta = 360^\circ - \delta''_1 - \Delta\delta - \lambda\cos(\tau' - h)\\ - \tfrac{1}{2}(i'^2 + c^2)\,\mathrm{tang}\,\delta - i'c\,\mathrm{séc}\,\delta.\end{aligned}\right.$$

23. *Détermination des erreurs instrumentales.* — Nous devons maintenant faire voir comment on peut, par l'observation, obtenir les erreurs instrumentales.

Tout d'abord, les équations (A) et (A′) donnent

$$\Delta\delta = 180^\circ - \tfrac{1}{2}(\delta'' + \delta''_1).$$

Ainsi, en visant le même objet dans les deux positions de l'instrument, et en retranchant de 180° la moyenne des lectures faites sur le cercle de déclinaison, on aura l'erreur de l'index du vernier de ce cercle. Comme objet de visée, on peut prendre une étoile quelconque, que l'on observe de part et d'autre du méridien et au voisinage de ce grand cercle; mais il vaut mieux se servir de l'étoile polaire, car on peut admettre que, pendant l'intervalle des deux observations, sa déclinaison apparente ne change pas.

Quant aux erreurs i' et c, on les trouvera en observant, dans les deux positions de l'instrument, deux étoiles, l'une voisine du pôle, l'autre proche de l'équateur; on a, en effet, pour chaque étoile les deux équations

$$\tau = \tau' + \Delta t - \lambda \sin(\tau - h)\,\mathrm{tang}\,\delta + i'\,\mathrm{tang}\,\delta + c\,\mathrm{séc}\,\delta,\quad \text{Cercle à l'est;}$$
$$\tau_1 = \tau'_1 + \Delta t - \lambda \sin(\tau_1 - h)\,\mathrm{tang}\,\delta - i'\,\mathrm{tang}\,\delta - c\,\mathrm{séc}\,\delta,\quad \text{Cercle à l'ouest.}$$

Supposons que les deux observations aient été faites à des époques assez rapprochées pour que $(\tau_1 - \tau)$ soit une petite quantité, nous aurons

$$i' \operatorname{tang}\delta + c \operatorname{séc}\delta = \tfrac{1}{2}[(\tau - \tau') - (\tau_1 - \tau'_1)]$$

ou, en désignant par Θ et Θ_1 les époques sidérales des deux observations,

$$(e) \qquad i' \operatorname{tang}\delta + c \operatorname{séc}\delta = \tfrac{1}{2}[(\Theta - \tau') - (\Theta_1 - \tau'_1)];$$

et en combinant cette équation avec l'équation analogue que donnent les observations de la seconde étoile, on pourra déterminer i' et c avec une grande approximation, car leurs coefficients dans les deux équations sont très-différents les uns des autres.

Si l'on connaît les erreurs i' et c et l'erreur $\Delta\delta$ du vernier du cercle de déclinaison, on obtient les erreurs λ et h, et l'erreur Δt du vernier du cercle horaire par les observations de deux étoiles connues. En effet, si les lectures sont déjà corrigées des erreurs i', c et $\Delta\delta$, on a

$$\tau = \tau' + \Delta t - \lambda \sin(\tau - h) \operatorname{tang}\delta,$$
$$\delta = \delta' - \lambda \cos(\tau - h)$$

et de même pour une deuxième étoile,

$$\tau_1 = \tau'_1 + \Delta t - \lambda \sin(\tau_1 - h) \operatorname{tang}\delta_1,$$
$$\delta_1 = \delta'_1 - \lambda \cos(\tau_1 - h),$$

d'où l'on déduit immédiatement

$$\lambda \sin\left(\frac{\tau_1 + \tau}{2} - h\right) = \frac{(\delta - \delta') - (\delta_1 - \delta'_1)}{2 \sin \dfrac{\tau - \tau_1}{2}},$$

$$\lambda \cos\left(\frac{\tau_1 + \tau}{2} - h\right) = \frac{(\delta - \delta') + (\delta_1 - \delta'_1)}{2 \cos \dfrac{\tau - \tau_1}{2}},$$

équations qui permettent de trouver λ et h.

L'erreur du vernier du cercle horaire s'obtient ensuite à l'aide des équations relatives à τ ou à τ_1.

24. *Correction due à la réfraction.* — Les grandeurs τ' et τ'_1, δ' et δ'_1 lues sur l'instrument sont toutes affectées de la réfraction. Il faut donc considérer τ et τ_1, δ et δ_1 comme étant des coordonnées apparentes, c'est-à-dire changées par la réfraction. Si les observations n'ont pas été faites trop près de l'horizon, on pourra admettre que la correction de réfraction est représentée (*Astronomie sphérique*, n° 76) par l'expression simple

$$dh = \alpha \cot h,$$

et l'on obtiendra les variations correspondantes de l'angle horaire et de la déclinaison par les formules (*Astronomie sphérique*, n° 36)

$$dt = -\alpha \cot h \frac{\sin p}{\cos \delta},$$

$$d\delta = +\alpha \cot h \cos p,$$

où p est l'*angle parallactique*, angle que l'on trouvera par les formules que nous avons données (*Astronomie sphérique*, n° 36)

$$\cos\varphi \cos t = n \sin \mathrm{N},$$

$$\sin\varphi = n \cos \mathrm{N},$$

$$\operatorname{tang} p = \frac{\cos\varphi \sin t}{n \cos(\mathrm{N} + \delta)},$$

ou les formules équivalentes

$$\cos h \sin p = \cos\varphi \sin t,$$

$$\cos h \cos p = n \cos(\mathrm{N} + \delta);$$

on obtiendra ensuite la hauteur h par l'équation

$$\sin h = n \sin(\mathrm{N} + \delta).$$

Substituons ces valeurs dans les expressions de dt et $d\delta$, nous aurons

$$dt = -\frac{\alpha \cos\varphi \sin t}{\cos\delta \sin(\mathrm{N} + \delta)},$$

$$d\delta = +\alpha \cot(\mathrm{N} + \delta).$$

Puisque $\sin p$ a toujours le signe de $\sin t$, l'angle horaire de l'étoile sera toujours diminué par la réfraction, lorsqu'elle se trouvera à l'ouest du méridien; si, au contraire, l'étoile est à l'est du méridien, cet angle horaire sera augmenté, en d'autres termes, sa valeur absolue sera diminuée.

Dans le cas où

$$\delta < \varphi,$$

$\sin\delta \cos\varphi$ est toujours plus petit que $\cos\delta \sin\varphi$, et $\cos p$ est toujours positif; la déclinaison sera alors toujours augmentée par l'influence de la réfraction. Si, au contraire,

$$\delta > \varphi,$$

$\cos p$ sera toujours positif quand t sera dans le second et le troisième quadrant, et, par suite, la réfraction aura encore pour effet d'augmenter la déclinaison; dans le premier et le quatrième quadrant, la déclinaison sera diminuée, et ce cas se présentera pour tous les angles horaires qui seront plus petits que la *plus grande digression*, ou pour lesquels (*Astronomie sphérique*, n° 54)

$$\cos t > \frac{\tan\varphi}{\tan\delta}.$$

25. *Rectification de l'instrument.* — Ces erreurs λ et h étant déterminées par des observations, on peut les éliminer en faisant mouvoir l'axe de rotation de l'instrument horizontalement et verticalement. En effet, soient :

y l'arc du grand cercle mené par le pôle de l'instrument, perpendiculairement au méridien et compris entre le pôle et le méridien;

x la distance du pôle du monde au pied I de cet arc de grand cercle;

dans le triangle PΠI, formé par les trois points P, Π et I, on a évidemment

$$\tan x = \tan\lambda \cos h, \quad \sin y = \sin\lambda \sin h.$$

Dès que λ et h auront été déterminées, comme nous venons de l'indiquer, on pourra déduire des équations précédentes les valeurs des quantités x et y, dont il faudrait déplacer l'axe suivant la verticale et l'horizontale; ou mieux, ces équations nous font comprendre qu'au moyen de ces deux déplacements on peut donner à l'axe une position qui diffère très-peu de sa position théorique, ce que supposent les équations précédentes.

En effet, si l'on a affaire à un petit équatorial, l'instrument est porté par trois vis calantes au moyen desquelles s'opère la rectification. Les grands instruments, au contraire, sont, en général, portés par un pilier en fonte très-solide, et le mécanisme de la rectification y est différent. Voici celui qui a été adopté pour l'équatorial de la tour de l'ouest de l'Observatoire de Paris. Le support de l'axe horaire est formé par un système de deux plaques en fonte reposant immédiatement sur le pilier de l'instrument et reliées à leur partie supérieure par une charnière horizontale. Au moyen d'une vis portée par le pilier au voisinage du cercle horaire, et perpendiculaire au plan des deux plaques, on peut faire tourner la plaque supérieure autour de la charnière, et ainsi élever ou abaisser l'axe horaire. La plaque inférieure, et par suite l'ensemble des deux, est mobile autour d'un centre voisin du milieu de la charnière; une vis parallèle à celle-ci, et portée par le pilier au voisinage du cercle horaire, permet de faire tourner la plaque autour de son centre, et par suite de déplacer l'axe horaire dans le sens des azimuts (*).

Ceci posé, pour rectifier l'instrument, on procède comme il suit : après avoir mis le cercle horaire au zéro, fixé l'instrument en déclinaison, correction faite de la réfraction, sur une étoile connue (ceci suppose que l'erreur $\Delta\delta$ a été déjà déterminée), on amène cette étoile au milieu du champ au moment de son passage au méridien, soit au moyen d'une des vis calantes du pied, soit au moyen de la vis qui déplace l'axe horaire dans le sens ver-

(*) Dans certains grands équatoriaux, le pilier est porté par de fortes vis calantes, et la rectification se fait comme pour les petits instruments. Cette disposition est plus commode que celle que nous avons indiquée dans le texte, et a été appliquée par M. Eichens à l'équatorial qu'il construit actuellement pour l'Observatoire de Marseille.

tical. On recommence ensuite cette opération, soit sur la même étoile, soit sur une autre également connue, mais à six heures du méridien, en se servant cette fois des autres vis calantes ou de celle qui déplace l'axe horaire en azimut. Après quelques opérations analogues, l'instrument est suffisamment bien réglé.

26. *Flexion.* — Nous n'avons pas tenu compte, dans ce qui précède, de l'action que la pesanteur exerce sur les diverses parties de l'instrument, action qui peut produire une flexion de la lunette, tout aussi bien par rapport à l'axe horaire que par rapport à l'axe de déclinaison. Or l'équatorial est, en général, un instrument puissant à très-long foyer, dans lequel ces flexions peuvent être très-considérables; il est donc nécessaire de les étudier.

1° *Flexion par rapport à l'axe horaire.* — Si le centre de gravité de toute la portion de l'instrument qui tourne autour de cet axe se trouve sur l'axe horaire (et cette condition est du reste en général sensiblement remplie, puisque l'instrument doit se trouver en équilibre dans toutes les positions), il n'y a pas à s'occuper de flexion relative à l'axe horaire; par suite de l'action de la pesanteur, le pôle de l'instrument occupera sur la sphère céleste une position différente de celle qu'il occuperait si cette flexion n'existait pas, mais qui sera la même dans toutes les positions de l'instrument. En général la flexion de la lunette peut être représentée par l'expression simple

$$\gamma \sin z,$$

et pour la déterminer, on emploiera la méthode donnée au n° 9 (Chap. II). Comme la réfraction, elle n'a d'influence que sur les distances zénithales, et agit d'ailleurs dans le même sens que la réfraction ou en sens opposé; pour plus de simplicité, on la réunit à cette dernière, et au lieu de la formule donnée précédemment par la correction de réfraction

$$\alpha \operatorname{tang} z,$$

on emploie la suivante

$$\alpha \operatorname{tang} z + \gamma \sin z.$$

2° *Flexion par rapport à l'axe de déclinaison.* — Elle a pour effet de rendre l'angle i' variable avec la distance zénithale du point K. En effet, représentons-la par une expression de la forme

$$\beta \sin z;$$

si la pesanteur change de $\beta \sin z$ la distance zénithale du point K, la variation correspondante de sa déclinaison D sera (*Astronomie sphérique*, n° 36)

$$\beta \sin z \cos p,$$

et celle de son angle horaire T

$$-\beta \frac{\sin z \sin p}{\cos D}.$$

Or on a

$$\sin z \sin p = \cos\varphi \sin T,$$

et, puisque, dans le cas actuel, D est sensiblement nul,

$$\sin z \cos p = \sin\varphi.$$

La variation de la déclinaison a donc pour valeur

$$\beta \sin\varphi,$$

et l'expression de la variation de l'angle horaire est

$$-\beta \cos\varphi \sin T.$$

D'autre part, on a

$$T = \tau'' + 90^\circ, \quad \text{si le Cercle est à l'ouest,}$$
$$T = \tau'' - 90^\circ, \quad \text{si le Cercle est à l'est.}$$

La variation de l'angle horaire est donc

$$-\beta \cos\varphi \cos\tau'', \quad \text{dans le premier cas,}$$
$$+\beta \sin\varphi \cos\tau'', \quad \text{dans le second cas.}$$

Dans les formules (A) trouvées plus haut (n° 22), il faudra donc remplacer τ'' et i' par les expressions

$$\tau'' \mp \beta \cos\varphi \cos\tau'', \quad i' + \beta \sin\varphi,$$

et comme, en outre,

$$\Pi K = 90^\circ - i' - \beta \sin\varphi,$$

la première de ces formules devient

$$\tau = \tau'' + \Delta t - \lambda \operatorname{tang}\delta \sin(\tau - h) \mp c \operatorname{séc}\delta$$
$$\mp i' \operatorname{tang}\delta \mp \beta \operatorname{tang}\delta(\sin\varphi + \cos\varphi \cot\delta \cos\tau)$$

ou

$$\text{(B)} \quad \left\{ \begin{aligned} \tau &= \tau'' + \Delta t - \lambda \operatorname{tang}\delta \sin(\tau - h) \mp c \operatorname{séc}\delta \\ &\mp [i' + \beta(\sin\varphi + \cos\varphi \cot\delta \cos\tau)] \operatorname{tang}\delta, \end{aligned} \right.$$

équation dont la forme sera la même que celle de l'équation primitive, si l'on pose

$$i'_1 = i' + \beta(\sin\varphi + \cos\varphi \cot\delta \cos\tau).$$

Par l'effet de la flexion, l'angle constant i' se trouve donc remplacé par l'angle i'_1, variable avec la position de l'instrument. D'un autre côté, si l'on observe une même étoile dans les deux positions de l'instrument, d'abord cercle à l'ouest, puis cercle à l'est, on aura, en retranchant les deux équations résultantes, une relation de la forme

$$(f) \quad \left\{ \begin{aligned} c \operatorname{séc}\delta + i'_1 \operatorname{tang}\delta &= \tfrac{1}{2}[(\tau - \tau') - (\tau_1 - \tau'_1)] \\ &= \tfrac{1}{2}[(\Theta - \tau') - (\Theta_1 - \tau'_1)], \end{aligned} \right.$$

et par suite, en observant ainsi trois étoiles successivement dans les deux positions, on aura trois équations, telles que (f), qui permettront de calculer les trois inconnues c, i' et β.

27. *Méthode de Struve pour déterminer la position de l'axe horaire* (*). — Dans un instrument monté équatorialement, la position de l'axe horaire relativement au pôle céleste peut être déterminée d'une façon simple par les petits arcs de cercle x et y qui sont compris entre le pôle céleste et celui de l'instrument dans le sens du méridien et dans celui du cercle de déclinaison éloigné de six heures du méridien. Par le pôle Π de l'instrument

(*) Struve. — *Description de l'Observatoire central de Poulkowa*, p. 200 et suiv.

menons un grand cercle perpendiculaire au méridien : y sera égal à l'arc ΠA de ce grand cercle compris entre le point Π et le méridien; x, au contraire, sera égal à l'arc PA du méridien. Nous donnerons le signe + à l'arc y si le point A est au nord du pôle céleste P, et le signe + à l'arc x si le point Π est à l'est du méridien.

1° *Détermination de x.* — La méthode la plus simple pour la détermination de x consiste dans la comparaison des déclinaisons célestes et des déclinaisons instrumentales d'étoiles connues prises au moment de la culmination. Pour éliminer l'effet d'une inclinaison de l'axe de déclinaison sur l'axe horaire, on devra faire ces observations successivement dans les deux positions de l'axe de déclinaison, cercle à l'est, puis cercle à l'ouest, et par suite quelques minutes avant le méridien et quelques minutes après. Nous entendrons par déclinaison instrumentale, la moyenne des deux déclinaisons observées et corrigées de la réfraction. Soit δ la déclinaison céleste donnée par les Éphémérides, δ'' la déclinaison instrumentale, on aurait, pour chaque étoile,

$$\delta'' - \delta = x,$$

si l'on pouvait supposer nulle la flexion du tube de la lunette et de l'axe de déclinaison; mais il est à présumer que les positions relatives du tube et du cercle divisé changent par l'action de la pesanteur; représentons cette influence par l'expression

$$\beta \sin z = \beta \sin(\varphi - \delta),$$

nous aurons alors, pour chaque étoile,

$$\delta'' - \delta = x - \beta \sin(\varphi - \delta).$$

Un grand nombre d'équations de ce genre, traitées par la méthode des moindres carrés, nous fourniront les valeurs de x et de β; les erreurs v qui restent dans les équations après la substitution de x et β nous serviront à juger l'exactitude des déclinaisons absolues que donne l'instrument.

Exemple. — Prenons comme exemple les observations suivantes d'Otto Struve, faites le 22 juin 1840 avec le grand équatorial de Merz et Mahler à l'Observatoire de Poulkowa. Les résultats de ces observations sont compris dans le tableau suivant (*) :

ÉTOILES.	δ''	δ	ÉQUATIONS.	v
1. μ Sagitaire....	$-$ 21°. 5'.55",5	40",6	$x-0",99\,\beta=+14",9$	$+5",4$
2. η Serpent....	$-$ 2.56.23,8	3,4	$x-0,89\,\beta=+20,4$	$+7,7$
3. θ Serpent....	$+$ 3.59.47,1	59,5	$x-0,83\,\beta=+12,4$	$-2,2$
4. ζ Aigle.......	$+$ 13.37.34,6	48,3	$x-0,72\,\beta=+13,7$	$-4,4$
5. α Lyre.......	$+$ 38 37.47,1	70,4	$x-0,36\,\beta=+23,3$	$-6,2$
6. κ Cygne......	$+$ 53. 3.55,5	83,6	$x-0,12\,\beta=+28,1$	$-9,0$
7. δ Dragon.....	$+$ 67.21.51,6	99,7	$x+0,13\,\beta=+48,1$	$+3,1$
8. δ Petite Ourse.	$+$ 86.34.22,6	81,2	$x+0,45\,\beta=+58,6$	$+3,4$
9. 2 Lynx PI ...	$+$120.55.12,0	79,9	$x+0,88\,\beta=+67,9$	$-0,9$
10. ξ Cocher PI...	$+$124.19. 4,5	76,9	$x+0,90\,\beta=+72,4$	$+3,0$

La résolution de ces dix équations mène aux valeurs finales

$x=+40'',9$, avec l'erreur probable $1'',2$;
$\beta=+31\ ,7$, avec l'erreur probable $1\ ,8$.

La dernière colonne, qui contient les erreurs v, donne pour erreur probable d'une équation isolée

$$3'',9,$$

quantité qui résulte à la fois de l'erreur de l'observation et de celle de la position de l'étoile.

(*) Les degrés et les minutes de δ, étant les mêmes que ceux de δ'', ont été omis; pour pouvoir appliquer la même formule aux étoiles observées à leur culmination inférieure, on a pris, au lieu de leurs déclinaisons, les suppléments de ces quantités, ce qui revient à déterminer la position de l'étoile par la distance qui la sépare de l'équateur en passant par le zénith. Enfin les valeurs de δ ont été prises :

Pour les étoiles 1, 4, 5 et 8 dans le *Nautical Almanac*,
Pour les étoiles 2, 3 et 7 dans le *Catalogue d'Argelander*,
Pour les étoiles 6 et 9 dans le *Catalogue d'Airy* pour 1840,
Pour l'étoile 10 dans le *Catalogue de Pond*.

2° *Détermination de y.* — La seconde coordonnée y se trouve en combinant, avec les indications du cercle horaire, les observations des passages de différentes étoiles aux fils de la lunette placée près du plan méridien. Dans ce but, il faut observer deux passages de chaque étoile dans les deux positions de l'instrument

I, Cercle à l'ouest;
II, Cercle à l'est,

et faire en sorte que la moyenne des temps d'observation coïncide sensiblement avec le moment de la culmination. De plus, pour éliminer l'effet d'une excentricité des fils horaires par rapport à l'axe optique, il faut faire deux observations (1) et (2) dans deux positions de l'index du *cercle de position* (*voir* p. 141) qui diffèrent de 180°. Enfin il conviendra d'observer deux étoiles dont l'une soit voisine du pôle, et l'autre soit peu distante de l'équateur. Nous négligerons les effets de la réfraction et de la flexion du tube sur les passages observés, effets qui sont nuls pour le moment de la culmination et extrêmement petits pour de petits angles horaires; d'ailleurs l'astronome peut éliminer ces effets en disposant les observations de manière qu'il ait pour chaque étoile une observation I faite au moment de la culmination et intermédiaire entre deux observations II faites à des angles horaires égaux des deux côtés du méridien, ou encore en renversant d'un jour à l'autre l'ordre des observations par rapport aux positions de l'instrument.

En retranchant dans chaque cas l'angle horaire lu (pris avec son signe) du temps observé du passage, on a l'époque de la culmination de l'étoile. Or si l'on représente par P et P′ les moyennes des quatre culminations observées pour chaque étoile dans les positions [I (1), (2)], [II (1), (2)], par α et δ, α' et δ' les coordonnées des deux étoiles, on a évidemment

$$P + y \tang \delta - \alpha = P' + y \tang \delta' - \alpha',$$

équation qui permettra de trouver y.

Exemple. — Nous prendrons comme exemple les observations suivantes faites à l'Observatoire de Poulkowa le 3 juin 1840. Les deux étoiles sont δ *Petite Ourse* et α *Lyre*, et les observations sont consignées dans le tableau suivant :

ÉTOILES.			TEMPS du passage. $18^h +$	ANGLE HORAIRE. 0^h	CULMINATION observée. $18^h +$
			m s	m s	m s
δ Petite Ourse.	I.	(1)	21.56,5	− 1.38,9	23.35,4
		(2)	23.25,8	− 0.22,1	23.47,9
	II.	(2)	27. 6,0	+ 2.55,0	24.11,0
		(1)	29.38,8	+ 5.17,7	24.21,1
α Lyre........	II.	(1)	34.10,0	+ 2.56,7	31.13,3
		(2)	35.55,4	+ 4.42,5	31.12,9
	I.	(2)	39.53,1	+ 8.23,4	31. 9,7
		(1)	41.24,9	+10.15,4	31. 9,5

d'où

$$P = 18^h 23^m 58^s,8,$$
$$P' = 18.31.11,3,$$

or, d'après le *Nautical Almanac*,

$$\alpha = 18^h 24^m 5^s,8, \quad \delta = 86^\circ 35',2,$$
$$\alpha' = 18.31.34,0, \quad \delta' = 38.38,1.$$

On en déduit

$$\tang \delta = +16,77, \quad \tang \delta' = +0,80;$$

on a donc l'équation

$$7^s,0 - 16,77.y = 22^s,7 - 0,80.y,$$

d'où

$$y = -0^s,98 \text{ en temps},$$
$$= -14'',7 \text{ en arc}.$$

D'ailleurs ces coordonnées x et y sont reliées à celles que nous avions employées tout à l'heure pour déterminer la position du pôle de l'instrument par les relations (p. 124)

$$\tang x = \tang \lambda \cos h, \quad \sin y = \sin \lambda \sin h;$$

et si l'on suppose que λ est une petite quantité, x et y seront également petits, et ces équations pourront s'écrire

$$x = \lambda \cos h, \quad y = \lambda \sin h;$$

x et y étant déterminés, rien ne sera plus simple que de trouver λ et h.

Les observations qui précèdent nous permettent aussi de déterminer les angles i' et c. En effet, en désignant par :

p et p' les moyennes des temps des culminations observées dans chacune des positions [I (1), (2)] pour les deux étoiles;

p_1 et p'_1 les mêmes moyennes pour les positions [II (1), (2)],

on a évidemment [équation (e) p. 122]

$$p + i' \operatorname{tang}\delta + c \operatorname{séc}\delta = p_1 - i \operatorname{tang}\delta - c \operatorname{séc}\delta,$$
$$p' + i' \operatorname{tang}\delta' + c \operatorname{séc}\delta' = p'_1 - i \operatorname{tang}\delta' - c \operatorname{séc}\delta',$$

équations qui, pour l'exemple précédent, donnent

$$34^s,5 = 33,54\, i' + 33,62\, c$$

et

$$3^s,5 = 1,60\, i' + 2,56\, c,$$

d'où l'on déduit

$$i' = -0^s,90, \quad c = +1^s,93.$$

28. *Méthodes de détermination des constantes, indépendantes des lectures faites sur les cercles de l'instrument.* — Les équations qui nous ont permis jusqu'ici de déterminer les constantes instrumentales contiennent les lectures faites sur les cercles de l'instrument, et par conséquent les résultats qu'elles nous ont fournis participent aux erreurs de graduation de ces cercles. Il serait évidemment avantageux de se mettre à l'abri de pareilles causes d'erreur. On y arrivera au moyen des procédés suivants.

1° *Détermination de c.* — L'axe de déclinaison étant horizontal, on amène la lunette à être horizontale et dans le plan du méridien, en regard de deux collimateurs (*) situés l'un au nord,

(*) L'un des collimateurs pourrait être remplacé par un objet terrestre suffisamment éloigné.

l'autre au sud. Après avoir écarté momentanément la lunette en la faisant mouvoir autour de l'axe horaire, on pointe les deux collimateurs l'un sur l'autre et l'on fait coïncider les fils verticaux de leurs réticules. La lunette est alors ramenée à sa position première, et les fils horaires ayant été dirigés à l'avance perpendiculairement au méridien, on pointe le fil mobile sur le fil vertical de l'un des collimateurs, et ensuite sur le fil vertical de l'autre après avoir fait tourner la lunette autour de l'axe de déclinaison. La différence des deux lectures micrométriques est évidemment égale à $2c$.

Pour éliminer l'excentricité des fils du réticule de la lunette par rapport à son axe optique, on devra recommencer les mêmes observations, après avoir tourné de 180° le cercle de position.

2° *Détermination de i'.* — La lunette étant fixée dans un plan horaire déterminé (étant fixée en angle horaire), on observe le temps sidéral Θ du passage d'une étoile connue (α, δ), et après avoir fait tourner la lunette autour de l'axe de déclinaison, on observe de même le passage Θ' d'une seconde étoile (α', δ') d'ascension droite peu différente; si τ et τ' sont les angles horaires apparents de ces deux étoiles aux moments des observations, on a, en négligeant la réfraction,

$$\tau = \Theta - \alpha, \quad \tau' = \Theta' - \alpha';$$

d'où, en désignant par $2T$ la petite différence $\tau' - \tau$,

$$2T = (\Theta' - \Theta) - (\alpha' - \alpha).$$

Or on a trouvé [p. 128, équation (B)]

$$\begin{aligned}\tau = \tau'' + \Delta t - \lambda \operatorname{tang}\delta \sin(\tau - h) - c \operatorname{séc}\delta \\ - [i' + \beta(\sin\varphi + \cos\varphi \cot\delta \cos\tau)] \operatorname{tang}\delta.\end{aligned}$$

En appliquant l'équation précédente aux deux observations, on aura donc, si dans le second membre on remplace τ' par τ,

$$\begin{aligned}2T = c(\operatorname{séc}\delta' - \operatorname{séc}\delta) \\ + [i' + \beta(\sin\varphi + \cos\varphi \cot\delta \cos\tau)](\operatorname{tang}\delta' - \operatorname{tang}\delta).\end{aligned}$$

Retournant ensuite l'axe de déclinaison, et fixant la lunette dans un plan horaire distant du premier de 12^h, on répétera le jour suivant les mêmes observations des deux étoiles; on aura alors, de la même manière,

$$2T' = -c(\text{séc}\,\delta' - \text{séc}\,\delta) - [i' + \beta(\sin\varphi + \cos\varphi\cot\delta\cos\tau)](\tang\delta' - \tang\delta).$$

La différence de ces deux équations donne

$$T' - T = c(\text{séc}\,\delta' - \text{séc}\,\delta) + [i' + \beta(\sin\varphi + \cos\varphi\cot\delta\cos\tau)](\tang\delta' - \tang\delta).$$

Et si les observations ont été faites au voisinage des cercles horaires de $+6^h$ et -6^h

$$T' - T = c(\text{séc}\,\delta' - \text{séc}\,\delta) + (i' + \beta\sin\varphi)(\tang\delta' - \tang\delta),$$

équation où n'entrent pas les lectures faites sur le cercle. Nous avons ainsi, puisque c est déjà déterminé, la somme $i' + \beta\sin\varphi$.

3° *Détermination de x et de y.* — Sans faire tourner la lunette autour de son axe de déclinaison, mais par une rotation de celui-ci autour de l'axe horaire, on vise une étoile connue à sa culmination inférieure, puis à sa culmination supérieure, c'est-à-dire pour $\tau = 0$ et $\tau = 180°$, et, dans chacune de ces observations, on la pointe avec le fil mobile, dirigé à l'avance suivant un cercle de déclinaison; soit d la différence des deux pointés, ρ_1 et ρ_2 les corrections de réfraction, on aura évidemment

$$x = \tfrac{1}{2}d + \tfrac{1}{2}(\rho_1 - \rho_2) + \beta\cos\varphi\sin\delta,$$

δ étant la déclinaison vraie.

Si l'on observe de la même manière la même étoile dans le premier vertical à l'est et à l'ouest, c'est-à-dire pour $\tau = -6^h$ et $\tau = +6^h$, on aura, de même,

$$y = \tfrac{1}{2}d' - \tfrac{1}{2}(\rho'_1 - \rho'_2).$$

29. *Méthode de M. Yvon Villarceau.* — Les quantités i', y et c ont été déterminées par M. Villarceau en suivant une méthode qui rattache la théorie de l'équatorial à celle de la lunette méridienne, et que nous donnerons pour ce motif (*).

(*) YVON VILLARCEAU. — *Sur un nouvel équatorial établi à l'Observatoire impérial de Paris* (*Comptes rendus des séances de l'Académie des Sciences*, t. XXXIX, 1854; p. 952 et suiv.).

En limitant les observations de passage faites à l'équatorial à des observations circumméridiennes, on peut considérer cet instrument comme une lunette méridienne qui aurait pour axe de rotation l'axe de déclinaison, et si l'on désigne par :

m l'angle horaire du plan perpendiculaire à l'axe de rotation, compté positivement du sud vers l'est,

n la distance du pôle nord à ce même plan, comptée positivement lorsque le côté nord de ce plan dévie à l'est,

Θ le temps observé du passage,

a l'avance de la pendule au temps Θ,

on aura, pour un passage supérieur (*voir* plus loin Chapitre V),

$$\alpha = \Theta - a + m + \frac{1}{\cos\delta}(n \sin\delta + c);$$

on a d'ailleurs, si T est l'angle horaire lu,

$$m = -(\mathrm{T} + \Delta t);$$

l'axe de déclinaison étant, par hypothèse, sensiblement horizontal, les angles y et i' sont presque dans un même plan, et, par suite, on a, très-approximativement,

$$n = y + i'.$$

Posons d'ailleurs

$$u = \Theta - \mathrm{T},$$

nous aurons

$$(1) \quad -(y \sin\delta + i' \sin\delta + c) + \Delta t \cos\delta = (u - \alpha - a)\cos\delta.$$

Si l'on fait tourner l'instrument de 180°, le signe de y restera le même, mais les signes de i' et c devront être changés. Nous aurons donc

$$(2) \quad -(y \sin\delta - i' \sin\delta - c) + \Delta t \cos\delta = (u' - \alpha - a')\cos\delta.$$

Posons

$$\Delta t = \mu - b,$$

$$v = \cos\delta\left[\tfrac{1}{2}(u' - u) - \tfrac{1}{2}(a' - a)\right],$$

$$w = \cos\delta\left[\tfrac{1}{2}(u' + u) - \tfrac{1}{2}(a' + a) + b - \alpha\right],$$

μ étant une nouvelle inconnue, b une constante arbitraire dont on disposera pour réduire la valeur de w à un petit nombre de secondes, v et w des quantités auxiliaires; et combinons les équations (1) et (2) par voie d'addition et de soustraction, nous aurons

$$c + i' \sin\delta = v,$$
$$\mu \cos\delta - y \sin\delta = w.$$

Chaque système d'observations analogues faites sur une autre étoile donnera deux équations de ce genre. On combinera des étoiles équatoriales avec des circompolaires, et, de l'ensemble des équations résultant, on tirera les valeurs des inconnues μ, y, c et i'. Pour éliminer les effets variables de la réfraction et de la flexion, il conviendra de faire, dans les deux positions de l'instrument, plusieurs observations à des distances à peu près égales de part et d'autre du méridien.

Quant à l'abaissement x de l'axe horaire au-dessous du pôle du lieu, la construction de l'instrument dont se servait M. Villarceau permettait de l'obtenir indépendamment de toute observation astronomique. Sur l'un des côtés de la lunette et près de l'oculaire, est fixé un petit cercle divisé dont les verniers donnent la minute, et muni d'un niveau à bulle d'air porté par la lame de cuivre sur laquelle sont tracés ces deux verniers. Le cercle est placé de telle façon que sa ligne 0° — 180° soit horizontale lorsque la lunette est dirigée suivant son axe horaire. Dès lors, la lunette étant dans le méridien, il suffira, pour fixer l'instrument à une distance polaire donnée, d'y placer à l'avance les verniers, et de faire tourner la lunette autour de son axe de déclinaison jusqu'à ce que la bulle du niveau soit entre les repères.

Ceci posé, pour déterminer x, on fixe la lunette, placée dans le méridien, à une distance polaire apparente arbitraire; soit d la lecture du cercle de déclinaison, on fait tourner la lunette de 180° autour de son axe horaire, de façon à la ramener dans le méridien, mais de l'autre côté; et après avoir fait revenir, par un mouvement de la lunette autour de l'axe de déclinaison, la bulle du niveau entre les repères, on lit de nouveau l'indication d' du cercle de déclinaison. Si C est la co-latitude du lieu, on a

$$x = \tfrac{1}{2}(d' - d) - C.$$

Les valeurs suivantes, trouvées par M. Villarceau, le 29 septembre 1854, donneront une idée de la petitesse à laquelle, dans une première installation géométrique, le constructeur, M. Eichens, avait pu réduire toutes ces quantités :

$$x = +0',1, \quad c = -2^s,31,$$

$$y = -0^s,54, \quad i = -1^s,10.$$

On avait d'ailleurs aussi :

$$\mu = -1^s,46, \quad \Delta t = -19^s,46.$$

30. *Usage de l'équatorial pour déterminer les positions relatives de deux astres.* — Si l'équatorial est assez stable pour qu'on puisse compter sur la constance des erreurs instrumentales au moins pendant un court espace de temps; si de plus les cercles sont divisés avec soin, et que les lectures se fassent au moyen de microscopes, on peut se servir de cet instrument pour déterminer les différences d'ascension droite et de déclinaison, et, par suite, les positions des planètes et des comètes. Par un mouvement de la lunette en déclinaison, on amène l'astre à étudier sur le fil horizontal du réticule, et l'on observe l'instant du passage au fil perpendiculaire, ou, s'il y a plusieurs de ces fils, on observe les instants du passage à chacun de ces fils, et l'on en conclut (*voir* Chapitre V) le passage au fil du milieu; on fait ensuite les lectures aux deux cercles de l'instrument : on répète la même observation pour une étoile connue. On corrige, des erreurs instrumentales, les lectures faites aux cercles; on ajoute au résultat la réfraction en déclinaison et en angle horaire, et l'on obtient les différences d'ascension droite et de déclinaison de l'étoile et de l'objet inconnu. En les ajoutant au lieu apparent de l'étoile, on a le lieu apparent de l'objet inconnu. Cette méthode offre l'avantage que le choix de l'étoile de comparaison n'embarrasse jamais, car on peut toujours en prendre une dont le lieu soit parfaitement déterminé. La plupart du temps, même parmi les étoiles principales données dans les Éphémérides, *étoiles fondamentales*, on en trouvera plusieurs qui pourront servir comme étoiles de comparaison. Les Éphémérides donnent leurs

positions apparentes, le travail de réduction sera par là même diminué d'autant. Cependant il faut avoir soin de ne pas prendre les étoiles de comparaison trop éloignées de l'astre inconnu, afin que les erreurs commises dans la détermination des erreurs instrumentales n'aient pas sur le résultat une trop grande influence. Si l'astre et l'étoile sont assez rapprochés, ces erreurs n'auront que très-peu d'influence, car elles agiront à peu près également sur les deux observations, et par conséquent disparaîtront dans la différence.

31. *Usage de l'équatorial comme appareil micrométrique. — Ascensions droites, déclinaisons.* — Une détermination précise des constantes instrumentales n'est évidemment nécessaire que si l'on veut faire servir l'instrument à la comparaison de deux astres séparés par une distance arbitraire, c'est-à-dire à la recherche des positions absolues. Mais, par suite de leur poids et des variations de température, les grands équatoriaux n'ont pas assez de stabilité pour qu'on puisse considérer les positions relatives de leurs axes et de leurs cercles comme invariables pendant l'intervalle de temps nécessaire soit aux observations, soit à la détermination des constantes elles-mêmes. D'ailleurs, comme on l'a vu en étudiant l'équatorial de l'Observatoire de Poulkowa, les déclinaisons ne sont données qu'à $4''$ près. Aussi n'emploie-t-on plus guère aujourd'hui les grands équatoriaux qu'à des observations micrométriques, observations qui sont singulièrement facilitées par l'établissement parallactique de l'instrument. La méthode consiste alors à prendre pour étoile de comparaison une étoile très-voisine de l'astre inconnu, et telle que la différence de leurs déclinaisons soit inférieure à l'étendue du champ de la lunette, et que la différence de leurs ascensions droites ne surpasse pas cinq à six minutes. On donne à l'instrument une déclinaison sensiblement moyenne entre celles de l'étoile et de l'astre; puis, le plaçant, à l'aide du cercle horaire, en avance de trois ou quatre minutes sur le premier des deux astres (qui devra, autant que possible, être la planète ou la comète), on le fixe en ascension droite; jusqu'au moment où le premier des deux astres arrive dans le champ, l'instrument a eu le temps de bien s'équilibrer,

et, dès lors, on pourra admettre qu'il reste sensiblement fixe pendant un intervalle de cinq à six minutes. On observera les heures des passages des deux astres à chacun des fils horaires : la moyenne

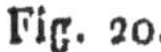

Fig. 20.

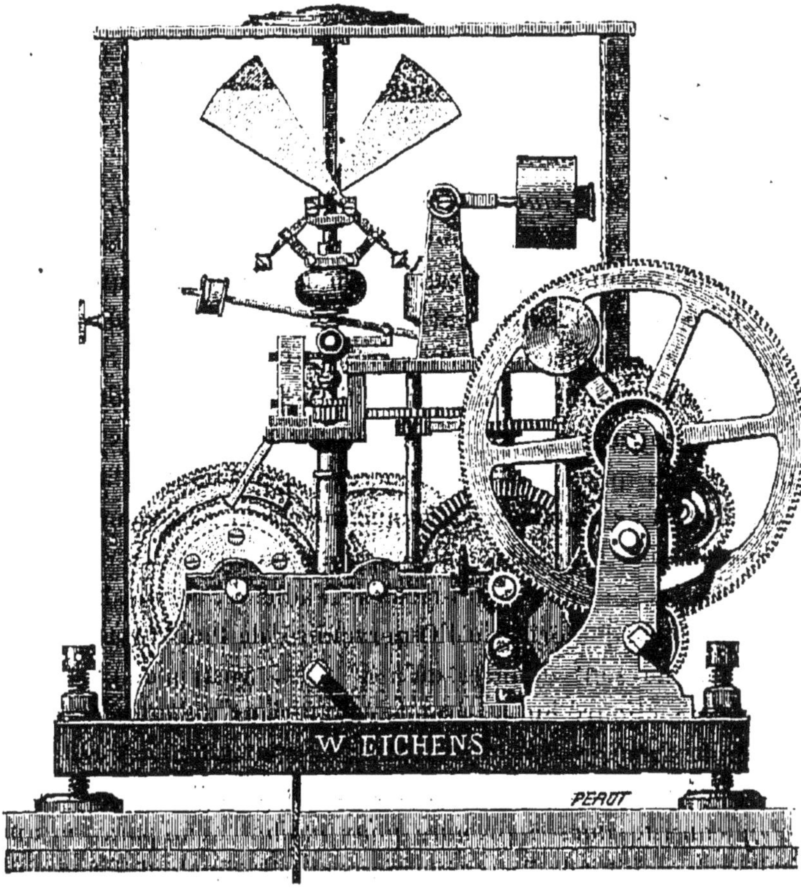

de ces différences donnera évidemment la différence de leurs ascensions droites débarrassée de toute erreur instrumentale, et sans qu'il soit besoin de les déterminer : il suffit que l'établissement de l'instrument soit presque parfait. Dans une seconde opération, ou dans l'opération précédente si les deux astres ne sont pas trop rapprochés l'un de l'autre, on pointera successivement les deux astres avec le fil mobile; la moyenne des différences de ces pointés donnera, en tours de la vis micrométrique, la différence de leurs déclinaisons, complétement indépendante aussi des erreurs instrumentales. Il suffira de connaître la valeur du tour de vis en secondes pour obtenir la différence réelle des déclinaisons.

Ces différences d'ascension droite et de déclinaison ont, il est vrai, besoin de certaines corrections; elles sont affectées de la réfraction, de la parallaxe et de l'aberration. En outre, ce mode d'observation nécessite des précautions spéciales. Nous y reviendrons plus loin en étudiant complétement les différentes espèces de micromètres.

Distances et angles de position. — Néanmoins nous ajouterons, dès à présent, que ce micromètre à fils peut servir, en outre, à donner la *distance* de deux astres qui se trouvent en même temps dans le champ de l'instrument, et leur *angle de position;* c'est-à-dire l'angle formé par la ligne qui joint ces deux astres avec le cercle de déclinaison qui passe par l'un d'eux, ou par le milieu de la ligne de jonction. Pour cela les fils du micromètre sont portés par une plaque qui peut tourner autour de l'axe du tube de la lunette et qui se prolonge à l'extérieur de ce tube par un cercle divisé. En faisant mouvoir cette plaque, on peut rendre les fils mobiles parallèles au mouvement diurne; les fils fixes seront alors perpendiculaires à ce mouvement et pourront, comme nous l'avons dit plus haut, servir à la mesure des ascensions droites; d'autre part, dans la rotation de ce cercle divisé, qu'on appelle *cercle de position,* ces divisions passent successivement devant un index porté par le tube de la lunette, qui sert à en mesurer les déplacements.

Enfin un mouvement d'horlogerie placé dans la *fig.* 19, à l'intérieur même du pied de l'appareil, peut commander l'axe horaire, et communiquer à la lunette un mouvement sensiblement égal au mouvement diurne, afin que les deux astres conservent dans le champ de la lunette des positions invariables. La *fig.* 20 représente le nouveau modèle de ces régulateurs, construit par M. Eichens sur les dernières indications de L. Foucault.

Supposons que les fils mobiles soient, à l'avance, placés parallèlement au mouvement diurne, et l'un des deux astres au milieu du champ. On bissecte cette étoile avec l'un des fils horaires, et l'angle dont il faudra ensuite faire tourner le micromètre pour amener ce fil à bissecter les deux astres est l'angle de position; on le lira sur le *cercle de position*, dont le centre est, avons-nous dit, sur l'axe optique de la lunette. Dans cette nouvelle position du réticule, on pointera successivement le fil mobile sur chacun des deux astres, la différence des deux pointés donnera, en tours de la vis micrométrique, la distance des deux astres. Il faudra, pour éliminer les erreurs de pointés, répéter plusieurs fois ces opérations; il sera alors commode de se servir du mouvement d'horlogerie. Il est d'ailleurs facile de déduire de ces mesures les différences des deux astres en ascension droite et en déclinaison; en effet, si Δ est leur distance et p l'angle de position, on a évidemment

$$\delta' - \delta = \Delta \cos p,$$

$$\alpha' - \alpha = \Delta \sin p \cos \tfrac{1}{2}(\delta + \delta').$$

Ces différences sont complétement indépendantes du temps, et, par suite, de la marche du pendule.

Les mesures ainsi effectuées sont soumises à une cause d'erreur. Si l'équatorial était parfaitement établi, la même ligne déterminerait, dans toutes les positions de l'instrument, sur le cercle du micromètre, la direction du cercle de déclinaison du point vers lequel est dirigée la lunette. Mais si, comme c'est le cas ordinaire, son établissement est imparfait, ce point variera quand changera la position de l'instrument, et les angles lus sur le cercle de position devront être corrigés de l'angle que fait, avec le cercle de déclinaison, le grand cercle mené par l'objet et le pôle de l'instrument. Soit ϖ cet angle, le triangle formé par l'objet, le pôle céleste et le pôle de l'instrument donnera

$$\sin \varpi \cos \delta = \sin \lambda \sin(\tau' - h),$$

d'où

$$\varpi = \lambda \sin(\tau' - h) \operatorname{s\acute{e}c} \delta.$$

Par conséquent si, d'après les usages reçus, on compte les angles de position du nord vers l'est, de 0° à 360°, et si P' représente l'angle de position lu sur le cercle de position, on aura l'angle de position vrai P par l'équation

$$P = P' + \Delta P + \lambda \sin(\tau' - h) \operatorname{s\acute{e}c} \delta,$$

où ΔP est l'erreur de l'index du cercle de position.

Remarque I. — Dans les observations de ce genre, la plus grande difficulté consiste souvent à trouver l'astre que l'on veut comparer micrométriquement à une étoile connue. Si c'est une planète télescopique, en effet, rien ne la distingue au premier abord des étoiles voisines, et son mouvement relatif peut seul permettre de la reconnaître. S'il existe déjà une carte détaillée de cette partie du ciel (*Cartes de Chacornac*, publiées par l'Observatoire impérial de Paris), la recherche sera simple, il suffira de comparer le ciel à la carte.

Dans le cas contraire, il faut faire soi-même à l'avance la portion de cette carte dont on a besoin; on choisit pour cela dans les Catalogues un certain nombre d'étoiles formant une constellation très-facile à reconnaître et que l'on cherche ensuite dans le ciel. Il suffit alors de comparer à l'une quelconque des étoiles de la constellation les étoiles voisines: celle dont les différences en ascension droite ou en déclinaison varient avec l'époque de l'observation est la planète cherchée.

On prend ensuite l'une des étoiles de la constellation pour étoile de comparaison.

Lorsqu'on n'a pas trouvé dans les Catalogues un assez grand nombre d'étoiles pour pouvoir facilement les reconnaître dans le ciel, on procède comme il suit. On prend une belle étoile bien connue, une étoile du *Nautical* par exemple, qui soit dans le voisinage de l'astre à observer. On la vise avec la lunette, et, après avoir placé l'étoile au milieu du champ, on fixe la lunette en déclinaison, puis on observe l'heure du passage de l'étoile au fil du milieu. La différence entre la lecture du cercle de déclinaison et la déclinaison du *Nautical*, celle qui existe entre l'angle horaire déduit du temps observé et celui que marque le cercle horaire, sont les corrections qu'il faut appliquer, dans cette position de l'instrument, aux coordonnées d'une étoile connue pour les transformer en coordonnées instrumentales. En ajoutant ces corrections aux coordonnées de l'étoile de comparaison, on aura la certitude de la voir apparaître au milieu du champ à une époque déterminée de la pendule équatoriale. Il ne sera plus dès lors difficile de trouver la planète que l'on veut observer.

Remarque II. — Consulter sur l'équatorial, outre les ouvrages déjà indiqués :

Fraunhofer. — *Ueber die Construction des so eben vollendeten grossen Refractors* (*Astronomische Nachrichten*, vol. II, nos 74, 75).

J.-F.-W. Herschel et J. South. — *Observations on 380 double and triple stars in* 1821 *et* 1823; Londres, 1825.

HANSEN. — *Die Theorie des Æquatoreals* (*Abhandlungen der Königl. Sächsischer Gesellschaft der Wissenchaften*, vol. II).

PETERS. — *Nachrichten über ein auf der Altonaer Sternwarte aufgestelltes von den Herren A. und G. Repsold, Æquatoreal* (*Astronomische Nachrichten*, vol. LVIII, nos 1386 à 1390).

BESSEL. — *Theorie eines mit einem Heliometer versehenen Æquatoreal* (*Astronomische Untersuchungen*, vol. I, p. 1 à 17).

STRUVE. — *Beschreibung des grossen Refractors von Fraunhofer*; Dorpat, 1825.

Annales de l'Observatoire impérial (*Observations*), passim.

CHAPITRE V.

INSTRUMENTS MÉRIDIENS.

Ces instruments se rapportent au troisième système de coordonnées, celui des *ascensions droites* et des *déclinaisons*.

La *lunette méridienne*, ou *instrument des passages*, sert à déterminer l'ascension droite d'un astre ou l'heure de son passage dans le plan du méridien; le *cercle mural* donne la seconde coordonnée de l'astre, sa déclinaison : enfin on a construit, depuis ces dernières années, des instruments, *cercles méridiens*, qui permettent d'obtenir à la fois l'ascension droite et la déclinaison de l'astre observé.

I. — Lunette méridienne.

32. *Description.* — La lunette méridienne est essentiellement un instrument azimutal établi dans le plan du méridien. L'axe horizontal de rotation de l'instrument est dirigé perpendiculairement à ce plan, c'est-à-dire de l'est à l'ouest, et l'axe optique de la lunette, qui lui est fixée, décrit le plan du méridien.

Dans les instruments transportables, cet axe horizontal est porté par deux supports métalliques fixés au cercle azimutal; mais dans les instruments fixes, les coussinets sur lesquels reposent ses tourillons sont portés par deux piliers en pierre isolés de l'observateur. Parfois, comme dans la lunette méridienne d'Ertel, à l'Observatoire central de Poulkowa (*), les coussinets sont munis de vis qui permettent de les déplacer, l'un dans une direction horizontale, l'autre dans une direction verticale, de façon à rectifier la position de l'instrument, en rendant l'axe de rotation parfai-

(*) *Description de l'Observatoire central*, p. 116.

tement horizontal, et en le dirigeant ensuite exactement de l'est à l'ouest. Parfois, au contraire, comme dans la lunette méridienne construite par Gambey pour l'Observatoire de Paris et perfectionnée en 1854 et 1855, les coussinets sont fixes; le constructeur a dû alors régler à l'avance la position de l'axe avec une exactitude suffisante (*).

En outre, l'instrument est muni de cercles qui servent à placer la lunette à une hauteur déterminée, et à permettre ainsi l'observation du passage. Dans l'instrument d'Ertel, chacune des extrémités de l'axe porte un cercle divisé qui fait corps avec lui, et sur l'un desquels on lit la position de l'instrument (**). Dans la lunette méridienne de Gambey, le calage se fait d'une façon un peu différente, et que nous indiquerons en décrivant cet instrument.

Le corps de la lunette (*fig.* 21) se compose d'un cube central réunissant, par deux de ses faces opposéees, deux cônes tronqués, auxquels s'adaptent des tubes cylindriques; les extrémités de ces tubes portent l'une l'objectif, l'autre l'oculaire. Deux des faces opposées du cube reçoivent également les larges bases de deux cônes tronqués; aux extrémités libres de ceux-ci sont fixés deux tourillons d'acier, l'un plein, l'autre creux, qui reposent sur des coussinets en forme de V portés par des piliers fixes, et qui constituent l'axe de rotation de l'instrument.

L'objectif a 15 centimètres d'ouverture et $2^{m},40$ environ de distance focale.

Le système oculaire se compose d'un disque solidement fixé au corps cylindrique de la lunette et portant un fort collier muni de vis de serrage et d'un micromètre sur lequel quelques détails sont nécessaires.

Il se compose essentiellement de deux parties distinctes : une plaque portant huit fils d'araignée fixes et un châssis entraînant un fil mobile, parallèlement aux premiers; dans la portion qui porte les fils, la plaque est évidée circulairement; on peut d'ailleurs

(*) Sur le moyen de régler la position des coussinets fixes, voir *Annales de l'Observatoire impérial* (*Observations*), t. XII, p. 3.

(**) Un cercle suffirait évidemment : l'emploi de ces deux cercles répond à une raison de symétrie.

la faire mouvoir dans le plan focal et l'y fixer dans une position déterminée. Le châssis est mis en mouvement par une vis micrométrique, et son ajustement relativement à la plaque des fils fixes

Fig. 21.

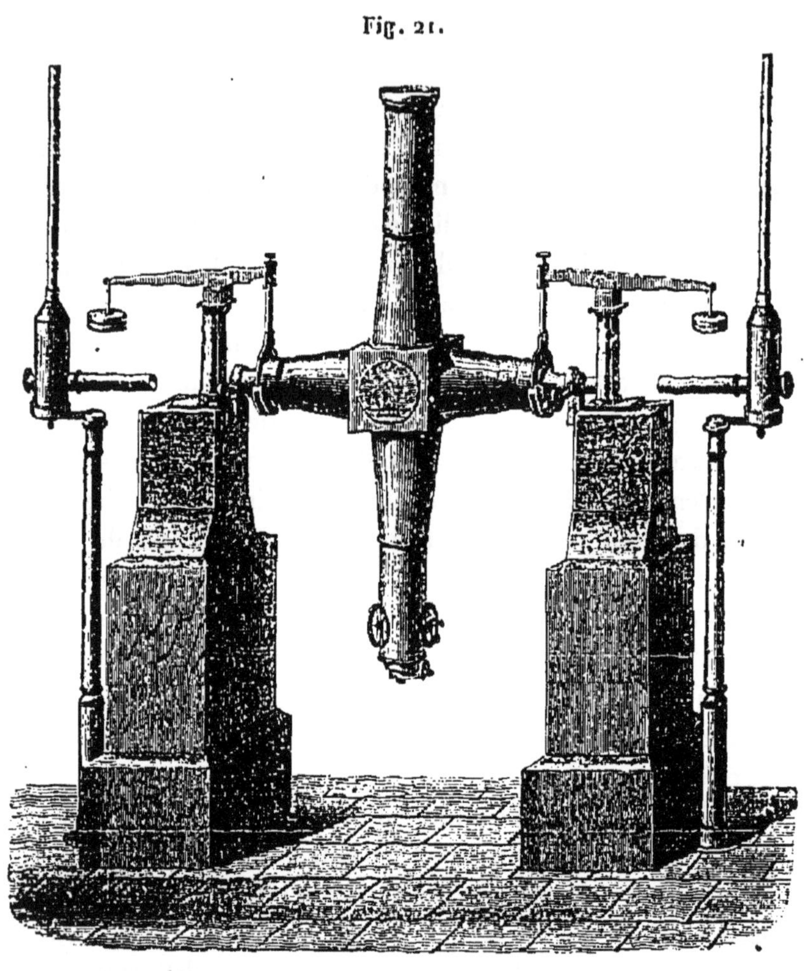

est tel, qu'on ne saurait, avec le plus fort grossissement employé, reconnaître aucune différence entre la mise au point de l'oculaire sur les fils fixes ou sur les fils mobiles.

La valeur d'un tour de la vis micrométrique est de 2ˢ,8707, ou en arc de 43″,06; la tête de vis est divisée en 100 parties, et un tambour, en relation avec la vis au moyen de roues dentées, sert à compter les tours. Le porte-oculaire peut, comme c'est l'habitude dans tous les instruments où le micromètre contient un grand nombre de fils, se mouvoir dans une direction sensiblement perpendiculaire à celle des fils, ce qui permet de l'amener successivement vis-à-vis chacun d'eux, même avec un fort grossissement (le grossissement habituellement employé est de 150 fois).

Le coulant du micromètre est muni d'une vis butante, dont l'axe est parallèle à celui du tube de la lunette, et dont l'extrémité libre s'appuie contre le collet fixe qui termine le tube de ce côté. Elle permet de fixer les fils du micromètre à une distance déterminée de l'objectif dans le plan focal de celui-ci, et de faire tourner le micromètre lui-même pour régler la direction des fils, sans leur faire quitter ce plan.

En regard de l'extrémité de chaque tourillon, est placé un bec de gaz; on allume celui qui correspond au tourillon percé, et la lumière qui en résulte est renvoyée vers l'oculaire par un réflecteur placé à l'intérieur du cube central : au moyen d'un bouton situé à l'extérieur près du micromètre, on fait tourner une tige qui commande le réflecteur. De la sorte, on peut lui donner une position quelconque, et produire ainsi soit l'éclairage du champ de la lunette, soit celui des fils sur champ obscur.

Fig. 22.

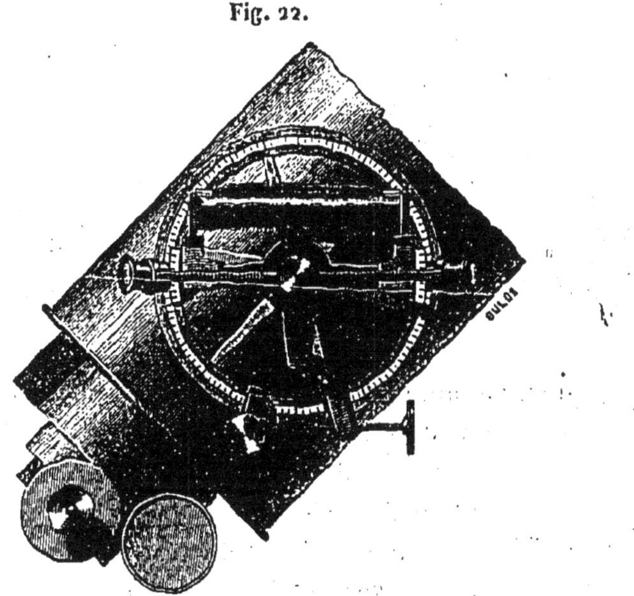

Sur les côtés du corps cylindrique de la lunette et près du micromètre (*fig.* 22), sont les cercles qui servent au calage de la lunette. La division va jusqu'au demi-degré, et des verniers au $\frac{1}{30}$ donnent la minute d'arc. L'alidade qui porte le vernier est mobile autour du centre du cercle et entraîne avec elle un niveau à bulle d'air. La ligne 0° — 180° du cercle est parallèle à l'axe du tube de la lunette, de sorte que si la lunette est horizontale le vernier étant au zéro de la graduation, la bulle du niveau est aussi au zéro. Il suffira donc, pour placer l'instrument à une hauteur déterminée, de pointer le vernier sur cette division du cercle, et d'incliner la lunette jusqu'à ce que la bulle du niveau soit au zéro.

Au moyen d'un appareil spécial dont la forme varie trop d'un instrument à l'autre, pour que nous ayons à le décrire, on peut en outre retourner la lunette, c'est-à-dire mettre sur le coussinet ouest le tourillon qui reposait sur le coussinet est, en d'autres termes, faire passer à l'est du méridien les fils qui se trouvaient à l'ouest.

Dans la lunette de Gambey, ces deux positions se distinguent par la situation est ou ouest du tourillon creux ; dans d'autres instruments des passages, elles se distinguent l'une de l'autre par la position qu'occupe le cercle de calage par rapport à l'axe du tube de la lunette.

Pour nous conformer à l'usage reçu à l'Observatoire de Paris, nous ferons les conventions suivantes :

POSITION DIRECTE.

Tourillon creux à l'est, Cercle à l'ouest.

POSITION INVERSE.

Tourillon creux à l'ouest, Cercle à l'est.

33. *Formules de réduction.* — Supposons la lunette dans la position directe, et soient :

h la hauteur au-dessus de l'horizon, du point Q où l'axe de rotation, prolongé du côté ouest, rencontre la sphère céleste ;

$90° - k$ l'azimut de ce point, compté de 0° à 360° dans le sens habituel, c'est-à-dire à partir du sud du méridien vers l'ouest ;

b est l'*inclinaison* de la lunette, k est la *déviation azimutale* (*).

Imaginons un système de coordonnées dont l'axe des z soit perpendiculaire au plan de l'horizon, dont les axes des x et des y soient contenus dans ce plan, leurs parties positives passant respectivement par le sud et l'ouest, les coordonnées du point Q seront

$$z = \sin b, \quad y = \cos b \cos k, \quad x = \cos b \sin k;$$

désignons par n la déclinaison de ce point, par $90° - m$ son angle horaire; ses coordonnées par rapport à un système d'axes, dont l'axe des z est normal au plan de l'équateur, et l'axe des y coïncide avec l'axe des y du système précédent, ont pour expressions

$$z = \sin n, \quad y = \cos n \cos m, \quad x = \cos n \sin m;$$

puisque les axes des z des deux systèmes font entre eux l'angle $90° - \varphi$, on a les équations

$$\begin{aligned} \sin n &= \sin b \sin\varphi - \cos b \sin k \cos\varphi, \\ \sin m \cos n &= \sin b \cos\varphi + \cos b \sin k \sin\varphi, \\ \cos m \cos n &= \cos b \cos k. \end{aligned}$$

On peut, du reste, obtenir encore ces équations en appliquant les formules ordinaires de la Trigonométrie sphérique au triangle formé par le pôle P, le zénith Z et le point Q, triangle dont les différents éléments ont pour valeurs

$$ZP = 90° - \varphi, \quad ZQ = 90° + b, \quad PQ = 90° + n,$$
$$PZQ = 90° - k, \quad ZPQ = 90° + m.$$

Si l'instrument est presque parfaitement établi, b et k, m et n sont de petits angles tels, qu'on peut, pour chacun d'eux, confondre le sinus avec l'arc, et prendre le cosinus égal à l'unité,

(*) L'inclinaison b est regardée comme positive lorsque le côté ouest de l'axe est le plus élevé, car alors la lunette est dirigée à l'est du méridien; une étoile quelconque est donc observée plus tôt qu'elle ne devrait l'être, et par suite il faut ajouter quelque chose au temps de l'observation. Par la même raison la déviation azimutale k doit être prise positivement, lorsque l'axe fait, avec la partie sud du méridien du côté de l'ouest, un angle inférieur à 90°.

on obtient ainsi les formules approchées

$$n = b \sin\varphi - k \cos\varphi,$$
$$m = b \cos\varphi + k \sin\varphi;$$

et les formules réciproques

$$k = m \sin\varphi - n \cos\varphi,$$
$$b = m \cos\varphi + n \sin\varphi.$$

Supposons maintenant que la *ligne de collimation* de la lunette (*) fasse avec le côté ouest de l'axe de rotation un angle égal à $90° + c$, c sera l'*erreur horizontale de collimation* de la lunette (*), et soient :

δ la déclinaison de l'étoile vers laquelle est dirigée la lunette,
τ l'angle horaire oriental de cette même étoile, au moment de sa culmination supérieure vue dans la lunette (τ n'est autre chose que l'intervalle de temps compris entre l'instant de l'observation et celui de la culmination supérieure de l'étoile).

Rapportées à un système d'axes de coordonnées dont les axes des x et des y sont dans le plan de l'équateur, l'axe des x étant l'intersection de l'équateur et du méridien, les coordonnées de l'étoile seront

$$z = \sin\delta, \quad y = -\cos\delta \sin\tau, \quad x = \cos\delta \cos\tau.$$

Si l'on fait maintenant tourner l'axe des x dans le plan de l'équateur, de manière à le rendre perpendiculaire à l'axe de rotation de l'instrument, les nouvelles coordonnées de l'étoile auront pour expressions

$$z = \sin\delta, \quad y = -\cos\delta \sin(\tau - m), \quad x = \cos\delta \cos(\tau - m),$$

car $(\tau - m)$ est le temps qu'emploie l'étoile pour aller du point

---

(*) Voir *Astronomie sphérique*, n° 91.

(**) L'erreur c doit être regardée comme positive, lorsque l'angle de la ligne de collimation et du côté ouest de l'axe est supérieur à 90°, car alors l'étoile est observée plus tôt qu'elle ne le devrait être réellement.

où elle a été observée jusque dans le méridien de l'instrument, c'est-à-dire dans le plan perpendiculaire à l'axe de rotation de la lunette.

Imaginons maintenant un second système de coordonnées, dans lequel l'axe des x coïncide avec le précédent, et l'axe des y, au lieu d'être dans le plan de l'équateur, soit parallèle à l'axe de rotation de l'instrument; nous aurons

$$y = -\sin c,$$

et puisque, dans les deux systèmes, les axes des z font un angle n, il vient, d'après les formules de la transformation des coordonnées,

$$(1) \qquad \sin c = -\sin n \sin \delta + \cos n \cos \delta \sin(\tau - m).$$

Pour la culmination inférieure, $(\tau - m)$ sera encore du même côté du méridien de l'instrument, mais alors l'étoile passe par le méridien de l'instrument avant d'atteindre le point du ciel où elle a été observée; $(\tau - m)$ doit donc être pris négativement, de sorte que les coordonnées du point vers lequel est dirigée la lunette ont pour expressions

$$z = \sin \delta, \quad y = \cos \delta \sin(\tau - m), \quad x = \cos \delta \cos(\tau - m),$$

et par conséquent l'équation (1) devient

$$(2) \qquad \sin c = -\sin n \sin \delta - \cos n \cos \delta \sin(\tau - m).$$

Il suffit donc, pour avoir la formule relative à la culmination inférieure, de changer dans la formule (1) le signe du second terme, et les deux cas peuvent être réunis dans une même formule

$$(3) \qquad \sin c = -\sin n \sin \delta + \cos n \cos \delta \sin(\tau - m),$$

en convenant de prendre pour δ sa valeur elle-même dans le cas du passage supérieur, et son supplément $180° - \delta$ dans le cas du passage inférieur (*).

(*) Cette convention consiste à définir dans les deux cas la position de l'étoile par sa distance réelle à l'équateur, comptée de la portion sud de l'équateur, vers le zénith du lieu d'observation.

On peut encore obtenir ces relations en appliquant les formules ordinaires de la Trigonométrie sphérique au triangle formé par les points P, Q, et l'étoile O, dans lequel les côtés sont

$$QO = 90^\circ - c, \quad PQ = 90^\circ + n, \quad OP = 90^\circ - \delta,$$

et où l'angle OPQ a pour valeur

$$90^\circ + m - \tau \quad \text{pour un passage supérieur,}$$

et

$$90^\circ - m + \tau \quad \text{pour un passage inférieur.}$$

1° *Formule de Bessel.* — De l'équation précédente (3), il résulte

$$(\alpha) \qquad \cos n \sin(\tau - m) = \sin n \operatorname{tang} \delta + \sin c \operatorname{séc} \delta;$$

et en y ajoutant membre à membre, l'identité

$$\cos n \sin m = \cos n \sin m$$

on a

$$(a) \qquad \left\{ \begin{aligned} & 2 \cos n \sin \tfrac{1}{2}\tau \cos(\tfrac{1}{2}\tau - m) \\ & = \cos n \sin m + \sin n \operatorname{tang} \delta + \sin c \operatorname{séc} \delta. \end{aligned} \right.$$

Supposons maintenant que m, n et τ soient de petites quantités, c'est-à-dire que l'établissement de l'instrument soit presque parfait, cette formule deviendra

$$(\text{A}) \qquad \tau = m + n \cdot \operatorname{tang} \delta + c \operatorname{séc} \delta,$$

formule approchée que l'on aurait pu déduire immédiatement de l'équation (α) (*).

C'est la formule donnée par Bessel pour la réduction des observations faites à l'instrument des passages (**).

(*) En effet, avec les hypothèses précédentes, cette équation donne de suite

$$\tau - m = n \operatorname{tang} \delta + c \operatorname{séc} \delta,$$

ou

$$\tau = m + n \operatorname{tang} \delta + c \operatorname{séc} \delta.$$

Il faut remarquer ici que l'unité, adoptée pour chacune des quantités k, m, n, b, c et τ, est la seconde de temps.

(**) BESSEL. — *Fundamenta Astronomiæ*, p. 8 et suiv.

Soit T l'heure de l'observation en temps de la pendule ; l'heure que marquerait celle-ci au moment du passage de l'étoile au méridien serait $T + \tau$.

Soit, en outre, Δt la correction de la pendule par rapport au temps sidéral,

$$T + \tau + \Delta t$$

sera le temps sidéral du passage de l'étoile au méridien, c'est-à-dire son ascension droite ; désignons-la par α, nous aurons

$$\alpha = T + \Delta t + m + n \operatorname{tang}\delta + c \operatorname{séc}\delta.$$

Si l'on connaît Δt, on pourra déterminer l'ascension droite α ; inversement si l'ascension droite est connue, l'observation de l'étoile servira à déterminer Δt, c'est-à-dire l'état de la pendule (voir *Astronomie sphérique*, n° 91).

2° *Formule de Mayer*. — On peut exprimer τ en fonction de b et k ; il suffit de remplacer dans l'équation (a), $\sin n$ et $\cos n \sin m$ par les expressions

$$\sin n = \sin b \sin\varphi - \cos b \cos\varphi \sin k,$$
$$\sin m \cos n = \sin b \cos\varphi + \cos b \sin\varphi \sin k;$$

on obtient alors

$$2 \sin^2 \tfrac{1}{2}\tau \cos n \cos\left(\tfrac{1}{2}\tau - m\right)$$
$$= \sin b \frac{\cos(\varphi - \delta)}{\cos\delta} + \cos b \sin k \frac{\sin(\varphi - \delta)}{\cos\delta} + c \operatorname{séc}\delta,$$

et par suite la formule approchée

$$\text{(B)} \qquad \tau = b \frac{\cos(\varphi - \delta)}{\cos\delta} + k \frac{\sin(\varphi - \delta)}{\cos\delta} + c \operatorname{séc}\delta.$$

Telle est la formule que Tobie Mayer employait à la réduction de ses observations méridiennes (*). Elle est identique à celle que l'on a déduite de la formule relative à l'instrument azimutal.

(*) *Astronomical Observations made at Göttingen, from 1756 to 1761, by* TOBIAS MAYER; London, 1826.

3° *Formule de Hansen.* — Cette valeur de τ peut encore se mettre sous une troisième forme, due à Hansen, et qui est la plus commode pour le calcul : ajoutons les deux équations

$$\sin n \operatorname{tang}\varphi = \sin b \frac{\sin^2\varphi}{\cos\varphi} - \cos b \sin k \sin\varphi,$$

$$\cos n \sin m = \sin b \cos\varphi + \cos b \sin k \sin\varphi,$$

nous aurons

$$\cos n \sin m = \sin b \operatorname{séc}\varphi - \sin n \operatorname{tang}\varphi;$$

et en substituant cette valeur de $\cos n \sin m$ dans l'équation (a), nous obtiendrons la formule approchée

$$\text{(C)} \qquad \tau = b \operatorname{séc}\varphi + n(\operatorname{tang}\delta - \operatorname{tang}\varphi) + c \operatorname{séc}\delta.$$

Toutes ces formules se rapportent au cas où le cercle est à l'ouest; dans le cas où, au contraire, le cercle est à l'est, la hauteur de l'extrémité ouest de l'axe de rotation est $-b$, et l'angle que fait la ligne de collimation avec l'extrémité ouest de l'axe est $90° - c$; k reste d'ailleurs le même. Il suffit donc, dans ce cas, de changer les signes de b et de c, et l'on a, d'après la formule de Mayer,

Pour la culmination supérieure,

$$\alpha = \mathrm{T} + \Delta t + b \frac{\cos(\varphi - \delta)}{\cos\delta} + k \frac{\sin(\varphi - \delta)}{\cos\delta} + c \operatorname{séc}\delta, \quad \left\{\begin{array}{l}\text{Cercle}\\ \text{à l'ouest,}\end{array}\right.$$

$$\alpha = \mathrm{T} + \Delta t - b \frac{\cos(\varphi - \delta)}{\cos\delta} + k \frac{\sin(\varphi - \delta)}{\cos\delta} - c \operatorname{séc}\delta, \quad \left\{\begin{array}{l}\text{Cercle}\\ \text{à l'est.}\end{array}\right.$$

En changeant δ en $180° - \delta$, on aura

Pour la culmination inférieure,

$$\alpha + 12^{\mathrm{h}} = \mathrm{T} + \Delta t + b \frac{\cos(\varphi + \delta)}{\cos\delta} + k \frac{\sin(\varphi + \delta)}{\cos\delta} - c \operatorname{séc}\delta, \quad \left\{\begin{array}{l}\text{Cercle}\\ \text{à l'ouest,}\end{array}\right.$$

$$\alpha + 12^{\mathrm{h}} = \mathrm{T} + \Delta t - b \frac{\cos(\varphi + \delta)}{\cos\delta} + k \frac{\sin(\varphi + \delta)}{\cos\delta} + c \operatorname{séc}\delta, \quad \left\{\begin{array}{l}\text{Cercle}\\ \text{à l'est.}\end{array}\right.$$

La formule de Mayer est la plus ancienne; elle est d'un emploi commode lorsque la constante k est donnée directement, ou bien encore dans les discussions d'observations d'où l'on veut déduire directement la valeur de cette constante; de plus, elle est surtout utile pour comparer des étoiles zénithales à des étoiles voisines de l'horizon; mais lorsque l'on a un grand nombre d'observations à réduire, la formule de Mayer est moins avantageuse que les deux autres.

Lorsqu'on emploiera la formule de Bessel, on ajoutera au temps observé la quantité

$$n \operatorname{tang}\delta + c \operatorname{séc}\delta,$$

et si T désigne le temps ainsi obtenu, on obtiendra l'état de la pendule en calculant l'expression

$$\alpha - \mathrm{T} - m.$$

La formule de Bessel est celle qui est employée à l'Observatoire de Paris pour la réduction des observations méridiennes. Dans le cas d'un instrument fixe devant servir à une longue suite d'observations, elle offre, en effet, de grands avantages; les valeurs de c et de n sont alors comprises entre des limites assez rapprochées; de telle sorte que si, pour chaque valeur de n et de c, on a réduit en Tables les valeurs des termes

$$n \operatorname{tang}\delta, \quad c \operatorname{séc}\delta,$$

il arrivera qu'au bout d'un certain temps la réduction des observations nouvelles n'exigera plus aucun calcul, la valeur du terme correctif se trouvant immédiatement dans les Tables construites antérieurement.

La formule de Hansen est surtout commode pour la réduction des étoiles voisines du zénith, car alors le coefficient $(\operatorname{tang}\delta - \operatorname{tang}\varphi)$ devient très-petit, et une erreur commise sur la détermination de n n'aura qu'une influence très-faible. Quand on se servira de cette formule, on ajoutera d'abord au temps observé la quantité

$$\mathrm{T} = n(\operatorname{tang}\delta - \operatorname{tang}\varphi) + c \operatorname{séc}\delta,$$

et l'on aura ensuite l'état de la pendule en calculant l'expression

$$\alpha - \mathrm{T} - b \operatorname{séc}\varphi \, (*).$$

34. *Démonstration directe des formules approchées.* — On peut obtenir directement et d'une façon très-simple ces formules approchées. En effet, si l'on désigne en général par α, β et γ les constantes instrumentales b, k et c, ou m, n et c, et par R la correction que doit subir le temps observé du passage, on aura

$$\mathrm{R} = \mathrm{F}(\alpha, \beta, \gamma) = \mathrm{F}(0, 0, 0) + \alpha \mathrm{F}'_\alpha + \beta \mathrm{F}'_\beta + \gamma \mathrm{F}'_\gamma + \ldots,$$

ou, puisque F (0, 0, 0) est nul, et que, dans les conditions où l'on emploie la lunette méridienne, les termes d'ordre supérieur sont négligeables,

$$\mathrm{R} = \mathrm{A}\alpha + \mathrm{B}\beta + \mathrm{C}\gamma.$$

Nous calculerons séparément chacun des coefficients A, B et C en supposant que les deux autres soient nuls.

I. *Formule de Mayer.* — 1° *Inclinaison.* — Supposons que le cercle soit à l'ouest, et que le côté ouest de l'axe s'élève au-dessus de l'horizon de l'angle b, la lunette ne se mouvra pas dans le méridien, mais décrira le grand cercle AZ'B (*fig.* 23). Si l'on a

Fig. 23.

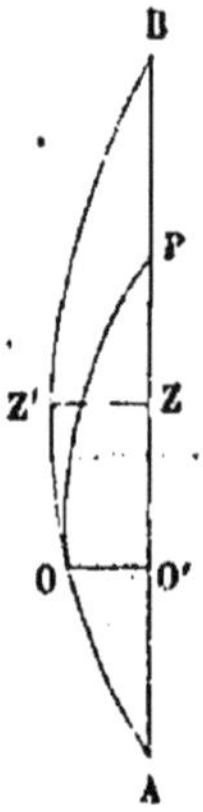

(*) Les constantes b et c étant toujours déterminées avec plus d'exactitude que la constante n, la formule de Hansen montre que les étoiles passant au méridien très-près du zénith seront les plus avantageuses pour déterminer l'état de la pendule.

observé l'étoile en O, il faudra donc ajouter au temps de l'observation l'angle horaire

$$\tau = \text{OPO}'.$$

Or on a

$$\sin\tau = \frac{\sin \text{OO}'}{\cos\delta},$$

$$\text{tang}\,\text{OO}' = \text{tang}\,b \cos \text{O}'\text{Z} = \text{tang}\,b \cos(\varphi - \delta),$$

d'où

$$\tau = b\,\frac{\cos(\varphi - \delta)}{\cos\delta}.$$

2° *Déviation azimutale.* — Supposons que l'instrument soit établi dans l'azimut k, la lunette décrira le cercle vertical ZA

Fig. 24.

(*fig.* 24), et si l'on a observé l'étoile en O, il faudra, au temps de l'observation, ajouter l'angle horaire

$$\tau = \text{OPO}' :$$

or

$$\sin \text{OPO}' = \sin\tau = \frac{\sin \text{OO}'}{\cos\delta},$$

$$\text{tang}\,\text{OO}' = \text{tang}\,k \sin \text{O}'\text{Z},$$

d'où

$$\tau = k\,\frac{\sin(\varphi - \delta)}{\cos\delta}.$$

3° *Erreur de collimation.* — Enfin la ligne de collimation de la lunette fait, avec le côté ouest de l'axe, l'angle $90° + c$. Dans le mouvement de rotation, cette ligne coupera la sphère céleste, suivant un petit cercle A' B' (*fig.* 25), parallèle au plan

Fig. 25.

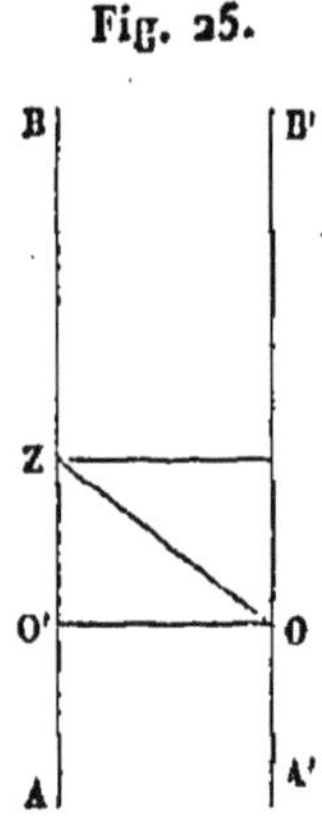

du méridien; il faudra donc ajouter, à l'époque de l'observation, un nouvel angle horaire, dont on obtiendra la valeur par la formule

$$\tau = \frac{OO'}{\cos\delta}$$
$$= c\,\text{séc}\,\delta.$$

Formule définitive. — En ajoutant toutes ces quantités, on obtient pour l'ensemble des termes correctifs

$$\tau = b\,\frac{\cos(\varphi - \delta)}{\cos\delta} + k\,\frac{\sin(\varphi - \delta)}{\cos\delta} + c\,\text{séc}\,\delta;$$

formule qui n'est autre que celle de Mayer, et d'où l'on déduirait toutes les autres, par les transformations que nous avons indiquées.

On trouverait d'ailleurs de la même manière la formule relative à la culmination inférieure.

II. *Formule de Bessel.* — 1° Lorsque l'instrument est parfaitement établi, son axe de rotation est perpendiculaire au méridien et dirigé de l'est à l'ouest; en outre, le plan qui passe par le centre optique et le fil vertical est le plan même du méridien. Imaginons que l'axe de rotation, tout en restant dans l'équateur, tourne autour de l'axe du monde jusqu'à ce que son extrémité ouest (position directe) ait l'angle horaire $90° - m$; le plan passant par le fil vertical et le centre optique, c'est-à-dire le méridien instrumental, sera à l'est du méridien d'un angle m, et comme ce plan est un plan horaire, le passage d'une étoile quelconque au méridien instrumental précédera son passage au méridien réel d'une quantité constante m. Il faudra donc, à tous les temps de passage observés, ajouter la quantité m.

2° Supposons actuellement que, tout en restant dans le plan mené par l'axe du monde et la ligne est-ouest, l'axe de rotation de l'instrument tourne autour de la droite d'intersection de l'équateur et du méridien, jusqu'à ce que son extrémité ouest ait une déclinaison égale à n; le plan du méridien instrumental, coupant toujours le méridien réel suivant la droite nord-sud de l'équateur, fera avec ce plan et du côté de l'est un angle égal à n.

Fig. 26.

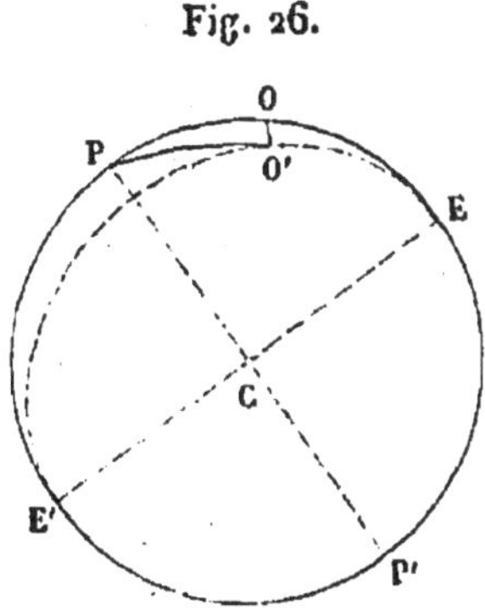

Or dans le triangle POO' (*fig.* 26), on a

$$(1) \qquad \sin\tau = \frac{\sin OO'}{\cos\delta},$$

et dans le triangle OO'E, on a approximativement, n étant très-petit,

$$(2) \qquad \tang OO' = \tang n \sin\delta.$$

Des équations (1) et (2), on déduit

$$\tau = \frac{OO'}{\cos\delta}, \quad OO' = n \sin\delta,$$

et par suite

$$\tau = n \operatorname{tang}\delta,$$

expression du second terme de la formule de Bessel.

3° Le troisième $c \operatorname{séc}\delta$ s'obtiendrait comme nous venons de le voir à la page 159.

35. *Usage de plusieurs fils dans les observations de passages.* — Comme nous l'avons dit (*Astronomie sphérique*, n° 91), la *ligne de collimation* de la lunette est la ligne qui joint le centre optique de l'objectif au point de croisement des fils du réticule. Lorsque l'instrument est parfaitement établi, le fil vertical est une représentation matérielle du méridien, l'observation consiste à noter l'heure du passage de chaque étoile à ce fil. Mais, pour avoir plus d'exactitude, on tend sur la plaque du micromètre, de chaque côté de ce fil, et à égale distance, un certain nombre de fils qui lui sont parallèles, et au lieu d'observer seulement l'heure du passage de l'étoile au fil primitif, on note l'instant de son passage à chacun des fils latéraux. En outre, il est bon d'observer toujours le passage d'une étoile au même point d'un fil quelconque, afin d'éliminer les erreurs qui pourraient résulter d'une inclinaison des fils sur le méridien; dans ce but, on a tendu au milieu du champ, et perpendiculairement aux premiers, un fil ou deux fils parallèles très-voisins; au moment où l'étoile entre dans le champ, on déplace la lunette de manière à amener l'étoile, soit à être bissectée par le fil horizontal, soit à occuper le milieu de l'intervalle qui sépare les deux fils horizontaux.

Avant toute observation, il faut diriger les fils verticaux ou *fils horaires* parallèlement au méridien.

On peut y arriver de deux manières différentes.

1° On dirige la lunette vers une étoile voisine de l'équateur, de façon que cette étoile soit bissectée par le fil horizontal (ou par l'un des deux), et l'on fait ensuite tourner la plaque qui porte les fils jusqu'à ce que, dans sa course à travers le champ de la lunette, l'étoile soit constamment bissectée par le fil. Ce fil est alors horizontal, parallèle au mouvement diurne, et si le constructeur l'a disposé perpendiculairement aux fils horaires, ceux-ci seront bien parallèles au méridien.

2° On peut aussi, pour le même objet, se servir de la *mire méridienne*. Nous reviendrons sur ce sujet au n° 42, en décrivant cet appareil (*voir* note, p. 186).

36. *Réduction au fil du milieu.* — Lorsque les fils verticaux sont tendus à égale distance de chaque côté du fil du milieu, la moyenne arithmétique des temps des passages observés à tous les fils ou à deux fils symétriquement placés par rapport au fil du milieu donne le temps du passage à ce fil. Mais en général les distances des deux fils de chaque couple au fil du milieu diffèrent l'une de l'autre; de plus, il est utile de pouvoir déduire l'heure du passage au fil du milieu, de l'heure du passage observée à un fil quelconque, car la comparaison des différents nombres ainsi obtenus sera une vérification des observations. Il faut donc une méthode qui permette de rapporter au fil du milieu une observation faite à un fil quelconque; par suite, nous devrons chercher à connaître les distances de chacun des fils au fil du milieu.

Cette distance f d'un fil au fil du milieu est l'angle formé au centre optique de l'objectif par les droites qui vont de ce point au fil latéral et au fil du milieu; ou bien encore c'est le temps que met une étoile équatoriale à passer d'un fil à l'autre, et à ce point de vue on l'appelle parfois *distance équatoriale* du fil : nous avions en général [p. 153, éq. (α)]

$$\sin(\tau - m)\cos n = \sin n \operatorname{tang}\delta + \sin c \operatorname{séc}\delta;$$

or, si nous regardons f comme positif lorsque l'étoile atteint le fil latéral avant le fil du milieu, la ligne qui va du centre optique O de l'objectif (*fig.* 27) au fil du milieu M faisant avec l'axe, côté du cercle, l'angle $90° + c$, la ligne qui joint le centre optique au fil latéral F fera évidemment avec la même portion de l'axe un angle égal à

$$90° + c + f.$$

Ceci posé, supposons l'observation faite à ce fil latéral, et soit

τ' l'angle horaire oriental de l'étoile au moment de son passage à ce fil, nous aurons

$$\sin(\tau' - m)\cos n = \sin n \operatorname{tang}\delta + \sin(c+f)\operatorname{séc}\delta;$$

et en combinant par voie de soustraction cette formule avec celle qui précède, il viendra

$$(\alpha) \qquad \left\{ \begin{array}{l} 2\sin\frac{1}{2}(\tau' - \tau)\cos\left[\frac{1}{2}(\tau' - \tau) - m\right]\cos n \\ \quad = 2\sin\frac{1}{2}f\cos(c + \frac{1}{2}f)\operatorname{séc}\delta. \end{array} \right.$$

Dans le cas où l'établissement de l'instrument est sensiblement

Fig. 27.

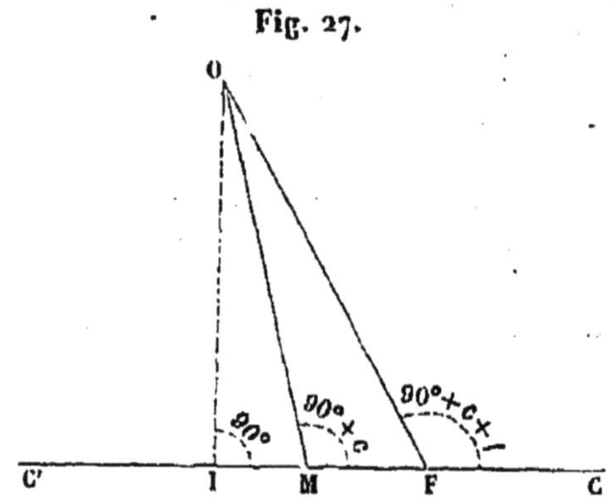

parfait, c, m et n sont de petites quantités. En négligeant les infiniment petits d'ordre supérieur, on a donc

$$(\beta) \qquad \sin t = \sin f \operatorname{séc}\delta,$$

t désignant le temps $\tau' - \tau$, qu'il faut ajouter au temps de l'observation faite à un fil latéral, pour obtenir l'heure du passage au fil du milieu, ou la *réduction au fil du milieu.*

Si l'étoile est très-voisine du pôle, c'est cette formule (β) qu'il faut employer (*); dans le cas, au contraire, où l'étoile est distante du pôle, et par suite où la valeur de sécδ n'est pas considérable, on peut se contenter de la formule approchée

$$(\gamma) \qquad t = f \operatorname{séc}\delta,$$

(*) *Voir* plus loin, n° 44, la *réduction des observations de circompolaires.*

qui donne une expression très-simple de la réduction au fil du milieu.

Mais si l'on ne veut pas obtenir les différentes valeurs du temps de passage au fil du milieu qui correspondent aux observations faites à chaque fil, et avoir seulement l'heure du passage au fil du milieu qui résulte de l'ensemble des observations, on peut procéder plus simplement.

Soient :

$f', f'', f''', \ldots$ les distances au fil du milieu des fils situés du côté du cercle,

$\varphi', \varphi'', \varphi''', \ldots$ les distances des fils situés de l'autre côté,

n le nombre des fils,

on calcule une fois pour toutes la quantité

$$\frac{f' + f'' + f''' + \ldots - \varphi' - \varphi'' - \varphi''' - \ldots}{n} = a,$$

et l'on ajoute à la moyenne arithmétique des temps observés à chaque fil le terme correctif

$$\pm a \operatorname{séc}\delta;$$

dans cette expression, le signe supérieur convient au cas où le cercle est à l'ouest, et le signe inférieur au cas où il est à l'est.

Pour la culmination inférieure, il faudrait prendre les signes en sens inverse. Telle est la correction qu'il faut appliquer à la *moyenne des fils* pour la réduire au *fil du milieu*.

37. *Détermination des distances des fils.* — L'équation

$$\sin t = \sin f \operatorname{séc}\delta$$

sert aussi à déterminer les distances des fils au fil du milieu; pour cela, on observe les passages à ces différents fils d'une étoile voisine du pôle, et l'on calcule ensuite la quantité

$$(\text{s}) \qquad f = \sin t \cos\delta,$$

où t désigne la différence des temps des passages au fil latéral et au fil du milieu, convertie en arc. On obtient ainsi très-exactement les valeurs des distances des fils; pour la Polaire, par exemple,

$$\cos\delta = 0,02609;$$

par suite, une erreur d'une seconde de temps dans la différence des époques de passage n'entraîne qu'une erreur d'environ $0^s,03$ de temps sur la distance équatoriale correspondante.

Le calcul de cette formule se fait commodément comme il suit: posons

$$\nu = \frac{t \sin 15''}{\sin t},$$

nous aurons, d'après l'équation (ε),

$$f = \frac{t \cos\delta}{\nu},$$

formule dont le calcul est excessivement simple, si l'on tire les valeurs de $\log\nu$ de la Table suivante :

t	$\log\nu$	t	$\log\nu$	t	$\log\nu$
m		m		m	
1	0,00000	11	0,00017	21	0,00061
2	0,00001	12	0,00020	22	0,00067
3	0,00001	13	0,00023	23	0,00073
4	0,00002	14	0,00027	24	0,00080
5	0,00003	15	0,00031	25	0,00086
6	0,00005	16	0,00035	26	0,00093
7	0,00007	17	0,00040	27	0,00101
8	0,00009	18	0,00045	28	0,00108
9	0,00011	19	0,00050	29	0,00116
10	0,00014	20	0,00055	30	0,00124

Exemple. — *Distances des fils.* — Le 20 juin 1850, à l'instrument des passages de l'Observatoire de Bilk, on a observé la Polaire à sa culmination inférieure, et l'on a obtenu, pour les temps des passages aux différents fils, les valeurs suivantes :

Cercle à l'ouest (position directe).

	h m s
I.	13.32.7
II.	13.19.4
III.	13. 5.7
IV.	12.52.7
V.	12.38.9

Les différences des temps des passages étaient donc :

	m s
I-III.	27. 0
II-III	13.57
III-IV.	13. 0
III-V.	26.58

Or, ce jour-là, la déclinaison de la Polaire était

$$88^\circ 30' 18'',01.$$

En appliquant la formule

$$f = \sin t \cos \delta,$$

nous aurons donc, pour les distances équatoriales des fils, les nombres suivants :

	s
I-III.	42,17
II-III.	21,84
III-IV.	20,34
III-V.	42,12

Réduction au fil du milieu. — Première méthode. — Le même jour, on a observé, dans la même position de l'instrument, l'étoile η Grande Ourse à son passage supérieur, et l'on a trouvé pour les différents fils,

	h m s
I.	13.40.18,5
II.	13.40.50,3
III.	13.41.24,3
IV.	13.41.56,0
V.	13.42.30,0

D'ailleurs, la déclinaison de l'étoile était

$$50° 4';$$

la formule

$$t = f \operatorname{séc} \delta$$

donne donc pour les distances des fils

	s
I-III..................	65,70
II-III..................	34,02
III-IV..................	31,69
III-V..................	65,62

Puisque l'étoile a rencontré d'abord le premier fil, il faut ajouter les distances des fils aux temps des passages observés aux deux premiers fils, et les retrancher des observations faites aux deux derniers.

On obtient ainsi, à l'aide des observations faites à chaque fil pour le temps du passage au fil du milieu,

	h m s
I..............	13.41.24,20
II..............	13.41.24,32
III..............	13.41.24,30
IV..............	13.41.24,31
V..............	13.41.24,38.

D'où l'on conclut, pour le temps du passage au fil du milieu,

$$13^h\ 41^m\ 24^s,30.$$

Seconde méthode. — Pour calculer la quantité a, il faut considérer la distance d'un fil au fil du milieu comme positive, si le fil est du côté du cercle, c'est-à-dire pour les fils I et II, comme négative au contraire si le fil est du côté opposé, c'est-à-dire pour les fils IV et V.

On obtient ainsi

$$a = +\ 0^s,31.$$

D'autre part, la moyenne des passages observés à chaque fil est

$$13^h\ 41^m\ 23^s,82;$$

en ajoutant à ce nombre la quantité

$$a \operatorname{séc}\delta = + 0^s,48,$$

qu'il faut prendre positive, puisque l'étoile a été observée dans la position directe, on trouve, pour le passage de l'étoile au fil du milieu,

$$13^h\,41^m\,24^s,30,$$

valeur identique à celle que nous avons déjà obtenue.

38. *Méthode de Gauss.* — Gauss a donné, en 1823, une méthode très-ingénieuse pour effectuer les mesures de distances des fils (*); elle repose sur le principe suivant : de même qu'un faisceau de rayons parallèles vient, après son passage à travers l'objectif d'une lunette, converger en son foyer, de même, d'après la *loi de réciprocité*, les rayons qui viennent d'un point lumineux situé au foyer de l'objectif d'une lunette en sortent, après leur réfraction, parallèles entre eux; en outre, les rayons émanés de points différents, et voisins du foyer, feront entre eux après la réfraction des angles égaux à ceux que font les droites menées du centre de l'objectif à ces différents points. Ceci posé, imaginons qu'en face de la lunette d'observation, on en place une seconde ajustée pour voir nettement les objets situés à l'infini, c'est-à-dire qui envoie sur l'objectif de la première un faisceau de rayons parallèles; il est clair que si les axes des deux lunettes coïncident, on verra nettement, en regardant dans la seconde lunette, tout point lumineux placé au foyer de la première.

Dès lors, si la première lunette est la lunette méridienne, on apercevra nettement, à travers la seconde, les fils de son réticule, pourvu toutefois qu'ils soient convenablement éclairés, résultat toujours facile à obtenir en dirigeant l'oculaire vers le ciel, ou en plaçant en avant une lampe ou un bec de gaz. Par conséquent, si l'on prend comme seconde lunette, une lunette munie d'un appareil qui permette de mesurer les angles horizontaux, un théodolite, par exemple, on mesurera avec son cercle horizontal la distance

(*) *Astronomische Nachrichten*, 1823, vol. II, p. 371.

angulaire des fils, absolument comme on aurait mesuré tout autre angle (*).

Pour amener le réticule exactement au foyer de l'objectif, on commence par faire varier la position de l'oculaire par rapport au réticule, jusqu'à ce qu'on aperçoive les fils bien nettement; le réticule est alors au foyer de l'oculaire. On dirige ensuite la lunette sur une étoile, et l'on tire ou enfonce toute la partie de l'instrument qui contient l'oculaire et le réticule, jusqu'à ce qu'on aperçoive bien nettement l'étoile : si l'opération a été bien faite, le réticule est au foyer de l'objectif.

Pour bien s'en assurer, on fait coïncider un fil avec l'image d'un objet lumineux éloigné, et l'on déplace l'œil à droite et à gauche en avant de l'ouverture de l'oculaire; l'image de l'objet ne doit jamais quitter le fil. Dans le cas contraire, le réticule n'est pas exactement au foyer; il sera trop loin de l'objectif, si dans ce mouvement l'œil et l'image de l'objet s'éloignent de ce fil du même côté; mais si l'œil et l'image s'en éloignent de côtés différents, le réticule est trop près de l'objectif (**).

39. *Emploi du fil mobile pour déterminer les distances des fils.* — Lorsque le micromètre porte un fil horaire mobile, on obtient très-aisément ces distances. On amène les bords de ce fil à être tangents à l'un et à l'autre bord de chacun des fils fixes, dans la région occupée par les fils horizontaux; la moyenne des tours et fractions de tour qui correspondent, sur le tambour du micromètre, à chaque position du fil mobile, donne la position du fil fixe sur ce même tambour; il suffit de répéter cette opération trois fois pour avoir un résultat d'une très-grande exactitude. La différence de ces diverses lectures, avec celle qui correspond au fil du milieu,

---

(*) Déjà, en 1785, Rittenhouse avait indiqué la possibilité d'observer les fils du réticule d'une lunette, au moyen d'une seconde lunette placée en face de la première. (Voir *Transactions of the American Philosophical Society*, vol. II, p. 181.)

(**) Puisque les distances des fils ne conservent les mêmes valeurs que si la distance du réticule au centre optique de l'objectif ne varie pas, il faut, avant chaque détermination de distances des fils, amener le réticule exactement au foyer de la lunette, et le fixer ensuite dans cette position.

donne la distance de chacun des fils au fil du milieu, distance évaluée en tours de la vis, et lorsque l'on connaîtra, en temps, la valeur d'un tour de la vis (*), c'est-à-dire le temps nécessaire à une étoile équatoriale pour passer d'une position du fil mobile à une autre séparée par un tour entier, il suffira de multiplier par ce nombre les différentes distances exprimées en tours de la vis, pour obtenir en temps les distances cherchées. Ainsi soient :

μ la valeur en temps d'un tour de la vis,

v_i et v_m les lectures du micromètre qui correspondent au fil latéral et au fil du milieu,

f la distance de ce fil au fil du milieu,

on aura

$$f = \mu(v_m - v_i).$$

Exemple. — A l'Observatoiree de Paris le 6 janvier 1863 on a trouvé, à la lunette méridienne de Gambey, les nombres suivants pour les positions des fils (**):

	t
I	2,302
II	8,293
III	14,291
IV	20,266
V	26,232

On en conclut, pour les distances des fils au fil du milieu,

	t
I-III	+11,989
II-III	+ 5,998
IV-III	− 5,975
V-III	−11,941

Or, on a trouvé pour la valeur d'un tour de la vis,

$$\mu = 2^s,8707;$$

(*) *Voir*, p. 186, la méthode suivie pour cette détermination.

(**) Les fils sont désignés suivant l'ordre où une étoile les rencontre dans la *position directe* de la lunette.

il en résulte, pour les distances au fil du milieu exprimées en temps,

I-III....................	$+34^s,417$
II-III....................	$+17,219$
III-IV....................	$-17,152$
III-V....................	$-34,279$

40. *Réduction à la moyenne des fils.* — Si les fils du réticule étaient deux à deux à égale distance du fil du milieu, on aurait

$$\frac{f' + f'' + \ldots - \varphi' - \varphi'' - \ldots}{n} = 0,$$

a serait nul, et par suite la correction à ajouter à la moyenne des fils pour la rapporter au fil du milieu disparaîtrait. Le temps du passage au fil du milieu serait alors donné par la moyenne arithmétique des temps des passages aux différents fils. Dans le cas où l'on aurait un grand nombre de passages à réduire, le travail de réduction serait ainsi considérablement simplifié, puisque le calcul du terme

$$a \operatorname{séc} \delta$$

deviendrait inutile. Pour réaliser cette conception, on remplace le fil du milieu réel par un fil idéal occupant dans le champ une situation telle, que le temps du passage à ce fil soit la moyenne des temps observés aux différents fils, et, pour abréger, on appelle ce fil *moyenne des fils* ou encore *fil moyen*. La ligne de collimation de l'instrument est alors la ligne qui joindrait le centre optique de l'objectif à ce fil idéal; et si l'on veut connaître sa position, il suffira de pointer successivement le fil mobile sur chacun des fils, comme nous l'avons indiqué dans le paragraphe précédent, et de prendre la moyenne arithmétique des lectures faites sur le tambour.

Il est dans ce cas complétement inutile d'avoir un réticule composé d'un nombre impair de fils; il convient d'ailleurs d'en avoir un assez grand nombre, huit ou dix par exemple; et cela non pas pour donner plus de précision à la moyenne, mais surtout parce que les fils étant sensiblement équidistants, on trouve ainsi des facilités particulières pour la comparaison des *équations personnelles*.

EXEMPLE. — A l'Observatoire de Paris, le 12 août 1863, on remplace le réticule de la lunette méridienne de Gambey, par un autre composé de huit fils et l'on trouve les positions suivantes des fils :

	t
I........................	0,914
II........................	5,691
III........................	10,185
IV........................	14,583
V........................	18,792
VI........................	23,186
VII........................	27,672
VIII........................	32,457
Moyenne............	16,685

La position du fil moyen idéal correspond donc à la lecture $16^t,685$ du tambour. D'ailleurs, en suivant le procédé que nous avons indiqué et prenant pour valeur d'un tour de la vis

$$\mu = 2^s,8707,$$

on conclut de ces nombres :

NUMÉROS DES FILS.	DISTANCE DES FILS A LEUR MOYENNE,	
	EN TOURS.	EN TEMPS.
	t	s
I........................	+ 15,771	+ 45,274
II........................	+ 10,994	+ 31,561
III........................	+ 6,500	+ 18,660
IV........................	+ 2,102	+ 6,034
V........................	— 2,107	— 6,049
VI........................	— 6,500	— 18,660
VII........................	— 10,987	— 31,541
VIII........................	— 15,772	— 45,277

Remarque I. — Il est bien évident que la réduction à ce fil moyen idéal d'un passage observé à l'un quelconque des fils se fait absolument comme pour le fil du milieu. Nous ajouterons qu'en raison de la grande simplification qu'il apporte, c'est le mode de réduction au fil moyen qui est aujourd'hui universellement adopté par les astronomes.

Remarque II. — Nous indiquerons plus loin (p. 186) la méthode employée à Greenwich, par M. Airy, pour déterminer les distances des fils.

41. *Réduction des observations dans le cas où l'astre observé a une parallaxe et un diamètre apparent sensibles.* — Si l'astre observé a un mouvement propre, il faut en tenir compte dans la réduction au fil moyen; mais puisqu'un tel astre a aussi un diamètre apparent et une parallaxe sensibles, il convient de traiter à cette occasion le cas général où l'on a observé à un fil latéral l'un des bords de cet astre, pour chercher à déduire de l'observation l'heure du passage de son centre au fil moyen.

Dans la position directe de l'instrument, nous avons trouvé, p. 152, l'équation

$$(3) \qquad \sin c = -\sin n \sin \delta + \cos n \cos \delta \sin (\tau - m).$$

Supposons maintenant que l'observation ait été faite à un fil dont la distance au fil moyen soit f, f étant positif si le fil est du côté du cercle, il faudra, dans la formule précédente, remplacer f par $c+f$. Si l'on a observé, non pas le centre, mais le bord d'un astre, dont le demi-diamètre apparent est h', il faut, dans l'équation qui précède, prendre $c+f\pm h'$ au lieu de c (*); le signe supérieur convenant au cas où l'on a observé le premier bord, le signe inférieur au cas où l'on a observé le second. Soit Θ l'heure sidérale de l'observation, et α' l'ascension droite apparente de l'astre, l'angle horaire oriental a pour valeur

$$\tau = \alpha' - \Theta,$$

(*) En effet, si l'on avait observé le premier bord au fil moyen, le centre se serait trouvé, à l'instant de l'observation, sur un fil dont la distance au fil moyen serait égale à $\pm h'$.

et, par suite, si δ' désigne la déclinaison apparente de l'astre, on a l'équation suivante

$$\sin[c+f\pm h'] = -\sin n \sin\delta' + \cos n \cos\delta' \sin(\alpha' - \Theta - m),$$

où le signe supérieur convient au cas où l'on a observé le premier bord.

Si Δ représente la distance de l'astre à l'observateur, exprimée en fonction du rayon terrestre pris pour unité, on a aussi

$$\begin{aligned}\Delta\sin[c+f\pm h'] = &-\Delta\sin n \sin\delta'\\ &-\Delta\cos n\cos m\cos\delta'\sin(\Theta-\alpha')\\ &-\Delta\cos n\sin m\cos\delta'\cos(\Theta-\alpha'),\end{aligned}$$

ou, puisque

$$c,\ n,\ m,\ h',f \quad \text{et} \quad \Theta - \alpha'$$

sont de petites quantités

$$(\alpha)\quad (\alpha' - \Theta)\Delta\cos\delta' = +f\Delta \pm h'\Delta + m\Delta\cos\delta' + n\Delta\sin\delta' + c\Delta.$$

Exprimons maintenant les grandeurs apparentes au moyen des grandeurs géocentriques, et remplaçons la distance au centre de la Terre par la parallaxe horizontale, nous aurons (*Astronomie sphérique*, n° 68 [*éq.* (*a*)]),

$$\begin{aligned}\Delta\cos\delta'\cos\alpha' &= \cos\delta\cos\alpha - \rho\sin\pi\cos\varphi'\cos\Theta,\\ \Delta\cos\delta'\sin\alpha' &= \cos\delta\sin\alpha - \rho\sin\pi\cos\varphi'\sin\Theta,\\ \Delta\sin\delta' &= \sin\delta - \rho\sin\pi\sin\varphi',\end{aligned}$$

d'où l'on déduit facilement

$$\begin{aligned}\Delta\cos\delta'\cos(\Theta-\alpha') &= \cos\delta\cos(\Theta-\alpha) - \rho\sin\pi\cos\varphi',\\ \Delta\cos\delta'\sin(\Theta-\alpha') &= \cos\delta\sin(\Theta-\alpha);\end{aligned}$$

ou si, comme dans le cas actuel, $(\Theta - \alpha)$ est un petit angle,

$$(\beta)\quad \left\{\begin{aligned}(\Theta-\alpha')\Delta\cos\delta' &= (\Theta-\alpha)\cos\delta,\\ \Delta\cos\delta' &= \cos\delta - \rho\sin\pi\cos\varphi',\\ \Delta\sin\delta' &= \sin\delta - \rho\sin\pi\sin\varphi'.\end{aligned}\right.$$

Les deux dernières équations donnent, avec une approximation bien suffisante ici,

$$(\gamma)\qquad \Delta = 1 - \rho \sin\pi \cos(\varphi' - \delta).$$

En outre, si h représente la vraie valeur du demi-diamètre apparent vu du centre de la Terre, on a aussi

$$\Delta h' = h;$$

en substituant, dans l'équation (α) trouvée plus haut, ces expressions des grandeurs apparentes, on obtient

$$\begin{aligned}(\alpha - \Theta)\cos\delta = f[1 - \rho\sin\pi\cos(\varphi' - \delta)] \pm h \\ + (\cos\delta - \rho\sin\pi\cos\varphi')(m + n\,\text{tang}\,\delta' + c\,\text{séc}\,\delta'),\end{aligned}$$

ou bien

$$(a)\left\{\begin{aligned}\alpha = \Theta \pm \frac{h}{\cos\delta} + f\,\frac{1 - \rho\sin\pi\cos(\varphi' - \delta)}{\cos\delta} \\ + \left(1 - \rho\sin\pi\,\frac{\cos\varphi'}{\cos\delta'}\right)(m + n\,\text{tang}\,\delta' + c\,\text{séc}\,\delta').\end{aligned}\right.$$

Dans le dernier terme de cette équation, on a conservé δ' au lieu de δ, car, sous cette forme, le calcul en est plus commode. En effet, on peut en général lire, sur le cercle de calage de l'instrument, la déclinaison δ' avec une exactitude de quelques minutes, ce qui suffit parfaitement. Dans quelques cas cependant, cette lecture est impossible, et il faut, dans ce dernier terme, introduire aussi les grandeurs géocentriques.

On transforme alors l'équation précédente comme il suit : dans l'équation (α) considérons l'ensemble des termes

$$m\Delta\cos\delta' + n\Delta\sin\delta' + c\Delta,$$

remplaçons-y $\Delta\cos\delta'$, $\Delta\sin\delta'$ et Δ par leurs expressions tirées de (β) et (γ), et de plus introduisons les notations

$$\begin{aligned}m' &= m - c\cos\varphi'.\rho\sin\pi,\\ n' &= n - c\sin\varphi'.\rho\sin\pi,\\ c' &= c - [m\cos\varphi' + n\sin\varphi']\rho\sin\pi:\end{aligned}$$

l'expression précédente deviendra

$$(m' + n' \operatorname{tang}\delta + c' \operatorname{séc}\delta)\cos\delta,$$

et, par conséquent, on déduira, de l'équation (α), la relation

$$(b)\quad \begin{cases} \alpha - \Theta = \pm \dfrac{h}{\cos\delta} + f\,\dfrac{1 - \rho\sin\pi\cos(\varphi' - \delta)}{\cos\delta} \\ \qquad + m' + n' \operatorname{tang}\delta + c' \operatorname{séc}\delta. \end{cases}$$

Or l'astre a été observé au fil latéral au temps sidéral Θ, son ascension droite géocentrique est α, par conséquent, au moment de l'observation, son angle horaire est $\alpha - \Theta$. Mais on a vu (*Astronomie sphérique*, n° 56) que si λ désigne l'accroissement de l'ascension droite d'un astre en une seconde de temps sidéral, le temps que mettra cet astre à parcourir l'angle horaire $\alpha - \Theta$ est égal à

$$\frac{\alpha - \Theta}{1 - \lambda};$$

on obtiendra donc le temps où l'astre était au méridien en ajoutant au temps Θ de l'observation la quantité précédente.

Maintenant, posons

$$\frac{1 - \rho\sin\pi\cos(\varphi' - \delta)}{(1 - \lambda)\cos\delta} = F,$$

la réduction au méridien aura pour expression

$$\pm \frac{h}{(1 - \lambda)\cos\delta} + Ff + \frac{m' + n' \operatorname{tang}\delta + c' \operatorname{séc}\delta}{1 - \lambda},$$

ou encore

$$\pm \frac{h}{(1 - \lambda)\cos\delta} + Ff$$
$$+ \frac{1 - \rho\sin\pi\cos\varphi' \operatorname{séc}\delta'}{1 - \lambda}(m + n \operatorname{tang}\delta' + c \operatorname{séc}\delta').$$

En négligeant le terme $\dfrac{h \operatorname{séc}\delta}{1 - \lambda}$, on a le temps de culmination, non plus du centre, mais du bord observé. D'ailleurs ce terme est donné dans les Éphémérides pour le Soleil, la Lune et les planètes; dans le *Nautical Almanac*, on le trouvera sous le titre : *Sidereal Time of the semi-diameter passing the Meridian.*

Si, au contraire, on néglige dans le dernier terme le dénominateur $1-\lambda$, l'expression précédente donnera l'ascension droite du bord observé au moment de son passage au fil moyen, et non pas à l'instant de sa culmination.

Comme la quantité

$$1-\rho\sin\pi\cos\varphi'\operatorname{séc}\delta'$$

ne diffère jamais beaucoup de l'unité, on peut, en supposant m, n, c de petites quantités, confondre ce facteur avec l'unité. Les développements qui précèdent s'appliquent surtout aux observations de la Lune et du Soleil (*), et, pour en faciliter la réduction, Bessel a publié, dans les *Tabulæ Regiomontanæ*, deux Tables différentes. L'une, destinée aux observations de la Lune, contient le logarithme du numérateur de F

$$1-\rho\sin\pi\cos(\varphi'-\delta)$$

avec

$$\log[\rho\sin\pi\cos(\varphi'-\delta)]$$

pour argument, et, en outre, le complément du logarithme de $(1-\lambda)$, avec la variation de l'ascension droite en 12^h de temps moyen pour argument. L'autre, relative au calcul des observa-

---

(*) Pour la Lune, on ne peut, comme pour le Soleil, choisir à volonté celui des deux bords que l'on observera, ou, ce qui vaut mieux, les observer tous deux; un seul des deux bords de l'astre est en général bien terminé, c'est celui-là qu'il conviendra d'observer. La connaissance des ascensions droites du Soleil et de la Lune au même instant suffit pour savoir à l'avance quel est le bord observable.

De plus la correction de pendule employée dans la réduction d'une observation de la Lune doit toujours être déduite d'étoiles aussi voisines que possible de son parallèle. On trouvera, pour chaque jour de l'année, dans le *Nautical Almanac*, sous le nom de *Moon culminating Stars*, ou *Étoiles de la Lune*, les coordonnées d'un grand nombre d'étoiles voisines de la Lune, et dont les positions ont été déterminées dans ce but avec le plus grand soin.

tions du Soleil, donne, pour chaque jour de l'année, le logarithme du facteur F et celui de $\frac{h}{(1-\lambda)\cos\delta}$ (*).

Nous devons ajouter que, si les fils sont deux à deux sensiblement symétriques par rapport au fil du milieu, et si l'astre doué de mouvement propre, le Soleil par exemple, a été observé à tous les fils, il est complétement inutile de calculer le facteur F; on prend alors simplement la moyenne des temps observés à chaque fil, et on lui ajoute ensuite la petite correction qui dépend de leur dissymétrie, c'est-à-dire la distance qui existe entre la *moyenne des fils* et le *fil du milieu*. Dans le cas où les observations sont rapportées à la moyenne des fils, cette dernière correction disparaît évidemment aussi.

EXEMPLE. — Le 13 juillet 1848, à Bilk, on a observé le passage du premier bord de la Lune aux cinq fils de l'instrument des passages, dans la *position directe* de l'instrument, et l'on a obtenu les nombres suivants :

	h m s
I	17.25.42,9
II	17.26. 5,0
III	17.26.28,8
IV	17.26.51,0
V	17.27.14,8

D'autre part, les distances des fils déduites de la moyenne d'un grand nombre d'observations sont :

	s
I-III	42,23
II-III	21,96
III-IV	20,32
III-V	42,30

Pour déduire, du passage à chaque fil, le temps du passage au fil du milieu, il faut d'abord calculer F : ce jour-là on avait

$$\delta = -18^\circ 10',6;$$

(*) Voir *Tabulæ Regiomontanæ*, p. LII.

la variation d'ascension droite en une heure de temps moyen, était 129ˢ,8,

$$\pi = 55'\,11'',0,\quad h = 60^s,15;$$

de plus, pour Bilk,

$$\varphi' = 50^\circ\,1',2,\quad \log\rho = \bar{1},99912.$$

Une heure de temps moyen vaut 3609ˢ,86, temps sidéral; on a donc

$$\lambda = 0,03596,$$

et, par suite,

$$F = 0,03565.$$

Multiplions par ce facteur les distances des fils qui précèdent, elles deviendront

	s
I-III	45,84
II-III	23,84
III-IV.	22,06
III-V	45,92

On aura alors, pour les passages au fil du milieu déduits des passages à chaque fil,

	h m s
I........................	17.26.28,74
II	17.26.28,84
III	17.26.28,80
IV........................	17.26.28,94
V	17.26.28,88
Moyenne..........	17.26.28,84

Le terme

$$+\frac{h}{(1-\lambda)\cos\delta}$$

est égal à

$$+65^s,67;$$

l'heure du passage du centre de la Lune au fil du milieu est donc

$$17^h\,27^m\,34^s,51.$$

Ce jour-là b et k, et par suite m et n, étaient nuls, mais on avait

$$c = +0^s,09.$$

En supposant donc le facteur $\frac{1 - \rho \sin\pi \cos\varphi' \operatorname{séc}\delta'}{1-\lambda}$ égal à 1, on a, pour le temps du passage du centre de la Lune au méridien,

$$17^h\,27^m\,34^s,60.$$

Remarque I. — Si la parallaxe de l'astre observé est nulle, ou du moins fort petite, comme pour le Soleil, la formule de réduction au méridien se simplifie; en effet, on a alors

$$F = \frac{1}{(1-\lambda)\cos\delta}.$$

Ordinairement, dans le cas du Soleil, on observe les passages des deux bords à chaque fil, et l'on prend la moyenne des observations faites à chaque bord. On évite ainsi le calcul du terme

$$\frac{h}{(1-\lambda)\cos\delta}.$$

Remarque II. — Les Éphémérides ne donnent pas directement la quantité λ, mais la variation qu'éprouve l'ascension droite de l'astre quand il passe du méridien d'observation au méridien distant de 1 heure en longitude. C'est ce que le *Nautical Almanac* donne dans la colonne *Diff. for 1 hour*. Si $\Delta\alpha$ désigne cette différence, on aura

$$\lambda = \frac{\Delta\alpha}{3600}.$$

En outre, cette quantité λ est, dans le cas du Soleil, assez petite pour qu'on en puisse négliger le carré et écrire

$$\frac{1}{1-\lambda} = 1 + \lambda;$$

le terme F devient alors

$$F = \frac{1}{\cos\delta}\left(1 + \frac{\Delta\alpha}{3600}\right).$$

42. *Détermination des erreurs instrumentales.* — Nous supposerons l'instrument établi aussi près que possible du méridien, de sorte que l'on puisse regarder comme petites les erreurs instrumentales. Nous avons donné (*Astronomie sphérique*, n° 91) les règles relatives à cette opération préliminaire, nous ajouterons seulement ici que la plaque qui porte les fils du réticule peut être déplacée dans un sens perpendiculaire à la direction des fils, ce qui nous permettra, comme nous le verrons plus tard, de rendre très-petite l'erreur de collimation.

I. *Inclinaison de l'axe de rotation.* — L'inclinaison b peut être déterminée par deux méthodes différentes : l'une physique, l'autre astronomique.

1° *Méthode physique.* — On déterminera l'inclinaison b et l'inégalité u des tourillons à l'aide du niveau à bulle d'air, au moyen de nivellements répétés dans les deux positions de l'instrument (*voir* n° 1, p. 11).

2° *Méthode astronomique.* — Ces deux quantités peuvent aussi être déterminées au moyen d'observations d'une étoile voisine du pôle, faites directement et par réflexion. Cette méthode, quoique soumise à toutes les causes d'erreur qui peuvent altérer les résultats des observations par réflexion, est parfois avantageuse. D'ailleurs nous abandonnerons complétement le mode d'observation des circompolaires par la détermination de l'heure de leurs passages aux fils fixes de la lunette, pour y substituer l'observation au fil mobile, qui sera décrite plus loin (n° 43, p. 203) (*).

On observe la circompolaire à sa culmination supérieure : soit T le temps du passage au fil moyen déduit de cette observation, on aura, dans les deux positions de l'instrument,

$$\alpha = \mathrm{T} + \Delta t + i\,\frac{\cos z}{\cos\delta} + k\,\frac{\sin z}{\cos\delta} \pm c\,\text{séc}\,\delta\,;$$

(*) L'observation des circompolaires aux fils fixes n'est conservée que dans les Observatoires, celui de Greenwich par exemple, où la détermination du temps s'obtient par enregistrement électrique.

équation dans laquelle

$$i = +b \quad \text{dans la position directe (cercle à l'ouest),}$$
$$i = -b' \quad \text{dans la position inverse (cercle à l'est),}$$

b et b' étant d'ailleurs la hauteur de l'extrémité de l'axe correspondante au cercle dans chacune de ces deux positions. On observe ensuite l'étoile par réflexion (*). Soit T' le temps du passage au fil du milieu déduit de cette seconde observation, on aura, puisque la distance zénithale de l'étoile doit être maintenant prise égale à 180° — z,

$$\alpha = T' + \Delta t - i\frac{\cos z}{\cos \delta} + k\frac{\sin z}{\cos \delta} \pm c \,\text{séc}\,\delta.$$

De ces deux équations on déduit

$$i = \tfrac{1}{2}(T - T')\frac{\cos \delta}{\cos z},$$

ou, si l'instrument est dans la position directe,

$$b = \tfrac{1}{2}(T - T')\frac{\cos \delta}{\cos z}.$$

Retournons alors l'instrument et recommençons les mêmes observations dans la position inverse, nous aurons

$$b' = \tfrac{1}{2}(T'_1 - T_1)\frac{\cos \delta}{\cos z},$$

d'où

$$u = \tfrac{1}{8}[(T - T_1) - (T' - T'_1)]\frac{\cos \delta}{\cos z},$$

équation qui donne l'inégalité des tourillons.

Nous ferons remarquer que, par suite de la petitesse du facteur $\cos \delta$, l'inclinaison se trouvera ainsi déterminée avec une grande exactitude dans tous les cas où $\cos z$ sera lui-même assez grand, et par suite où le pôle sera assez élevé au-dessus de l'horizon.

(*) *Voir* plus loin, p. 189, des détails sur ce genre d'observation.

II. *Erreur horizontale de collimation.* — L'erreur horizontale de collimation, que nous avons désignée par c, peut aussi être déterminée par deux procédés différents : par des observations astronomiques, ou par des observations physiques.

1° *Méthode astronomique.* — On observe la même étoile dans les deux positions de l'instrument : soient t et t' les temps du passage au fil du milieu déduits des deux observations, faites position directe et position inverse, et corrigés de l'inclinaison, on aura

$$\alpha = t + \Delta t + k\frac{\sin(\varphi - \delta)}{\cos\delta} + c\,\text{séc}\,\delta,$$

$$\alpha = t' + \Delta t + k\frac{\sin(\varphi - \delta)}{\cos\delta} - c\,\text{séc}\,\delta,$$

d'où

$$c = \tfrac{1}{2}(t' - t)\cos\delta,$$

équation qui donne la valeur de c.

Pour cette détermination, il convient de choisir une étoile voisine du pôle, α, δ ou λ Petite Ourse par exemple; car, avec une étoile qui passerait au méridien loin du pôle, on n'aurait pas, pendant la durée de son passage à travers le champ de la lunette, le temps nécessaire au retournement de l'appareil. De plus, pour les étoiles voisines du pôle, le facteur $\cos\delta$ a une valeur très-petite, et par conséquent les erreurs commises sur le temps d'observation n'ont, sur la valeur de c, qu'une influence bien faible.

2° *Méthode physique.* — *Mire méridienne.* — Supposons qu'au loin, dans le champ de l'instrument et dans le plan horizontal qui passe par son axe de rotation, soit fixée horizontalement une échelle divisée, une *mire méridienne*, et lisons la division de cette mire, qui coïncide avec le fil du milieu dans chacune des positions de la lunette; la différence de ces deux lectures, exprimée en temps, sera évidemment égale au double de l'erreur horizontale de collimation.

C'est là le principe sur lequel repose l'emploi de la mire méridienne : en réalité celle-ci se réduit à un objet lumineux très-éloigné, par exemple, une plaque percée d'un trou circulaire, qui, se projetant sur le fond même du ciel, forme pendant le jour un cercle lumineux de 5″ à 10″ environ de diamètre apparent, et d'autre part la vis micrométrique de l'oculaire remplace l'échelle divisée. Pour déterminer la collimation c, on pointe le fil mobile sur la mire, de façon qu'il laisse de chaque côté deux segments égaux, et que par suite son axe passe par le centre du cercle; on retourne ensuite la lunette et l'on recommence la même opération. Si v et v' sont les lectures faites, dans les deux cas, sur le tambour de la tête de vis, la lecture

$$\frac{1}{2}(v + v') = v_0$$

correspond évidemment au cas où le plan, passant par le fil mobile et le centre optique de l'objectif, est perpendiculaire à l'axe de rotation; cette lecture donne la position de la *ligne de collimation*. Si v_m est la lecture faite sur le tambour lorsque le fil mobile coïncide avec le fil du milieu ou avec le fil moyen (nous confondrons désormais ces deux dénominations), et μ la valeur en temps d'un tour de la vis micrométrique, l'erreur de collimation, exprimée en temps, aura pour valeur

$$\mu(v_m - v_0) \quad \text{ou} \quad \mu(v_0 - v_m),$$

quantité qu'il faudra prendre négative ou positive, selon que l'extrémité de l'axe correspondant au cercle et le fil mobile dans la position v_0 seront d'un même côté, ou de côtés différents du fil moyen. D'ailleurs les lectures faites sur le tambour indiquent elles-mêmes le signe convenable; ainsi, à la lunette méridienne de Paris, les tours de la vis micrométrique vont en croissant lorsque le fil se rapproche de la tête de vis; en outre, la disposition de la monture du micromètre est telle, que la tête de vis est toujours du côté de l'est dans la position directe, et du côté de l'ouest dans la position inverse. On aura donc, dans ce cas, pour expression de l'erreur de collimation c,

$$c = \pm \mu(v_m - v_0).$$

Le signe + se rapporte à la position inverse,
Le signe — se rapporte à la position directe.

Mais une mire ainsi disposée offre deux inconvénients graves :

1° L'usage de la mire est limité aux heures du jour;

2° Même alors il faut des circonstances exceptionnelles pour que la lunette donne une bonne image de la mire : au voisinage du sol, surtout au-dessus d'une grande ville, l'atmosphère est constamment traversée par des courants qui altèrent l'horizontalité des couches de même densité, et en changent incessamment la distribution. L'image de la mire est donc presque toujours en mouvement, et par suite les pointés incertains; à l'heure de midi, surtout quand le Soleil brille, l'observation d'une pareille mire est généralement impossible.

Collimateur. — Pour remédier à ces inconvénients, Struve (*) a proposé de placer cette mire au foyer d'une lentille de grande distance focale, ou *collimateur.* Les rayons partis de la mire sortent de cette lentille parallèles entre eux, et sont vus à travers l'objectif de la lunette comme s'ils émanaient d'un objet infiniment éloigné. Pendant le jour un miroir incliné, placé derrière la mire, réfléchit la lumière du ciel dans sa direction; la nuit on l'éclaire avec une lampe. Le terrain situé entre la mire et la lunette méridienne doit, en outre, être couvert de gazon, qui diminue et régularise l'action échauffante des rayons du Soleil. Avec ces précautions, on obtient une image de la mire toujours facilement observable, même près de midi, et, de plus, les observations peuvent se faire de nuit comme de jour; elles sont même plus exactes dans le premier cas que dans le second, car alors les images sont beaucoup plus tranquilles.

On peut rendre ces observations plus précises encore, en remplaçant le cercle précédent par la croisée des fils d'un réticule; la mire est alors disposée comme celle de la lunette méridienne de Gambey, à l'Observatoire de Paris.

L'objectif, servant de collimateur, et la plaque de mire sont portés par des piliers très-solides, situés au sud de la salle méridienne. La distance de l'objectif à la mire, égale à la distance focale du premier, est de 86 mètres environ; la plaque de mire consiste en un disque métallique percé d'un trou circulaire de 6 millimètres de diamètre, au milieu duquel se croisent deux

(*) *Description de l'Observatoire central de Poulkowa*, p. 112 et suiv.

fils faisant, dans leurs parties supérieures, un angle d'à peu près 60°. Les châssis qui portent la plaque et l'objectif sont d'ailleurs mobiles de l'est à l'ouest, dans des rainures pratiquées dans une forte plaque de bronze solidement fixée au pilier. On peut ainsi amener la ligne qui joint le centre optique de l'objectif au point de croisement des fils du réticule, à ne faire qu'un angle très-petit avec le plan décrit par l'axe optique de la lunette. L'éclairage est produit, de jour comme de nuit, par un bec de gaz dont l'alimentation est réglée par un robinet placé à portée de l'observateur. Le point de croisement des fils du réticule apparaît ainsi très-nettement, et les pointés sont d'une très-grande exactitude. On fait, dans chacune des positions de l'instrument, dix pointés du fil mobile sur la mire; leur moyenne arithmétique donne la quantité ν_0, d'où l'on déduit l'erreur de collimation, si l'on a déterminé à l'avance la position du fil moyen (*).

REMARQUE. — *Méthode de M. Airy pour déterminer les distances des fils.* — Si l'instrument des passages est muni d'un cercle vertical soigneusement divisé (si c'est un *cercle méridien*), on peut se servir de la mire pour déterminer les distances des fils. On

(*) Une pareille mire offre encore d'autres avantages. Elle peut servir à régler la direction des fils horaires, et de plus à donner la valeur d'un tour de la vis micrométrique, si elle est munie d'une échelle divisée qui permette de mesurer ses déplacements latéraux.

1° Si le réticule a été assez bien construit pour que le fil mobile soit parallèle aux fils horaires, il suffit de fixer la direction du premier. Pour cela, l'axe de rotation de la lunette étant sensiblement horizontal, on pointe le fil mobile sur la croisée des fils de la mire, puis on élève et abaisse successivement la lunette, de manière que l'image de la mire se présente en bas et en haut du champ; lorsque le fil mobile est bien réglé, il ne doit pas quitter la croisée des fils; dans le cas contraire, on tourne le micromètre jusqu'à ce que ce résultat soit atteint.

2° Après avoir fait avec le fil mobile dix pointés sur la croisée des fils, on déplace la plaque de mire d'une quantité déterminée d, que l'on mesure au moyen de son échelle, et l'on fait dix nouveaux pointés. Soient ν et ν' les moyennes de ces deux séries, L la distance focale de l'objectif, on aura évidemment

$$\mu = \frac{1}{15}\,\frac{d}{L(\nu - \nu')}.$$

[*Annales de l'Observatoire impérial* (*Observations*), t. XII, p. 5 et suiv.]

commence par les diriger horizontalement, en s'assurant qu'une étoile, bissectée par l'un d'eux, ne le quitte pas pendant sa course à travers le champ de la lunette; visant ensuite la mire, on fait coïncider successivement chacun des fils de la lunette avec le point de croisement des fils du réticule de la mire; la différence des lectures du cercle correspondantes aux positions successives de la lunette, donne immédiatement en arc les distances des fils.

Emploi de deux collimateurs. — L'emploi de deux collimateurs opposés (*), placés l'un au nord, l'autre au sud de la lunette, permet de déterminer l'erreur de collimation sans retourner l'instrument. Ces deux collimateurs étant mis en place, on amène en coïncidence les fils verticaux de leurs réticules; les axes optiques des deux collimateurs sont alors parallèles. On dirige ensuite la lunette successivement sur chacun d'eux, et dans chaque cas on amène le fil mobile en coïncidence avec le fil du collimateur. Soient v, v' les lectures correspondantes à ces deux positions du fil mobile, v_m la lecture qui correspond au fil moyen,

$$\pm\left[v_m - \tfrac{1}{2}(v + v')\right]$$

sera l'erreur de collimation, erreur dont le signe a été défini précédemment.

Ces deux collimateurs sont, en général, disposés dans le plan horizontal qui contient l'axe de rotation de la lunette; si celle-ci est retournable, on l'enlève de ses supports au moyen de l'appareil de retournement, pour pouvoir pointer les deux collimateurs l'un sur l'autre; dans les instruments non retournables, les deux faces nord et sud du cube de la lunette, supposée verticale, sont percées de deux ouvertures, qu'en temps ordinaire on maintient fermées au moyen d'opercules, et à travers lesquelles on effectue le pointé. A défaut d'une pareille disposition on peut, si l'on ne veut déterminer que l'erreur de collimation, installer les collimateurs soit au-dessus, soit au-dessous de l'axe de rotation, de telle sorte que la lunette, placée horizontalement, n'intercepte pas les rayons

(*) Airy. — *Description of the Transit Circle of the Royal Observatory Greenwich* (*Greenwich Observations*, 1852; Appendix I).

qui vont de l'un à l'autre. Chacun de ces collimateurs constitue alors une petite lunette, mobile autour d'un axe dont on doit vérifier l'horizontalité : on pointe d'abord ces deux instruments l'un sur l'autre, puis, par une rotation autour de leur axe, on leur donne successivement une position telle, que leur fil vertical puisse être aperçu dans la lunette.

Cette méthode, basée sur l'emploi de deux collimateurs, est certainement la plus commode; car on peut prendre pour objectif des collimateurs, des lentilles ou des miroirs à court foyer, les installer alors dans la salle méridienne elle-même, et éviter ainsi toute ondulation de l'image de la mire, due à l'état de l'atmosphère. Il conviendra d'ailleurs d'employer la disposition que nous avons décrite (p. 72) à propos de la flexion, pour l'éclairage des fils des collimateurs.

Remarque I. — Après avoir déterminé la position v_0 de la ligne de collimation, on placera le fil mobile à cette position, et, au moyen d'une vis conductrice affectée à cet usage, on fera marcher latéralement la plaque du réticule jusqu'à ce que le fil moyen coïncide sensiblement avec le fil mobile. On réduira ainsi l'erreur de collimation de ce fil moyen à être très-faible, hypothèse que nous avons admise dans la théorie de la lunette méridienne.

Remarque II. — Lorsqu'on observera un astre avec le fil mobile, une circompolaire, par exemple, il sera inutile de réduire l'observation au fil moyen, mais on la réduira de suite à la ligne sans erreur de collimation. Soit v la lecture qui, sur le tambour, indique la position du fil mobile au moment de l'observation, la réduction au fil sans erreur de collimation sera

$$\mu(v - v_0).$$

Détermination simultanée de l'erreur de collimation et de l'inclinaison. — Bain de mercure. — Oculaire de collimation. — La détermination de l'erreur de collimation peut encore se faire par la méthode suivante : au-dessous de la lunette, pointant sur le nadir, on place un horizon artificiel. La plupart du temps cet horizon artificiel est formé par la surface du mercure renfermé dans un vase circulaire de grand rayon : c'est ce que l'on nomme un *bain de mercure*. La surface du liquide, nettoyée avec un tampon de coton imbibé de quelques gouttes d'acide nitrique étendu, forme, *lorsqu'elle est au repos*, un miroir d'une très grande netteté et d'une horizontalité parfaite (*).

Si la ligne de collimation de la lunette était exactement verticale, l'image directe du fil moyen coïnciderait avec son image réfléchie par le bain; dans le cas contraire, ces deux images se verront, dans le champ de la lunette, placées parallèlement l'une à l'autre, et plus ou moins distantes.

Cette non-coïncidence est due en partie à l'erreur de collimation, en partie à l'inclinaison de l'axe de rotation. La distance angulaire du fil et de son image est d'ailleurs double de celle qui sépare le fil moyen de la verticale, et on la mesurerait en amenant successivement le fil mobile en coïncidence avec le fil moyen et son image.

(*) L'emploi de ce bain de mercure est sujet à deux inconvénients :

1° Au contact de l'air et du vase la surface du mercure se recouvre rapidement d'une couche d'oxyde qui en trouble la limpidité et qu'il faudrait enlever avant chaque observation. A l'Observatoire de Paris, on renferme le liquide dans un appareil qui ne diffère d'un *encrier à pompe*, qu'en ce que l'étroite ouverture où l'on plonge la plume a été remplacée par une cuvette circulaire large et peu profonde. Dans le réservoir se meut un piston plongeur conduit par une vis à double filet qui vient plonger dans le liquide; en enfonçant la vis, on fait monter le mercure dans la cuvette, et comme il y arrive en passant par le fond du réservoir, aucune des impuretés qui flottent à la surface du mercure ne parvient à la cuvette, et le métal forme toujours une nappe d'une limpidité parfaite. Par la même raison, quand on fait rentrer le mercure dans le réservoir, les impuretés qui pouvaient exister sur la cuvette etqui y étaient adhérentes, sont entraînées par le mercure dans le réservoir, puis à la surface du liquide, où elles resteront constamment. (*Annales de l'Observatoire impérial* (*Observations*), t. XII.)

2° Les ébranlements du sol sur lequel repose l'appareil se transmettent au liquide et en agitent la surface; on diminue beaucoup l'influence de ces agitations, en visant avec la lunette, non pas au centre même du bain, mais, ainsi que l'a indiqué le colonel Hossard, au milieu d'un rayon; depuis, M. Le Verrier a proposé dans le même but de remplacer le fond lisse de la cuvette par un fond entaillé dans toute son étendue de rainures parallèles et très-voisines.

Mais il vaut mieux procéder comme il suit : on place d'abord le fil mobile dans une situation telle, que le fil moyen soit exactement au milieu de l'intervalle qui sépare son image réfléchie et le fil mobile, puis dans une seconde position telle, que cette image soit à égale distance du fil moyen et du fil mobile. Comme le fil mobile donne lieu, lui aussi, à une image réfléchie, on verra dans le champ, pour chacune de ces deux positions, quatre fils équidistants; mais, dans la première (*fig.* 28), les fils seront à

Fig. 28.

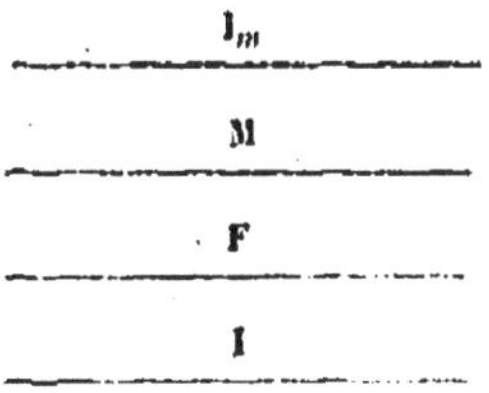

I_m

M

F

I

Fig. 29.

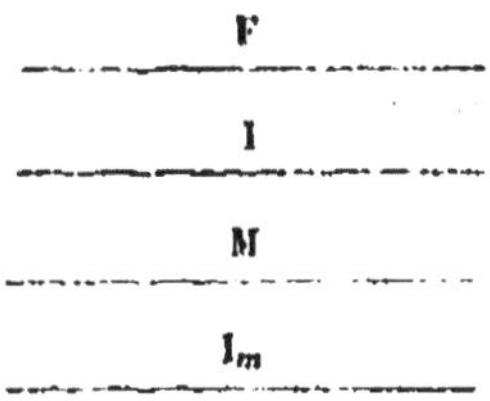

F

I

M

I_m

côté l'un de l'autre et leurs images de chaque côté, tandis que dans la seconde (*fig.* 29) les images des fils, et les fils eux-mêmes, se succéderont alternativement. La différence des lectures correspondantes à ces deux positions du fil mobile est égale au triple de la distance qui sépare le fil moyen de son image, c'est-à-dire à six fois la distance de la ligne de collimation à la verticale (*).

Pour apercevoir l'image réfléchie par le mercure, il faut que la lumière se réfléchisse sur le bain de telle sorte, que les fils se détachent en noir sur un fond brillant. Ce résultat pourrait être obtenu au moyen d'une lame de verre à faces parallèles, inclinée à 45° par rapport à l'axe, placée en regard d'une ouverture latérale pratiquée dans le tube de l'oculaire, et qui renverrait la lumière à l'intérieur de celui-ci; mais, comme Gauss l'a fait remarquer le premier, il faut alors, pour que l'éclairement du champ

(*) Ces déterminations exigent que l'on connaisse la valeur d'un tour de la vis qui conduit le fil mobile : on obtiendra cette valeur en faisant coïncider le fil mobile successivement avec deux fils dont la distance est connue.

soit uniforme, enlever celle des lentilles de l'oculaire qui suit immédiatement le réticule. Ou mieux encore on remplacera l'oculaire ordinaire par un oculaire spécial dit *oculaire de collimation* ou *microscope nadiral;* c'est habituellement un microscope ordinaire, portant, tout près et en avant de son objectif, un miroir en acier poli, percé en son centre pour démasquer l'objectif, et qui lui renvoie, par la portion périphérique, les rayons lumineux émanant d'une lampe ou d'un bec de gaz. En donnant à l'ouverture centrale des dimensions convenables, on obtient ainsi des images réfléchies dont l'étendue observable est parfaitement suffisante; mais il est toujours incommode d'avoir à remplacer l'oculaire ordinaire par l'oculaire de collimation, aussi vaut-il mieux suivre la règle suivante et beaucoup plus simple donnée par Bessel : au-dessus de l'oculaire ordinaire on place une lame de verre inclinée ou un prisme, à l'aide desquels on réfléchit la lumière vers les fils. On ne voit encore nettement, il est vrai, qu'une petite portion du champ lumineux; néanmoins l'observation de l'image réfléchie ne présentera aucune difficulté si la lame ou le prisme sont adaptés au tube de l'oculaire, de telle façon qu'on puisse changer à volonté leur inclinaison par rapport à l'axe de la lunette, ou bien encore si l'oculaire est mobile.

La détermination de l'erreur de collimation se fait ensuite de la façon suivante :

Soient

b l'inclinaison de l'arête des coussinets, positive si le côté de l'axe correspondant au cercle est le plus élevé;

u l'inégalité des tourillons exprimée en secondes d'arc, et positive si le tourillon situé du côté du cercle est le plus épais;

c l'erreur de collimation, positive si l'angle que la partie de l'axe optique, dirigée du côté de l'objectif fait avec la portion de l'axe du côté du cercle, est plus grand que 90°;

d la distance du fil moyen à son image réfléchie, positive quand cette image est du même côté du cercle que le fil moyen;

On aura évidemment

$$\tfrac{1}{2}d = b + u - c.$$

Si l'on a déterminé $b+u$ par des nivellements, cette équation donnera l'erreur de collimation; elle ferait, au contraire, connaître l'inclinaison de l'axe des tourillons si l'erreur de collimation c était déjà déterminée.

Retournons ensuite l'instrument, et soit d' la distance du fil moyen à son image, distance prise encore positivement si cette image est du même côté du cercle que le fil moyen, nous aurons

$$\tfrac{1}{2}d' = -b + u - c.$$

De ces équations il résulte

$$c - u = \tfrac{1}{2}(d + d'),$$
$$b = \tfrac{1}{2}(d - d');$$

de telle sorte que si l'on connaît l'inégalité des tourillons, on pourra, par des observations faites dans les deux positions de l'instrument, déterminer à la fois l'erreur de collimation et l'inclinaison b de l'arête des coussinets.

Remarque. — Dans les petits instruments transportables, où parfois il n'y a pas de fil mobile, on peut encore déterminer l'erreur de collimation en suivant une marche analogue à la précédente. L'une des extrémités de l'axe de l'instrument est munie d'une vis qui permet de l'élever ou de l'abaisser jusqu'à ce que l'image réfléchie du réticule coïncide avec l'image directe. Dans ce cas $d=0$, et par suite

$$c = b + u;$$

si donc on a déterminé $(b+u)$ au moyen d'un nivellement (nº 3, p. 23), on aura par cela même la valeur de l'erreur de collimation.

Exemples. — Au cercle méridien d'Ann-Arbor, on a fait, dans les deux positions de l'instrument, les observations suivantes, qui nous permettront d'appliquer ces trois méthodes :

1º En faisant coïncider le fil mobile de l'instrument avec le collimateur nord, on obtient

$v = 21^{\text{t}},132$, Cercle à l'ouest (position directe),

$v' = 21\ ,999$, Cercle à l'est (position inverse).

Il en résulte

$$v_0 = 21^t,5655;$$

d'autre part, la position du fil moyen était donnée par

$$v_m = 21^t,5397,$$

d'où, avec un signe convenable,

$$c = v_0 - v_m = +0^t,0258,$$

et comme la valeur μ d'un tour de la vis est

$$\mu = 20'',33,$$

il vient

$$c = +0'',52.$$

2° Après avoir pointé les deux collimateurs l'un sur l'autre, on a amené le fil vertical mobile en coïncidence avec chacun d'eux, et l'on a trouvé

$$v = 21^t,1190 \quad \text{pour le collimateur sud,}$$
$$v' = 22\ ,0127 \quad \text{pour le collimateur nord,}$$

d'où

$$v_0 = \tfrac{1}{2}(v + v') = 21^t,5658,$$

et puisque

$$v_m = 21^t,5937,$$

il en résulte

$$c = +0^t,0261 = 0'',53.$$

3° Au moyen du bain de mercure, on a obtenu, pour distance du fil moyen à son image, distance exprimée en parties de la vis micrométrique,

$$d = +0^t,2260, \quad \text{position directe,}$$
$$d' = -0\ ,3107, \quad \text{position inverse;}$$

on avait donc

$$c - u = +0^t,0212 = +0'',43,$$
$$b = +0\ ,1342 = +2\ ,73.$$

D'autre part, dans les deux positions de l'instrument, l'inclinaison donnée par des nivellements était

$$b' = +3'',0, \quad \text{position directe,}$$
$$b'_1 = -2\ ,39, \quad \text{position inverse;}$$

d'où

$$u = +0'',17.$$

Il en résultait

$$c = +0'',60,$$

et l'inclinaison de l'axe des tourillons avait pour valeur

$$b' = +2'',90, \quad \text{position directe,}$$
$$b'_1 = -2'',56, \quad \text{position inverse.}$$

Remarque. — *Aberration diurne.* — Les étoiles dont on se sert pour effectuer ces déterminations sont toujours des étoiles fondamentales, dont les ascensions droites sont connues exactement, et dont les positions apparentes sont données de dix jours en dix jours dans les Catalogues particuliers à chaque observatoire. Mais il faut remarquer que dans ces Éphémérides, on ne tient pas compte de l'aberration diurne, parce qu'elle dépend de la latitude; or, nous avons vu (*Astronomie sphérique*, n° 83) que, dans le méridien, l'aberration diurne a pour valeur

$$\pm 0'',313 \cos\varphi \operatorname{séc}\delta :$$

Le signe + convient au passage supérieur,
Le signe — convient au passage inférieur.

Pour plus de commodité, on ajoutera cette quantité prise en signe contraire, aux temps observés, de telle sorte qu'elle se combine avec l'erreur de collimation. Par conséquent, on tiendra compte de l'aberration diurne, en remplaçant, dans les formules précédentes,

$$c \text{ par } (c - 0'',313 \cos\varphi), \quad \text{si } c \text{ est donné en arc,}$$
$$c \text{ par } (c - 0^s,0208 \cos\varphi), \quad \text{si } c \text{ est donné en temps.}$$

III. *Déviation azimutale.* — *État de la pendule.* — Après avoir trouvé l'inclinaison et l'erreur de collimation de l'instrument, il reste encore à déterminer l'*état de la pendule* et l'*azimut.*

Méthode astronomique. — 1° *Combinaison des observations de deux étoiles.* — On peut, dans ce but, combiner les observations de deux étoiles, dont les ascensions droites sont connues. Si la pendule a une certaine marche, il faut d'abord, en tenant compte de la marche de la pendule pendant l'intervalle des deux observations, réduire son état au même instant physique, de telle sorte que, dans les équations résultant des deux observations, Δt ait la même valeur.

Soient dès lors, t_0 et t'_0 les temps des passages au fil moyen, corrigés de l'inclinaison, de la collimation et de la marche de la pendule, on a les deux équations

$$\alpha = t_0 + \Delta t + k\frac{\sin(\varphi - \delta)}{\cos\delta},$$

$$\alpha' = t'_0 + \Delta t + k\frac{\sin(\varphi - \delta')}{\cos\delta'},$$

d'où l'on peut déduire les deux quantités inconnues Δt et k.

On a, en effet,

$$\alpha' - \alpha = t'_0 - t_0 + k\frac{\sin(\delta - \delta')}{\cos\delta\cos\delta'}\cos\varphi,$$

d'où

$$k = \frac{(\alpha' - \alpha) - (t'_0 - t_0)}{\cos\varphi}\,\frac{\cos\delta\cos\delta'}{\sin(\delta - \delta')}.$$

k étant déterminé, l'une des équations primitives fera connaître l'état de la pendule. L'équation relative à k montre qu'il y a grand avantage à prendre δ et δ' aussi différents que possible, de telle sorte que $\delta - \delta'$ soit aussi près que possible de 90°. Il sera convenable de combiner une étoile voisine du pôle avec une étoile équatoriale, car alors le diviseur $\sin(\delta - \delta')$ sera presque égal à l'unité, et le numérateur sera très-petit. Dans le cas où l'on ne pourrait observer une circompolaire, il faudrait combiner une étoile passant au méridien près du zénith, avec une autre dont la hauteur méridienne fût petite. Quelle que soit d'ailleurs la méthode adoptée, il conviendra d'observer un grand nombre de groupes de deux étoiles, afin d'en déduire les valeurs les plus probables de Δt et de k.

Remarque. — Cette méthode de détermination de l'azimut, ainsi que celle donnée en premier lieu (p. 182), pour déterminer l'erreur de collimation, conviennent surtout aux instruments sur la stabilité desquels on peut compter pendant un long intervalle de temps; on l'emploiera encore dans le cas où l'on n'aurait en vue que des déterminations relatives. Comme exemple de la détermination des erreurs d'un instrument de ce genre, nous choisirons le suivant.

Exemple. — Le 5 avril 1849, on a fait à l'instrument des passages de l'Observatoire de Bilk, les observations suivantes :

Cercle à l'ouest.

	β Orion.	Polaire (PS).
	h m s	h m s
I.........	5.7.54,8	0.38.13,0
II.........	5.8.15,3	0.51.14,0
III........	5.8.37,4	
IV........	5.8.58,0	
V.........	5.9.20,1	

$$b = -\ 0^s,03.$$

Cercle à l'est.

	Polaire (PS).
II..............	$1^h\ 19^m\ 26^s,0$
III.............	1. 5. 25, 0

$$b = +\ 0^s,05.$$

En outre, à cette date, les positions apparentes des deux étoiles étaient :

Polaire.... $\alpha = 1^h\ 4^m\ 17^s,92$ $\delta = +\ 88^\circ\ 30'\ 15'',5,$
β Orion... $\alpha' = 5.7.16,66$ $\delta' = -\ 8.22.8,0;$

et la latitude de Bilk a pour valeur

$$\varphi = 51^\circ\ 12',5.$$

Au moyen des distances des fils données dans le numéro précédent (p. 178) et en appliquant à ces observations la correction due à l'inclinaison, on obtient pour temps du passage au fil moyen :

	Cercle à l'ouest.	Cercle à l'est.
Polaire...	$1^h\ 5^m\ 14^s,33$	$1^h\ 5^m\ 23^s,05$
β Orion...	5.8.37,42	

Ceci posé, les observations de la Polaire faites dans les deux positions de l'instrument donnent, pour c (p. 183),

$$c = +0^s,144,$$

et comme, pour Bilk, le terme relatif à l'aberration diurne a pour valeur $0^s,013 \sec\delta$, il faudra remplacer l'erreur de collimation $+0^s,144$ par les nombres

$$\begin{array}{ll} +0^s,101, & \text{Cercle à l'ouest,} \\ +0,127, & \text{Cercle à l'est.} \end{array}$$

Ainsi corrigées, les observations, faites cercle à l'est, donnent

$$\begin{array}{ll} \beta\ \text{Orion}\ldots\ldots & t'_0 = 5^h 8^m 37^s,52, \\ \text{Polaire}\ldots\ldots & t_0 = 1.5.18,20; \end{array}$$

on en conclut

$$t'_0 - t_0 = 4^h 3^m 19^s,32,$$

et comme

$$\alpha' - \alpha = 4^h 2^m 58^s,74,$$

on obtient

$$k = -0^s,85.$$

Si l'on corrige le temps du passage observé pour β Orion, de toutes les erreurs instrumentales, on a la valeur

$$5^h 8^m 36^s,78,$$

et par conséquent

$$\Delta t = -1^m 20^s,12.$$

2° *Combinaison des deux culminations d'une même étoile.* — La valeur de k trouvée par la méthode précédente dépend des coordonnées adoptées pour les étoiles observées. Pour les instruments fixes, avec lesquels on fait des déterminations absolues, il serait bon d'obtenir une valeur de k qui fût indépendante des erreurs dont sont entachées les ascensions droites des étoiles; on arrive à ce résultat par la méthode suivante. On observe la même étoile successivement à sa culmination supérieure et à sa culmination inférieure; dans ce dernier cas

$$\alpha' = \alpha + 12^h + \Delta\alpha, \quad \delta' = 180^\circ - \delta.$$

$\Delta\alpha$ étant la variation de l'ascension droite pendant l'intervalle des deux observations, la formule trouvée plus haut pour k devient donc

$$k = \frac{12^h + \Delta\alpha - (t'_0 - t_0)}{\cos\varphi} \frac{\cos^2\delta}{\sin 2\delta},$$

$$= \frac{12^h + \Delta\alpha - (t'_0 - t_0)}{2\cos\varphi \operatorname{tang}\delta}.$$

On devra d'ailleurs choisir pour ces observations une étoile très-voisine du pôle, α, δ ou λ Petite Ourse, car alors le dénominateur tang δ est aussi grand que possible. Cette méthode suppose en outre qu'on est assuré de l'invariabilité de l'instrument pendant un intervalle de douze heures, ou tout au moins que l'on peut mesurer par une autre méthode les variations d'azimut qui se produiraient pendant cet intervalle.

En outre, il est généralement impossible de compter sur l'exactitude de la valeur de k déduite d'une observation isolée ; souvent en effet les observations de la Polaire se font par des états de l'atmosphère qui en rendent les images diffuses ou ondulantes, en sorte que l'on ne doit employer que les résultats déduits de l'ensemble d'un grand nombre d'observations. Il peut donc arriver que les valeurs de k ne présentent pas la continuité nécessaire aux interpolations, et que par suite on ne possède pas les valeurs de k nécessaires à la réduction d'un certain nombre de séries d'observations. On obvie à ces inconvénients au moyen d'observations régulières de la mire méridienne.

Méthode physique. — 1° *Emploi de la mire méridienne.* — A l'origine, la mire consistait (p. 183) en une échelle divisée portée par un pilier très-solide dans l'horizon de l'instrument et aussi près que possible de son méridien. Si par un grand nombre d'observations de la Polaire on a déterminé le point de cette échelle qui correspond au méridien, on pourra, tant que la position de l'échelle ne changera pas, trouver l'azimut de la lunette en observant le point de l'échelle qui coïncide avec le fil moyen. Ceci suppose que l'on connaisse déjà l'erreur de collimation, ou tout au moins que l'instrument puisse être retourné ; dans ce cas, en effet, si l'on observe la mire dans les deux positions de l'instrument, la distance du fil moyen au méridien sera

$$k + c, \quad \text{dans la position directe,}$$
$$k - c, \quad \text{dans la position inverse,}$$

et la moyenne des deux déterminations donnera la valeur de k.

Si l'on veut atteindre une grande précision, la mire doit être éloignée de la lunette, car à une distance de 2062 mètres une longueur de $0^m,01$ paraît sous un angle de 1 seconde, et, par suite, un déplacement de l'échelle égal à $0^m,001$ produirait une erreur de $0'',1$, dans la détermination de l'azimut. Mais il résulte, avons-nous dit, de cet éloignement même, une nouvelle source d'erreurs; aussi Struve a-t-il remplacé la mire par des collimateurs. A l'Observatoire de Paris, la mire de la lunette méridienne de Gambey consiste essentiellement en une croisée de fils placée au foyer d'une lentille de grande distance focale. La croisée de fils a été disposée aussi près que possible du méridien. Mais par un tassement successif des fondations ou par l'action de la température, différente en hiver ou en été, la ligne de collimation de la mire (c'est la ligne qui joint le point de croisement des fils au centre optique de la lentille) peut à la longue subir quelques changements; on devra donc déterminer souvent l'azimut de la mire, et comme on a pris les mêmes soins pour son établissement que pour celui de l'instrument lui-même, on devra attendre, pour employer la mire, que les variations de son azimut ne surpassent pas celles de l'axe des tourillons de l'instrument.

Or l'expérience apprend que dans un instrument bien établi, l'azimut ne varie pas de plus d'une seconde d'arc en un jour; la variation probable de la ligne de collimation de la mire devra donc être au plus égale à une fraction de seconde marquée par le rapport de la longueur de l'axe de la lunette à la distance focale de l'objectif de la mire. Ainsi, l'axe de la lunette de Gambey a 1 mètre de longueur, l'objectif de la mire 86 mètres environ de distance focale; la variation de l'azimut de la mire pourra donc atteindre au plus $\frac{1}{86}$ de seconde d'arc, ou $\frac{1}{1290}$ de seconde de temps. Une mire de ce genre, et c'est là son principal avantage, peut d'ailleurs être observée à un instant quelconque de la journée; tout changement survenu dans la position de l'instrument peut ainsi être immédiatement noté et pris en considération.

Azimut de la mire. — Reste à déterminer l'*azimut de la mire.* Nous appelons ainsi l'angle formé par son axe optique avec le méridien, pris positivement quand le côté méridional de l'axe optique dévie vers l'est; désignons-le par A. Soit d'autre part V la moyenne des lectures correspondantes aux pointés faits sur la mire avec le fil mobile, dans l'une ou l'autre des positions de l'instrument, on aura évidemment

$$k = A \mp \mu (v_0 - V),$$

le signe — s'appliquant à la position directe,
le signe + s'appliquant à la position inverse;

équation qui permet de déduire l'une de l'autre les deux inconnues k et A. Les variations de l'azimut de la mire étant toujours moindres que celle de l'azimut de la lunette, on se servira des observations de la Polaire pour déterminer une valeur moyenne de l'azimut A pendant tout le temps où cet azimut semblera demeurer constant; et l'on emploiera ensuite cette valeur moyenne pour déduire, des observations faites sur la mire, les valeurs successives de k. L'état de l'instrument ne sera donc bien déterminé que par la combinaison des observations de la mire avec celles de la Polaire.

2° *Emploi de deux mires ou collimateurs opposés.* — Lorsque deux mires méridiennes, ou deux collimateurs, sont établies l'une au nord, l'autre au sud de l'instrument, on peut, en les observant toutes deux, obtenir à la fois les variations de l'azimut de la lunette, et celles de l'erreur de collimation; tandis qu'avec une seule mire on ne détermine que les déplacements de la ligne de collimation de la lunette par rapport à l'axe optique de la mire supposée fixe, les variations de l'erreur de collimation elle-même devant être déterminées par un autre procédé. Soient, en effet,

a et a', les lectures faites à la mire nord à l'époque t,
b et b', les lectures faites à la mire sud à l'époque t'

(ces lectures étant regardées comme positives si le fil moyen de la lunette est à l'est de la mire),

dk et dc, les variations de l'azimut et de l'erreur de collimation, on aura les deux équations

$$dk = \tfrac{1}{2}[(b' - b) - (a' - a)],$$
$$dc = \tfrac{1}{2}[(b' - b) + (a' - a)],$$

où dc doit être pris avec un signe contraire, si le cercle est à l'est, c'est-à-dire dans la position inverse de l'instrument.

Détermination simultanée de l'inclinaison et de l'azimut. — Lorsque la marche de la pendule est connue, ainsi que l'erreur de collimation, on déterminera à la fois l'inclinaison et la déviation azimutale en combinant les observations d'étoiles zénithales avec celles d'étoiles horizontales. En effet, la formule de Mayer,

$$\alpha = \mathrm{T}' + \Delta t + b\,\frac{\cos z}{\cos\delta} + k\,\frac{\sin z}{\cos\delta} \pm c\,\mathrm{s\acute{e}c}\,\delta,$$

montre que, dans le premier cas, le coefficient de k est très-petit, et qu'il en est de même, dans le second, du coefficient de b. On déduira donc de la combinaison d'un certain nombre de ces équations, d'autres équations qui donneront les valeurs des inconnues avec exactitude.

IV. *Détermination des constantes m et n.* — Lorsque l'on connaît k et b, on obtient facilement les constantes de Bessel m et n, au moyen des formules du n° 33 :

$$m = b\cos\varphi + k\sin\varphi,$$
$$n = b\sin\varphi - k\cos\varphi.$$

Mais il vaut mieux les déduire directement de l'observation, et ce procédé sera surtout applicable aux instruments que leur mode de construction empêche de retourner, et où, par suite, on ne peut pas déterminer l'inclinaison de l'axe par des observations directes. En effet, en désignant par $\varkappa$ la constante de l'aberration diurne,

$$\varkappa = 0'',3113\cos\varphi,$$

on aura

$$\alpha = t + \Delta t + m + n \operatorname{tang} \delta + (c - \varkappa) \operatorname{séc} \delta,$$

ou encore

$$\alpha - t = (\Delta t + m + c - \varkappa) + n \operatorname{tang} \delta + (c - \varkappa)(\operatorname{séc} \delta - 1),$$

équation dans laquelle $(\Delta t + m + c - \varkappa)$ peut être considéré comme une constante A, pour toutes les observations d'une même série; il suffit pour cela de ramener toutes ces observations au même instant physique, en introduisant dans t l'effet de la marche de la pendule, depuis l'instant auquel se rapporte la correction Δt: cette marche se déduit d'ailleurs de la connaissance préalable du mouvement diurne de la pendule. Posons donc

$$\Delta t + m + c - \varkappa = \mathrm{A},$$

nous aurons, pour deux étoiles, l'une *horaire* (équatoriale), l'autre *circompolaire*, les deux équations

$$(1) \qquad \alpha - t = \mathrm{A} + n \operatorname{tang} \delta + (c - \varkappa)(\operatorname{séc} \delta - 1),$$

$$(2) \qquad \alpha' - t' = \mathrm{A} + n \operatorname{tang} \delta' + (c - \varkappa)(\operatorname{séc} \delta' - 1).$$

c étant connu directement par l'emploi de deux collimateurs opposés, ces équations ne contiendront que deux inconnues, A et n, et leur résolution donnera la valeur de ces inconnues.

Posons, pour abréger,

$$\alpha - t - (c - \varkappa)(\operatorname{séc} \delta - 1) = \alpha_1,$$
$$\alpha' - t' - (c - \varkappa)(\operatorname{séc} \delta' - 1) = \alpha'_1.$$

Nous déduirons des équations précédentes

$$\mathrm{A} = \frac{\alpha_1 \operatorname{tang} \delta' - \alpha'_1 \operatorname{tang} \delta}{\operatorname{tang} \delta' - \operatorname{tang} \delta},$$

$$n = \frac{\alpha_1 - \alpha'_1}{\operatorname{tang} \delta' - \operatorname{tang} \delta}.$$

Les valeurs des constantes ainsi déterminées dépendent des ascensions droites des étoiles; aussi, dans la pratique, on observera un grand nombre d'étoiles horaires, et l'on combinera avec l'équation donnée par l'observation de la circompolaire celle que l'on obtient en ajoutant membre à membre toutes les équations relatives aux étoiles horaires.

On ne détermine ainsi que la constante A, c'est-à-dire la somme

$$m + \Delta t;$$

la correction de la pendule n'est donc jamais connue, pas plus que la constante m de l'instrument. Si l'on veut, avec un pareil instrument, obtenir l'heure sidérale, il faudra combiner ses observations avec celles d'une lunette méridienne retournable qui, donnant la valeur de Δt, fassent connaître la constante m.

Il est parfois avantageux de procéder comme il suit. Reprenons l'équation

$$(a) \qquad \alpha - t = \mathrm{A} \pm n \operatorname{tang} \delta \pm (c - \nu)(\operatorname{séc} \delta \mp 1),$$

où Δt est la correction de la pendule à un instant déterminé, et dans laquelle t est corrigé de sa marche depuis cet instant jusqu'à celui de l'observation. Partageons en outre les étoiles fondamentales observées en trois groupes, comprenant : le premier, les étoiles situées au-dessous de l'équateur; le second, celles qui sont comprises entre l'équateur et le zénith; le troisième, les circompolaires. Nous obtiendrons, pour chacun d'eux, une équation de la forme (a); soient (1), (2) et (3) ces trois équations. Si l'on retranche (1) de (2), on obtient une équation dans laquelle le coefficient de $c - \nu$ sera très-petit par rapport à celui de n, et qui donnera la valeur de n avec une grande approximation. Au contraire, dans l'équation formée par la combinaison (3) — (2), les coefficients de ces deux quantités seront presque égaux; en y portant la valeur de n, on en déduira avantageusement la valeur de c; cette valeur, substituée dans la première, fera connaître n.

43. *Observation des circompolaires distantes du pôle de* 3° 30′ *au plus.* — En raison de la lenteur de son mouvement, l'observation d'une de ces circompolaires aux fils fixes demande un temps con-

sidérable (l'observation de la Polaire à la lunette de Gambey exigerait trois quarts d'heure), et l'ondulation que communique à son image l'inflexion des couches atmosphériques devient très-sensible; aussi est-il excessivement difficile d'observer exactement le passage d'une pareille étoile sur l'axe d'un fil, ou par l'un de ses bords : l'erreur que l'on commet ainsi peut atteindre une demi-seconde, et son influence est d'autant plus grande que le fil où l'on observe est plus éloigné du méridien. On évite ces inconvénients en employant le procédé de Struve, qui consiste à observer ces circompolaires au fil mobile : l'observateur, ayant pris la seconde à la pendule méridienne, en poursuit mentalement la numération, et, faisant en même temps marcher le fil mobile, il cherche à opérer la bissection de l'étoile avec ce fil. Cette opération se fait très-exactement, car l'étoile apparaît dans le champ comme un disque uniformément lumineux, dont le diamètre excède un peu celui du fil. Il note alors la seconde *ronde* la plus voisine du moment où la bissection lui a paru satisfaisante, et fait la lecture sur le tambour de la vis. L'erreur ainsi commise sur le temps ne surpassera donc jamais une demi-seconde; en outre, elle sera, selon toute probabilité, aussi souvent positive que négative, de telle sorte qu'elle disparaîtra presque entièrement dans la moyenne d'un grand nombre de pointés. Enfin l'observation ainsi conduite, n'exigeant qu'un court espace de temps, cinq à six minutes au plus pour une dizaine de pointés, et par suite se faisant toujours fort près du méridien, l'erreur commise sur le temps n'aura qu'une bien faible influence sur le résultat. On devra d'ailleurs disposer les pointés aussi symétriquement que possible par rapport au méridien, c'est-à-dire les partager, par exemple, en deux groupes de dix, avant et après le passage de l'étoile au méridien; et, comme vérification, on réduira ces deux groupes séparément.

44. *Réduction des observations des circompolaires.* — La formule que nous avons donnée (n° 36) serait, dans ce cas, d'un emploi pénible, il vaut mieux lui substituer la suivante.

Soient PAP′B le plan du méridien, S la position apparente de l'étoile au moment où on la bissecte avec le fil mobile : par le point S, menons un arc de grand cercle SA perpendiculaire sur le méridien, et désignons par φ (*fig.* 30) l'arc AS qui mesure la

Fig. 30.

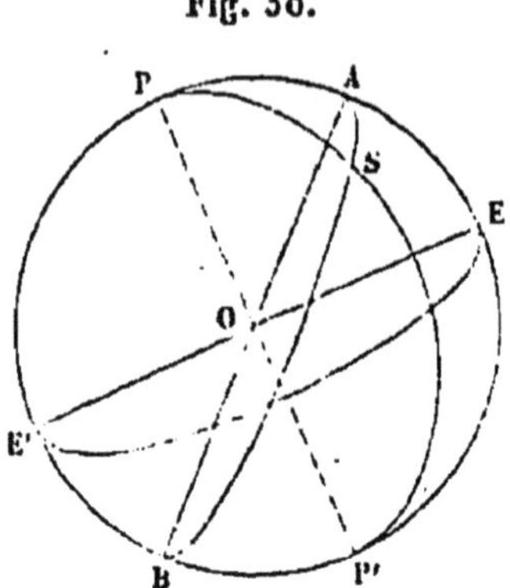

distance de l'étoile au méridien, par τ l'angle horaire de l'étoile exprimé en arc, nous aurons

$$\sin\varphi = \sin\tau\cos\delta.$$

Il en résulte

$$\varphi - \frac{\varphi^3}{6}\sin^2 1'' = \left(\tau - \frac{\tau^3}{6}\sin^2 1''\right)\cos\delta,$$

$$\varphi = \tau\cos\delta - \frac{\sin^2 1''}{6}(\tau^3\cos\delta - \varphi^3),$$

ou, remplaçant dans le second membre φ^3 par le premier terme de sa valeur,

$$\varphi = \tau\cos\delta - \frac{\tau^3}{6}\sin^2 1''\sin^2\delta\cos\delta.$$

Soient enfin θ et ζ les valeurs de τ et φ exprimées en temps; la formule précédente devient

$$\zeta = \theta\cos\delta - \frac{225}{6}\theta^3\sin^2 1''\sin^2\delta\cos\delta.$$

Pour une autre position du fil mobile, on aurait aussi

$$\zeta' = \theta'\cos\delta - \frac{225}{6}\theta'^3\sin^2 1''\sin^2\delta\cos\delta,$$

d'où

$$\zeta - \zeta' = (\theta - \theta')\cos\delta - \frac{225}{6}(\theta^3 - \theta'^3)\sin^2 1''\sin^2\delta\cos\delta.$$

Or

$$\theta^3 - \theta'^3 = (\theta - \theta')^3 + 3\theta\theta'(\theta - \theta'),$$

et si l'on admet que, dans l'une de ses positions, celle qui correspond à θ', par exemple, le fil mobile soit très-voisin du méridien, le second terme de cette expression devenant alors négligeable, on aura

(A) $$\zeta - \zeta' = (\theta - \theta')\cos\delta - \frac{225}{6}(\theta - \theta')^3\sin^2 1''\sin^2\delta\cos\delta,$$

d'où

(B) $$\theta - \theta' = \frac{\zeta - \zeta'}{\cos\delta} + \frac{225}{6}(\theta - \theta')^3\sin^2 1''\sin^2\delta,$$

ou encore, avec la même approximation que plus haut,

(C) $$\theta - \theta' = \frac{\zeta - \zeta'}{\cos\delta} + \frac{225}{6}\sin^2 1''\sin^2\delta\left(\frac{\zeta - \zeta'}{\cos\delta}\right)^3.$$

Pour le fil θ', on prendra soit le *fil moyen*, soit le *fil sans erreur de collimation*, suivant le mode de réduction que l'on veut employer ou le mode de construction de la lunette. Si V représente la lecture qui correspond, sur le tambour, à l'un de ces fils, v celle qui désigne la position actuelle du fil mobile,

$$\zeta - \zeta' = \mu(v - V),$$

d'où, en posant

$$\pm\frac{\mu(V - v)}{\cos\delta} = I,$$

et désignant par t la correction $(\theta' - \theta)$, on aura

$$t = I + \frac{225}{6}\sin^2 1''\sin^2\delta . I^3.$$

Dans cette formule δ est la déclinaison de la circompolaire au moment de l'observation; mais au voisinage de 90° le sinus varie peu avec l'arc. On peut donc, dans $\sin^2\delta$, remplacer, sans erreur sensible, δ par une valeur moyenne D, et l'on aura enfin

$$t = \mathrm{I} + \frac{1}{6}\sin^2 15''\sin^2\mathrm{D}.\mathrm{I}^3,$$

ou, si $\mathrm{A} = \frac{1}{6}\sin^2 15''\sin^2\mathrm{D}$,

$$t = \mathrm{I} + \mathrm{AI}^3.$$

Exemple. — Le 20 novembre 1861 (*), à l'Observatoire de Paris, on a observé la Polaire (PS) à la lunette de Gambey. Nous réunissons dans un même tableau les nombres observés et les valeurs de la réduction. On avait d'ailleurs

$$\log\mathrm{A} = \overline{10},9452, \quad \nu_0 = 14^t,007,$$
$$\delta = 88^\circ 34' 43'',8, \quad \mu = 2^s,8707.$$

Temps de la pendule.	ν.	$\nu_0 - \nu$.	Réduction t.	Passage au fil ν_0.
h m s	t	t	m s	h m s
1.5.57	12,297	1,710	3.17,9	1.9.14,9
1.6.12	12,400	1,607	3. 6,0	1.9.18,0
1.6.26	12,539	1,468	2.49,9	1.9.15,9
1.6.39	12,639	1,368	2.38,3	1.9.17,3
1.6.52	12,757	1,250	2.24,7	1.9.16,7
1.7. 6	12,870	1,137	2.11,6	1.9.17,6
1.7.18	12,968	1,039	2. 2,2	1.9.20,2
1.7.32	13,103	0,904	1.44,6	1.9.16,6
1.7.50	13,244	0,763	1.28,3	1.9.18,3
1.8. 6	13,377	0,630	1.12,9	1.9.18,9
1.8.20	13,507	0,500	1.57,9	1.9.17,9
1.8.34	13,654	0,353	0.40,8	1.9.14,8
1.8.50	13,784	0,223	0.25,8	1.9.15,8
			Moyenne........	1.9.17,1

Le passage au fil sans erreur de collimation a donc lieu à

$$1^h 9^m 17^s,1.$$

(*) *Instructions pour le service de l'Observatoire de Paris*, p. 27.

Lorsque, comme dans le cas actuel, le terme en I^3 est insensible, le calcul se simplifie, car alors la moyenne des temps correspond évidemment à la moyenne des pointés, et il suffit d'appliquer à la moyenne des temps la réduction correspondante. Appliquons cette méthode à l'exemple précédent :

Moyenne des valeurs de v.....	$13^t 011$
v_0	$14,007$
$v_0 - v$....................	$0,996$
$\log(v_0 - v)$..................	$\bar{1},9983$
$\log \frac{\mu}{\cos\delta}$	$2,0635$
$\log t$....................	$2,0618$
t	$1^m 55^s,3$

D'autre part la moyenne des temps observés est

$$1^h 7^m 21^s,7\,;$$

on a donc, pour passage au fil sans erreur de collimation,

$$1^h 9^m 17^s,0 \ (*).$$

Si le terme cube est sensible, il faut, en général, réduire fil à fil, et prendre la moyenne des passages au fil V ainsi obtenus. Pour simplifier ce calcul on adoptera une valeur moyenne de δ, et l'on réduira les valeurs du second terme AI^3 en Tables ayant la différence $V - v$ pour argument.

Mais si les mesures sont à peu près également espacées, ce que l'on s'efforcera toujours d'obtenir, on pourra encore ne faire qu'une seule fois le calcul de réduction. La moyenne des valeurs du premier terme I correspond alors à la moyenne des valeurs de la différence $V - v$, et se calculera par deux logarithmes, comme nous l'avons déjà vu. La moyenne des valeurs du terme cube dépend à la fois de la moyenne des valeurs de $V - v$ et de la durée

---

(*) En procédant ainsi, on ne vérifie pas l'exactitude des différents pointés. C'est un inconvénient de ce mode de réduction.

totale de l'observation, c'est-à-dire de la différence des lectures correspondant au premier et au dernier pointé. On pourra la déduire d'une Table à double entrée, construite pour une valeur moyenne de δ, et ayant pour arguments, d'une part la moyenne des valeurs de $V - v$, et d'autre part l'amplitude de la course de la vis.

Exemple. — Le 4 octobre 1861 (*) on a observé la Polaire (PI) à la lunette de Gambey, et l'on a obtenu les nombres suivants :

	Temps de la pendule.	v
	h m s	t
	13.25.16	6,551
	13.25.50	6,263
	13.26.14	6,054
	13.26.50	5,731
	13.27.15	5,528
	13.27.57	5,110
	13.28.55	4,682
	13.29.17	4,463
	13.29.42	4,238
	13.30. 8	4,028
Moyenne...	13.27.44,4	5,265

Or on avait

$$v_0 = 13^t,989, \quad \delta = 88^\circ 34' 30'',4, \quad \log \frac{\mu}{\cos\delta} = 2,06231,$$

d'où

$$v_0 - v = 8^t,724, \quad \log(v_0 - v) = 0,94702,$$

et, par suite,

$$\log I = 3,00303, \quad I = -16^m 47^s,0.$$

D'ailleurs, on trouve

$$AP = -0^s,9;$$

(*) *Instructions pour le service de l'Observatoire de Paris*, p. 29.

on en conclut, pour temps du passage au fil sans collimation,

$$13^h\,10^m\,56^s,5.$$

Détermination de la valeur du tour de la vis micrométrique. — Si, dans l'équation (B) (p. 206)

$$\theta - \theta' = \frac{\zeta - \zeta'}{\cos\theta} + \frac{225}{6}(\theta - \theta')^3 \sin^2 1'' \sin^2\delta,$$

ou dans son équivalente

$$t = \frac{\mu(V - v)}{\cos\delta} + \frac{225}{6}\sin^2 1'' \sin^2\delta . t^3,$$

on considère t comme connu, on en déduira évidemment la valeur de μ. Nous prendrons pour t l'intervalle qui sépare l'instant de l'observation de celui du passage au méridien, de sorte que si T est le temps observé, T_0 celui du passage au méridien, on aura, en remarquant que la valeur vraie de l'intervalle est $(T_0 - T)(1 + \lambda)$, λ désignant la marche de la pendule pendant l'unité de temps,

$$(a)\quad T_0 - T = \mu\frac{V - v}{(1+\lambda)\cos\delta} + \frac{225}{6}\sin^2 1'' \sin^2\delta(1+\lambda)^2(T_0 - T)^3,$$

ou, en négligeant λ dans le calcul du second terme,

$$(b)\quad \frac{\mu(V - v)}{(1 + \lambda)\cos\delta} = T_0 - T - \frac{225}{6}\sin^2 1'' \sin^2\delta\,(T_0 - T)^3.$$

Posons

$$\frac{\mu}{(1 + \lambda)\cos\delta} = x,$$

$$\frac{225}{6}\sin^2 1'' \sin^2\delta\,(T_0 - T)^3 = \delta T \quad (^*).$$

(*) Le terme δT se déduira d'une Table construite avec une valeur de δ moyenne entre les déclinaisons des circompolaires observées, ce qui ne produit aucune erreur sensible, si l'observation n'a pas été faite trop loin du méridien, et en adoptant pour T_0 une valeur du passage au méridien, déduite de l'ascension droite de l'étoile et de la correction de la pendule fournie par les étoiles horaires.

Nous aurons

$$(c) \qquad (V - v)x = T_0 - T - \delta T.$$

Chaque passage observé au fil mobile fournira une équation analogue, où les quantités x et T_0 sont inconnues. En combinant, par voie de soustraction, chacune d'elles avec leur moyenne, on éliminera T_0, et l'on aura autant d'équations en x que de passages observés. On rejettera toutes celles où le coefficient de x sera moindre que le tiers du plus fort d'entre eux, et l'équation obtenue en les ajoutant membre à membre, après avoir changé les signes de celles où le coefficient de x est négatif, fournira la valeur cherchée de l'inconnue x : on aura ensuite

$$\text{Position} \left\{ \begin{matrix} \text{dir.} \\ \text{inv.} \end{matrix} \right\} \quad \pm \mu = \pm x(1 + \lambda) \cos\delta \quad \text{Passage} \left\{ \begin{matrix} \text{sup.,} \\ \text{inf.,} \end{matrix} \right.$$

d'où l'on déduira la valeur de μ.

La valeur ainsi obtenue ne peut être considérée que comme approchée. Nous avions, en négligeant λ dans le calcul du deuxième terme du second membre de l'équation (a),

$$(a_1) \quad (T_0 - T)(1 + \lambda) = \mu \frac{V - v}{\cos\delta} + \frac{225}{6} \sin^2 1'' \sin^2\delta (T_0 - T)^3;$$

soit R l'ensemble des termes qui forment le second membre, il vient

$$T_0 - T = R(1 - \lambda) :$$

de telle sorte que si R' est la variation de R pour une variation μ' de la valeur adoptée du tour de vis, on aura

$$T_0 - T = (R + R')(1 - \lambda);$$

or, aux termes du troisième ordre près, on a

$$R' = \frac{V - v}{\cos\delta} \mu',$$

de même, dans le terme $R\lambda$, on peut remplacer R par son premier terme $\mu \frac{V - v}{\cos\delta}$; négligeant enfin le produit $\lambda\mu'$, et posant

$$y = T + R,$$

il vient

$$T_0 = y + (V - v)\left(\frac{\mu'}{\mu} - \lambda\right)\frac{\mu}{\cos\delta};$$

ou

$$(d) \qquad T_0 = y + B(V - v),$$

si l'on a posé

$$B = \left(\frac{\mu'}{\mu} - \lambda\right)\frac{\mu}{\cos\delta}.$$

Chaque observation de passage donnera une équation analogue; et toutes ces équations, traitées comme nous avons traité l'équation (c), fourniront la valeur de B, et, par suite, celle de μ'.

En portant ensuite cette valeur de μ' dans chacune des équations (d), on en tirera une série de valeurs de T_0. La différence entre ces valeurs individuelles et leur moyenne permettra d'étudier la régularité de la vis. Pour cela, on groupera toutes les différences relatives au passage d'une même étoile, de manière à comprendre dans un même groupe i tous les restes observés dans une étendue comprise entre $i - \frac{1}{2}$ et $i + \frac{1}{2}$ tours. On inscrira, en regard de ce nombre i de tours, la moyenne des restes de chaque groupe. D'un autre côté, on réunira en un même groupe tous les restes correspondants à une même fraction de la circonférence, c'est-à-dire à un même dixième de tour, quel que soit d'ailleurs ce tour lui-même, et en regard du chiffre du dixième on inscrira la moyenne des restes correspondants.

Le premier tableau fournira les *irrégularités du pas de la vis*, le second les *erreurs périodiques du tour* (*).

Remarque I. — La méthode que nous venons d'appliquer à la résolution d'un grand nombre d'équations du premier degré à une seule inconnue est d'un usage fréquent et commode; il n'est peut-être pas inutile de comparer entre eux les différents procédés que l'on peut employer en pareil cas. C'est ce à quoi l'on arrive par la méthode suivante, due à notre collègue et ami, M. F. Tisserand.

(*) *Exposé du système des observations et de la détermination des éléments de leur réduction*, par M. Yvon Villarceau [*Annales de l'Observatoire de Paris* (*Observations*), t. XII, 1856].

Soient les n équations

$$a_1 x - b_1 = 0, \quad a_2 x - b_2 = 0, \ldots, \quad a_n x - b_n = 0,$$

où l'on suppose n très-grand, et les coefficients a_1, a_2,..., a_n, rangés par ordre de grandeur décroissante, et d'où l'on veut déduire la valeur la plus probable de x.

On peut appliquer à ces équations la méthode des moindres carrés, qui consiste, comme on sait, à multiplier chaque équation par le coefficient de l'inconnue dans cette équation, et à faire la somme.

Une deuxième méthode consiste à multiplier chaque équation par ± 1, suivant que le coefficient de l'inconnue est positif ou négatif, et à faire la somme.

Enfin on peut suivre une troisième méthode, en supprimant les équations dans lesquelles le coefficient de x est petit, celles par exemple dans lesquelles il est moindre que le tiers du plus grand coefficient a_1, et appliquer la seconde méthode aux équations restantes.

Dans la comparaison de ces diverses méthodes, faite au point de vue de la précision du résultat, nous nous appuierons sur le théorème suivant, dû à Laplace :

Si l'on multiplie les équations proposées par les facteurs $F_1, F_2, \ldots, F_n$, *et qu'on fasse la somme des résultats, on aura la probabilité*

$$\frac{2}{\sqrt{\pi}} \int_0^T e^{-t^2} dt$$

que la valeur trouvée pour x *ne sera pas en erreur de*

$$\pm k\gamma \frac{\sqrt{\Sigma F^2}}{\Sigma F a},$$

k étant une constante.

Pour comparer les trois méthodes, il suffit donc de comparer les différentes valeurs de l'expression

$$\frac{\sqrt{\Sigma F^2}}{\Sigma F a} = L$$

qui correspondent à chacune d'elles.

Dans ce but, on supposera que les coefficients $a_1, a_2, \ldots, a_n$ font partie d'une progression arithmétique décroissante, dont le dernier terme a_n serait nul, ou très-petit. Cette hypothèse, sans être jamais réalisée rigoureusement, le sera sensiblement dans un grand nombre de cas, celui par exemple très-fréquent où l'on voudrait déterminer le moyen mouvement d'une planète à l'aide d'une série régulière d'observations prolongées pendant un certain nombre d'années.

Posons donc

$$a_i = a_1 \left(1 - \frac{i-1}{n-1}\right);$$

et cherchons quelles sont les valeurs de L qui correspondent alors aux trois méthodes précédentes.

1° On a

$$F_i = a_i,$$

d'où

$$L = \frac{1}{\sqrt{\Sigma_1^n a_i^2}}.$$

Or, dans l'hypothèse précédente,

$$\Sigma_1^n a_i^2 = a_1^2 \frac{n}{3} \frac{n - \frac{1}{2}}{n - 1},$$

ou très-sensiblement, puisque n est très-grand,

$$\frac{n}{3} a_1^2.$$

On a donc

$$L = \frac{\sqrt{3}}{\sqrt{n}} \frac{1}{a_1} = 1,732 \frac{1}{a_1 \sqrt{n}}.$$

2° $$F_1 = F_2 = \ldots = F_n = 1,$$

$$L = \frac{\sqrt{n}}{\Sigma_1^n a_i}.$$

Or

$$\Sigma_1^n a_i = a_1 \frac{n}{2};$$

donc

$$L = 2 \frac{1}{a_1 \sqrt{n}}.$$

3° Nous négligeons toutes les équations à partir de la $p^{\text{ième}}$; nous avons donc

$$L = \frac{\sqrt{p}}{\Sigma_1^p a_i}.$$

Or

$$\Sigma_1^p a_i = \frac{a_1}{2} p \frac{2n - 1 - p}{n - 1},$$

d'où

$$L = \frac{2(n - 1)}{a_1 \sqrt{p}\,(2n - 1 - p)}.$$

Le dénominateur est maximum pour $p = \dfrac{2n - 1}{3}$, ce qui donne

$$a_{p+1} = \frac{a_1}{3} \frac{n - 2}{n - 1},$$

ou sensiblement

$$a_{p+1} = \frac{a_1}{3},$$

d'où

$$L = \frac{n-1}{n-\frac{1}{2}} \frac{1}{a_1\sqrt{n-\frac{1}{2}}} \times \frac{3}{2}\sqrt{\frac{3}{2}},$$

ou à peu près

$$L = \frac{1}{a_1\sqrt{n}} \frac{3}{2}\sqrt{\frac{3}{2}} = 1,837 \frac{1}{a_1\sqrt{n}}.$$

Dans ce cas, l'erreur sera donc la plus petite possible, lorsqu'on supprimera toutes les équations dans lesquelles le coefficient de l'inconnue est moindre que le tiers du plus grand d'entre eux.

En résumé, dans les trois méthodes, la probabilité est la même pour que les erreurs tombent dans les limites suivantes :

$\pm \frac{k\gamma}{a_1\sqrt{n}} \times 1,732$ dans la première méthode,

$\pm \frac{k\gamma}{a_1\sqrt{n}} \times 2,000$ dans la deuxième méthode,

$\pm \frac{k\gamma}{a_1\sqrt{n}} \times 1,837$ dans la troisième méthode;

les erreurs probables sont donc entre elles comme les nombres

17, 20, 18.

Si donc *on supprime toutes les équations dans lesquelles le coefficient de l'inconnue est moindre que le tiers du plus grand, et que l'on fasse la somme des équations restantes,* le calcul, sans être aussi laborieux que celui qu'exige la méthode des moindres carrés, conduira à des résultats d'une précision presque égale.

Remarque II. — Sur la lunette méridienne, ou instrument des passages, consulter outre les ouvrages déjà indiqués :

STRUVE. — *Description de l'Observatoire de Poulkowa* (*La grande lunette méridienne d'Ertel.*)

MAURY. — *Astronomical observations made at the naval Observatory Washington*; vol. I, introduction.

DOLLOND. — *Account of the Transit Instrument made for the Cambridge Observatory* (*Philosophical Transactions*; 1825).

TAYLOR. — *Result of astronomical Observations made at the Observatory at Madras*, vol. I.

II. — Cercle mural. — Cercle méridien.

Le *cercle mural* se compose essentiellement d'un cercle de grandes dimensions, soigneusement divisé et porté par un axe horizontal dirigé de l'est à l'ouest; à cet axe est fixée une lunette qui fait corps avec lui, tourne avec le cercle, et dont le micromètre porte un fil horizontal avec lequel on bissecte l'étoile. L'axe est fixé solidement dans un mur épais dont la direction coïncide avec celle du méridien.

Un instrument de ce genre n'étant pas retournable, et son axe n'étant pas symétriquement supporté, ne peut servir à une détermination précise des ascensions droites; on doit le considérer comme spécialement destiné à la mesure des déclinaisons. Et pour ce but même, les instruments retournables seraient encore préférables, car la plus grande partie des erreurs instrumentales disparaîtraient alors dans la combinaison d'observations faites dans les deux positions de l'instrument. Aussi on ne construit plus aujourd'hui de cercles muraux, et nous n'insisterons pas sur la description de cet instrument : nous nous contenterons de renvoyer le lecteur au Mémoire publié sur le *Cercle mural de Gambey*, par M. Yvon Villarceau, dans les *Annales de l'Observatoire de Paris* (*).

Les instruments dans lesquels l'axe de rotation est porté symétriquement, chacune de ses extrémités reposant sur un pilier, s'appellent *cercles méridiens*. On les construit de deux manières différentes, suivant le but auquel on les destine.

1° Si l'on veut pouvoir observer les astres faibles, les petites planètes par exemple, on s'attachera surtout à la puissance optique de l'instrument; il faudra alors lui donner de grandes dimensions, et par suite son retournement deviendra difficile. Tel est le *grand cercle méridien* (*fig.* 31) installé depuis 1862, à l'Observatoire de Paris, par MM. Secretan et Eichens (**). L'un des

(*) *Annales de l'Observatoire de Paris* (*Observations*), t. XII, p. 61 et suiv.; 1856.

(**) *Annales de l'Observatoire de Paris* (*Observations*), t. XIX, p. 43 et suiv.; 1863.

tourillons est percé et sert à l'éclairage intérieur de la lunette, l'autre se continue à travers le pilier, et porte extérieurement

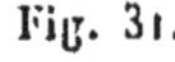

Fig. 31.

le cercle divisé. Un pareil instrument (*voir* p. 203) ne peut, à lui seul, donner le temps sidéral vrai, mais sert seulement à comparer, aux étoiles fondamentales, les astres observés. Il doit donc être accompagné d'une lunette méridienne.

2° Parfois, au contraire, on veut que le cercle méridien se suffise à lui-même. Il doit alors être retournable, de dimensions moindres, et n'est essentiellement que la réunion d'une lunette méridienne et d'un cercle mural. Tel est le *cercle méridien* construit par M. Eichens pour l'Observatoire de Lima. Cet instrument réunissant tous les progrès accomplis dans la construction de ce genre d'appareils, nous en donnerons la description complète (*).

45. *Description du cercle de Lima.* — Le corps de la lunette (*fig.* 32) est entièrement en bronze, et il est soigneusement travaillé à l'intérieur et à l'extérieur, afin de donner une symétrie parfaite à toutes les parties de l'instrument. L'axe, long de $1^m,32$, se compose d'un cube central de $0^m,36$ de côté, terminé sur deux de ses faces opposées par des cônes tronqués portant à leurs extrémités des tourillons en acier trempé de $0^m,07$ de diamètre et de $0^m,08$ de long; ceux-ci sont encastrés à chaud dans le corps de l'instrument, et leurs parties libres ont été soigneusement travaillées, de façon que les parties frottantes forment deux surfaces parfaitement cylindriques, et de diamètres aussi peu différents que possible.

Les coussinets sont en bronze, et chacun d'eux reçoit son tourillon sur deux segments d'une surface cylindrique interrompue à la partie inférieure. Ces coussinets sont portés par deux plaques massives en bronze, qu'on peut déplacer latéralement (après qu'on a enlevé les vis *verticales* qui les serrent); et comme l'une de ces plaques est légèrement taillée en coin, ce déplacement permet de rectifier à la fois l'inclinaison et l'azimut de l'axe. Pour diminuer la charge des coussinets, le poids de l'appareil est équilibré par des contre-poids convenables.

Deux autres faces du cube portent, encastrés sur elles, deux longs cônes tronqués, d'une longueur totale de $2^m,35$, aux extrémités desquels sont fixés, d'une part l'objectif, de l'autre le système oculaire.

(*) La plupart des dispositions que nous allons décrire étant applicables aux autres instruments astronomiques, nous n'en avons point parlé ailleurs, afin d'éviter les redites. En outre, on consultera avec fruit un article publié par M. Wolf dans les *Annales de l'Observatoire de Paris*, t. XIX, sur le *grand cercle méridien Secretan-Eichens*, certaines dispositions instrumentales ayant été reproduites dans le cercle de Lima.

Le tronc de cône qui porte l'objectif a une longueur un peu plus considérable que l'autre, de sorte que le micromètre et les

Fig. 32.

pièces qui le portent étant plus longs que l'objectif, les deux parties de l'instrument aient la même portée à partir de l'axe de rotation. L'objectif est de Léon Foucault : il a $0^m,19$ d'ouverture et $2^m,33$ de foyer.

Le système oculaire consiste en un micromètre dont le coulant est porté à la manière ordinaire par le corps de l'instrument et qu'un très-fort collier fixe invariablement, quand les fils du réticule ont été placés exactement dans le plan vertical après avoir été mis au point. Le micromètre porte un système de seize fils verticaux, établis symétriquement de part et d'autre du méridien, et dont la plaque est maintenue dans une position invariable. On dispose, en outre, d'un fil vertical mobile au moyen d'une vis micrométrique et de trois couples de fils horizontaux établis sur une plaque que fait mouvoir une seconde vis micrométrique (*).

(*) Il importe de placer la plaque des fils fixes dans une position où l'erreur de collimation appartenant à ce système de fils soit très-faible. On se sert pour cela du fil vertical mobile et d'une mire ou d'un collimateur. Après avoir vérifié l'horizontalité de l'axe au moyen de niveaux placés sur les tourillons et réglé géométriquement l'azimut de l'instrument, on détermine, comme nous l'avons indiqué à propos de la lunette méridienne, l'erreur de collimation relative à une position du fil mobile déterminée géométriquement, de façon que la collimation correspondante soit déjà petite. On aura ainsi la position du fil sans erreur de collimation, et il suffira de placer ensuite les fils fixes symétriquement par rapport à cette position.

Si l'instrument n'était pas retournable, on pourrait procéder comme il suit : on ne dispose sur la plaque du micromètre que deux fils fixes, l'un horizontal, l'autre vertical ; ce dernier ayant été placé géométriquement de façon que son erreur de collimation soit déjà petite ; au moyen de quelques séries d'observations d'étoiles, on détermine alors les différentes constantes instrumentales. Ainsi, en juin 1863, en se servant de la correction de la pendule donnée par les observations faites à la lunette méridienne, on a trouvé au grand cercle méridien de Paris :

$$m = +1^s,36,$$
$$n = +0,41,$$
$$c - x = -0,88;$$

d'où

Inclinaison..................	$+1^s,22$
Azimut......................	$+0,75$

Les erreurs d'orientation de l'instrument, laissées dans une première pose exécutée géométriquement, sont donc bien petites.

Ces valeurs une fois connues, il est facile de placer ensuite les fils de manière que l'erreur de collimation soit presque nulle.

Avec ce micromètre on peut faire des mesures dans toute l'étendue du champ, qui surpasse 1°.

Les deux faces libres du cube sont percées d'une ouverture circulaire, fermée par un couvercle mobile autour d'une charnière horizontale; après avoir baissé ces deux couvercles, on trouve à l'intérieur une bielle avec laquelle on peut faire descendre vers l'oculaire la pièce qui porte les prismes servant à l'éclairage, de manière à laisser le passage libre aux rayons lumineux et à permettre l'usage des collimateurs.

Perpendiculairement à l'axe, et symétriquement par rapport au cube central, sont fixés deux couples de cercles très-voisins : l'un, de 1 mètre de diamètre, est divisé avec soin et sert à la lecture des déclinaisons; l'autre, un peu plus grand et placé entre le cube et le cercle précédent, permet de fixer l'instrument dans une position déterminée, à l'aide d'une pince munie d'une manette. Une seconde manette commande une vis de rappel, et sert à communiquer à l'appareil des mouvements lents dans les deux sens. La graduation est portée par une lame d'argent de 8 millimètres de largeur, incrustée dans la face du cercle divisé qui regarde le pilier, et formant une surface conique de grande ouverture, dont les génératrices vont en divergeant vers ce pilier.

Les divisions sont espacées de 5 en 5 minutes; des traits plus longs distinguent les 15 minutes; d'autres, plus longs encore, les degrés. La graduation est chiffrée de degré en degré.

La lecture se fait au moyen de six microscopes M (*fig.* 33) qui traversent obliquement un des piliers, et dont les six oculaires M convergent dans un espace de 60 centimètres (*). Une lampe, placée en L sur le prolongement de l'axe de rotation, éclaire les divisions du cercle placées en regard des microscopes, au moyen de six autres ouvertures faites dans le même pilier et un peu plus obliques que les premières. Ce pilier porte, en outre, deux lunettes pointeurs : l'une, située du côté des microscopes, sert à lire les 5 minutes; l'autre, placée du côté du cercle à portée de

---

(*) Cette disposition ingénieuse est due à M. Airy, qui l'a appliquée au cercle méridien de Greenwich. (Voir *Astronomical Observations of the royal Observatory Greenwich*, t. XII, Appendix I.)

l'observateur, est destinée au calage de l'instrument : les rayons partis d'une des portions éclairées du cercle viennent tomber sur

Fig. 33.

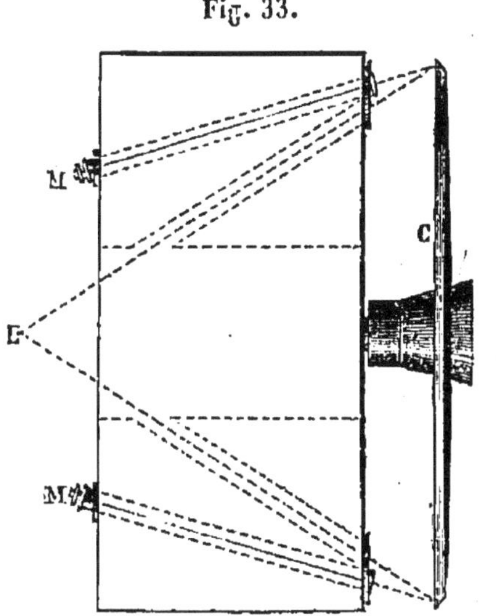

un prisme à réflexion totale, et de là sont renvoyés dans cette lunette sur une lame de verre divisée, au moyen de laquelle on peut lire les 30 secondes, et obtenir un calage déjà fort approché.

La longueur du tube en bronze de chaque microscope et celle du pied de fonte qui les fixe au pilier sont dans un rapport tel que, malgré les variations de température, la distance de l'objectif au pilier reste constante. Pour que la valeur du tour de vis soit invariable, il suffit donc que le cercle divisé soit toujours ramené à la même distance du pilier. Dans ce but, une pièce à ressort, que l'on peut enlever au moment du retournement, appuie toujours l'axe contre des butoirs fixes, situés du côté des microscopes (*).

Éclairage du champ et des fils. — L'un des tourillons de l'axe est creux, et une lampe L (*fig.* 33) placée sur le prolongement de l'axe, tantôt à l'est, tantôt à l'ouest, suivant la position de l'instrument, produit l'éclairage intérieur de la lunette (en réa-

(*) On a renoncé ici à faire usage simultanément des deux cercles pour la lecture des déclinaisons, au moyen de deux groupes de six microscopes portés par chaque pilier. En effet, par suite des dilatations de l'axe sous l'influence de la température, un seul des deux cercles divisés peut

lité, dans l'instrument, les deux tourillons sont percés, mais cela par pure raison de symétrie; l'un des deux tourillons concourt seul à l'éclairage). Lorsque le tourillon creux se trouve sur le pilier qui porte les microscopes, une seule lampe L suffit à l'éclairage du cercle et de l'intérieur de la lunette; dans la position inverse du tourillon, il en faut deux, l'une L pour l'éclairage des microscopes, l'autre dans une position symétrique par rapport au second pilier pour l'éclairage intérieur. La lumière partie de la lampe rencontre d'abord un diaphragme en *œil de chat*, formé par deux lames métalliques dont les arêtes en regard portent une entaille à angle droit, de façon à former par leur réunion un carré dont l'une des diagonales est horizontale. Au moyen d'une manette placée à sa portée, l'observateur peut faire glisser les deux lames l'une contre l'autre, augmenter ou diminuer ainsi l'ouverture du diaphragme, et modérer à son gré la quantité de lumière qui pénètre dans l'appareil. A la sortie du diaphragme les rayons lumineux traversent un système de deux lentilles convergentes, et viennent ensuite former, entre le cube central et le tourillon percé, un disque lumineux uniformément éclairé et perpendiculaire à l'axe de rotation. C'est là la véritable source lumineuse qui servira à l'éclairement.

1° *Fils brillants sur champ noir.* — Un peu au delà de ce disque, et dans l'intérieur du cube de la lunette, est une plaque métallique dont le plan est perpendiculaire à l'axe optique; cette plaque est percée de quatre ouvertures circulaires égales, disposées symétriquement par rapport à l'axe optique, et en outre d'une ouverture centrale beaucoup plus large; en regard de ces quatre ouvertures, et du côté de l'objectif, cette plaque porte quatre prismes à réflexion totale : les rayons émis par le disque lumineux tombent sur ces prismes (l'un d'eux est un peu plus

---

être maintenu au foyer des microscopes qui lui correspondent, et il faudrait, dans l'un de ces groupes de microscopes, faire des changements presque journaliers. Ainsi, pour une variation de température de 20 degrés, une tige de bronze de 1^m s'allonge de $0^{mm},25$; par conséquent, si l'un des cercles reste au foyer, il faudrait reculer de $\frac{1}{4}$ de millimètre de leur monture les microscopes de l'autre cercle. (Voir *Description de l'Observatoire de Poulkowa*, p. 223.)

éloigné de la plaque que les trois autres), et sont renvoyés vers le micromètre; ils rencontrent alors quatre autres prismes, placés dans la boîte même du micromètre en avant des fils, et sont réfléchis obliquement sur ceux-ci qui se détachent en lignes brillantes sur le fond noir du champ.

2° *Fils noirs sur champ brillant.* — Pour obtenir cet éclairement, l'observateur tourne un bouton placé près de l'oculaire; il fait ainsi tourner autour de l'axe optique une seconde plaque métallique identique à la première, parallèle et très-voisine, mais qui porte, en outre, en son centre un petit prisme à réflexion totale. Celui-ci vient alors se placer sur l'axe optique, et, la partie pleine de la seconde plaque recouvrant les ouvertures latérales de la première, la lumière de la lampe est uniformément réfléchie dans tout le champ par le prisme central, et les fils qui forment écran se détachent en lignes noires sur le fond clair du champ.

Ce mode d'éclairement, dû à M. Eichens, présente un grand avantage : dans le *grand cercle méridien* (*fig.* 31), pour éclairer les fils, on amenait les prismes en place par un mouvement de rotation de la plaque qui les portait; il en résultait des déplacements fréquents de cette plaque, et de grandes irrégularités dans l'éclairage; ici au contraire la plaque est fixe, et ces inconvénients ne sont plus à redouter (*).

Appareils accessoires. — L'instrument est complété par un appareil de retournement, un bain de mercure, deux collimateurs, et un niveau d'application dont nous avons donné la figure p. 8.

46. *Cercles méridiens portatifs.* — Outre ces grands instruments destinés aux observatoires, on en construit d'autres plus petits

(*) Sans entrer dans aucun détail sur les différents modes adoptés pour l'éclairage intérieur des lunettes, nous renvoyons le lecteur aux ouvrages suivants :

MAURY. — *Astronomical Observations made at the naval Observatory Washington*, vol. I, Introduction, p. III.

FRAUNHOFER. — *Description d'un nouveau micromètre* (*Astronomische Nachrichten*, t. II, n° 43).

STRUVE. — *Description de l'Observatoire de Poulkowa*, p. 117 et 155.

ARAGO. — *Sur de nouveaux moyens d'éclairage des fils des réticules et des micromètres* (*Comptes rendus de l'Académie des Sciences*, t. XXIV, p. 131).

destinés aux voyageurs. La *fig.* 34 représente un modèle de ces

Fig. 34.

instruments. Nous ne nous arrêterons point à les décrire, et nous renverrons le lecteur au tome XVIII des *Annales de l'Observatoire de Paris* (*Observations*, 1862), où M. Yvon Villarceau a donné la description du *cercle méridien n° 1 de Rigaud*, qui lui a servi dans ses déterminations astronomiques des longitudes, latitudes et azimuts terrestres.

47. *Réduction des observations faites au cercle méridien.* — Cherchons maintenant comment on peut déduire des observations la déclinaison vraie. Nous supposerons pour cela que le cercle est plan, et de plus perpendiculaire à son axe de rotation. Ces deux conditions seront, en général, très-voisines de la vérité.

Ceci posé, prenons pour axes de coordonnées trois axes rectangulaires Ox, Oy et Oz, tels que :

Les axes des x et des y soient situés dans le plan de l'équateur;

L'axe des x soit perpendiculaire à l'axe de rotation de l'instrument, et sa partie positive dirigée vers le sud;

La partie positive de l'axe des y étant dirigée vers l'ouest;

La partie positive de l'axe des z étant dirigée vers le pôle nord.

Fig. 35.

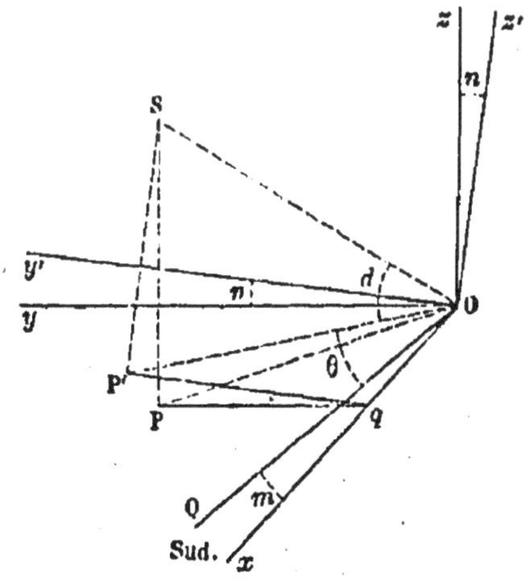

Par rapport à ces axes, l'étoile, que je suppose à l'est du méridien, aura pour coordonnées

$$x = \cos\delta \cos t, \quad y = \cos\delta \sin t, \quad z = \sin\delta,$$

t étant l'angle horaire compté à partir du plan du cercle, de sorte que, si τ est l'angle horaire vrai, on ait

$$t = \tau + m.$$

Faisons tourner les axes des z et des y de l'angle n, des y positifs vers les z positifs, de façon que le nouveau plan des xz coïncide avec le plan du cercle; désignons par d l'angle SOP', et par θ l'angle P'OQ. Par rapport à ce nouveau système d'axes (*fig.* 35), les coordonnées de l'étoile auront pour expressions

$$x' = \cos d \cos\theta, \quad y' = \cos d \sin\theta, \quad z' = \sin d.$$

D'autre part, comme la partie positive de l'axe des y' fait, avec la partie positive de l'axe des y, l'angle n, on a (*Astronomie sphérique*, n° 2)

$$(a) \quad \begin{cases} \cos\theta \cos d = \cos\delta \cos t, \\ \sin\theta \cos d = \sin\delta \sin n + \cos\delta \cos n \sin t, \\ \sin d = \sin\delta \cos n - \cos\delta \sin n \sin t. \end{cases}$$

Supposons maintenant que, par un déplacement de la lunette, on ait amené le fil qui sert aux pointés de déclinaison à bissecter l'étoile, et soit Z_1 le point où ce fil vient alors percer le plan du cercle. Admettons, en outre, que, la lunette étant dirigée vers le

Fig. 36.

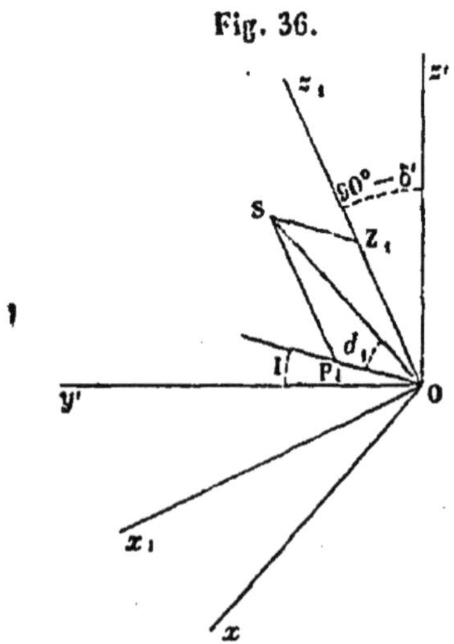

sud, la portion occidentale du fil soit la plus élevée, et désignons par I l'angle que le plan mené par le fil et le point où l'axe de rotation Oy' (*fig.* 36) perce le plan du cercle fait avec le plan perpendiculaire au plan du cercle et mené par OZ_1. (Si la ligne OZ_1 était dans le plan de l'équateur, I serait l'inclinaison du fil sur le plan de l'équateur; on lui donne pour cela le nom d'*inclinaison du fil*, et l'on compte cet angle positivement dans les conditions que nous venons d'indiquer.) Dès lors prenons un nouveau système d'axes qui ait encore pour axe des y l'axe Oy' de rotation, mais dans lequel l'axe des z soit OZ_1, et l'axe des x une perpendiculaire Ox_1 à cette ligne menée dans le plan du cercle et dirigée vers le sud. Les nouvelles coordonnées de l'étoile auront pour expressions

$$x_1 = -\cos d_1 \sin I, \quad y_1 = \cos d_1 \cos I, \quad z_1 = \sin d_1.$$

Or, pour passer du premier système au second, il faut faire tourner l'axe des z', dans le plan du cercle, de l'angle $90° - \delta'$, δ' étant la déclinaison *instrumentale* de l'étoile, c'est-à-dire l'arc compris entre l'équateur et le point où le fil prolongé vient couper le plan du cercle. Nous aurons donc (*Astronomie sphérique*, n° 2)

$$(b) \quad \begin{cases} \cos d_1 \sin I = \sin d \cos\delta' - \cos d \cos\theta \sin\delta', \\ \cos d_1 \cos I = \cos d \sin\theta. \end{cases}$$

Il en résulte

$$\tan d \cos\delta' - \tan I \sin\theta = \cos d \sin\delta'.$$

En multipliant les deux membres de cette équation par $\cos d$, et remplaçant ensuite $\cos d \sin\theta$, $\cos d \cos\theta$ et $\sin d$ par leurs valeurs tirées des équations (a), on aura

$$(\alpha) \quad \begin{cases} \sin\delta' \cos\delta \cos t = +(\sin\delta \cos n - \cos\delta \sin n \sin t)\cos\delta' \\ \qquad\qquad + (\sin\delta \sin n + \cos\delta \cos n \sin t)\tan I. \end{cases}$$

On en déduit aisément

$$(c) \quad \begin{cases} \sin(\delta - \delta') = +2\sin\delta\cos\delta'\sin^2\tfrac{1}{2}n + \cos\delta\cos\delta'\sin n \sin t \\ \qquad - 2\cos\delta\sin\delta'\sin^2\tfrac{1}{2}t \\ \qquad + (\sin\delta\sin n + \cos\delta\cos n\sin t)\tan I, \end{cases}$$

formule rigoureuse qui permettrait de trouver la correction $\delta - \delta'$

de la déclinaison instrumentale δ'. Mais le second membre contient δ', et il vaut mieux le développer en une série rapidement convergente, de façon à n'y laisser subsister que les erreurs instrumentales et la déclinaison vraie δ. Nous arrêterons d'ailleurs ce développement aux termes du cinquième ordre (*). Or, aux termes près du troisième ordre, la formule (c) peut se réduire à

$$\sin(\delta - \delta') = -2\cos\delta \sin\delta' \sin^2\tfrac{1}{2}t,$$

ou, au même degré d'approximation,

$$\sin(\delta - \delta') = -\sin 2\delta \sin^2\tfrac{1}{2}t,$$

ou encore

$$\delta' = \delta + \sin 2\delta \sin^2\tfrac{1}{2}t.$$

On en déduit

$$\sin\delta' = \sin\delta + \cos\delta \sin 2\delta \sin^2\tfrac{1}{2}t,$$

et, par suite, avec une erreur du cinquième ordre,

$$2\cos\delta \sin\delta' \sin^2\tfrac{1}{2}t = \sin 2\delta \sin^2\tfrac{1}{2}t + 2\cos^2\delta \sin 2\delta \sin^4\tfrac{1}{2}t,$$

ou, en développant $\sin^2\frac{1}{2}t$ et $\sin^4\frac{1}{4}t$,

$$2\cos\delta \sin\delta' \sin^2\tfrac{1}{2}t = \tfrac{1}{4}t^2 \sin 2\delta + \tfrac{1}{8}t^4\left(\cos^2\delta - \frac{1}{8}\right)\sin 2\delta.$$

Substituons cette valeur dans l'équation (c), et négligeons toutes les quantités d'ordre supérieur au quatrième, nous aurons

$$\delta - \delta' = -\tfrac{1}{4}(t^2 - n^2)\sin 2\delta - \tfrac{1}{2}t^4\left(\cos^2\delta - \frac{1}{6}\right)\sin 2\delta + nt\cos^2\delta$$
$$+ (n\sin\delta + t\cos\delta)\,\mathrm{tang}\,I.$$

(*) L'angle horaire est évidemment la quantité qui peut acquérir la valeur la plus considérable. Nous prendrons comme quantité du premier ordre l'angle horaire de 20^m ou 5°. L'angle de $26',7''$, dont le sinus est le carré de celui de 5°, sera alors le type des quantités du second ordre, de telle sorte que l'inclinaison I, qui ne surpasse jamais $15'$ à $20'$, les constantes m et n, toujours inférieures à 2^s, seront considérées comme du second ordre au plus. En outre, comme les formules de réduction d'où l'on tire m et n (voir *Lunette méridienne*) ne sont en erreur que de termes du troisième ordre, il est évident que l'emploi de ces valeurs pour le cercle méridien ne peut causer que des erreurs du sixième ordre. (Voir *Théorie du Cercle mural*, par M. YVON VILLARCEAU.)

D'ailleurs l'angle t est lié à l'angle horaire vrai par la relation

$$t = \tau + m,$$

et l'inclinaison I se déduit de l'inclinaison i du cercle sur le méridien par la relation analogue

$$I = i + m;$$

de telle sorte que la formule définitive de réduction est la suivante

$$\delta - \delta' = -\tfrac{1}{4}[(\tau + m)^2 - n^2] \sin 2\delta - \tfrac{1}{8}(\tau + m)^4 \left(\cos^2\delta - \frac{1}{6}\right) \sin 2\delta$$
$$+ (\tau + m) n \cos^2\delta + [n \sin\delta + (\tau + m)\cos\delta] \operatorname{tang}(i + m),$$

ou, si l'on suppose m, n et τ exprimées en secondes de temps, et $\delta - \delta'$ en secondes d'arc,

$$(A)\quad \left\{\begin{aligned} \delta - \delta' = &- \frac{225}{4} \sin 1'' [(\tau + m)^2 - n^2] \sin 2\delta \\ &- \frac{50625}{8} \sin^3 1'' (\tau + m)^4 \left(\cos^2\delta - \frac{1}{6}\right) \sin 2\delta \\ &+ 225 \sin 1'' (\tau + m) n \cos^2\delta \\ &+ 15[n \sin\delta + (\tau + m)\cos\delta] \operatorname{tang}(i + m). \end{aligned}\right.$$

48. *Discussion de la formule précédente.* — Rappelons tout d'abord qu'au moment de son installation l'instrument méridien a dû être réglé de façon que les constantes m et n aient de petites valeurs; ordinairement elles diffèrent peu l'une de l'autre et ne surpassent pas $1^s,5$, dans le cas contraire on devrait rectifier l'orientation de l'instrument. Ceci posé, occupons-nous d'abord des termes indépendants de l'inclinaison, leur ensemble constitue, à proprement parler, ce que l'on appelle la *réduction au méridien;* nous le partagerons en deux parties :

1° Les termes qui ne contiennent pas l'angle horaire τ, c'est-à-dire la somme

$$+ 225 \sin 1''.\, mn \cos^2\delta - \frac{225}{4} \sin 1'' (m^2 - n^2) \sin 2\delta$$
$$- \frac{50625}{8} \sin^3 1''.\, m^4 \left(\cos^2\delta - \frac{1}{6}\right) \sin 2\delta.$$

Si l'on prend dans ces termes m et n égaux tous deux à leurs valeurs maximum $1^s,5$, et si l'on remplace par l'unité les facteurs

$$\cos^2\delta, \quad \sin 2\delta, \quad \left(\cos^2\delta - \frac{1}{6}\right)\sin 2\delta,$$

on augmentera la valeur maximum de chacun des termes correspondants; or, dans cette hypothèse, le premier terme a pour valeur $0'',0024$, et le dernier terme est négligeable.

Quant aux termes qui contiennent τ, ils sont

$$\frac{225}{4}\sin 1''\sin 2\delta(\tau^2 + 2m\tau)$$
$$+\frac{50625}{8}\sin^3 1''\sin 2\delta\left(\cos^2\delta - \frac{1}{6}\right)(\tau^4 + 4m\tau^3 + 6m^2\tau^2 + 4m^3\tau).$$

C'est surtout lorsque l'angle horaire sera considérable que ces termes auront une grande valeur. Mais si C est la demi-ouverture angulaire du champ de la lunette, le plus grand angle horaire θ auquel une étoile de déclinaison δ puisse être observée est donné par la relation

$$\theta\cos\delta = C.$$

θ n'aura donc de valeurs considérables que pour les circompolaires. Dans ce cas, nous pourrons, puisque m est petit par rapport à θ, considérer les termes

$$R = \frac{225}{4}\sin 1''\sin 2\delta.\tau^2 + \frac{50625}{8}\sin^3 1''\sin 2\delta\left(\cos^2\delta - \frac{1}{6}\right)\tau^4$$

comme la partie principale de l'expression, et la somme des autres termes comme le terme correctif. Cherchons-en la valeur. La partie la plus importante de ce terme correctif est évidemment

$$\frac{225}{4}\sin 1''\sin 2\delta.2m\tau;$$

or si $m = 1^s,5$, cette quantité n'atteint la valeur $0'',05$, pour la Polaire par exemple, que si l'angle horaire est égal à $19^m 25^s$, ou sensiblement 20^m. Les autres termes sont négligeables. Pour des angles horaires inférieurs à 20^m, on bornera donc la réduction au méridien à la portion R; et même le second terme de cette formule sera lui-même négligeable. On peut alors en effet remplacer ce terme par l'expression

$$-\frac{50628}{8}\sin^3 1''\sin 2\delta\,\frac{1}{6}\tau^4,$$

qui n'atteint la valeur $0'',05$ que pour $\tau = 29^m 38^s$ ou sensiblement 30^m, et pour la Polaire. Ainsi dans les observations de la Polaire, et avec un instrument où m aurait la valeur que nous avons adoptée, $m = 1^s,5$, il faudrait tenir compte, non pas du terme en τ^4, mais du premier terme correctif, lorsque l'angle horaire serait compris entre 20^m et 30^m. Au delà de 30^m il faudrait tenir compte de ces deux termes à la fois.

2° Examinons maintenant les termes qui dépendent de l'inclinaison; ils sont

$$15(\tau\cos\delta + n\sin\delta + m\cos\delta)\tang(i+m).$$

Les termes indépendants de τ forment une somme

$$15(n\sin\delta + m\cos\delta)\tang(i+m),$$

dont le maximum est égal à

$$15\sqrt{m^2+n^2}\tang(i+m) = 15\times 1,5\sqrt{2}\tang(i+m);$$

et si l'on veut que l'erreur ne soit pas supérieure à $0'',05$, l'inclinaison sera déterminée par la relation

$$\tang(i+m) = \frac{0,05}{15\times 1,5\sqrt{2}} = \frac{0,01}{3\times 1,5\sqrt{2}},$$

d'où sensiblement

$$i + m = 5'\,24'',$$

et comme le maximum adopté pour m est $1^s,5 = 22'',5$, on en conclut $5'$ pour la limite supérieure de i.

D'autre part, si nous considérons le terme dépendant de τ,

$$15\tau\cos\delta\tang(i+m),$$

nous verrons que, avec la valeur $1^s,5$ adoptée pour m et n, il faut que l'inclinaison i atteigne 15′ pour que, dans l'observation de la Polaire, l'erreur commise en substituant à ce terme le suivant

$$15\tau \cos\delta \tang i,$$

ne surpasse pas 0″,0788.

Le défaut d'orientation de l'instrument influe donc beaucoup plus sur la *correction due à l'inclinaison* que sur la *réduction au méridien*, et il importe, à ce point de vue, de le régler le plus exactement possible. Ainsi, au cercle de Gambey, l'inclinaison est généralement voisine de 13′; on ne devra donc pas tolérer dans les observations un état de l'instrument qui comporterait des valeurs de m et de n telles que

$$\sqrt{m^2+n^2} > \frac{\varepsilon}{15 \tang 13'},$$

ou, si $\varepsilon = 0'',07$, telles que

$$\sqrt{m^2+n^2} > \frac{0'',07}{15 \tang 13'} > 1^s,25;$$

et, en supposant $m = n$, la limite de ces quantités sera égale à

$$m = 0^s,703.$$

Avec cette valeur de m, l'erreur commise en prenant dans la réduction d'une observation de la Polaire, $15\tau \cos\delta \tang i$ au lieu de $15\tau \cos\delta \tang(i+m)$, sera égale à 0″,038 pour un angle $\tau = 30^m$ et pour une inclinaison de 13′.

De même, avec cette valeur de m, le premier terme correctif de la réduction au méridien n'atteint la valeur 0″,05 que pour un angle horaire τ égal à $41^m,5$; ainsi lorsque l'observation aura été faite par un angle horaire inférieur à 30^m, le premier terme de R suffira seul; de 30^m à 40^m on devra prendre le terme en τ^2 et le terme en τ^4; enfin pour des angles horaires supérieurs à 40^m, on devra y ajouter le premier terme correctif.

En résumé, si l'observation a été faite avec un instrument dont l'orientation est presque parfaite (c'est-à-dire pour lequel m et n ne surpassent pas certaines valeurs), nous adopterons pour formule de réduction au méridien l'expression approchée

$$\delta - \delta' = -R + I,$$

où

$$R = \frac{225}{4} \sin 1'' \sin 2\delta . \tau^2 + \frac{50625}{8} \sin^3 1'' \sin 2\delta \left(\cos^2\delta - \frac{1}{6}\right) \tau^4,$$

$$I = 15 \cos\delta \operatorname{tang} i . \tau,$$

$\delta - \delta'$ étant exprimé en secondes d'arc (*).

Quant au terme R nous le décomposerons en deux parties

$$R = R_1 + R_2,$$

où

$$R_1 = \frac{225}{4} \sin 1'' \sin 2\delta . \tau^2,$$

$$R_2 = \frac{50625}{8} \sin^3 1'' \sin 2\delta \left(\cos^2\delta - \frac{1}{6}\right) \tau^4.$$

Si l'on convient, en outre, que l'angle horaire τ soit exprimé en minutes et fractions de minute, il faudra remplacer partout la quantité τ par 60τ, et en posant

$$A = \overline{60}^2 \frac{225}{4} \sin 1'' . \tau^2, \quad B = \sin 2\delta,$$

$$R'_2 = \overline{60}^4 \frac{50625}{8} \sin^3 1'' \sin 2\delta \left(\cos^2\delta - \frac{1}{6}\right) \tau^4,$$

on aura

$$\delta - \delta' = -A.B - R'_2 + I,$$

$\delta' - \delta$ étant toujours exprimé en secondes d'arc.

(*) Il faut, comme on le voit, maintenir l'inclinaison du fil inférieure à une certaine limite. Il y a de ce fait une autre raison : en effet, l'inclinaison du fil trouble l'observateur en lui présentant des images d'étoiles qui s'écartent du fil à l'aide duquel il a effectué le pointé, et cela au moment où l'observation était déjà considérée comme satisfaisante. Il peut dès lors poursuivre l'étoile jusqu'à la sortie du champ, sans qu'il lui soit possible de vérifier l'exactitude de son pointé en constatant que l'étoile suit pendant un certain temps le fil sans s'en séparer.

On trouvera les valeurs de A, B et R'_2 dans les Tables placées à la fin de ce volume.

Remarque I. — La formule de réduction précédente convient au cas où la graduation du cercle croît dans le sens même des déclinaisons, et où l'on a observé l'étoile à son passage supérieur; si la graduation croissait en sens inverse, il faudrait prendre pour correction

$$+ A.B + R'_2 - I.$$

Enfin comme la graduation du cercle se poursuit toujours dans le même sens de 0° à 360°, il est clair que si, pour un passage supérieur, elle va en croissant dans le sens même des déclinaisons, l'inverse se produira pour un passage inférieur; il faudra donc, dans ce cas, changer les signes des formules précédentes. On aura donc, en général,

$$\delta - \delta' = \pm(\mp A.B \mp R'_2 \pm I).$$

En outre, si, dans la position directe, les divisions croissent dans le sens même des déclinaisons, l'inverse aura lieu pour l'autre position : de même, si, dans une position du cercle, l'extrémité occidentale du fil est la plus élevée lorsque la lunette est dirigée vers le sud, elle sera la plus basse, au contraire, dans l'autre position; pour passer de l'une des positions à l'autre, il faut donc changer tous les signes de la formule précédente.

Remarque II. — A un passage supérieur observé directement correspond évidemment un passage inférieur observé par réflexion. D'ailleurs le sens dans lequel l'étoile paraît marcher, lorsqu'on l'observe par réflexion, est inverse de celui de son mouvement apparent dans une observation directe, il faudrait donc changer le signe de τ dans les formules précédentes; dès lors, dans la position directe, on aura, pour les observations réfléchies, la formule

$$\delta - \delta' = \pm A.B \pm R'_2 \mp I, \left\{ \begin{matrix} PS \\ PI. \end{matrix} \right.$$

49. *Démonstration géométrique de ces formules.* — 1° *Réduction au méridien.* — Soient PS (*fig.* 37) le méridien, O une étoile

située, hors de ce plan, dans l'angle horaire τ : en l'observant au cercle méridien avec un fil horizontal, on observe une distance polaire PO′ au lieu d'une distance polaire PO, O′ étant le

Fig. 37.

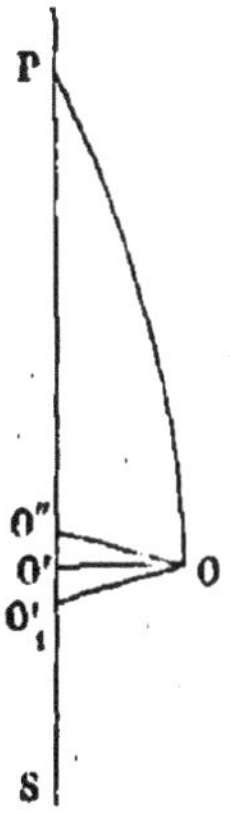

point où un cercle, mené du point O perpendiculairement à PS, coupe le méridien. On a donc, dans le triangle POO′,

$$\operatorname{tang}\delta = \cos t . \operatorname{tang}\delta' ;$$

ou, en posant $\delta' = \delta - \mathrm{R}$,

$$\operatorname{tang}(\delta - \mathrm{R}) = \operatorname{tang}\delta . \operatorname{séc} t.$$

Or, la formule de Taylor donne

$$\operatorname{tang}(\delta - \mathrm{R}) = \operatorname{tang}\delta - \mathrm{R}\frac{1}{\cos^2\delta} + \mathrm{R}^2\frac{\sin\delta}{\cos^3\delta}\cdots;$$

d'autre part, en remplaçant séct par son développement, on a

$$\operatorname{tang}(\delta - \mathrm{R}) = \operatorname{tang}\delta\left(1 + \frac{t^2}{2} + \frac{5}{24}t^4 + \ldots\right),$$

d'où, dans une première approximation,

$$\mathrm{R}_1 = -\frac{t}{2}\sin\delta\cos\delta,$$

et, par suite,

$$-\mathrm{R}=\frac{t^2}{2}\sin\delta\cos\delta+\frac{t^4}{4}\sin\delta\cos\delta\left(\frac{5}{6}-\sin^2\delta\right),$$

$$\mathrm{R}=-\frac{t^2}{4}\sin 2\delta-\frac{t^4}{8}\sin 2\delta\left(\cos^2\delta-\frac{1}{6}\right).$$

2° *Correction due à l'inclinaison du fil.* — Soit OO'_1 la direction du fil avec lequel a été effectué le pointé, et supposons que $90°+i$ soit l'angle de ce fil avec le plan du méridien, c'est-à-dire i l'angle qu'il fait avec l'horizon (*). Le triangle $OO'O'_1$ (*fig.* 37) donne

$$O'O'_1=\mathrm{I}=OO'\tang i;$$

or

$$OO'=\sin t\cos\delta,$$

d'où

$$\mathrm{I}=\sin t\cos\delta\tang i,$$

$$=t.\cos\delta.\tang i.$$

Remarque. — Il est évident qu'il suffira, dans tous les cas, d'ajouter à la déclinaison donnée par l'observation, et déjà réduite au méridien (en tenant compte, s'il y a lieu, du défaut d'orientation de l'instrument), la correction précédente pour obtenir la déclinaison vraie. Ainsi, dans la pratique, on ne détermine jamais que l'inclinaison du fil par rapport au méridien, et l'on applique toujours la formule précédente.

50. *État du cercle mural ou du cercle méridien.* — Il reste à déterminer l'état de l'instrument, c'est-à-dire l'inclinaison du fil et la position du cercle par rapport au plan du méridien.

Comme nous l'avons vu dans l'étude de la lunette méridienne, cette position est fixée par l'un ou l'autre des deux systèmes de quantités,

$$b \text{ et } k \quad \text{ou} \quad m \text{ et } n.$$

Quant à l'erreur de collimation c, nous n'avons point à nous en occuper ici; elle est remplacée dans nos formules par l'angle

(*) Nous considérerons cet angle comme positif lorsque, la lunette étant dirigée vers le sud, le côté ouest du fil sera le plus élevé.

horaire de l'astre au moment de l'observation. Les autres quantités sont liées entre elles par les formules

$$m = b\cos\varphi + k\sin\varphi,$$
$$n = b\sin\varphi - k\cos\varphi,$$

φ étant la latitude du cercle; il suffira donc de trouver les valeurs de deux d'entre elles pour connaître les deux autres.

Les méthodes données pour la détermination des constantes de la lunette méridienne peuvent être toutes employées ici; mais, dans le cas où l'instrument est un cercle mural, c'est-à-dire où il n'est pas retournable et n'a pas de fil horaire mobile, leur emploi exige quelques précautions particulières, et donne lieu à certaines modifications.

I. *Détermination des constantes m et n.* — En l'absence d'un fil horaire mobile, les observations des circompolaires seraient peu précises et fort pénibles; aussi, au lieu de procéder, comme nous l'avons indiqué (p. 201) à propos de la lunette méridienne, on partage les étoiles observées en trois groupes, qui sont les suivants :

1° Les étoiles voisines de l'horizon sud (PI);

2° Les étoiles zénithales (PI);

3° Les étoiles voisines de l'horizon nord (PS).

Chacune de ces observations donnera lieu à une équation de la forme

$$m\cos\delta \pm n\sin\delta \pm (c - \varkappa) = (\alpha - t)\cos\delta, \quad \left\{\begin{array}{l}\text{PS,}\\ \text{PI,}\end{array}\right.$$

où t est le temps de l'observation corrigé de l'état de la pendule relatif au moment de l'observation. En prenant la moyenne des équations de chaque groupe, on aura donc trois équations analogues, que nous désignerons par les symboles (1), (2) et (3).

Les combinaisons

$$(2) - (1) \quad \text{et} \quad (2) + (3)$$

fourniront deux équations, d'où $(c - \varkappa)$ sera éliminée, et qui seront de la forme

$$\text{A}m + \text{B}n = \text{C}, \quad \text{A}'m + \text{B}'n = \text{C}'.$$

Mais, dans la première, A sera très-petit relativement à B; dans la seconde, au contraire, A′ sera très-grand relativement à B′ : de la première on tirera une valeur approchée de n, qui, portée dans la seconde, donnera m; cette valeur, substituée dans la première, fera connaître n.

II. *Détermination des constantes b et k.* — 1° Nous avons vu (p. 182) que si T et T′ sont les passages au fil moyen d'une étoile vue directement et par réflexion, l'inclinaison b est donnée par la formule

$$b = \tfrac{1}{2}(T - T')\frac{\cos\delta}{\cos z}.$$

Or, avec le cercle mural, en l'absence de fil horaire mobile, les observations de passage des circompolaires ne sont point exactes; il n'y aurait donc pas lieu de chercher, en observant de pareilles étoiles, à rendre le numérateur maximum, mais il conviendra d'observer des étoiles pour lesquelles le dénominateur $\cos z$ atteigne sa valeur maximum $+1$, c'est-à-dire des étoiles zénithales; d'autre part, au zénith, les observations par réflexion sont impossibles, on choisira donc, afin d'augmenter l'intervalle des passages aux fils horaires, des étoiles qui passent au méridien entre le zénith et le pôle. Cette méthode exige évidemment que le micromètre ait plusieurs fils horaires : si, par exemple, il en a quatre, on observera l'étoile directement aux deux premïers, puis, par réflexion, aux deux autres, et l'on réduira chacune de ces observations au fil moyen, en suivant la méthode que nous avons indiquée pour la lunette méridienne.

2° L'inclinaison b de l'axe peut encore se déterminer au moyen du bain de mercure, à la condition de modifier la méthode que nous avons donnée (p. 191), puisqu'ici l'instrument ne peut être retourné; en outre le micromètre n'a pas de fil horaire mobile, on se servira donc du fil mobile de déclinaison. Deux cas peuvent se présenter : ou bien la mesure des déclinaisons se fait toujours au moyen d'un fil mobile, le micromètre n'ayant pas de fil fixe; ou bien le micromètre est muni à la fois d'un ou plusieurs fils mobiles et d'un fil fixe. Le principe de la méthode est le même dans les deux cas.

Si le micromètre n'a pas de fil fixe, on donne au fil mobile une position telle que ce fil CD (*fig.* 38) et son image C'D', l'un des

Fig. 38.

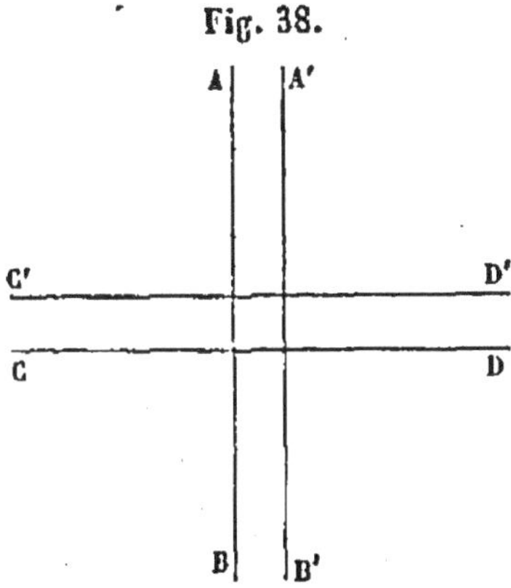

fils verticaux AB et son image A'B', la plus voisine de ce dernier (le fil moyen et son image, s'il y a un fil moyen), fassent un carré parfait. Si les erreurs instrumentales sont déjà fort petites, ce carré sera lui-même très-petit, et il sera facile de le former par simple estime (*), en ayant soin de placer la ligne des yeux successivement dans deux positions rectangulaires : pour mesurer la distance de AB à A'B', il suffit évidemment de mesurer celle qui sépare CD de C'D'. Or il est bien clair qu'en déplaçant CD nous ferons en même temps mouvoir C'D', et que, lorsque CD occupera la position de C'D', C'D' se trouvera à la place de CD; en passant de l'une de ces positions à l'autre, le fil mobile en rencontrera nécessairement une où il coïncidera avec son image, il sera alors au milieu de la distance qui sépare les deux positions. Si le fil micrométrique est assez fin pour qu'on puisse apprécier nettement cette coïncidence, on fera la lecture sur le micromètre : 1° lorsque le carré est formé; 2° au moment de la coïncidence; la différence des deux lectures est égale à la demi-distance cherchée. Mais si l'épaisseur du fil est un peu grande, il devient difficile d'estimer exactement l'instant où il coïncide avec son image; on y supplée en formant deux fois le carré précédent, le fil mo-

(*) L'œil juge de l'égalité des côtés d'un carré avec une approximation d'environ $\frac{1}{40}$ de ce côté.

bile étant alternativement au nord et au sud de son image; par exemple, le fil étant en CD et son image en C′D′, puis le fil étant en C′D′ et son image en CD; la différence des deux lectures faites sur le tambour de la vis micrométrique sera égale à la distance cherchée.

Si le micromètre possède un fil fixe, la méthode suivante, indiquée par M. Wolf pour le cercle mural de Gambey, sera plus avantageuse. On forme le carré précédent non plus avec le fil mobile et son image, mais avec le fil mobile et le fil fixe; on remplace ainsi une image réfléchie par une image directe, dont la netteté est toujours plus grande. La différence des lectures qui correspondent à la position actuelle du fil mobile et à celle où il coïnciderait avec le fil fixe donne la distance cherchée. Ou bien encore on formera une seconde fois le carré précédent, le fil mobile étant placé au sud du fil fixe si tout à l'heure il était au nord. La différence des lectures faites sur le tambour de la vis micrométrique sera égale au double de la distance cherchée.

D'un autre côté, l'observation d'une étoile zénithale donne la relation

$$\alpha - t = (b + c - x)\,\text{séc}\,\varphi.$$

Par la combinaison de l'observation nadirale et de celle de l'étoile zénithale, ou mieux d'un groupe d'étoiles très-voisines du zénith, mais de part et d'autre, on aura les valeurs de b et de c. Reste à trouver la déviation azimutale k; pour cela on observe, aux fils horaires de l'instrument, les passages d'étoiles voisines de l'horizon sud et de l'horizon nord. Leurs déclinaisons diffèrent peu, en valeur absolue, de la colatitude du lieu, et si ε et ε' sont des angles très-petits, on pourra remplacer

$$\delta \text{ par } -(90^\circ - \varphi - \varepsilon), \quad \text{pour l'horizon sud,}$$

$$\delta' \text{ par } +(90^\circ - \varphi + \varepsilon'), \quad \text{pour l'horizon nord;}$$

on aura, pour ces observations de passages,

$$\alpha - t = k\frac{\cos\varepsilon}{\sin(\varphi + \varepsilon)} + b\frac{\sin\varepsilon}{\sin(\varphi + \varepsilon)} + \frac{c - x}{\sin(\varphi + \varepsilon)}, \quad \text{Sud,}$$

$$\alpha' - t' = k\frac{\cos\varepsilon'}{\sin(\varphi - \varepsilon')} - b\frac{\sin\varepsilon'}{\sin(\varphi - \varepsilon')} - \frac{c - x}{\sin(\varphi - \varepsilon')}, \quad \text{Nord;}$$

et, en combinant, par addition, ces différentes équations, on obtiendra une relation qui permettra d'obtenir k avec une grande approximation.

Rectification de l'inclinaison de l'axe. — Si l'inclinaison de l'axe avait une valeur trop forte, et que, par suite, le plan du cercle s'éloignât beaucoup de la verticalité, il faudrait la rectifier. On emploie pour cela une méthode dont le principe est dû à Troughton, mais qui a été un peu modifiée par Gambey, et qui consiste essentiellement à rendre égales les distances du bord supérieur et du bord inférieur du limbe à une verticale voisine du centre du cercle. Au devant du cercle, à une petite distance, et dans un plan vertical passant très-près de l'axe, on suspend un fil à plomb; normalement au cercle, en un des points de son limbe, on fixe une croisée de fils qui sert de repère fixe, et que l'on amène en coïncidence avec le fil à plomb; on fait ensuite tourner le cercle de 180°, de façon à amener en haut du cercle le repère qui, tout à l'heure, était à sa partie inférieure, et l'on agit sur les vis réglantes de l'axe jusqu'à rétablir la coïncidence du repère et du fil à plomb.

Le fil à plomb se suspend au-dessus du cercle par une pièce d'attache scellée dans la muraille, mais pourvue d'un rappel qui permet d'éloigner le fil du limbe du cercle, ou de l'en rapprocher dans une petite étendue de course.

Le repère fixe consiste en un appareil optique inventé par Ramsden, dit *microscope de Troughton* (*fig.* 39), qui se fixe sur le

Fig. 39.

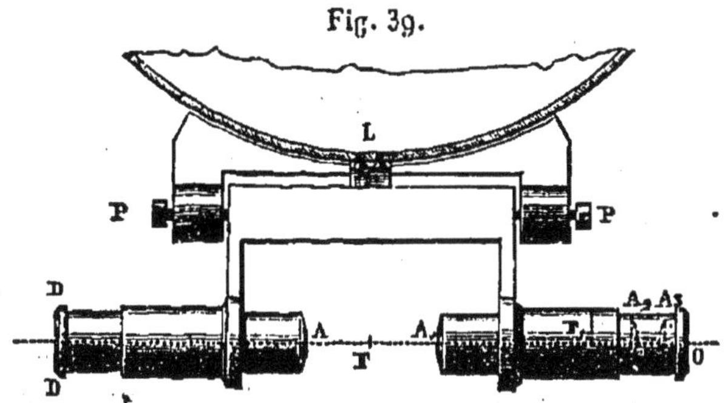

tube de la lunette près de l'objectif. Il est porté par deux pièces métalliques recourbées à angle droit, et mobiles autour de deux pointes PP, formant une ligne perpendiculaire à l'axe du tube et parallèle au plan du limbe, de manière qu'il peut à volonté venir s'appliquer contre le tuyau de la lunette et être de nouveau ramené en saillie. Une lame de ressort L, parallèle à l'axe du tube et qui lui est fixée, presse toujours le système total contre ses pivots, et le maintient, lorsqu'il est relevé, dans une position parfaitement déterminée.

L'appareil optique est composé comme il suit : DD est un disque mince de nacre de perle ou de verre dépoli, que l'on éclaire extérieurement au moyen d'une lampe, et qui devient ainsi un objet rayonnant; une lentille biconvexe A, qui s'ajuste à une distance convenable de sa face opposée, en forme une petite image circulaire dans son plan focal actuel en F; sur le prolongement de AF est placé un petit microscope dont l'objectif A′ reporte cette image à son propre foyer F′, au point de croisement d'un réticule à fils fixes; au delà, en O, est un oculaire positif. Concevons que les centres des quatre lentilles soient sur une même droite, et supposons que toutes les pièces soient fixées dans une position déterminée par rapport à la lunette et au cercle : nous pourrons prendre alors le point de croisement des fils pour repère fixe du fil à plomb, le disque lumineux DD ne servant que pour illuminer le champ apparent, sur lequel le fil à plomb se détachera en noir par son opacité.

Pour opérer, on fait tourner le cercle jusqu'à ce que la lunette devienne verticale, son objectif étant en bas; puis on déploie l'appareil optique, et l'on fait mouvoir le point de suspension du fil à plomb jusqu'à ce qu'il vienne se placer dans l'axe de vision; ensuite le mouvement de rappel du cercle en approche ou en éloigne le microscope de Troughton, de manière que l'image du fil se trouve exactement au foyer F, et se voie en coïncidence avec le point de croisement des fils du réticule.

La coïncidence exacte de l'image du fil avec le point de croisement étant obtenue à l'aide des deux mouvements de rappel, on rabat l'appareil contre le tuyau qui le porte, ce qui permet de faire tourner le cercle et la lunette sans rencontrer le fil à plomb ni le déranger. L'objectif étant ainsi reporté en haut, on ramène à sa position première l'appareil optique qui se trouve alors de nouveau contenir le fil dans son espace libre; et, au moyen du rappel du cercle, on déplace le microscope jusqu'à ce qu'il en forme une image nette dans le plan du réticule intérieur. Si la croisée du réticule coïncide encore avec l'image du fil, le cercle est vertical, puisqu'il a transporté la ligne de vision sur deux points d'un fil dont la verticalité est assurée.

Si la coïncidence n'existe pas, on agit sur les vis butantes qui fixent l'axe de rotation du cercle, de manière à bissecter l'écart. Alors on rabat de nouveau l'appareil optique contre sa monture; on ramène l'objectif en bas sans détacher le fil; et l'on fait mouvoir les rappels pour recommencer une nouvelle épreuve, suivie d'un second retournement qui ne peut plus laisser voir qu'un écart bien moindre que la première fois. Après quelques alternatives pareilles, la verticalité se trouve établie dans les limites d'une exactitude suffisante (*).

III. *Détermination de l'inclinaison du fil.* — L'inclinaison du fil se détermine en observant une étoile avec ce fil aux deux extrémités du champ, de part et d'autre du méridien.

Soient :

l_0 et l_1 les deux lectures faites sur le cercle avant et après le méridien, et réduites au méridien;

δ la déclinaison de l'étoile;

i l'inclinaison du fil;

t_0 et t_1 les temps des observations exprimées en minutes et centièmes de minute.

On aura (p. 237)

$$(a)\qquad \operatorname{tang} i = \frac{l_0 - l_1}{900\,(t_1 - t_0)\cos\delta}.$$

On convient de considérer l'inclinaison comme positive lorsque le côté ouest du fil est le plus élevé, la lunette étant tournée vers le sud; on conservera donc à l'inclinaison le signe que lui donne cette formule, si les lectures vont en croissant sur le cercle du nord vers le sud en passant par le zénith, c'est-à-dire dans le

(*) Biot. — *Astronomie physique*, vol. II, p. 295.

même sens que les distances polaires. Quant à l'inclinaison i, on l'exprimera en minutes et dixièmes de minute. On choisit d'ordinaire, pour ces déterminations, une étoile circompolaire qui met un temps considérable à traverser le champ de l'instrument. Il faut alors évidemment corriger chaque observation séparément de la réfraction, car celle-ci a pu varier pendant l'intervalle.

Lorsque le micromètre du cercle possède un fil horizontal mobile, on procède différemment : laissant le cercle fixe, on fait aux deux extrémités du champ un grand nombre de pointés sur la circompolaire avec le fil mobile, en notant la seconde ronde à laquelle s'est fait chacun d'eux.

Soient :

l_1, l_2,... les lectures du micromètre exprimées en secondes d'arc, corrigées de la réfraction et réduites au méridien;

t_1, t_2,... les intervalles qui séparent chacun de ces pointés de l'instant du passage de l'étoile au méridien;

L la lecture inconnue qu'on aurait obtenue au moment du passage au méridien.

On aura la série d'équations

$$\begin{gathered} l_1 + 900\, t_1 \operatorname{tang} i \cos\delta = \mathrm{L}, \\ l_2 + 900\, t_2 \operatorname{tang} i \cos\delta = \mathrm{L}, \\ \dots\dots\dots\dots\dots, \\ l_n + 900\, t_n \operatorname{tang} i \cos\delta = \mathrm{L}. \end{gathered}$$

On en déduit

$$\frac{\Sigma l}{n} + 900 \operatorname{tang} i \cos\delta \frac{\Sigma t}{n} = \mathrm{L},$$

et, par conséquent,

$$(\mathrm{A}) \quad \left\{ \begin{aligned} &\frac{\Sigma l}{n} - l_1 + 900 \cos\delta \left(\frac{\Sigma t}{n} - t_1\right) \operatorname{tang} i = 0, \\ &\frac{\Sigma l}{n} - l_2 + 900 \cos\delta \left(\frac{\Sigma t}{n} - t_2\right) \operatorname{tang} i = 0, \\ &\dots\dots\dots\dots\dots\dots\dots\dots\dots, \\ &\frac{\Sigma l}{n} - l_n + 900 \cos\delta \left(\frac{\Sigma t}{n} - t_n\right) \operatorname{tang} i = 0. \end{aligned} \right.$$

On traitera toutes les équations comme nous l'avons indiqué (p. 211); on rejettera toutes celles où le coefficient de l'inconnue tang i serait moindre que le tiers environ du plus fort de tous les coefficients; changeant ensuite les signes de celles où le coefficient de tang i serait négatif, et ajoutant membre à membre on obtiendra une équation définitive, d'où l'on déduira la valeur de tang i (*).

Il faudra évidemment observer le thermomètre extérieur, le thermomètre intérieur et le baromètre au moment de chacune des deux séries de pointés, afin de pouvoir tenir compte des variations de la réfraction; de plus, il conviendra de lire plusieurs fois les microscopes du cercle pendant l'intervalle de ces observations, afin de s'assurer de la stabilité de l'instrument.

Avec un instrument dont le micromètre possède un fil horizontal mobile, il n'est plus nécessaire de se limiter aux observations des circompolaires; le temps qu'une étoile quelconque met à traverser le champ de l'instrument est toujours assez considérable pour qu'on puisse faire plusieurs pointés avant et après le méridien. Il est alors complétement inutile de tenir compte des variations de la réfraction, et c'est là un grand avantage; de plus, la durée totale d'une observation étant assez courte, il n'y a pas lieu de s'inquiéter des changements de position de l'instrument. Il conviendra, d'ailleurs, de diriger les observations de manière que les pointés, toujours aussi éloignés que possible du méridien, soient deux à deux symétriques par rapport à ce plan, ou, ce qui revient au même, deux à deux à égale distance du milieu du champ. Soient l et l' les lectures correspondantes à deux pareils pointés, t et t' les époques d'observation, on aura

$$\operatorname{tang} i = \frac{l - l'}{900\,(t' - t)\cos\delta},$$

sans qu'il soit nécessaire de réduire au méridien les lectures l et l'.

(*) En appliquant au terme correctif (p. 229)

$$I = (n \sin\delta \pm \iota \cos\delta) \operatorname{tang} l \begin{cases} \text{Pass. sup.} \\ \text{Pass. inf.,} \end{cases}$$

le même procédé de calcul, on aurait l'inclinaison du fil par rapport au plan du cercle.

Avec les conventions précédentes sur le signe de i, on conservera à l'inclinaison le signe que lui donne cette formule, si les lectures croissent sur le tambour du micromètre lorsque, dans une position déterminée du cercle, le fil mobile passe d'une étoile à une autre de distance polaire plus forte. On observera ainsi un grand nombre d'étoiles différentes, de préférence des étoiles zénithales sur l'observation desquelles la réfraction a la moindre influence; il en résultera une série de valeurs de i dont on prendra la moyenne.

On n'obtient ainsi, il est vrai, que l'inclinaison du fil mobile; mais cette détermination est, en général, seule utile, car c'est avec le fil mobile que l'on fait toutes les observations extra-méridiennes. D'ailleurs on peut, s'il est nécessaire, en déduire aisément l'inclinaison du fil fixe, pour cela on amène le fil mobile au contact du fil fixe, successivement sous les deux fils verticaux extrêmes; on divise la différence des pointés, réduite en arc, par le temps, également réduit en arc, qu'une étoile équatoriale met à parcourir la distance de ces deux fils verticaux; le quotient donne l'inclinaison mutuelle des deux fils.

Remarque I. — Si l'on résolvait séparément chacune des équations (A), et que les valeurs de i ainsi obtenues présentassent une marche accusée, il faudrait en conclure que le fil n'est pas rectiligne; on devrait alors le tendre de nouveau.

Pour étudier le fil il vaudrait mieux partager les pointés par groupes d'un petit nombre et très-voisins; puis réduire isolément chacun de ces groupes.

Remarque II. — Si le fil est rectiligne, il est évident que la moyenne des deux pointés faits symétriquement de part et d'autre du méridien, serait exempte de l'erreur de l'inclinaison du fil. Aussi, dans la pratique, toutes les observations de circompolaires sont-elles faites de part et d'autre du méridien; l'erreur provenant de l'inclinaison est ainsi considérablement diminuée.

Remarque III. — Si l'inclinaison trouvée, ainsi que nous venons de le dire, était trop considérable, on la réduirait en faisant tourner la monture du micromètre au moyen des vis qui la commandent.

Remarque IV. — La détermination de l'inclinaison du fil par les observations de la Polaire est toujours assez incertaine, surtout lorsqu'elles ont été faites le jour; pendant la durée d'une pareille observation, il se produit souvent dans l'état de l'atmosphère des variations (changements dans le mode de superposition des couches, leur déplacement latéral), qui, sans être sensibles au thermomètre et au baromètre, ne changent pas moins la position apparente de l'astre et produisent une erreur sur le temps de son passage par l'axe d'un fil. Aussi doit-on s'attendre à des discordances assez prononcées dans les valeurs de l'inclinaison du fil qu'on en déduit. On s'en fera une idée à l'inspection des nombres suivants déduits d'observations de la Polaire, faites au cercle de Gambey (*).

Date.	Inclinaison.	Date.	Inclinaison.
1855 Sept. 17	— 10',1	1856 Fév. 17	— 20',7
» 26	— 16,8	Mars 29	— 8,8
Nov. 14	— 13,8	1857 Fév. 14	— 8,7
» 15	— 16,7	Mai 4	— 9,1
» 26 PS	— 17,3	» 13	— 14,8
» 26 PI	— 12,4	» 14	— 13,4

Autre méthode. — Pour les petits cercles méridiens portatifs, la méthode suivante est souvent commode (**). Au nord de l'instrument on place un théodolite devant servir de collimateur et dont l'axe est aussi exactement vertical que possible; on pointe les deux instruments l'un sur l'autre, et, laissant *constante* la distance zénithale de l'axe optique du théodolite, on fait tourner la lunette autour de l'axe vertical, de manière à amener la croisée des fils successivement aux deux bords du champ et en son centre. On pointe, dans chaque cas, le fil horizontal du cercle sur la croisée des fils du théodolite. La comparaison des lectures faites aux deux extrémités d'une part, la comparaison de leur moyenne avec celle qui correspond au milieu d'autre part, donnera l'inclinaison

(*) *Annales de l'Observatoire de Paris* (*Observations*), vol. XII, p. 87.

(**) Yvon Villarceau. — *Longitudes, latitudes et azimuts terrestres* [*Annales de l'Observatoire de Paris* (*Mémoires*), t. IX, p. A.77].

de la corde qui joint les deux extrémités du fil, inclinaison qu'on pourra prendre pour celle du fil lui-même en son milieu, ce qui suffira si les observations n'ont jamais été faites très-loin du méridien.

51. *Observations de la Lune, du Soleil et des Planètes.* — Lorsque l'astre a un diamètre apparent sensible, il faut obtenir la déclinaison du centre à l'aide de la déclinaison du bord observé. Il faut, en outre, tenir compte de la parallaxe et du mouvement propre de l'astre. Mais comme ici l'angle horaire du bord observé est toujours très-faible au moment de l'observation, nous supposerons que l'orientation du cercle est parfaite. Ainsi, dans la formule (α) du n° 47 (p. 228) nous négligerons le produit $\sin t \sin n$, nous remplacerons $\cos n$ par l'unité et supposerons que l'angle horaire t est l'angle horaire vrai; en outre, nous ne nous occuperons pas de l'inclinaison du fil, dont on corrigera l'effet séparément. Avec ces conventions la formule (α) se réduit à la suivante :

$$(\alpha_1) \qquad \sin\delta' \cos\delta \cos t = \sin\delta \cos\delta'.$$

Soient maintenant :

δ' la déclinaison, lue sur le cercle, du point observé de la Lune;

δ_1 la déclinaison du même point réduite au méridien;

δ la déclinaison apparente du centre de la Lune;

t l'angle horaire apparent du centre de la Lune, qui diffère peu de celui du point observé si le fil est sensiblement horizontal;

h' le demi-diamètre apparent de la Lune.

On aura

$$\delta_1 = \delta \pm h',$$

suivant qu'on aura observé le bord supérieur (BS) ou le bord inférieur (BI), et par l'équation (α_1)

$$\sin\delta' \cos(\delta \pm h') \cos t = \sin(\delta \pm h') \cos\delta'.$$

Développons cette équation en ne conservant que le signe $+$, nous aurons

$$\sin\delta'\cos\delta\cos h'\cos t - \sin\delta'\sin\delta\sin h'\cos t$$
$$= \sin\delta\cos h'\cos\delta' + \sin h'\cos\delta\cos\delta';$$

d'où, en remplaçant $\cos h'$ par l'unité,

$$\sin\delta'\cos\delta\cos t - \sin\delta\cos\delta'$$
$$= \sin h'(\cos\delta\cos\delta' + \sin\delta\sin\delta'\cos t)$$
$$= \sin h'[\cos(\delta-\delta') - 2\sin\delta\sin\delta'\sin^2\tfrac{1}{2}t];$$

et si l'on néglige le terme en $\sin^2\frac{1}{2}t$, et que l'on remplace par l'unité $\cos(\delta - \delta')$ qui est de l'ordre de $\cos h'$, on aura simplement

$$\pm\sin h' = \cos\delta\sin\delta'\cos t - \sin\delta\cos\delta';$$

ou, en multipliant les deux termes de cette équation par le rapport Δ de la distance de l'astre au centre de la Terre et au lieu d'observation,

$$\pm\Delta\sin h' = \Delta\cos\delta\sin\delta'\cos t - \Delta\sin\delta\cos\delta'.$$

Exprimons les coordonnées apparentes au moyen des coordonnées géocentriques, et, dans ce but, posons

$$\Delta\cos\delta = \cos\delta_0 - \rho\sin\pi\cos\varphi',$$
$$\Delta\sin\delta = \sin\delta_0 - \rho\sin\pi\sin\varphi',$$
$$\Delta\sin h' = \sin h;$$

nous obtiendrons aisément

$$\pm\sin h - \rho\sin\pi\sin(\varphi'-\delta') = \sin(\delta'-\delta_0) - \tfrac{1}{2}\sin^2 1''\cos\delta_0\sin\delta'.t^2.$$

Soient, d'ailleurs, θ le temps sidéral de l'observation, θ_0 le temps sidéral du passage du centre de l'astre au méridien; on aurait, si l'ascension droite de l'astre était invariable,

$$t = \theta - \theta_0:$$

mais, dans le cas actuel, l'ascension droite de l'astre varie avec le temps; désignons par λ l'accroissement de cette quantité en une seconde, et supposons $\theta - \theta_0$ exprimé en secondes de temps, nous aurons

$$t = (\theta - \theta_0)(1 - \lambda).15;$$

posons maintenant

$$\sin p = \rho \sin \pi \sin(\varphi' - \delta),$$

il viendra

$$\sin(\delta_0 - \delta') = \sin p \mp \sin h - \tfrac{1}{4} \sin 2\delta' . (\theta - \theta_0)^2 (1 - \lambda)^2 \left(\frac{15}{206265}\right)^2 .$$

On a, en outre,

$$\sin(p \pm h) = \sin p \pm \sin h \mp 2 \sin p \sin^2 \tfrac{1}{2} h \mp 2 \sin h \sin^2 \tfrac{1}{2} p,$$

et, par suite, en remplaçant $\sin^2 \frac{1}{2} h$ et $\sin^2 \frac{1}{2} p$ par $\frac{1}{4} h . \sin h$ et $\frac{1}{4} p . \sin p$ (ce qui suffit ici, car les deux derniers termes atteignent rarement un dixième de seconde),

$$\sin p \pm \sin h = \sin(p \pm h) \pm \frac{p \pm h}{2} \sin p \sin h . \frac{1}{206265},$$

d'où il résulte enfin

$$(\mathrm{A}) \left\{ \begin{aligned} \delta_0 = \delta' + p \mp h \mp \frac{p \mp h}{2} \sin p . \sin h \\ - \left(\frac{15}{2}\right)^2 . \frac{1}{206265} (1 - \lambda)^2 (\theta - \theta_0)^2 \sin 2\delta' \quad (*), \end{aligned} \right.$$

formule dans laquelle le dernier terme n'est autre chose que le premier terme de la *réduction au méridien* multiplié par le facteur $(1 - \lambda)^2$.

La déclinaison vraie du centre de la Lune donnée par cette formule convient au temps θ; si on veut l'obtenir pour une autre époque θ' (par exemple, pour l'époque de son passage au méridien, ou pour celle de l'observation de la Lune en ascension droite), on devra ajouter à la formule précédente le terme

$$\frac{d\delta}{dt} (\theta' - \theta),$$

où $\frac{d\delta}{dt}$ représente la variation de la déclinaison de cet astre pen-

---

(*) Cette formule a été donnée par Bessel, dans l'introduction des *Tabulæ Regiomontanæ*, p. IV.

dant une seconde sidérale. Or, dans les Éphémérides (*Nautical Almanac*), on trouve la variation géocentrique $\Delta\delta$ de la déclinaison de la Lune en une heure sidérale (*Var. of* ☾*'$_s$, decl. in a hour of Long.*); on en déduira la variation correspondante $\Delta_1\delta$ pour le lieu de l'observation au moyen de la formule

$$\Delta_1\delta = \Delta\delta(1 + \sin p \cos z),$$

z étant la distance zénithale du centre de la Lune, et p sa parallaxe horizontale. On aura donc à ajouter à la formule (A) le terme

$$\frac{1}{3600}\Delta\delta(1 + \sin p \cos z)(\theta' - \theta).$$

De même, dans les Éphémérides, on trouve au lieu de λ la variation $\Delta\alpha$ de l'ascension droite en une heure sidérale, d'où

$$\lambda = \frac{\Delta\alpha}{3600}.$$

Remarque. — A cause de la petitesse du facteur $\sin p$, on peut, sans erreur sensible, supposer que cette quantité est constante; pour un même lieu, le facteur $(1 + \sin p \cos z)$ ne dépend plus alors que de la déclinaison δ du centre de la Lune. Ainsi pour Paris ses valeurs sont données par le tableau suivant :

δ	$1+\sin p \cos z$	δ	$1+\sin p \cos z$
$+30°$	1,016	$0°$	1,011
$+20$	1,013	-10	1,009
$+10$	1,013	-20	1,006
0	1,011	-30	1,003

Observations du Soleil et des Planètes. — Les observations du Soleil et des Planètes se font, comme celles de la Lune, en amenant le fil du micromètre à être tangent au limbe, et si l'on considère l'astre comme un corps sphérique la réduction au méridien se fera de la même manière.

Ce calcul se simplifie lorsque, comme pour les planètes sans phase et le Soleil, on peut observer les deux bords de l'astre. La réduction au méridien peut, d'ailleurs, être alors facilitée par l'emploi d'une Table, semblable à celle donnée par Bessel dans les *Tabulæ Regiomontanæ*, p. XII, et contenant le logarithme du facteur

$$b = \left(\frac{15}{2}\right)^2 \frac{1}{206265}(1-\lambda)^2 \sin 2\delta$$

pour chaque jour de l'année fictive. Cette Table contient aussi la valeur a de l'accroissement de la déclinaison du Soleil en 100 secondes sidérales, de telle sorte que l'ensemble formé par la réduction au méridien de la déclinaison observée et la correction due à la variation de la déclinaison dans l'intervalle de temps τ est représenté par

$$\frac{a\tau}{100} + b.\tau^2.$$

D'autre part, la correction de parallaxe peut être mise sous la forme

$$p = \frac{\varpi}{r}\rho \sin(\varphi' - \delta),$$

où l'on représente par

ϖ la parallaxe horizontale équatoriale,
r la distance à la Terre rapportée à la distance moyenne,
ρ le rayon de la Terre correspondant au lieu d'observation,
φ' la latitude géocentrique de ce lieu;

et dans chaque observatoire on réduira cette quantité en Tables pour chaque jour de l'année.

Nous ajouterons que, dans le cas du Soleil, il faut, en général, pour pouvoir en observer à la fois les deux bords, prendre des précautions spéciales. Ainsi, pour observer le Soleil au cercle de Gambey, on fixe d'abord le cercle dans une position telle, que l'un des bords du Soleil se présente au milieu du champ, et l'on fait immédiatement la lecture des microscopes. Puis, venant à la lunette, l'observateur pointe sur ce bord avec le fil mobile un peu avant que le centre n'arrive au méridien. Il desserre aussitôt la pince, fait tourner le cercle de manière à amener l'autre bord de l'astre au milieu du champ, et, après avoir fixé le cercle, il rend, à l'aide de la vis de rappel, le fil fixe tangent à ce second bord; puis il fait une nouvelle lecture des microscopes. Il faut d'ailleurs noter dans les deux cas quelle est la seconde ronde à laquelle s'est fait le pointé.

Remarque. — Ces observations de la Lune ou des Planètes ont été faites en amenant le fil horizontal en contact avec l'un des bords de l'astre; il faut tenir compte de l'épaisseur de ce fil, afin d'en rendre les résultats comparables à ceux que donnent les observations des étoiles. Cette quantité se détermine comme il suit : on amène le fil mobile à être tangent alternativement au bord supérieur et au bord inférieur du fil fixe, et l'on prend les moyennes des pointés faits dans les deux positions. Leur demi-différence est diamètre moyen des deux fils; leur demi-somme donne la position du *fil fixe*.

52. *Détermination des distances polaires, des distances zénithales et de la latitude.* — Les observations faites avec un cercle mural ou un cercle méridien ne donnent pas immédiatement les différences vraies des déclinaisons ou des distances zénithales; il faut corriger les lectures faites, sur le cercle, des erreurs de division et de celles qui sont dues à la flexion de la lunette et du cercle (*voir* nos 7 et 8). Enfin on devra déterminer le point du cercle qui correspond au pôle si l'on veut obtenir immédiatement les distances polaires, et celui qui correspond au zénith si l'on veut avoir les distances zénithales.

I. *Distances polaires.* — Pour déterminer le point du cercle qui correspond au pôle, on observera l'étoile polaire à sa culmination supérieure et à sa culmination inférieure. Chacune de ces lectures sera corrigée de la réfraction, des erreurs de flexion et de division, et la demi-somme des résultats ainsi obtenus donnera la position du point cherché (*), en admettant toutefois que les positions relatives des microscopes et du cercle n'aient point varié pendant l'intervalle des deux observations. Or, pour constater cette fixité relative, et, s'il y a lieu, pour mesurer ces variations, la meilleure méthode repose sur la détermination du point nadiral du cercle

(*) En réalité, la position du pôle se déduira de la combinaison d'un grand nombre d'observations de ce genre.

au moment des deux observations; lorsque l'on sera dans un observatoire dont la latitude est déjà connue d'une manière suffisamment exacte par des observations antérieures, il sera donc plus simple, et en même temps plus exact, de rapporter toutes les observations au point zénithal du cercle, c'est-à-dire de déterminer directement les distances zénithales des étoiles, et d'en déduire ensuite leurs distances polaires ou leurs déclinaisons au moyen de la valeur connue de la latitude du lieu d'observation.

II. *Distances zénithales. — Détermination du nadir.* — On peut, pour cette détermination, employer plusieurs méthodes différentes.

1° *Emploi du bain de mercure.* — La lunette étant dirigée vers le nadir, on place au-dessous un bain de mercure, et, après avoir pris les précautions que nous avons indiquées (n° 12, p. 189), on fait coïncider l'image réfléchie du fil de déclinaison avec le fil lui-même. On fait alors la lecture aux microscopes, et le nombre L_0 ainsi obtenu représente la position du nadir.

Au lieu du fil fixe, on peut se servir aussi du fil mobile du micromètre. En effet la lunette étant placée dans une position voisine de celle qui correspond au nadir, on amènera l'image du fil mobile en coïncidence avec ce fil lui-même. On fera la lecture à la fois aux microscopes et sur le tambour du micromètre, et, en ajoutant à la lecture du cercle la distance du fil mobile au fil fixe, exprimée en arc et prise avec un signe convenable, on aura le nombre L_0 (*).

Souvent, dans les cercles méridiens, on remplace, comme l'a conseillé Bessel, le fil horizontal par un couple de deux fils horizontaux parallèles et distants d'environ 10″; la ligne de collimation est alors celle qui, menée par le centre optique de l'objectif, partage en deux parties égales l'angle formé par les deux fils, et l'observation d'une étoile se fait en amenant son image à se trouver au milieu de l'intervalle qui les sépare. Dans ce cas, on bissec-

(*) Il convient ici d'amener le fil mobile en contact successivement avec les deux bords (nord et sud) de son image, et de prendre la moyenne de ces deux résultats.

tera successivement avec l'image de chacun de ces fils l'intervalle des deux fils eux-mêmes. La moyenne des lectures correspondra au point nadiral (*).

En résumé si L est la lecture qui correspond à une étoile située entre le zénith et l'horizon sud, et si l'on suppose que les lectures croissent sur le cercle, dans la position directe, du zénith vers le nadir en passant par le sud, sens dans lequel on compte les distances zénithales, on aura la distance zénithale apparente r de l'étoile par la formule

$$z = \pm(180^\circ - L + L_0), \quad \text{Position} \begin{cases} \text{directe,} \\ \text{inverse.} \end{cases}$$

Les lectures L et L_0 sont supposées corrigées des erreurs de division et de flexion.

En toute rigueur il serait nécessaire de faire, au moment de l'observation de chaque étoile, la détermination du point qui correspond au nadir; mais comme les changements apportés à la position de ce point par les déplacements des microscopes sont toujours très-petits et varient très-lentement, il suffit de le déterminer de temps en temps, et, pour les observations intermédiaires, d'interpoler les valeurs ainsi trouvées. Par ce moyen, on élimine complétement les variations des microscopes, et puisque la détermination du point nadiral peut se faire avec une grande simplicité et en même temps avec une grande exactitude, cette méthode de détermination des distances zénithales est certainement la meilleure.

(*) Lorsque le réticule comprend ainsi deux fils horizontaux voisins, on pointe une étoile en déclinaison en faisant mouvoir l'instrument à l'aide de la vis de rappel, jusqu'à ce que l'étoile soit au milieu de l'intervalle de ces fils. Il en résulte, dans le pointé, des équations personnelles qui varient suivant que l'étoile a été observée au sud ou au nord du zénith. Dans le cas d'une planète telle, qu'entre son diamètre et la distance des fils, il n'y ait qu'une différence très-petite, ces équations personnelles disparaissent; mais si le disque débordait beaucoup les fils, il se produirait une équation nouvelle; les différentes déclinaisons ne seraient donc pas comparables. Pour toutes ces raisons, on préfère généralement n'employer qu'un fil horizontal, avec lequel on bissecte l'étoile ou qu'on amène à être tangent au bord de la planète.

Remarque. — Les observations nadirales faites au fil mobile peuvent servir à déterminer la valeur moyenne d'un tour de la vis micrométrique qui conduit ce fil. Il suffit de faire coïncider le fil mobile avec son image dans deux positions successives de la lunette telles, que la coïncidence ait lieu alternativement aux deux extrémités du champ. On fera à chaque fois la lecture du micromètre, ainsi que celles du cercle et des microscopes, et l'on aura immédiatement la valeur en minutes et fractions de minute d'un certain nombre de tours et de fractions de tour de la vis micrométrique.

2° *Emploi de collimateurs horizontaux.* — On peut encore déterminer le point du cercle, qui correspond au zénith, au moyen de deux collimateurs horizontaux, disposés l'un au nord, l'autre au sud de la lunette.

Par une opération préliminaire, on fait coïncider l'axe optique de chaque collimateur avec son axe de figure. Les tubes des collimateurs sont munis de deux anneaux de laiton parfaitement cylindriques et par lesquels ils reposent sur deux V formés par des plans rectangulaires. Ces deux V portent les vis ordinaires de correction en azimut et en hauteur; les réticules des collimateurs sont munis aussi de vis semblables qui permettent de les déplacer dans deux directions perpendiculaires à l'axe de l'instrument. Ceci posé, les collimateurs étant installés en face l'un de l'autre, on pointe l'un des collimateurs sur l'autre, et l'on amène les points de croisement des fils des deux réticules à être en coïncidence; on fait alors tourner l'un des collimateurs de 180° autour de son axe : si les points de croisement restent en coïncidence, la ligne de collimation coïncide avec l'axe de figure; dans le cas contraire, on fera mouvoir le réticule au moyen des vis dont il est muni, jusqu'à ce que ce résultat soit obtenu. On procédera ensuite de même pour l'autre collimateur. On pourra d'ailleurs trouver, avec le niveau, l'inclinaison de cet axe, et par suite celle de la ligne de collimation, et comme, en outre, ces collimateurs peuvent être retournés bout pour bout, c'est-à-dire de telle sorte que l'objectif prenne la place de l'oculaire, le niveau servira encore à déterminer par les procédés ordinaires l'inégalité des deux anneaux cylindriques.

Déterminons maintenant le point zénithal du cercle. Pour cela, après avoir fait un nivellement de l'un des collimateurs, nous pointerons sur lui la lunette du cercle, nous amènerons le fil horizontal en coïncidence avec le point de croisement des fils du collimateur, et nous ferons la lecture aux microscopes. Afin d'éliminer une erreur accidentelle dans la position de la ligne de collimation, on recommencera cette série d'opérations, après avoir tourné le collimateur de 180° autour de son axe. Nous opérerons de même sur le second collimateur. Soient a et b les moyennes des lectures pour chaque collimateur, lectures supposées corrigées de l'inclinaison de chacun d'eux (*), et supposons les deux collimateurs à égale distance de l'instrument, de façon que leurs verticales fassent des angles égaux avec celle du centre du cercle, le point zénithal du cercle sera donné par l'expression

$$\tfrac{1}{2}(a+b).$$

En général, désignons par x l'élévation de celle des extrémités de l'un des collimateurs qui porte l'objectif, angle corrigé de l'inégalité des tourillons, et négligeons l'angle formé par la verticale de la lunette et celle du collimateur : lorsque la lunette sera dirigée vers ce collimateur, sa distance zénithale sera représentée par $90° + x$. Il faudra donc, pour avoir le point horizontal du cercle, retrancher x à la lecture, ou l'y ajouter, suivant le sens de la graduation.

Cette méthode de détermination du point nadiral du cercle est due à Bessel; elle est plus compliquée que la précédente, et probablement aussi moins exacte à cause des nivellements (**); aussi, dans la pratique, on lui préfère généralement la première.

III. *Détermination de la latitude.* — Pour déterminer la latitude, on peut observer une circompolaire directement et par réflexion. Entre les résultats des deux observations, faites à un pas-

(*) Si dans l'expression de la flexion il existe des termes qui peuvent influer sur la moyenne des deux lectures, elles devront aussi en être corrigées.

(**) Il faut employer ici un niveau de grandes dimensions, si l'on veut que la méthode soit exacte : il est visible d'ailleurs qu'un seul collimateur, placé successivement au nord et au sud de la lunette, suffit pour appliquer ce procédé.

sage supérieur, par exemple, il existe l'équation (n° 9, p. 69)

$$90^\circ - \zeta = \frac{1}{2}\left(\frac{z' - z}{2} + \frac{z'' - z'''}{2}\right) - b'' \sin 2z - \ldots,$$

et une équation analogue pour un passage inférieur. La demi-somme de ces deux équations fournira une valeur de la latitude indépendante de la déclinaison de l'étoile employée, et affectée seulement des termes de la flexion contenant les sinus des multiples pairs de la distance zénithale, termes qui devront être déterminés ainsi que nous l'avons indiqué. Il faut en outre tenir compte ici de l'angle formé par la verticale de l'instrument et celle de l'horizon artificiel; nous avons indiqué p. 71 comment ce calcul doit être conduit.

Le résultat de cette méthode est soumis à toutes les causes d'erreur qui affectent les observations d'étoiles faites par réflexion; aussi lui préfère-t-on souvent la suivante. Au moyen d'observations faites dans un observatoire, on détermine d'abord (p. 254) très-exactement les déclinaisons d'un certain nombre d'étoiles; puis, pour avoir la latitude d'une station déterminée, on combinera les observations de ces étoiles faites en ce lieu avec celles du nadir; toutes ces observations étant faites successivement dans les deux positions de l'instrument, on en déduira aisément la position du pôle. Il convient d'ailleurs de choisir les étoiles à peu près symétriquement de part et d'autre du zénith et assez voisines de ce point.

Remarque. — Sur le cercle mural et le cercle méridien, consulter, outre les Ouvrages déjà cités :

POND. — *The mural cercle of Jones and Trougthon* (*Greenwich Observations, for the year* 1832).

ROBINSON. — *Description of the mural cercle of Armagh Observatory and examination of its divisions* (*Memoirs of the royal Astronomical Society*, vol. IX).

ENCKE. — *Astronomische Beobachtungen auf der Königlichen Sternwarte zu Berlin*, vol. I.

WICHMANN. — *Beschreibung des Repsold'schen Meridiankreises an der Königsberger Sternwarte* (*Konigsberger Beobachtungen*, chap. XXVII).

REPSOLD. — *Meridiankreis von A. und C. Repsold, aufgestellt in der Hamburger Sternwarte* (*Astronomische Nachrichten*, vol. XV, n° 349).

PETERS. — *Notizen über den auf der Altonaer Sternwarte befindlichen Meridiankreis* (*Astronomische Nachrichten*, vol. XLV, n° 1061).

CHAPITRE V.

INSTRUMENT DES PASSAGES ÉTABLI DANS LE PREMIER VERTICAL.

53. *Principe de la méthode d'observation.* — Un instrument des passages établi dans le premier vertical et muni d'un cercle de hauteurs peut, comme un cercle méridien, donner deux des trois quantités α, δ et φ, par l'observation du passage d'une étoile et la mesure de sa distance zénithale. Mais comme l'observation de la distance zénithale présente alors de grandes difficultés, on n'observe ordinairement que le temps du passage de l'étoile, et l'on en conclut par le calcul la latitude φ, ou la déclinaison δ de l'étoile.

Cette méthode, due à l'illustre Bessel (*), repose sur le principe suivant :

Supposons qu'une étoile ait été observée dans le premier vertical, d'abord à l'est du méridien au temps t, puis à l'ouest au temps t', on aura (**)

$$\tan\varphi = \tan\delta \sec\tfrac{1}{2}(t' - t),$$

relation d'où l'on déduira φ ou δ.

Pour que la méthode soit applicable, il faut évidemment que

$$\delta < \varphi,$$

ou, en d'autres termes, que l'étoile passe au méridien au sud du zénith.

54. *Influence exercée sur les observations pas les défauts d'orientation de l'instrument.* — Mais si l'instrument n'est pas exactement orienté dans le premier vertical, ou plus généralement si

(*) *Astronomische Nachrichten*, nº 49; 1824.

(**) Voir *Astronomie sphérique*, p. 413.

les observations de passage ont été faites en dehors du premier vertical, il faut calculer, à l'aide du temps observé et des erreurs instrumentales, le temps vrai du passage de l'étoile dans le premier vertical.

Nous définirons la position de l'axe de rotation de l'instrument par :

l'azimut k, du point Q où sa partie boréale rencontre la sphère céleste, azimut compté à partir du nord et positivement vers l'est;

l'inclinaison b sur l'horizon de l'extrémité de l'axe de rotation qui porte le cercle.

Rapporté à un système d'axes rectangulaires dans lequel l'axe des z est dirigé vers le zénith, et les axes des x et des y sont situés dans le plan de l'horizon,

la partie positive de l'axe des x étant dirigée vers le nord,
la partie positive de l'axe des y étant dirigée vers le sud;

ce point aura pour coordonnées

$$z = \sin b, \quad y = \cos b \sin k, \quad x = \cos b \cos k.$$

Soient d'autre part :

n la déclinaison du point Q,
m son angle horaire, compté comme l'azimut k,

et prenons un nouveau système d'axes rectangulaires dans lequel l'axe des z soit dirigé vers le pôle du monde, et où les axes des x et des y soient situés dans le plan de l'équateur,

l'axe des y coïncidant avec celui du système précédent,
la partie positive de l'axe des x étant dirigée au-dessous de l'horizon, vers le point d'intersection de l'équateur et du méridien (c'est-à-dire pour nous vers le point nord);

par rapport à ce nouveau système d'axes, le point Q aura pour coordonnées

$$z = \sin n, \quad y = \cos n \sin m, \quad x = \cos n \cos m.$$

Les axes des z des deux systèmes font entre eux l'angle $90^\circ - \varphi$; on a donc les deux systèmes d'équations (*)

$$(1) \quad \begin{cases} \sin b = \sin n \sin\varphi - \cos n \cos m \cos\varphi, \\ \cos k \cos b = \sin n \cos\varphi + \cos n \cos m \sin\varphi, \\ \sin k \cos b = \cos n \sin m; \end{cases}$$

$$(2) \quad \begin{cases} \sin n = \cos b \cos k \cos\varphi + \sin b \sin\varphi, \\ \cos m \cos n = \cos b \cos k \sin\varphi - \sin b \cos\varphi, \\ \sin m \cos n = \cos b \sin k. \end{cases}$$

Supposons maintenant que la ligne de collimation de la lunette fasse, avec la partie de l'axe de rotation qui porte le cercle, l'angle $90^\circ + c$, et désignons par δ et t la déclinaison et l'angle horaire du point S vers lequel elle est dirigée. Si nous rapportons ce point au système d'axes rectangulaires précédent, ses coordonnées auront pour expressions

$$z = \sin\delta, \quad y = \cos\delta \sin t, \quad x = -\cos\delta \cos t,$$

et, par suite, si l'on fait tourner l'axe des x dans le plan de l'équateur jusqu'à l'amener dans le plan horaire qui contient l'axe de rotation, on aura

$$z = \sin\delta, \quad x = -\cos\delta \cos(t - m);$$

par rapport à un nouveau système d'axes, dont l'axe des y serait le même que celui qui précède, et où l'axe des x coïnciderait avec l'axe de rotation de l'instrument, la nouvelle coordonnée x serait

$$x = -\sin c;$$

d'autre part, les axes des x de ces deux systèmes font entre eux l'angle m, on aura donc

$$\sin c = -\sin\delta \sin n + \cos\delta \cos n \cos(t - m).$$

(*) On obtiendrait aussi les équations (1) et (2) en appliquant les formules ordinaires de la Trigonométrie sphérique au triangle formé par le pôle P, le zénith Z et le point Q, où la portion de l'axe qui porte le cercle

De cette équation on déduit

$$\sin c = -\sin\delta\sin n + \cos\delta\cos t\cos n\cos m + \cos\delta\sin t\cos n\sin m,$$

et par les équations (2), en remplaçant les sinus des petits angles b, k et c par les arcs et leurs cosinus par l'unité, on a

$$c = -(\sin\delta\,\sin\varphi + \cos\delta\cos\varphi\,\cos t)\,b + \cos\delta\sin t.\,k$$
$$-(\sin\delta\,\cos\varphi - \cos\delta\,\sin\varphi\,\cos t).$$

Or, on a aussi (*)

$$\sin\delta\,\sin\varphi + \cos\delta\,\cos\varphi\,\cos t = \cos z,$$
$$\cos\delta\sin t = \sin z\sin A,$$

ou, puisque dans le cas actuel A est très-voisin de 90°,

$$\cos\delta\sin t = \sin z;$$

la substitution de ces valeurs donnera donc, l'étoile étant supposée à l'ouest,

$$(a)\quad c + b\cos z - k\sin z = -\sin\delta\cos\varphi + \cos\delta\sin\varphi\cos t.$$

D'autre part, si Θ est le temps sidéral vrai du passage de l'étoile dans le premier vertical, α son ascension droite, $\Theta - \alpha$ est son angle horaire au moment du passage; on a donc (p. 260)

$$\cos(\Theta - \alpha) = \frac{\tang\delta}{\tang\varphi},$$

---

va rencontrer la sphère céleste. En effet, dans ce triangle, on a, si le cercle est au nord,

$$PQ = 90^\circ - n,\quad ZQ = 90^\circ - b,\quad PZ = 90^\circ - \varphi,$$
$$QPZ = 180^\circ - m,\quad QZP = K.$$

L'équation qui donne $\sin c$ se déduirait au contraire du triangle PSQ, où S est le point de la sphère céleste vers lequel est dirigée la ligne de visée de l'instrument, et dans lequel on a

$$SQ = 90^\circ + c,\quad SP = 90^\circ - \delta,\quad PQ = 90^\circ - n,$$

et, si le point S est supposé à l'ouest,

$$SPQ = 180^\circ - (t - m).$$

(*) Voir *Astronomie sphérique*, p. 99.

ou

$$(b) \qquad 0 = \sin\delta\cos\varphi - \cos\delta\sin\varphi\cos(\Theta - \alpha);$$

en ajoutant, membre à membre, les deux équations (a) et (b), il vient

$$c + b\cos z - k\sin z$$
$$= \cos\delta\sin\varphi .\, 2\sin\tfrac{1}{2}(\Theta - \alpha - t)\sin\tfrac{1}{2}(\Theta - \alpha + t).$$

Mais c, b et k étant de petites quantités, $\Theta - \alpha$ et t diffèrent peu l'un de l'autre; nous pourrons donc poser

$$\sin\tfrac{1}{2}(\Theta - \alpha + t) = \sin t, \quad \sin\tfrac{1}{2}(\Theta - \alpha - t) = \tfrac{1}{2}(\Theta - \alpha - t),$$

et comme d'ailleurs

$$(c) \qquad \cos\delta\sin t = \sin z,$$

nous aurons

$$\Theta - \alpha = t + \frac{c}{\sin z\sin\varphi} + \frac{b}{\operatorname{tang} z\sin\varphi} - \frac{k}{\sin\varphi}.$$

Désignons enfin par T le temps de la pendule où l'étoile a passé au fil moyen de l'instrument, par Δt la correction de la pendule à cet instant : $T + \Delta t$ sera le temps sidéral vrai du passage, et l'angle horaire t sera égal à

$$t = T + \Delta t - \alpha.$$

On aura donc en définitive

$$(A) \qquad \Theta = T + \Delta t + \frac{c}{\sin z\sin\varphi} + \frac{b}{\operatorname{tang} z\sin\varphi} - \frac{k}{\sin\varphi}.$$

Cette formule convient au cas où, le cercle étant au nord, l'étoile a été observée à l'ouest; si l'étoile avait été à l'est, l'angle horaire t eût été négatif, et, au lieu de la formule (c), on aurait eu

$$\sin t\cos\delta = -\sin z,$$

de telle sorte qu'il faudrait alors changer les signes des facteurs $\sin z$ et $\operatorname{tang} z$. Si au contraire le cercle était au sud, b et c changeraient évidemment de signe. En désignant les deux positions de l'instrument par les conventions

Position directe, ou cercle au nord,
Position inverse, ou cercle au sud,

on aura donc les quatre formules,

$$\Theta = T + \Delta t + \frac{c}{\sin z \sin \varphi} + \frac{b}{\tan z \sin \varphi} - \frac{k}{\sin \varphi} \quad \left\{ \begin{array}{c} \text{(Position directe,} \\ \text{Ét. ouest),} \end{array} \right.$$

$$\Theta = T + \Delta t - \frac{c}{\sin z \sin \varphi} - \frac{b}{\tan z \sin \varphi} - \frac{k}{\sin \varphi} \quad \left\{ \begin{array}{c} \text{(Position directe,} \\ \text{Ét. est),} \end{array} \right.$$

$$\Theta = T + \Delta t - \frac{c}{\sin z \sin \varphi} - \frac{b}{\tan z \sin \varphi} - \frac{k}{\sin \varphi} \quad \left\{ \begin{array}{c} \text{(Position inverse,} \\ \text{Ét. ouest),} \end{array} \right.$$

$$\Theta = T + \Delta t + \frac{c}{\sin z \sin \varphi} + \frac{b}{\tan z \sin \varphi} - \frac{k}{\sin \varphi} \quad \left\{ \begin{array}{c} \text{(Position inverse,} \\ \text{Ét. est).} \end{array} \right.$$

Au moyen d'une valeur approchée de la latitude, on déduira de cette formule la valeur de Θ; et si l'ascension droite α de l'étoile est connue, on obtiendra soit la latitude, soit la déclinaison, au moyen de la formule

$$\tan \varphi \cos (\Theta - \alpha) = \tan \delta.$$

Il est d'ailleurs inutile de connaître l'ascension droite α, il suffit d'observer deux fois la même étoile, d'abord à l'est, puis à l'ouest du méridien; en effet, si Θ et Θ' sont les heures de passage de l'étoile dans le premier vertical, d'abord à l'est, puis à l'ouest du méridien, $\Theta' - \Theta$ est le double de l'angle horaire de l'étoile au moment de son passage dans le premier vertical, et l'on a

$$(d) \qquad \tan \varphi \cos \frac{\Theta' - \Theta}{2} = \tan \delta.$$

En faisant la même observation pour chacun des fils dont le micromètre est muni, on obtiendra (*) une série de valeurs de la latitude ou de la déclinaison, dont on prendra la moyenne.

(*) Car observer à un fil dont la distance au fil moyen est f, c'est observer avec un instrument dont l'erreur de collimation est $c + f$.

55. *Détermination de la latitude avec un instrument dans lequel les erreurs instrumentales sont considérables, et les distances de fils connues.* — Les formules précédentes ne peuvent servir que si l'orientation de l'instrument étant presque parfaite, les quantités c, b et k sont de petites quantités dont on peut négliger les carrés. Mais souvent, en voyage par exemple, on détermine la latitude au moyen d'observations faites dans le premier vertical, avec un instrument dont l'orientation n'est pas assez parfaite pour que les conditions précédentes soient remplies; on ne peut plus alors réduire les observations à l'aide de la formule approchée que nous avons donnée dans le numéro précédent, et il y a lieu de chercher une formule de réduction plus exacte.

Nous avions trouvé l'équation rigoureuse

$$\sin c = -\sin\delta \sin n + \cos\delta \cos n \cos(t - m).$$

En développant $\cos(t - m)$, remplaçant $\sin n$, $\cos n \cos m$ et $\cos n \sin m$ par leurs valeurs [n° 54, éq. (2)], il vient

$$\begin{aligned}\sin c = &-\cos b \sin\delta \cos\varphi \cos k + \cos b \cos\delta \sin\varphi \cos k \cos t \\ &- \sin b \cos\delta \cos\varphi \cos t - \sin b \sin\delta \sin\varphi \\ &+ \cos b \cos\delta \sin k \sin t.\end{aligned}$$

Pour transformer cette équation, nous y introduirons des quantités auxiliaires tirées des considérations suivantes. Si l'observation avait été faite exactement dans le premier vertical, on aurait eu

$$(\alpha) \quad \left\{\begin{aligned} \sin\delta &= \cos z \sin\varphi, \\ \cos t \cos\delta &= \cos z \cos\varphi, \\ \sin t \cos\delta &= \sin z. \end{aligned}\right.$$

Mais comme l'observation a été faite à une certaine distance du premier vertical, l'angle horaire observé t n'est pas égal à l'angle horaire vrai; imaginons donc deux quantités φ' et z', peu différentes de φ et de z, et qui satisfassent aux relations suivantes :

$$(1) \quad \left\{\begin{aligned} \sin\delta &= \cos z' \sin\varphi', \\ \cos t \cos\delta &= \cos z' \cos\varphi', \\ \sin t \cos\delta &= \sin z'; \end{aligned}\right.$$

avec ces conventions, l'équation précédente devient

$$\sin c = +\cos b \cos k \cos z' \sin(\varphi - \varphi') - \sin b \cos z' \cos(\varphi - \varphi') - \cos b \sin k \sin z',$$

d'où l'on déduit

$$(a) \quad \left\{ \begin{aligned} \operatorname{tang}(\varphi - \varphi') = & \frac{\sin c \operatorname{séc} z'}{\cos b \cos k \cos(\varphi - \varphi')} \\ & + \frac{\operatorname{tang} b}{\cos k} - \frac{\operatorname{tang} k \operatorname{tang} z'}{\cos(\varphi - \varphi')}. \end{aligned} \right.$$

Cette formule convient au cas où le cercle est au nord (pos. dir.) et l'étoile à l'ouest. Or, pour passer au cas où l'étoile est à l'est, il suffit de changer le signe de z'; de même de la position directe à la position inverse les signes de b et c changent; on a donc pour $\operatorname{tang}(\varphi - \varphi')$ les quatre expressions suivantes :

$$(A) \quad \left\{ \begin{aligned} & +\frac{\sin c \operatorname{séc} z'}{\cos b \cos k \cos(\varphi - \varphi')} + \frac{\operatorname{tang} b}{\cos k} - \frac{\operatorname{tang} k \operatorname{tang} z'}{\cos(\varphi - \varphi')}, && \text{Pos. dir. Ét. O.} \\ & +\frac{\sin c \operatorname{séc} z'}{\cos b \cos k \cos(\varphi - \varphi')} + \frac{\operatorname{tang} b}{\cos k} + \frac{\operatorname{tang} k \operatorname{tang} z'}{\cos(\varphi - \varphi')}, && \text{Pos. dir. Ét. E.} \\ & -\frac{\sin c \operatorname{séc} z'}{\cos b \cos k \cos(\varphi - \varphi')} - \frac{\operatorname{tang} b}{\cos k} - \frac{\operatorname{tang} k \operatorname{tang} z'}{\cos(\varphi - \varphi')}, && \text{Pos. inv. Ét. O.} \\ & -\frac{\sin c \operatorname{séc} z'}{\cos b \cos k \cos(\varphi - \varphi')} - \frac{\operatorname{tang} b}{\cos k} + \frac{\operatorname{tang} k \operatorname{tang} z'}{\cos(\varphi - \varphi')}. && \text{Pos. inv. Ét. E.} \end{aligned} \right.$$

Ces formules montrent que les étoiles les plus avantageuses pour ces observations sont celles qui passent au méridien le plus près possible du zénith; car elles permettent de trouver pour la latitude une valeur d'une exactitude suffisante, même lorsque la quantité k ne serait connue qu'approximativement. On peut en outre combiner les observations de telle sorte, que le résultat soit indépendant de toute erreur instrumentale. En effet, si l'on retourne l'instrument dans l'intervalle de deux observations de la même étoile, faites à l'est et à l'ouest, et si à l'aide de chaque observation on calcule une valeur de $(\varphi - \varphi')$, la moyenne sera débarrassée de toutes les erreurs instrumentales.

S'il est impossible d'observer la même étoile à l'est et à l'ouest, on peut arriver au même résultat au moyen de deux observations d'étoiles différentes, faites l'une à l'est, l'autre à l'ouest. Si, au moment de leur passage dans le premier vertical, les deux étoiles sont à peu près à la même distance du zénith, les erreurs dues au défaut de l'orientation de l'instrument seront presque entièrement éliminées du résultat.

Dans les deux cas, l'exactitude de la détermination de φ ne dépendra donc plus que de la précision avec laquelle a été obtenue la valeur de φ'. Or cette quantité est donnée par la formule

$$\operatorname{tang}\varphi' = \frac{\operatorname{tang}\delta}{\cos t};$$

on en déduit

$$\frac{d\varphi'}{\cos^2\varphi'} = \operatorname{tang} t \frac{\operatorname{tang}\delta}{\cos t} dt + \frac{1}{\cos t}\frac{1}{\cos^2\delta} d\delta.$$

Or on a (1)

$$\frac{\operatorname{tang}\delta}{\cos t} = \operatorname{tang}\varphi', \qquad \frac{1}{\cos t} = \frac{\operatorname{tang}\delta}{\operatorname{tang}\varphi'},$$

d'où

$$d\varphi' = \tfrac{1}{2}\sin 2\varphi' \operatorname{tang} t\, dt + \frac{\sin 2\varphi'}{\sin 2\delta} d\delta.$$

Aux infiniment petits près du second ordre, nous pouvons supposer que t est l'angle horaire correspondant au passage dans le premier vertical, et que φ' est égal à φ; on a alors (*Astronomie sphérique*, p. 137)

$$\operatorname{tang} t = \frac{\operatorname{tang} z}{\cos\varphi},$$

et la formule précédente devient

$$d\varphi' = \frac{\sin 2\varphi}{\sin 2\delta} d\delta + \sin\varphi \operatorname{tang} z\, dt.$$

Cette formule montre qu'il faudra choisir pour ces déterminations des étoiles qui, au moment de leur passage dans le premier vertical, soient voisines du zénith. En effet, le coefficient de dt, $\sin\varphi \operatorname{tang} z$, sera alors très-petit; et comme, d'autre part, δ est toujours moindre que φ, le dénominateur ayant alors sa valeur maximum, le coefficient de $d\delta$ sera le plus petit possible.

56. *On observe à plusieurs fils.* — En général, l'observation ne se fait pas à un seul fil; mais le réticule porte un certain nombre de fils verticaux, et l'on note l'heure du passage de l'étoile derrière chacun de ces fils. Dans ce cas, on ne devra pas réduire au fil moyen chacune des observations faites à ces différents fils, calcul qui (*voir* n° 61) serait assez pénible. Mais, comme l'observation faite à un fil distant du fil moyen de la quantité f équivaut à une observation faite à un instrument dont l'erreur de collimation serait $c+f$, on combinera les observations faites à un même fil, à l'est et à l'ouest, dans les deux positions de l'instrument. Chaque fil donnera ainsi une valeur de la latitude, et l'on prendra la moyenne de toutes les valeurs obtenues.

57. *Autres formules de réduction.* — Les formules de correction (A) sont complétement rigoureuses, mais elles ont l'inconvénient de contenir $\varphi-\varphi'$ dans le second membre. On peut les mettre sous une forme plus commode. En effet, l'équation (a), n° 55, peut s'écrire

$$\sin(\varphi-\varphi') = \frac{\sin c}{\cos b \cos k}\frac{1}{\cos z'} + \frac{\tang b}{\cos k}\cos(\varphi-\varphi') - \tang k \frac{\sin z'}{\cos z'}.$$

Développons $\sin(\varphi-\varphi')$, et remplaçons ensuite $\sin\varphi'$ et $\cos\varphi'$ par leurs valeurs tirées des équations (1) du n° 55, il viendra

$$\sin(\varphi-\delta) = \cos\delta \sin\varphi . 2\sin^2\tfrac{1}{2}t + \frac{\sin c}{\cos b\cos k} + \frac{\tang b}{\cos k}\cos(\varphi-\varphi')\cos z' - \tang k \sin z',$$

ou encore, en remplaçant $\cos(\varphi-\varphi')$ par l'unité (*),

$$\sin(\varphi-\delta) = \cos\delta \sin\varphi\, 2\sin^2\tfrac{1}{2}t + \frac{\sin c}{\cos b \cos k} + \frac{\tang b}{\cos k}\cos z' - \tang k \sin z'.$$

(*) Ce qui est permis, car, dans les voyages, les erreurs commises sur la détermination de l'état de l'instrument sont de même ordre que celles que l'on commet ainsi.

Si l'observation a été faite à un fil dont la distance au fil moyen est f, la formule qui donne $\varphi - \delta$ est

$$(b)\quad \left\{ \begin{aligned} \sin(\varphi - \delta) &= \cos\delta \sin\varphi . 2 \sin^2 \tfrac{1}{2} t \\ &\quad + \frac{\sin(c+f)}{\cos b \cos k} + \frac{\tang b}{\cos k} - \tang k \sin z'. \end{aligned} \right.$$

Lorsque les quantités b, c et k seront petites, on aura donc la formule suivante, très-commode pour la détermination de la latitude au moyen d'étoiles zénithales,

$$\varphi - \delta = \sin\varphi \cos\delta . 2 \sin^2 \tfrac{1}{2} t + c + f + b - k \sin z;$$

et, en posant

$$\varphi - \delta - \sin\varphi \cos\delta . 2 \sin^2 \tfrac{1}{2} t = \mathrm{A},$$

on obtiendra les quatre formules

$$(\mathrm{B})\quad \left\{ \begin{aligned} \mathrm{A} &= +c + f + b - k \sin z, && \text{(Pos. D., ét. O.)}, \\ \mathrm{A} &= +c + f + b + k \sin z, && \text{(Pos. D., ét. E.)}, \\ \mathrm{A} &= -c - f - b - k \sin z, && \text{(Pos. I., ét. O.)}, \\ \mathrm{A} &= -c - f - b + k \sin z, && \text{(Pos. I., ét. E.)}. \end{aligned} \right.$$

Remarque. — Pour être complète, l'observation d'un passage doit être accompagnée d'une détermination de l'inclinaison de l'axe. Ainsi, dans le vertical est, on effectuera deux nivellements, l'un avant, l'autre après le passage; la moyenne donnera la quantité b : de même pour le vertical ouest.

Les remarques que nous avons faites à propos des formules (A) s'appliquent d'ailleurs évidemment aussi aux formules (b) et (B).

Chaque observation se prépare comme il suit. Un calcul approximatif fait connaître les temps sidéraux des passages par tous les fils, et les distances zénithales h correspondantes. On cale alors la lunette dans la direction correspondante au premier fil, un peu avant le passage de l'étoile, et l'on fixe l'axe de la lunette. Au moyen d'un mouvement micrométrique donné à tout l'appareil, on le fait mouvoir ensuite successivement, de manière qu'au moment de son passage à un fil quelconque l'étoile soit toujours entre les deux fils horizontaux fixes du réticule.

EXEMPLE. — Le 10 septembre 1846, l'observation de l'étoile β Dragon faite à l'instrument des passages dans le premier vertical, établi à l'Observatoire de Berlin, a donné les résultats suivants :

Fils.	Cercle au nord. Ét. à l'est.	Cercle au sud. Ét. à l'ouest.
I........		$18^h\ 1^m\ 5^s,0$
II.......		17.54.59,7
III.......	$17^h\ 19^m\ 9^s,0$	17.50.47,8
IV........	17.10.48,0	17.45.28,0
V........	17. 5.24,0	17.37.38,0
VI........	17. 1.16,5	
VII.......	16.55. 6,3	

L'inclinaison de l'axe de rotation était

$$+4'',64, \quad \text{cercle nord,}$$
$$-3'',49, \quad \text{cercle sud;}$$

l'on avait en outre

$$\alpha = 17^h\,26^m\,58^s,59, \quad \delta = 52^\circ\,25'\,27'',77, \quad \Delta t = -54^s,52,$$

et les distances des fils avaient pour valeurs en arc

I..............	12'.31'',16
II..............	6.43,78
III..............	3.25,17
V..............	3.23,14
VI..............	6.34,21
VII..............	12.22,32

Le calcul du second membre de la formule (b) exige que l'on connaisse déjà une valeur approchée de φ; prenons

$$\varphi = 52^\circ\,30'\,16'',$$

il en résulte

$$\log \sin\varphi \cos\delta = \bar{1},684686,$$

et l'on obtient

Cercle au nord.

	t	$\log 2\sin^2\frac{1}{2}t$.	$\sin\varphi\cos\delta\, 2\sin^2\frac{1}{2}t$.	$\varphi-\delta$.
	m s		′ ″	′ ″
III....	8.44,11	2,17552	1.12,48	4.37,65
IV....	17. 5,11	2,75807	4.37,18	4.37,18
V....	22.29,11	2,99648	7.59,92	4.36,78
VI....	26.36,61	3,14264	11.11,94	4.37,73
VII...	32.46,81	3,32351	16.59,07	4.36,75

et, par suite, en moyenne,

$$\varphi - \delta = 4'\,37'',22 + 4'',64 + c + k\sin z.$$

On obtiendra de la même manière, avec les observations faites cercle au sud,

$$\varphi - \delta = 4'53'',53 + 3'',49 - c - k\sin z;$$

et, en combinant les résultats obtenus dans les deux positions,

$$\varphi - \delta = 4'49',44, \quad \varphi = 52°30'\,17'',21, \quad c + k\sin z = +\,7'',18.$$

58. *Méthode de Struve.* — On peut du reste, en suivant la méthode indiquée par Struve (*), arriver à une précision bien plus grande; il suffit que l'étoile ait une distance zénithale faible, de sorte qu'elle traverse le champ assez lentement pour que l'on puisse retourner l'appareil dans l'intervalle des passages de l'étoile à deux fils (**), et la méthode est la suivante. La lunette étant, par exemple, dans la position directe, on observe l'étoile à l'est aux fils latéraux qui précèdent le fil moyen; puis on retourne l'instru-

---

(*) *Notice sur l'instrument des passages de Repsold établi à l'Observatoire de Poulkowa, dans le premier vertical, et sur les résultats que cet instrument a donnés pour l'évaluation de la constante de l'aberration;* par M. Struve. (*Astronomische Nachrichten*, n°s 468 et suiv.)

(**) Dans l'instrument de Repsold, l'appareil de retournement est tel, qu'on amène l'instrument d'une position à l'autre, en 16 secondes de temps; de telle sorte qu'en tenant compte de différents préparatifs nécessaires à l'observateur pour être prêt lui-même, il pouvait commencer l'observation dans la seconde position $1^m 20^s$ après l'avoir interrompue dans la première.

ment, et l'on note les temps des passages aux mêmes fils de l'autre côté du premier vertical. Après un certain temps, suivant sa déclinaison, l'étoile est voisine de la partie ouest du premier vertical. On y répète l'observation précédente, mais en ordre inverse, ce qui ramène la lunette à sa position primitive. Le même fil est ainsi, dans chaque position de l'instrument, successivement au nord et au sud du premier vertical; de sorte que, si c est son erreur de collimation (c variant avec chaque fil), on devra prendre cette quantité positivement dans un cas et négativement dans l'autre. Soient t et t' les angles horaires correspondants aux deux observations faites dans le vertical ouest, par exemple, on aura, en supposant que les constantes b et k soient nulles, les deux équations

$$-\sin c = \cos t \cos\delta \sin\varphi - \sin\delta \cos\varphi,$$
$$+\sin c = \cos t' \cos\delta \sin\varphi - \sin\delta \cos\varphi;$$

d'où il suit

$$0 = (\cos t' + \cos t) \cos\delta \sin\varphi - 2 \sin\delta \cos\varphi,$$
$$2 \sin c = (\cos t' + \cos t) \cos\delta \sin\varphi;$$

ou, en posant

$$\tfrac{1}{2}(t' + t) = s, \quad \tfrac{1}{2}(t' - t) = u,$$

on aura

$$(1) \qquad \tang\delta = \cos s \cos u \tang\varphi,$$
$$(2) \qquad \sin c = \sin s \sin u \cos\delta \sin\varphi.$$

La formule (1) servira à trouver la déclinaison ou la latitude, et la formule (2) permettra d'obtenir la distance c.

Quant aux angles horaires t et t', on les obtient facilement; car si λ, μ, ν et ρ sont les temps des passages au même fil de l'instrument, donnés par les quatre observations successives, et corrigés de l'état de la pendule, on peut admettre que $\frac{1}{2}(\rho - \lambda)$ et $\frac{1}{2}(\nu - \mu)$ sont les angles horaires t et t', de telle sorte que

$$s = \tfrac{1}{2}(t' + t) = \tfrac{1}{4}[(\rho - \lambda) + (\nu - \mu)],$$
$$u = \tfrac{1}{2}(t' - t) = \tfrac{1}{4}[(\rho - \lambda) - (\nu - \mu)].$$

en appliquant la formule (1) aux observations de l'étoile faites à chaque fil, on obtiendra un certain nombre de valeurs de la latitude ou mieux de la déclinaison (car c'était pour Struve la quantité inconnue), valeurs dont on prendra la moyenne.

D'autre part, en supposant nuls, comme nous l'avons fait, l'inclinaison et l'azimut, il suffit évidemment, pour que la valeur trouvée pour la déclinaison soit indépendante de c, que cette erreur instrumentale c reste constante pendant toute la durée des observations faites dans la même portion (est ou ouest) du premier vertical. Or, on le verra dans l'exemple suivant, pour o Dragon l'observation des passages dans chacune de ces portions exige 11 minutes de temps; la seule condition à remplir est donc l'invariabilité de distance entre le fil et l'axe optique pendant ce court espace de temps. C'est là un grand avantage de la méthode, car, dans d'autres instruments astronomiques, la même invariabilité est supposée s'étendre à des jours et même à des mois entiers. En outre, il n'y a pas lieu de déterminer ici la valeur de cette distance : elle s'élimine d'elle-même dans les résultats; et enfin, il suffit de connaître la marche de la pendule pendant le temps qui sépare les observations faites à l'ouest et à l'est du premier vertical.

Exemple. — Nous prendrons comme exemple l'observation suivante de o Dragon, faite le 15 janvier 1842 à l'instrument de Repsold de l'Observatoire de Poulkowa (*). Les observations sont contenues dans le tableau suivant :

1842. Janv. 15. o Dragon.

	Étoile a l'est. Cercle au nord.	Étoile a l'ouest. Cercle au nord.
	h m s	h m s
I..........	17.54.30,75	19.42.51,40
II..........	55. 8,65	42.13,65
III..........	55.44,40	41.38,00
IV..........	56.22,25	40.59,85
V..........	57. 0,60	40.21,70
VI..........	57.40,90	39.41,40
VII..........	58.19,50	39. 2,70

(*) *Astronomische Nachrichten*, n° 469.

	Étoile a l'est. Cercle au sud.	Étoile a l'ouest. Cercle au sud.
VII........	18. 1. 4,00	19.36.17,85
VI.........	1.45,50	35.37,00
V..........	2.29,80	34.53,35
IV.........	3.12,70	34. 9,30
III........	3.57,60	33.24,70
II.........	4.39,80	32.42,10
I..........	5.26,35	31.55,60

De plus, la correction de l'intervalle O — E pour la marche de pendule était $+0^s,09$, et l'on avait $\varphi = 59^\circ 46' 18'',90$.

Nous ferons le calcul pour le fil I seul, on le répéterait pour chacun des autres :

		h m s
O — E =	$2t$..........	1.48.20,79
	$2t'$..........	1.26.29,34
$2(t'+t)$..............		3.14.50,13
$2(t'-t)$..............		0.21.51,45
$\frac{1}{2}(t'+t)=s$...........		0.48.42,53
$\frac{1}{2}(t'-t)=u$...........		0. 5.27,86
log séc s...............		0,0098833
log séc u...............		0,0001235
log séc s + log séc u......		0,0100068
log tang φ..............		0,2345728
log tang δ..............		0,2245660
δ.....................		59° 11′ 39″,00

On trouvera de même pour les différents fils

	° ′ ″
I...............	59.11.39,00
II..............	59.11.39,04
III.............	59.11.39,23
IV..............	59.11.38,90
V...............	59.11.39,12
VI..............	59.11.39,06
VII.............	59.11.39,21

d'où, en moyenne,

$$\delta = 59^\circ 11' 39'',071.$$

L'accord entre ces sept valeurs de δ est presque surprenant; en effet, l'erreur probable d'une observation isolée n'est que de $0'',080$, douzième partie de l'épaisseur des fils d'araignée du réticule. Pour la moyenne des résultats obtenus aux sept fils, l'erreur probable est

$$\frac{0'',180}{\sqrt{7}} = 0'',030.$$

Il faudrait ajouter ici l'erreur due au nivellement; mais avec les précautions prises par Struve, elle n'est qu'une très-petite fraction de la précédente.

59. Corrections. — La valeur ainsi trouvée pour la déclinaison n'est exacte que si l'inclinaison et l'azimut sont nuls; dans le cas contraire, la valeur précédente doit subir deux corrections.

1° *Inclinaison de l'axe.* — Observer avec un instrument dont l'axe est incliné sur l'horizon de la quantité b, prise positivement comme nous l'avons dit, revient à faire l'observation en un lieu dont la latitude soit égale à $\varphi - b$; or les formules (α), p. 266, donnent

$$\frac{d\delta}{\cos^2\delta} = \cos t\,\frac{d\varphi}{\cos^2\varphi} \quad \text{ou} \quad d\delta = \frac{\sin 2\delta}{\sin 2\varphi}\,d\varphi = b\,\frac{\sin 2\delta}{\sin 2\varphi}.$$

Si l'étoile est voisine du zénith, δ est presque égal à φ, et une erreur commise sur l'inclinaison se conserve tout entière dans le résultat. Il importe donc de déterminer l'inclinaison b avec une grande exactitude. Dans l'instrument de Repsold, le niveau reposait sur l'axe et faisait corps avec lui, de sorte qu'il se retournait avec l'instrument lui-même. La moyenne des nivellements faite dans les deux positions de l'instrument donnait donc l'inclinaison débarrassée de l'erreur provenant de l'inégalité des tourillons. Le tube du niveau était renfermé, comme à l'ordinaire, dans un tube de laiton; mais afin de garantir le liquide du niveau contre l'action de la chaleur rayonnante, quand l'astronome approche la figure pour lire les divisions, ce dernier tube était recouvert de tous côtés par une boîte en verre. La lecture se faisait avec une loupe qui permettait d'apprécier les vingtièmes parties des divisions du niveau. Avec toutes ces précautions, Struve réduisait l'erreur problable d'un nivellement à 0″,015, et, au moyen d'une seule lecture, évaluait l'inclinaison de l'axe avec une erreur moindre que 0″,02.

Mais, en réalité, la détermination de cette inclinaison comprenait quatre nivellements, de telle sorte que l'observation complète d'un passage est la suivante : quelques minutes avant l'arrivée de l'étoile au premier fil dans le vertical est, on fait un nivellement de l'axe au moyen de quatre lectures successives du niveau sur l'axe, après quoi on note le temps du passage à chaque fil. Vient ensuite le retournement, puis observation des passages aux mêmes fils, mais du côté sud du premier vertical; enfin lecture du niveau sur l'axe. Après un certain temps, selon sa déclinaison, l'étoile approche du vertical ouest, on y répète les mêmes opérations. Struve prenait comme valeur de l'inclinaison la moyenne des valeurs données par les quatre nivellements, de sorte que l'erreur probable d'une valeur de la déclinaison était

$$\frac{0'',02}{\sqrt{4}} = 0'',01.$$

Dans l'exemple précédent, on avait

Étoile a l'est.		Étoile a l'ouest.	
Cercle au nord.		*Cercle au nord.*	
+40ᵖ,35	−35ᵖ,80	+40ᵖ,50	−35ᵖ,35
+40,40	−35,80	+40,55	−35,35
+40,40	−35,80	+40,50	−35,40
+40,40	−35,80	+40,45	−35,40
Cercle au sud.		*Cercle au sud.*	
+37,20	−39,00	+37,25	−38,70
+37,20	−39,00	+37,25	−38,70
+37,20	−39,00	+37,30	−38,70
+37,15	−39,10	+37,25	−38,70

En outre, la valeur en arc d'une partie du niveau était

$$1'',002.$$

On en concluait donc

Vertical est..........	$b = +0'',687$
Vertical ouest.......	$b = +0,923$
Moyenne.....	$b = +0,805$

d'où

$$d\delta = -0'',814.$$

2° *Azimut de l'axe de rotation.* — Il faut encore tenir compte de ce fait que l'axe de rotation n'est pas exactement dirigé du nord au sud, et de ce que sa position a pu varier dans l'intervalle qui sépare les observations faites dans les deux portions du vertical.

Or on a entre k et m la relation

$$\sin k = \sin m \sin\varphi,$$

ou

$$k = m \sin\varphi.$$

D'autre part, δ étant la déclinaison vraie et δ_1 la déclinaison observée, on aura évidemment, puisque m représente l'angle formé au pôle par le méridien vrai et le méridien de l'instrument (ou le cercle de déclinaison perpendiculaire au cercle décrit par l'axe optique de la lunette),

$$\operatorname{tang}\delta \cos m = \operatorname{tang}\delta_1;$$

d'où [*Astronomie sphérique*, p. 20, formule (18)]

$$\begin{aligned}\delta - \delta_1 &= \operatorname{tang}^2 \tfrac{1}{2} m \sin 2\delta \sin 1'' \\ &= \tfrac{1}{4} m^2 \sin 1'' \sin 2\delta;\end{aligned}$$

et, si l'on n'observe que des étoiles zénithales, on conclura avec une approximation suffisante,

$$\delta - \delta_1 = \tfrac{1}{4} m^2 \sin 1'' \, 2\varphi.$$

Or, dans le cas actuel,

$$m = -0^s,85 = -12'',75,$$

et, par suite,

$$\delta - \delta_1 = +0'',00017,$$

correction tout à fait insignifiante.

Il nous reste enfin à examiner l'effet possible d'une variation de l'azimut. Supposons par exemple qu'il ait varié de dk, et, par suite, m de dm, l'intervalle écoulé entre les deux passages n'est plus exactement le double de l'angle horaire, mais celui-ci en diffère de

$$dt = \tfrac{1}{2}dm = -\tfrac{1}{2}\frac{dk}{\sin\varphi}.$$

Or on a

$$\cos t = \tang\delta \cot\varphi,$$

d'où

$$\begin{aligned} d\delta &= -dt\cos^2\delta \tang\varphi \sin t \\ &= \tfrac{1}{2}dm\,\frac{\cos\delta}{\cos\varphi}\sqrt{\sin(\varphi+\delta)\sin(\varphi-\delta)} \\ &= \tfrac{1}{2}dk\,\frac{\cos\delta}{\sin 2\varphi}\sqrt{\sin(\varphi+\delta)\sin(\varphi-\delta)}. \end{aligned}$$

La table suivante donne, pour $dk = +1''$, la valeur de $d\delta$ avec la quantité $\varphi - \delta$ pour argument :

$\varphi - \delta$	$d\delta$	$\varphi - \delta$	$d\delta$
0°. 0′	+ 0″,000	0°.50′	+ 0″,067
0.10	+ 0,029	1. 0	+ 0,074
0.20	+ 0,042	2. 0	+ 0,108
0.30	+ 0,051	3. 0	+ 0,136
0.40	+ 0,060	4. 0	+ 0,162

Pour o Dragon, par exemple, la correction serait

$$+0'',055,$$

pour une valeur de dk

$$dk = 1''.$$

D'autre part, une étude suivie de l'azimut de l'instrument, déterminé comme nous l'indiquerons plus loin, a donné, pour les valeurs de k, le tableau suivant :

		m	k	Écarts.
		s	$''$	$''$
1840	Juillet et août......	+0,46	+5,9	+0,9
	Octobre et novembre.	+0,47	+6,0	+1,0
1841	Janvier, février, mars.	+0,34	+4,4	−0,6
	Avril et mai....... ..	+0,42	+5,3	+0,3
	Juin et juillet.......	+0,29	+3,6	−1,4
	Moyenne.....	+0,396	+5,0	

Ainsi, pendant une année entière, c'est-à-dire pour une variation de température d'environ 40 degrés, la variation de l'azimut a été de $1^s,50$; mais, comme la température entre les deux passages correspondants du même jour ne diffère d'ordinaire que d'une fraction de degré, il est évident que les erreurs provenant de ces variations de l'azimut ne pourront atteindre $0'',01$, et, par suite, seront négligeables.

Remarque I. — Lorsque l'on se sert journellement de cette méthode d'observation, il est commode de procéder comme il suit (*) : l'équation (1) (p. 273) donne

$$(a) \qquad \tang\varphi \cot\delta = \text{séc}\, s\, \text{séc}\, u = C,$$

d'où

$$\log C = \log \text{séc} \frac{(\mu - \nu) + (\lambda - \rho)}{4} + \log \text{séc} \frac{(\mu - \nu) - (\lambda - \rho)}{4}.$$

On réduira en Tables les valeurs de ces deux logarithmes avec t ou t' pour argument. Dès lors l'équation (a) permettra d'obtenir aisément soit la déclinaison soit la latitude. Mais, dans un même observatoire, la valeur de φ est constante ; or l'équation

$$\tang\varphi \cot\delta = C$$

(*) *Tabulæ auxiliares ad transitus per planum primum verticale reducendos inservientes*, par Otto Struve ; Saint-Pétersbourg, 1868.

donne, si l'on pose $\lambda = 1 - \frac{1}{C}$,

$$\tang(\varphi - \delta) = \frac{\lambda \sin\varphi \cos\varphi}{1 - \lambda \sin^2\varphi};$$

on formera une Table des différentes valeurs de $\varphi - \delta$ en prenant C pour argument. Pour rendre la Table plus commode, on peut, comme Otto Struve, donner à la fois les valeurs de $\varphi - \delta$ correspondantes à des valeurs de $\log C$, différant entre elles de 0,0005, et les variations β et $\log\beta$ de $\varphi - \delta$ pour une variation de 0,0001 éprouvée par $\log C$.

Enfin la marche de la pendule influe sur les divers temps observés λ, μ, ν et ρ ; pour en tenir compte, on appliquera à la moyenne des distances zénithales données par chacun des fils une correction nouvelle. Supposons que la marche diurne de la pendule soit de 1^s, et soit γ l'effet correspondant, exprimé en secondes d'arc, sur la distance zénithale, on aura

$$\gamma = \frac{\sin\delta \cos\delta}{1440} T' \tang T,$$

expression qu'il sera facile de réduire en Tables pour chacune des étoiles observées, et dans laquelle T est l'angle déduit de l'équation $C = \séc T$, et T' la valeur de cet angle en minutes.

Remarque II. — La méthode, que nous venons de décrire, suivie par W. Struve, à l'Observatoire de Poulkowa, pour déterminer les variations qu'éprouvent les distances zénithales des étoiles passant au méridien près du zénith et pour en déduire la valeur de la constante de l'aberration, peut être employée avec avantage pour la détermination de la constante de la nutation et de la parallaxe; seulement, dans ces deux dernières recherches, il conviendrait de choisir des étoiles voisines du pôle de l'écliptique, car c'est alors que l'influence de ces corrections sur la déclinaison devient la plus grande.

La méthode précédente a néanmoins un inconvénient : le chemin que suit l'étoile dans le champ de l'instrument est toujours incliné par rapport aux fils, il est donc difficile d'apprécier exactement le dixième de seconde où l'étoile arrive derrière chacun d'eux.

Aussi on a recommandé ici l'emploi du chronographe, car il est peut-être plus facile de saisir l'instant où l'étoile est bissectée par le fil.

60. *Observations micrométriques dans le premier vertical. — Emploi du fil mobile.* — Lorsque l'étoile passe au méridien à une très-faible distance du zénith, quelques minutes par exemple, son mouvement latéral par rapport aux fils peut devenir si lent que l'observation de son passage aux fils latéraux demanderait un temps trop considérable : parfois même l'étoile reste toujours dans la portion du champ comprise entre les fils extrêmes, pendant son passage du vertical est au vertical ouest, de sorte que l'observation par la méthode précédente devient impossible. Il convient alors d'observer l'étoile avec un fil vertical mobile. On peut employer différents procédés.

1° On place successivement le fil mobile à des positions marquées sur le micromètre par différents nombres ronds, mais identiques avant et après le retournement; le fil mobile remplace ainsi successivement un certain nombre de fils fixes, et la réduction des observations se fait à la façon ordinaire.

2° Si la vis qui fait mouvoir le fil est suffisamment parfaite, on écarte toutes ces restrictions; suivant avec le fil mobile la course de l'étoile, on l'amène, par un dernier mouvement *positif* de la vis (afin d'éviter les temps perdus), un peu en avant de l'étoile; puis, par un déplacement micrométrique de l'instrument, on amène celle-ci entre les deux fils horizontaux; l'on observe alors le temps du passage, ainsi que la position du fil sur le micromètre, et l'on répète dix fois cette opération.

3° Enfin lorsque, par la construction même du micromètre, on a eu soin de rendre les temps perdus impossibles, on peut procéder comme il a été dit pour les circompolaires (n° 43, p. 203).

C'est la seconde méthode qu'a suivie Struve. Avant et après l'observation des passages dans le vertical est, il déterminait l'inclinaison de l'axe; de même avant et après l'observation du passage dans le vertical ouest; et, entre les deux observations de passage, il retournait l'instrument, combinant ainsi une observation faite cercle nord, étoile à l'est, avec une observation faite cercle sud, étoile à l'ouest.

La réduction se fait d'après les formules (B) :

$$\varphi - \delta = \sin\varphi \cos\delta . 2 \sin^2 \tfrac{1}{2} t + \mu + b + k \sin z, \quad \begin{cases} \text{Cercle nord,} \\ \text{Étoile à l'est;} \end{cases}$$

$$\varphi - \delta = \sin\varphi \cos\delta . 2 \sin^2 \tfrac{1}{2} t' - \mu' + b - k \sin z, \quad \begin{cases} \text{Cercle sud,} \\ \text{Étoile à l'ouest,} \end{cases}$$

μ et μ' étant les distances du fil à la perpendiculaire à l'axe de rotation, et b l'inclinaison de l'axe donnée par la moyenne des quatre nivellements. Nous supposerons, dans ce qui va suivre, que la latitude du lieu d'observation soit connue, et qu'on veuille obtenir les petites variations de la déclinaison d'une étoile dont la position est déjà connue assez approximativement par les Catalogues; car c'est dans ce but que la méthode a été employée par Struve (*). Avec cette valeur de φ, et la valeur de δ donnée pour le jour de l'observation, on calculera la quantité constante

$$A = \sin\varphi \cos\delta.$$

D'autre part, si M est la lecture du micromètre lorsque le fil mobile coïncide avec le fil moyen, m la lecture correspondante à une position quelconque, $m - M$ sera la distance de ce fil au fil moyen, et $m - M - c$ sa distance à la perpendiculaire à l'axe de rotation, de sorte que

$$\mu = m - M + c = \nu + c,$$

le nombre ν étant positif quand le fil est au nord de l'axe optique, négatif quand il est au sud. On aura donc

$$\varphi - \delta = A . 2 \sin^2 \tfrac{1}{2} t + \nu + c + b + k \sin z, \quad \begin{cases} \text{Cercle nord,} \\ \text{Étoile à l'est;} \end{cases}$$

$$\varphi - \delta = A . 2 \sin^2 \tfrac{1}{2} t + \nu' - c + b - k \sin z, \quad \begin{cases} \text{Cercle sud,} \\ \text{Étoile à l'ouest,} \end{cases}$$

ou, en désignant par z la distance zénithale $\varphi - \delta$ de l'étoile,

$$z - c = \nu + b + k \sin z + A . 2 \sin^2 \tfrac{1}{2} t,$$
$$z + c = \nu' + b - k \sin z + A . 2 \sin^2 \tfrac{1}{2} t'.$$

La combinaison de ces deux équations donnera tout aussi bien z

(*) *Astronomische Nachrichten*, n° 469, p. 215 et suiv.

que c. Nous en déduirons

$$z = \frac{v + v'}{2} + b + A(\sin^2 \tfrac{1}{2}t + \sin^2 \tfrac{1}{2}t'),$$

d'où la valeur de c se trouve complétement éliminée.

Il faut remarquer, en outre, que cette méthode pourrait être appliquée tout aussi bien à une étoile dont la déclinaison serait un peu supérieure à la latitude du lieu d'observation.

Exemple. — Le 15 janvier 1842, l'observation de υ Grande Ourse, faite à l'instrument des passages établi dans le premier vertical, à l'Observatoire de Poulkowa, a donné les résultats suivants :

Étoile a l'est. Cercle au nord.		Étoile a l'ouest. Cercle au sud.	
Nivellements.		*Nivellements.*	
p	p	p	p
+ 40,25	− 37,30	+ 38,0	− 39,7
+ 40,30	− 37,35	+ 38,0	− 39,7
+ 40,30	− 37,35	+ 38,0	− 39,7
+ 40,30	− 37,35	+ 38,0	− 39,7
Passages.	Micromètre.	Passages.	Micromètre.
h m s	t	h m s	t
9.30.29,0	9,315	9.48.42,5	14,771
30.56,5	9,550	48.14,0	14,527
31.24,5	9,775	47.46,0	14,276
32. 0,0	10,083	47.17,0	14,068
32.28,0	10,298	46.44,0	13,825
32.54,0	10,470	46. 9,0	13,597
33.29,0	10,691	45 35,0	13,361
34. 4,0	10,879	45.11,0	13,232
34.37,0	11,062	44.40,0	13,077
35.11,0	11,226	44.12,0	12,942
Nivellements.		*Nivellements.*	
p	p	p	p
+ 40,30	− 37,25	+ 38,0	− 39,7
+ 40,35	− 37,30	+ 38,0	− 39,7
+ 40,35	− 37,25	+ 38,0	− 39,7
+ 40,25	− 37,30	+ 38,0	− 39,7

On déduit de ces observations, et de la valeur connue d'une division du niveau,

$$b = 0'',359;$$

d'autre part, le fil mobile se trouvait très-près de l'axe optique quand le tambour marque $12^t,000$. C'est cette lecture que nous désignons par M, de telle sorte que

$$v = m - 12^t,000;$$

en outre la valeur d'un tour de la vis était

$$28'',687,$$

et, d'après le Catalogue d'Argelander,

$$\alpha = 9^h\,39^m\,46^s,1, \quad \delta = 59^\circ 46' 24'',0;$$

d'ailleurs

$$\varphi = 59^\circ 46' 18'',0, \quad \Delta t = +8^s,3.$$

On aura

$$\log A = \log \frac{\sin\varphi \cos\delta}{\sin 1''} = 5,25391,$$

et par suite le tableau suivant :

ANGLE HORAIRE $= t$	$\log \sin^2 \frac{1}{2} t$	$\log R = \log A + \log \sin \frac{1}{2} t$	R	v	$R - v$
		Cercle au nord.			
— 9. 9,0 (m s)	$\bar{4},60036$	1,85427	71″,50	77″,02	— 5″,52
— 8.41,5	$\bar{4},55573$	1,80964	64,51	70,28	— 5,77
— 8.13,5	$\bar{4},50780$	1,76171	57,77	63,83	— 6,06
— 7.38,0	$\bar{4},44296$	1,69687	49,76	54,99	— 3,23
— 7.10,0	$\bar{4},38817$	1,64208	43,86	48,82	— 4,96
— 6.44,0	$\bar{4},33400$	1,58791	38,72	43,89	— 5,17
— 6. 9,0	$\bar{4},22530$	1,50921	32,30	37,55	— 5,25
— 5.34,0	$\bar{4},16874$	1,42265	26,46	32,16	— 5,70
— 5. 1,0	$\bar{4},07839$	1,33230	21,49	26,91	— 5,42
— 4.27,0	$\bar{5},97428$	1,22819	16,91	22,20	— 5,29
		Cercle au sud.			
+ 4.34,0	$\bar{5},99676$	1,25067	17,81	27,02	— 9,21
+ 5. 2,0	$\bar{4},08127$	1,33518	21,64	30,90	— 9,26
+ 5.33,0	$\bar{4},16614$	1,42005	26,31	35,34	— 9,03
+ 5.57,0	$\bar{4},22658$	1,48049	30,23	39,04	— 8,81
+ 6.31,0	$\bar{4},30560$	1,55951	36,27	45,81	— 9,54
+ 7. 6,0	$\bar{4},38006$	1,63397	43,65	52,35	— 9,30
+ 7.39,0	$\bar{4},44486$	1,69877	49,98	59,32	— 9,34
+ 8. 8,0	$\bar{4},49807$	1,75198	56,49	65,29	— 8,80
+ 8,36,0	$\bar{4},54652$	1,80043	63,16	72,49	— 9,33
+ 9. 4,0	$\bar{4},59321$	1,84712	70,33	79,49	— 9,16

En prenant les moyennes, nous avons

$$\text{Cercle au nord,}\quad z + c = -5'',437,$$
$$\text{Cercle au sud,}\quad z - c = -9\ ,178.$$

On en déduit

$$z = -7'',308,\quad c = +1'',870,$$

et, par suite, comme

$$\varphi = 59^\circ 46' 18'',000,$$
$$\delta = \varphi - z = 59.46.25\ ,308.$$

Il faut ajouter à ce nombre l'inclinaison du fil

$$+0'',359.$$

On aura donc, pour la déclinaison observée de l'étoile,

$$59^\circ 46' 25'',667.$$

En comparant les dix valeurs de $z + c$ et les dix valeurs de $z - c$ aux moyennes correspondantes, on trouve $0'',194$ pour l'erreur probable d'une observation isolée, erreur produite tant par l'erreur de la bissection que par celle du micromètre. Pour la moyenne

$$z = -7'',308,\quad \delta = 59^\circ 46' 25'',308,$$

l'erreur probable est

$$\frac{0,194}{\sqrt{20}} = 0'',044.$$

Ainsi, par des circonstances favorables de l'atmosphère, une déclinaison pourra être déterminée en un seul jour au moyen de vingt pointés micrométriques, avec une erreur moindre que un vingtième de seconde.

61. *Réduction au fil moyen d'une observation faite à un fil latéral.* — La formule de réduction au fil moyen se trouve de la même manière que pour l'instrument des passages.

Observer une étoile à un fil dont la distance au fil moyen est f, c'est observer avec un instrument dans lequel l'erreur de collimation est $c+f$; on a donc l'équation

$$\sin(c+f) = -\sin\delta\sin n + \cos\delta\cos n\cos(t'-m),$$

où t' est l'angle horaire de l'étoile à l'instant où elle a été observée au fil latéral. En combinant cette équation avec la suivante

$$\sin c = -\sin\delta\sin n + \cos\delta\cos n\cos(t-m),$$

on a

$$(\alpha)\quad \begin{cases} 2\sin\tfrac{1}{2}f\cos(\tfrac{1}{2}f+c) \\ \quad = 2\cos\delta\cos n\sin\tfrac{1}{2}(t-t')\sin[\tfrac{1}{2}(t+t')-m]. \end{cases}$$

Comme f ne surpasse jamais quelques minutes, on peut, dans le premier membre, remplacer $2\sin\frac{1}{2}f$ par f, et l'on a alors

$$2\sin\tfrac{1}{2}(t-t') = \frac{f}{\cos\delta\sin\frac{1}{2}(t+t')\cos n\cos m - \cos\delta\cos\frac{1}{2}(t+t')\cos n\sin m},$$

ou, en remplaçant $\cos n\cos m$ et $\cos n\sin m$ par leurs expressions en fonction de b et k trouvées p. 262 (éq. 2),

$$2\sin\tfrac{1}{2}(t-t') = \frac{f}{\cos\delta\sin\varphi\sin\frac{1}{2}(t+t')[1-b\cot\varphi-k\cot\frac{1}{2}(t+t')\operatorname{coséc}\varphi]}.$$

Posons

$$(\beta)\qquad f' = f\,\frac{1}{1-b\cot\varphi-k\cot\frac{1}{2}(t+t')\operatorname{coséc}\varphi};$$

en d'autres termes, remplaçons dans nos formules la distance vraie f par la distance f', nous aurons

$$(\gamma)\quad \begin{cases} \sin\frac{1}{2}(t-t') = \dfrac{f'}{\cos\delta\sin\varphi\sin\frac{1}{2}(t+t')} \\ \qquad\qquad = \dfrac{f'}{\cos\delta\sin\varphi\sin[t-\frac{1}{2}(t-t')]}. \end{cases}$$

La résolution de cette équation exige que l'on connaisse à la fois t' et f'. Supposons que f' soit connu; dans une première approximation, on remplacera $t-t'$ par l'intervalle qui sépare le passage de l'étoile au fil latéral et au fil moyen, ce qui donnera une nouvelle valeur de $t - t'$. Si elle s'écarte trop de la première, on s'en servira pour recommencer le calcul, et ainsi de suite. Il faut obtenir aussi la distance réduite f'; or b ne surpassant jamais quelques secondes, on négligera, dans la pratique, le terme $b \cot\varphi$. Si de même k est une petite quantité, on pourra, en général, négliger aussi le terme $k \cot\frac{1}{2}(t' + t) \operatorname{cos\acute{e}c}\varphi$; et prendre pour f' la valeur même de f. Mais si l'étoile observée passe au méridien près du zénith, le terme $k \cot\frac{1}{2}(t' + t) \operatorname{cos\acute{e}c}\varphi$ peut devenir sensible; en effet, on a [p. 266, équation (α)]

$$\operatorname{tang} t \cos\varphi = \operatorname{tang} z,$$

d'où, en désignant par ε une quantité toujours finie, quel que soit z, et remarquant que t' est toujours plus grand que t, on aura

$$\operatorname{tang}\tfrac{1}{2}(t + t')\cos\varphi = \operatorname{tang} z + \varepsilon,$$

où

$$k.\cot\tfrac{1}{2}(t + t')\operatorname{cos\acute{e}c}\varphi = k.\cot\varphi\,\frac{1}{\operatorname{tang} z + \varepsilon}$$

$$= k.\cot\varphi\left(\frac{1}{\operatorname{tang} z} - \frac{\varepsilon}{\operatorname{tang}^2 z} + \ldots\right):$$

si k n'est pas très-petit, le second membre peut évidemment acquérir une valeur sensible, aussitôt que z deviendra lui-même peu considérable. Il faudra donc, dans ce cas, tenir compte du terme en k de la formule (β).

Au lieu de résoudre l'équation (γ) par approximations successives, il peut être plus commode de la développer en série. Écrivons-la

$$\cos t' - \cos t = \frac{f'}{\cos\delta \sin\varphi'},$$

nous en déduirons (*), en remplaçant φ' par φ,

$$t' = t - \frac{f'}{\cos\delta\sin\varphi\sin t} - \frac{1}{2}\left(\frac{f'}{\cos\delta\sin\varphi\sin t}\right)^2\cot t$$

$$- \frac{1}{6}\left(\frac{f'}{\cos\delta\sin\varphi\sin t}\right)^3(1 + 3\cot^2 t);$$

(*) Voir *Astronomie sphérique*, n° 11, formule (19).

d'ailleurs l'orientation de l'instrument étant supposée à peu près exacte, nous pouvons poser

$$\cos\delta \sin t = \sin z,$$

et la formule précédente devient

$$(\delta) \quad t' = t - \frac{f'}{\sin z \sin\varphi} - \frac{1}{2}\left(\frac{f'}{\sin z \sin\varphi}\right)^2 \cot t - \frac{1}{6}\left(\frac{f'}{\sin z \sin\varphi}\right)^3 (1 + 3\cot^2 t);$$

pour une valeur négative de f on aura

$$(\delta_1) \quad t' = t + \frac{f'}{\sin z \sin\varphi} - \frac{1}{2}\left(\frac{f'}{\sin z \sin\varphi}\right)^2 \cot t + \frac{1}{6}\left(\frac{f'}{\sin z \sin\varphi}\right)^3 (1 + 3\cot^2 t).$$

Le terme en f'^2 conservant son signe dans les deux cas, on voit que deux fils situés de part et d'autre, à égale distance, du fil moyen ne donneront pas pour $t' - t$ la même valeur absolue.

Ces formules (δ) et (δ_1) conviennent surtout au cas où l'étoile observée ne passe pas au méridien près du zénith; car, si la distance zénithale était très-petite, les termes que nous avons écrits ne seraient pas suffisants. Pour en effectuer commodément le calcul, on construira une table ayant pour argument δ, et contenant les grandeurs

$$\sin z \sin\varphi, \quad \tfrac{1}{2}\cot t \quad \text{et} \quad \tfrac{1}{6}(1 + 3\cot^2 t).$$

Exemple. — Le 2 octobre 1838, à Berlin, l'observation de l'étoile α Bouvier, à l'instrument des passages établi dans le premier vertical, a donné les résultats suivants :

	Cercle au sud, étoile à l'est.
	h m s
I	19.3.44,7
II	19.3. 8,3
III	19.2.50,2
IV	19.2.32,2
V	19.2.13,8
VI	19.1.55,4
VII	19.1.19,2

D'ailleurs les distances des fils au fil moyen IV étaient en temps :

I.	$51^{s},639$
II	$25,814$
III	$12,610$
V.	$13,305$
VI.	$26,523$
VII	$52,397$

De plus, on avait

$$\alpha = 14^{h}8^{m}16^{s},5, \quad \varphi = 52^{\circ}30'16'',$$
$$\delta = 20^{\circ}1'\ 39'',0, \quad \Delta t = +47^{s},5.$$

Les quantités b et k étaient assez petites pour qu'il n'y ait pas à en tenir compte (la distance zénithale étant considérable) dans le calcul de f' ; on avait en conséquence

$$t = 4^{h}55^{m}3^{s},2, \qquad \log\cos\delta\sin\varphi\sin t = \bar{1},85244,$$
$$= 73^{\circ}45'48'',9, \qquad \log(\tfrac{1}{2}\cot t) = \bar{1},14552.$$

Le second terme de la formule est

$$\tfrac{1}{2}\cot t\left(\frac{f'}{\sin\varphi\cos\delta\sin t}\right)^{2}.$$

Pour calculer le carré contenu entre parenthèses, on transforme d'abord l'expression en parties du rayon, ce qui se fait en la multipliant par 15 et la divisant par 206265, après quoi il faut élever le résultat au carré et convertir l'expression ainsi obtenue en secondes de temps, et pour cela la multiplier par 206265 et la diviser par 15. Le second terme sera donc

$$\frac{15}{206265}\,\tfrac{1}{2}\cot t\left(\frac{f'}{\sin\varphi\cos\delta\sin t}\right)^{2};$$

en faisant le calcul, on trouve

$$\log\frac{15}{206265}\,\tfrac{1}{2}\cot t = \bar{5},00718.$$

De la même manière, on aurait pour coefficient du troisième terme

$$\frac{1}{8}\left(\frac{15}{206265}\right)^2(1+3\cot^2 t).$$

Mais ici ce terme n'a aucune influence; en effet, pour le fil I, par exemple, on a (f étant alors négatif)

$$-\frac{f}{\sin\varphi\cos\delta\sin t}=-72^s,533,$$

d'où

$$+\frac{15}{206265}\,\frac{1}{2}\cot t\left(\frac{f}{\sin\varphi\cos\delta\sin t}\right)^2=+0^s,053.$$

On aura donc, pour la réduction au fil moyen,

$$I=-1^m\,12^s,48;$$

on obtiendrait de la même manière

	s
II......................	$-36,25$
III......................	$-17,71$
V......................	$+18,69$
VI......................	$+37,26$
VII......................	$+73,54$

Les temps des passages au fil moyen déduits des passages à chaque fil sont :

	h m s
I......................	19.2.32,22
II......................	19.2.32,05
III......................	19.2.32,49
IV......................	19.2.32,20
V......................	19.2.32,49
VI......................	19.2.32,64
VII......................	19.2.32,74
Moyenne...........	19.2.32,40

Autre méthode de calcul. — Dans le cas où l'étoile a une distance zénithale petite, il y aura avantage à effectuer le calcul de t' par la formule qui suit : on a trouvé

$$\cos t' = \cos t + \frac{f'}{\cos\delta \sin\varphi},$$

d'où

$$\tang^2 \tfrac{1}{2} t' = \frac{1 - \cos t'}{1 + \cos t'} = \frac{2 \sin^2 \frac{1}{2} t \sin\varphi \cos\delta - f'}{2 \cos^2 \frac{1}{2} t \sin\varphi \cos\delta + f'}.$$

Or, on a

$$\cos t = \frac{\tang\delta}{\tang\varphi},$$

il en résulte

$$1 - \cos t = 2 \sin^2 \tfrac{1}{2} t = \frac{\sin(\varphi - \delta)}{\cos\delta \sin\varphi},$$

$$1 + \cos t = 2 \cos^2 \tfrac{1}{2} t = \frac{\sin(\varphi + \delta)}{\cos\delta \sin\varphi};$$

remplaçant ces quantités par leurs valeurs dans la formule précédente, il vient

$$\tang^2 \tfrac{1}{2} t' = \frac{\sin(\varphi - \delta) - f'}{\sin(\varphi - \delta) + f'},$$

et, pour une valeur négative de f,

$$\tang^2 \tfrac{1}{2} t' = \frac{\sin(\varphi - \delta) + f'}{\sin(\varphi + \delta) - f'}.$$

Exemple. — Nous prendrons comme exemple l'observation suivante de l'étoile α Persée:

	Cercle au sud, étoile à l'ouest.
	h m s
I	5. 4.26,0
II	5. 2.38,0
III	5. 1.43,0
IV	5. 0.49,2
V	4.59.52,0
VI	4.58.55,2
VII	4.57. 2,0

Les distances de fils sont les mêmes que dans l'exemple précédent;

d'ailleurs on a

$$\delta = 49^\circ 16' 26'',7, \quad \varphi = 52^\circ 30' 16'',0.$$

On calcule d'abord t au moyen de l'expression

$$\tan^2 \tfrac{1}{2} t = \frac{\sin(\varphi - \delta)}{\sin(\varphi + \delta)};$$

on trouve ainsi

$$t = 26^\circ 58' 58'',88.$$

Vient ensuite le calcul de t' pour chaque fil : pour le fil I, par exemple, f est négatif, et la formule de réduction est

$$\tan^2 \tfrac{1}{2} t' = \frac{\sin(\varphi - \delta) + f}{\sin(\varphi + \delta) - f};$$

mais, comme

$$f = 51^s,639 = 12' 54'',585,$$

ou, en parties du rayon,

$$f = 0,0037553,$$

on a

$$t' = 27^\circ 53' 6'',72.$$

On en déduit

$$t' - t = 0^\circ 54' 7'',84 = 0^h 3^m 36^s,52.$$

On obtient de même, pour les autres fils, les valeurs de $t' - t$:

	m s
II	1.49,05
III	1.53,48
V	1.56,85
VI	1.53,85
VII	3.46,77

Remarque. — Quoique la distance zénithale de cette étoile soit seulement de

$$2^\circ 13' 47'',3,$$

le développement en série eût présenté un calcul plus simple; car pour les fils III et V, le troisième terme n'a plus d'influence, et pour les fils I et VII, sa valeur n'est que de $0^s,12$.

62. *Détermination des distances de fils.* — Les distances des fils se déterminent en observant à chacun d'eux le passage d'une étoile voisine du zénith. En effet, on a en général pour une étoile zénithale,

$$\varphi - \delta = \sin\varphi \cos\delta \, 2\sin^2\tfrac{1}{2}t \pm f + c + b + \bar{k} \sin z,$$

et, par conséquent, si l'on calcule pour chaque passage la quantité

$$\sin\varphi \cos\delta \, 2\sin^2\tfrac{1}{2}t,$$

les différences des nombres ainsi obtenus seront égales aux différentes valeurs de f.

Ainsi, dans l'exemple du nº 57 (p. 271), on aurait déduit des observations faites dans la position directe (cercle nord) :

III........................	3′.24″,70
V........................	3.22,74
VI........................	6.34,76
VII........................	12.21,89

63. *État de l'instrument.* — Avant de chercher les valeurs des constantes qui fixent la position de l'instrument, nous devons dire comment on le place approximativement dans le premier vertical. Au moyen de la formule

$$\cos t = \tang\delta \cos\varphi,$$

on peut calculer l'angle horaire d'une étoile au moment de son passage dans le premier vertical, et, par suite, le temps sidéral de ce passage. Ceci posé, après avoir rendu le fil moyen très-voisin de la ligne de collimation, et l'axe de rotation aussi horizontal que possible, on observera l'heure du passage au fil moyen d'une étoile de faible déclinaison; soient α l'ascension droite de cette étoile, Θ le temps sidéral du passage déduit de la formule

$$\Theta = \alpha \pm t,$$

(le signe — si l'observation a été faite à l'est, le signe + si l'observation a été faite à l'ouest), et Θ_1 le temps observé, on fera mouvoir l'axe en azimut jusqu'à réduire à très-peu de chose la différence entre Θ et Θ_1.

Lorsque l'instrument est muni d'un cercle horizontal gradué, l'opération consiste à le diriger d'abord dans le méridien et à le faire tourner ensuite de 90°.

L'instrument étant en place, il faut en déterminer l'état.

64. *Détermination des constantes.* — 1° *Inclinaison.* — L'inclinaison b se détermine directement au moyen du niveau. Nous supposerons, dans ce qui va suivre, qu'on a corrigé déjà toutes les observations de l'effet de l'inclinaison en ajoutant le terme

$$\frac{b}{\tang z \sin\varphi}$$

aux temps observés; et, par suite, nous considérerons l'inclinaison comme nulle.

Ce terme peut d'ailleurs se mettre sous une autre forme : en effet, dans le premier vertical,

$$\cos z = \frac{\sin\delta}{\sin\varphi}, \quad \sin z = \frac{\sqrt{\sin(\varphi+\delta)\sin(\varphi-\delta)}}{\sin\varphi},$$

d'où

$$\tang z = \frac{\sqrt{\sin(\varphi+\delta)\sin(\varphi-\delta)}}{\sin\delta};$$

et le terme relatif à l'inclinaison devient

$$\frac{b\sin\delta}{\sin\varphi\sqrt{\sin(\varphi+\delta)\sin(\varphi-\delta)}}.$$

2° *Erreur de collimation.* — L'erreur de collimation c peut, comme on l'a vu au n° 55, se déterminer en observant des étoiles zénithales dans les deux positions de l'instrument, à l'est puis à l'ouest. On l'obtient encore à l'aide d'observations de la même étoile, faites à l'est et à l'ouest dans la même position de l'instrument. En effet, pour la position directe (cercle nord) par exemple, on a les deux équations

$$a)\quad \begin{cases} \Theta = T + \Delta t - \dfrac{c}{\sin z\sin\varphi} - \dfrac{k}{\sin\varphi} & \text{(Étoile à l'est)}, \\[2ex] \Theta' = T' + \Delta t + \dfrac{c}{\sin z\sin\varphi} - \dfrac{k}{\sin\varphi} & \text{(Étoile à l'ouest)}; \end{cases}$$

d'où

$$c = [\tfrac{1}{2}(\Theta' - \Theta) - \tfrac{1}{2}(T' - T)] \sin\varphi \sin z,$$

équation dans laquelle $(\Theta' - \Theta)$ est donné par la relation

$$\cos\tfrac{1}{2}(\Theta' - \Theta) = \frac{\operatorname{tang}\delta}{\operatorname{tang}\varphi},$$

ou mieux par l'équation

$$\operatorname{tang}^2\tfrac{1}{2}(\Theta' - \Theta) = \frac{\sin(\varphi - \delta)}{\sin(\varphi + \delta)}.$$

Pour rendre petit le facteur $\sin z$, et, par suite, pour diminuer l'influence que peuvent avoir sur la valeur de c les erreurs commises sur les temps T et T′, on devra choisir des étoiles qui passent dans le premier vertical aussi près que possible du zénith.

Si l'on emploie la méthode d'observation de Struve, la valeur de c se déduit de l'équation (2), p. 273,

$$\sin c = \sin s \sin u \cos\delta \sin\varphi.$$

3° *Azimut.* — Ajoutons les deux premières équations (p. 265), nous aurons

$$k = [(\tfrac{1}{2}T' + T) + \Delta t - \tfrac{1}{2}(\Theta + \Theta')] \sin\varphi,$$

ou, puisque $\frac{1}{2}(\Theta + \Theta') = \alpha$,

$$k = [\tfrac{1}{2}(T + T') + \Delta t - \alpha] \sin\varphi = m \sin\varphi.$$

Pour la détermination de k, il conviendra de choisir une étoile passant au méridien loin du zénith, l'estime de l'heure de son passage aux différents fils étant alors beaucoup plus précise.

Pour rendre cette détermination plus exacte, on observera le passage quatre fois successivement, alternativement dans les deux positions de l'instrument, selon la méthode de Struve; on prendra alors, au lieu de la moyenne $\frac{1}{2}(T + T')$, la moyenne des temps de passages observés à chaque fil dans les quatre observations.

Exemple. — Nous appliquerons cette méthode à l'observation de l'étoile o Dragon citée plus haut (p. 274).

En combinant d'abord les passages observés à un même fil dans une même position de l'instrument à l'est et à l'ouest, on a :

Fils.	Cercle au nord.	Cercle au sud.
	h m s	h m s
I............	18.48.41,10	18.48.40,93
II..........	18.48.41,15	18.48.41,25
III............	18.48.41,20	18.48.41,07
IV............	18.48.41,05	18.48.41,00
V............	18.48.41,15	18.48.41,15
VI............	18.48.41,15	18.48.40,95
VII........	18.48.41,10	18.48.40,97
Moyenne .	18.48.41,13	18.48.41,05

et, en conséquence, on a, pour le temps du passage au méridien (*),

$$18^h 48^m 41^s,09.$$

Il faut, maintenant, corriger ce passage de la différence des inclinaisons de l'axe dans les deux verticaux. Or nous avions

$$b = +\,0'',687, \quad \text{pour le vertical est,}$$
$$b' = +\,0'',923, \quad \text{pour le vertical ouest.}$$

La correction due à l'inclinaison est donc

$$d\Theta = \frac{(b - b')}{30} \frac{\sin\delta}{\sin\varphi} \frac{1}{\sqrt{\sin(\varphi + \delta)\sin(\varphi - \delta)}},$$

et, en temps de la pendule, le passage vrai au méridien est

$$18^h 48^m 41^s,01;$$

d'ailleurs

$$\Delta t = +\,8^s,31, \quad \alpha = 18^h 48^m 50^s,17;$$

(*) L'accord qui existe entre ces différentes valeurs est très-remarquable, quand on songe à la lenteur du mouvement de l'étoile, par rapport aux fils verticaux. Elle est, en effet, 10,6 fois moindre que celle d'une étoile équatoriale ou égale à celle qu'aurait dans la lunette méridienne une étoile dont la déclinaison serait

$$84^\circ 37'.$$

donc l'angle du méridien vrai et du méridien de l'instrument sera

$$m = -0^s,85;$$

d'où, puisque $k = m \sin\varphi$,

$$k = -0^s,73 = -11'',0.$$

4° *Valeur d'un tour de la vis du micromètre.* — L'observation des passages d'une étoile aux fils fixes permet d'obtenir les distances de ces différents fils exprimées en temps; d'autre part, on aura ces mêmes distances en tours de la vis en amenant le fil mobile en contact successivement avec les deux bords de chacun des fils fixes. La comparaison de ces deux résultats donnera en temps la valeur d'un tour de la vis du micromètre.

Remarque. — Consulter sur l'instrument des passages dans le premier vertical :

Bessel. — *Astronomische Nachrichten*, nos 49, 131 et 132.

Struve. — *Bulletin de l'Académie des Sciences de Saint-Pétersbourg*, vol. X, 1842; nos 14-16.

Struve. — *Description de l'Observatoire central de Poulkowa*, p. 167 et suiv.

Encke. — *Bemerkungen über das Durchgangsinstrument von Ost nach West.* (*Berliner Jahrbuch für* 1843, p. 300 et suiv.)

Sawitsch. — *Abriss der praktischen Astronomie*, t. I.

CHAPITRE VI.

LUNETTE BRISÉE. — SIDÉROSTAT.

Dans les observations faites avec les instruments que nous avons décrits dans le chapitre précédent, l'astronome doit se déplacer avec l'oculaire, et par suite il est souvent forcé d'observer dans des positions fort incommodes. Pour les instruments méridiens et les théodolites, cet inconvénient a été évité en Allemagne par l'emploi de la *Lunette brisée*. Mais cette solution n'est point applicable aux grands équatoriaux ; de plus, en raison de leurs dimensions, ces instruments sont exposés à des flexions énormes. Le tube de la Lunette fléchit inégalement, et l'air qui y est confiné dévie inégalement les rayons lumineux. Enfin dans les recherches d'Astronomie physique, si importantes aujourd'hui, l'observateur est à chaque instant arrêté par les difficultés que présente l'adaptation, à la lunette d'un équatorial, des différents appareils qui lui sont nécessaires.

Tous ces inconvénients seraient évités si l'on pouvait obtenir, dans la lunette immobile, une image du ciel qui fût une représentation identique du ciel et de son mouvement; si l'on pouvait, en d'autres termes, quelles que soient la grandeur et la puissance de l'instrument d'observation, faire passer tout le ciel devant l'observateur sans que celui-ci ait à se déplacer ou à déplacer l'instrument. Tel est le résultat que L. Foucault a obtenu au moyen du *sidérostat*.

I. — Lunette brisée.

65. Le principal général sur lequel repose la construction de tous les instruments compris sous cette dénomination est le suivant : placer sur le trajet des rayons lumineux un appareil réfléchissant qui, tournant avec la lunette, renvoie toujours les rayons dans une direction déterminée. L'appareil réfléchissant employé

jusqu'ici est un prisme à réflexion totale, et les divers instruments diffèrent entre eux par la position qu'occupe ce prisme.

Dans le cercle méridien de Steinheil (*), il est en avant de l'objectif; l'axe de rotation de la lunette est alors formé par le tube même de la lunette; celle-ci est donc placée horizontalement de l'est à l'ouest. Dans les cercles de hauteur de Reichenbach, le prisme est, au contraire, placé en avant de l'oculaire.

Mais dans les instruments transportables, le prisme se trouve presque toujours entre l'objectif et l'oculaire : soit tout près de l'oculaire, mais avant le foyer de l'objectif, comme dans le théodolite de Reichenbach; soit sur l'axe même de rotation de l'appareil, comme dans le petit instrument des passages construit par Ertel pour l'observatoire de Poulkowa (**).

La seule différence essentielle entre cet appareil et une lunette méridienne ordinaire consiste en ce que, au centre du cube qui porte l'axe de rotation, est fixé (*fig.* 40) un prisme π à réflexion totale. L'une des deux faces rectangulaires de ce prisme est perpendiculaire à l'axe optique, et reçoit les rayons lumineux qui lui viennent de l'objectif dans une direction sensiblement normale; ceux-ci pénètrent dans le prisme sans se réfracter, se réfléchissent totalement sur la face hypoténuse, pour sortir enfin du prisme dans la direction même de l'axe de rotation. Le tourillon correspondant est percé, et, en adaptant à son extrémité un oculaire ordinaire, on pourra observer le passage d'un astre quelconque en conservant toujours à l'œil la même position.

Il faut évidemment que l'interposition du prisme n'altère pas la netteté des images données par l'objectif, ou, en d'autres termes, que les rayons lumineux conservent, après leur passage à travers le prisme, les positions relatives qu'ils avaient au sortir de l'objectif. Ceci exige que, quelle que soit la distance zénithale de l'axe optique, l'axe du cône lumineux soit dans un plan perpendiculaire à la face hypoténuse du prisme, avant et après son passage

(*) Steinheil. — *Ueber einen neuen Meridiankreis* (*Astronomische Nachrichten*, vol. XXIX, n° 684).

(**) Sawitsch. — *Abriss der praktischen Astronomie*, p. 74 et suiv. (traduction allemande de Goetre).

à travers celui-ci, et ainsi qu'il rencontre normalement ses deux faces rectangulaires. Ces conditions sont toujours très-approximativement réalisées par le constructeur; il suffit donc à l'astro-

Fig. 40.

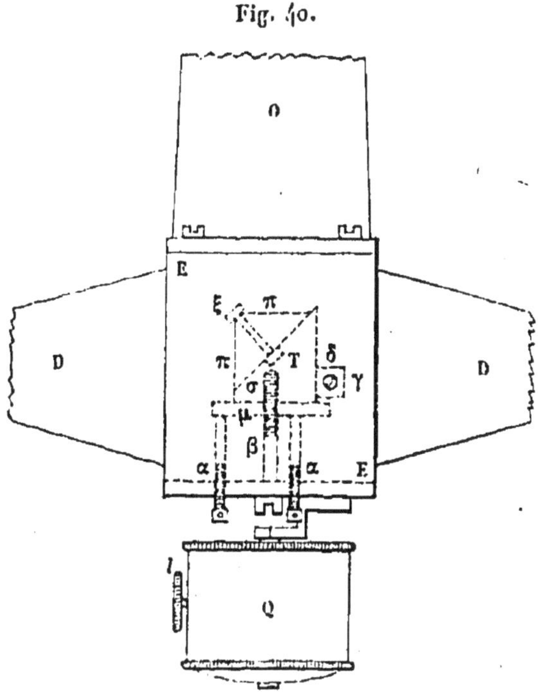

nome de rectifier la position du prisme. Ce résultat s'obtient au moyen des opérations suivantes.

Tout d'abord on dirige la lunette vers une belle étoile, et l'on examine si l'image de cet astre est parfaitement ronde, nettement terminée et uniformément éclairée. Dans le cas contraire, on agit sur deux longues vis δ, δ qui font tourner le prisme autour de l'axe optique. Ces vis traversent deux faces opposées E, E du cube de l'instrument, et ont leurs écrous portés par un petit parallélépipède γ fixé au support T du prisme π. En desserrant l'une d'elles et en agissant sur l'autre, on pourra donner au prisme une position telle, qu'un rayon lumineux perpendiculaire à l'incidence sur la face supérieure du prisme soit encore à la sortie perpendiculaire à l'autre face, et qu'ainsi l'image d'une étoile soit nettement terminée, ronde et uniformément éclairée.

Pour obtenir plus promptement et plus sûrement un pareil résultat, Struve procède comme il suit. En tournant les vis dans un sens déterminé, il obtient d'abord une image un peu irrégulière; il cherche ensuite, par une rotation inverse des vis, à reproduire en sens inverse la même irrégularité dans l'image; il donne alors aux vis une position moyenne entre ces deux-là, et fixe le prisme dans la position correspondante.

Il faut, en outre, que la perpendiculaire abaissée du centre optique de l'objectif sur la face du prisme qui est tournée vers lui décrive, pendant la rotation de la lunette, un plan perpendiculaire à son axe de rotation. C'est une condition analogue à celle que nous avons étudiée (p. 183) pour la ligne de collimation de la Lunette méridienne, et l'on en obtient la réalisation par un procédé semblable à celui que nous avons alors employé. On dirige la lunette sur une mire, et l'on fixe l'axe vertical de l'instrument au moyen d'une pince dont son pied est muni; puis au moyen de la vis de rappel, on fait coïncider le fil moyen ou le fil mobile avec le point de croisement des fils du réticule de la mire; on retourne alors la lunette sur ses supports horizontaux : si la condition précédente est remplie, la coïncidence subsistera encore. Dans le cas contraire, on change l'inclinaison de la face réfléchissante du prisme, en desserrant la vis β et en agissant sur les vis α, α (on desserre pour cela deux de ces vis et on tourne la troisième en sens convenable), de façon à ramener l'image de la mire vers le fil moyen d'une quantité égale à la moitié de la distance qui les sépare; après quoi le prisme est réglé.

Remarquons toutefois que ni l'une ni l'autre de ces deux opérations ne conduit immédiatement au résultat cherché, et que, d'autre part, en agissant sur les vis α, α et β, on change certainement la position du prisme par rapport aux vis δ, δ; on devra donc répéter plusieurs fois successivement ces deux opérations, et ce n'est qu'après un certain nombre de tâtonnements convenablement dirigés que l'on pourra obtenir un réglage satisfaisant du prisme.

Remarque. — En raison des difficultés que l'on éprouve encore aujourd'hui à construire des prismes de grandes dimensions dont les faces soient rigoureusement planes et la matière homogène, l'emploi de dispositions analogues à celles que nous venons de mentionner est limité aux petits instruments. On pourrait, il est vrai, remplacer le prisme par un miroir plan, vérifié par les procédés optiques de L. Foucault; mais tous ces instruments n'en resteraient pas moins, au point de vue de la précision des mesures, soumis à deux inconvénients graves qui en restreignent considérablement l'emploi :

1° La Lunette n'est généralement pas symétrique (*fig.* 40) par rapport à son axe de rotation, et dès lors l'influence de la flexion devient très-difficile à calculer;

2° La position de la surface réfléchissante, comme celle de toutes les pièces d'un instrument quelconque, varie d'une façon continue par rapport aux vis qui servent à la fixer, et ces variations sont ici *doublées* par le fait même de la réflexion.

Remarque. — On a aussi utilisé les prismes pour les instruments de passage, en se fondant sur leurs propriétés réfringentes. Ces appareils sont d'un usage trop restreint pour que nous ayons cru devoir en donner la théorie. Nous renverrons à cet égard le lecteur aux Mémoires suivants :

Hornstein. — *Ueber das Steinheil'schen Passage-Prisma* (*Astronomische Nachrichten*, vol. XXIV, n°s 558 et 559).

Seidel. — *Zur Theorie des Steinheil'sche Passage-Prisma's* (*Astronomische Nachrichten*, vol. XXIV, n° 59).

Steinheil. — *Ueber das Passage-Prisma* (*Astronomische Nachrichten*, vol. XXIV, n° 569).

II. — Sidérostat.

66. Une lunette, couchée horizontalement dans une position invariable, devant laquelle un miroir plan amène successivement les différents points du ciel : tel est essentiellement le sidérostat. Quant à son principe géométrique, il est le même que celui du grand héliostat de Foucault, et, par suite, il est suffisamment connu pour que nous n'ayons point à nous y arrêter.

Tout l'instrument (*fig.* 41) repose sur un socle en fonte, muni de trois vis calantes, avec un mouvement de réglage en azimut. On y distingue trois parties : le miroir et sa monture, le mécanisme transmetteur du mouvement et le régulateur.

Le miroir, travaillé optiquement, et argenté suivant les procédés de L. Foucault, est porté par un axe horizontal, au sommet de deux montants verticaux pouvant tourner autour d'un centre sur une couronne de galets, et étant ainsi d'une mobilité parfaite. La couronne du barillet dans lequel il est maintenu est exactement rodée, et porte trois taquets contre lesquels trois ressorts à

Fig. 41.

boudin pressent le miroir sans le déformer. Au fond du barillet est fixée une tige perpendiculaire au miroir qui sert de guide à celui-ci dans son mouvement et qui s'emboîte dans un anneau porté par une fourchette articulée à l'extrémité inférieure de l'axe horaire. Le régulateur représenté (*fig.* 20, p. 140) commande l'axe horaire au moyen de tiges verticales et de pignons que la figure montre clairement.

La direction du rayon incident étant réprésentée par l'axe de la fourchette, et la longueur de celle-ci étant égale à la distance de son axe d'articulation à l'axe horizontal du miroir, la ligne qui joint les milieux de ces deux axes représente la direction constante du rayon réfléchi. Cette direction est ici inclinée de 10 degrés au-dessous de l'horizon, afin de permettre l'observation des astres très-voisins de l'horizon par dessus la lunette et son recouvrement.

Pour amener, dans l'axe de cette lunette, les rayons provenant d'un astre dont la distance polaire et l'angle horaire actuel sont donnés, on débraie, d'une part l'axe horaire au moyen de la vis de serrage qui se voit à la partie supérieure de l'instrument, de l'autre le cercle gradué dont la fourchette directrice occupe un diamètre; on amène sous l'index de ce cercle la graduation correspondante à la distance polaire de l'astre, sous l'index du cercle horaire celle qui répond à l'angle horaire, et l'on fixe les deux cercles. A partir de ce moment, l'action du mouvement d'horlogerie amène constamment dans la lunette les rayons venant de l'astre à observer.

Il est nécessaire de disposer ici, comme dans un équatorial, de moyens de rappel pour faire varier de petites quantités, ou l'angle horaire, ou la distance polaire. Ces deux problèmes ont été résolus par M. Eichens, au moyen de mécanismes fort ingénieux, mais dont le détail nous entraînerait trop loin (*).

Si l'observateur veut déterminer les positions relatives de deux astres un peu éloignés, il arrête le mouvement d'horlogerie et observe, dans le miroir fixe, comme il le ferait à l'aide d'un appareil parallactique ordinaire, mais sans avoir à se déplacer lui-même, quelle que soit la partie du ciel qu'il explore. En revanche, il est vrai, chaque nouvelle détermination des positions relatives des deux astres exige un nouveau réglage de la direction des fils du micromètre, puisque la direction apparente du mouvement diurne change chaque fois que l'on déplace le miroir; mais cet inconvénient existe aussi dans l'usage des télescopes à oculaire mobile, et l'expérience a prouvé qu'il n'entraîne pas une perte de temps

(*) *Voir* à ce sujet : WOLF, *Note sur le sidérostat de Foucault* (*Comptes rendus des séances de l'Académie des Sciences*, vol. LXIX, p. 122).

considérable : il n'y a donc pas lieu de s'en préoccuper outre mesure.

L'effet de cette variation de la direction apparente du mouvement diurne est à prendre en plus sérieuse considération, lorsque, le miroir étant en marche, on voudra effectuer des mesures micrométriques d'étoiles doubles. Cette direction étant, en effet, l'origine des angles de position, il faut, pour faire de pareilles mesures, changer de coordonnées ; mais la difficulté est facile à lever : en effet, les fils du micromètre étant fixes, il suffit de les diriger horizontalement et verticalement, pour que l'observation donne directement les différences de hauteur et d'azimut des deux astres. La connaissance de l'heure de l'observation suffit ensuite pour réduire les mesures à la forme ordinaire.

La perte de lumière que fait éprouver la réflexion est assez faible ; les recherches de Foucault ont démontré que l'argent poli des miroirs réfléchit les $\frac{91}{100}$ de la lumière incidente, et l'expérience prouve que ce poli se conserve très-longtemps; la réargenture est d'ailleurs une opération facile.

Un défaut plus réel du sidérostat, c'est de ne pas permettre l'exploration de toutes les parties du ciel. La région utilisée par un miroir qui réfléchit horizontalement vers le sud s'étend depuis l'horizon jusqu'au pôle ; pour le reste du ciel, il faudrait un sidérostat renvoyant les rayons vers le nord, établi par conséquent dans les conditions du grand héliostat de Foucault.

Cet instrument n'a point encore été soumis d'une façon scientifique à la sanction de l'expérience, mais il n'y a pour nous nul doute qu'il ne remplisse toutes les espérances de son illustre inventeur; aussi avons-nous tenu à en vulgariser l'emploi.

CHAPITRE VII.

SEXTANT. — CERCLE DE RÉFLEXION.

I. — Sextant.

Le plus important des instruments à réflexion est le *sextant*, qu'on appelle encore *sextant de Hadley*, du nom de celui qui, le premier, en publia en Europe la description (*). Cependant la première idée de cet appareil paraît devoir être attribuée à Thomas Godfrey, de Philadelphie, qui l'a décrit en 1730, et peut-être même à Newton, car, après sa mort, on a trouvé dans ses papiers la description d'un instrument semblable, faite de la main même de cet illustre astronome (**).

Le sextant peut servir non-seulement aux observations de hauteurs, mais encore à la mesure de la distance angulaire de deux objets situés dans une position quelconque relativement à l'horizon. Avec lui aucune installation n'est nécessaire, les observations se font en le tenant à la main; aussi l'emploie-t-on surtout en mer, puisqu'il jouit de cette propriété précieuse de représenter à la fois les deux objets dont on cherche la distance angulaire, et de les réunir l'un à l'autre comme s'ils ne faisaient qu'un seul et même corps, et cela malgré tous les mouvements du bâtiment et de l'observateur. C'est avec lui que se font aujourd'hui presque toutes les déterminations astronomiques nécessaires aux marins, soit celles du temps et de la latitude par l'observation des hauteurs du Soleil et des étoiles, soit celle des longitudes géographiques par la mesure des distances lunaires.

(*) Hadley. — *Instrument for taking angles* (*Philosophical Transactions*, 1731 and 1732).

(**) Newton. — *Paper on reflecting instrument like Hadley's* (*Philosophical Transactions*, 1742).

67. *Description du sextant.* — Le corps de l'instrument (*fig.* 42) a la forme d'un secteur circulaire de 80° environ; on le taille ordinairement dans une lame de cuivre assez épaisse TT, que l'on évide ensuite comme l'indique la figure, afin de donner

Fig. 42.

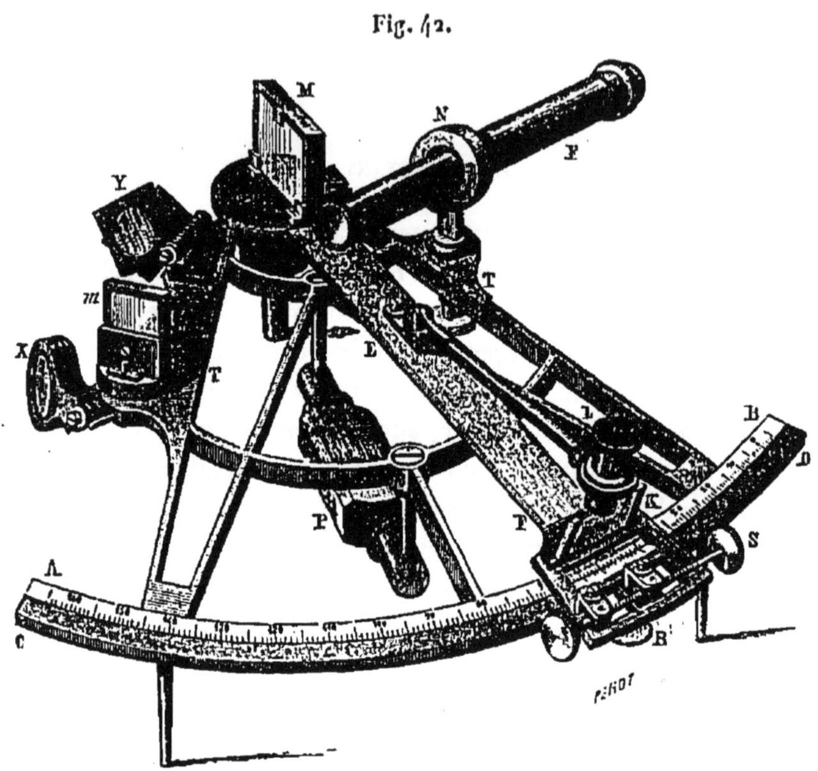

à l'instrument la plus grande légèreté possible sans pour cela lui enlever sa rigidité. A peu près au centre de gravité de l'appareil et derrière le secteur, est une poignée P qui permet de tenir le sextant à la main lorsqu'on veut faire les observations.

La graduation est tracée sur une lame d'argent ou de platine AB incrustée dans l'arc de cuivre CD, et qu'on appelle le *limbe.* Pour des raisons que nous ferons connaître (n° 69), la valeur des intervalles angulaires de la graduation a été doublée dans la chiffraison, de telle sorte que les traits marqués 10°, 20°, ... ne sont réellement séparés du zéro que par des arcs de 5°, 10°, ...

La graduation est d'ailleurs poussée plus ou moins loin suivant les dimensions de l'appareil; dans le sextant que nous avons figuré et dont le rayon est de 20 centimètres, la graduation donne directement les dix minutes. Une *alidade* EF, mobile autour du centre du secteur, porte un vernier au $\frac{1}{60}$, avec lequel on peut lire les dix secondes. Une loupe L sert à faciliter la lecture, et la lame K en verre dépoli régularise l'éclairement de la graduation. R est une vis de pression destinée à fixer l'alidade, et S une vis de rappel qui permet alors de lui donner des mouvements lents (*).

A son autre extrémité l'alidade porte le *grand miroir* M, dont le plan est perpendiculaire à celui du sextant et passe par son centre. Ce miroir est formé par une lame de verre étamée, maintenue dans une monture en cuivre contre laquelle on peut l'appliquer solidement au moyen de la vis *a* (*fig.* 43). La monture

Fig. 43.

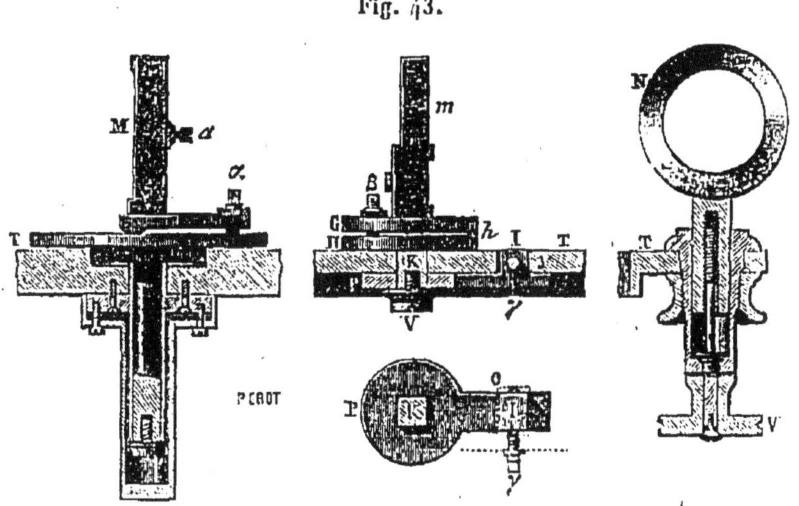

du miroir est portée par une lame de cuivre terminée à sa partie antérieure par un cylindre dont les génératrices sont parallèles à un rayon du secteur, et traversée à sa partie postérieure par une vis α qui s'engage dans un écrou taillé dans le corps même du

(*) Certains constructeurs munissent leurs sextants d'une double graduation et de deux verniers : l'une de ces graduations sert aux opérations qui exigent une grande précision, les traits en seront fins et déliés et elle donnera les dix secondes, comme plus haut ; l'autre, d'un tracé beaucoup plus visible, sert aux observations usuelles, et ne donne que la minute et approximativement la demi-minute.

sextant. Le miroir M repose donc sur le plan de l'appareil, d'un côté par l'une des génératrices du cylindre, de l'autre par la vis α, de telle sorte qu'en tournant celle-ci dans un sens ou dans l'autre, on peut changer l'inclinaison du miroir par rapport au plan du sextant, et l'amener à lui être perpendiculaire.

En dehors du rayon extrême situé à gauche de l'instrument, et à peu près à égale distance entre le limbe et le centre, se trouve le petit miroir *m*. Il est formé par une lame de verre étamée seulement dans sa moitié inférieure, et maintenue dans une monture en cuivre contre laquelle on peut l'appliquer solidement au moyen d'une vis (*fig.* 43). Ce miroir *m* est fixé au corps du sextant au moyen de la lame de cuivre GH et de la vis β. Cette lame GH est un cylindre de cuivre qui a été partagé en deux parties G et H, comme l'indique la *fig.* 43, sauf dans une petite portion *h*; on peut donc la considérer comme formée par l'ensemble de deux lames de cuivre G et H reliées entre elles par une lame de ressort *h* parallèle au plan du miroir *m*; de l'autre côté du miroir, une vis β traverse G et vient s'engager dans un écrou porté par H; de la sorte, en tournant la vis β, on fera varier l'inclinaison du miroir *m* relativement au plan du limbe, et l'on pourra le rendre perpendiculaire à ce plan. La lame H fait corps avec une seconde lame P située en dessous du limbe et portant en relief un petit parallélépipède I qui s'engage dans une cavité OO' pratiquée dans celui-ci. Ce parallélépipède I porte un écrou dans lequel pénètre une vis γ qui traverse le corps de l'appareil; au moyen de cette vis on fera mouvoir la lame H (*fig.* 43), et, par suite, l'ensemble tout entier qui porte le miroir *m*. On pourra donc, par ce second mouvement, donner au miroir *m* un mouvement de rotation autour d'une perpendiculaire au plan du sextant, et l'amener ainsi à être parallèle au grand miroir dans une position déterminée de l'alidade.

De l'autre côté de l'instrument se trouve la lunette F qui sert aux observations. C'est, en général, une petite lunette astronomique ordinaire; dans le plan focal de son objectif sont tendus deux couples de fils perpendiculaires entre eux qui y forment un petit carré; on prend pour *axe optique* de la lunette la droite qui joint le centre optique de l'objectif au centre de ce petit carré.

La lunette est portée par un anneau N (*fig.* 43), qu'une crémaillère, commandée par la vis V, peut éloigner ou rapprocher du plan du sextant; et qu'on peut, en outre, par un procédé analogue à celui que nous avons déjà décrit, faire tourner autour d'une parallèle au plan du petit miroir, afin de changer l'inclinaison de l'axe optique et le rendre parallèle au plan du sextant.

Enfin en X et Y (*fig.* 42) sont deux groupes de verres colorés destinés aux observations du Soleil, et sur lesquels nous reviendrons au nº 77.

68. *Conditions auxquelles doit satisfaire un bon sextant.* — Pour donner des résultats exacts un sextant doit satisfaire aux conditions suivantes :

1º Les deux miroirs doivent être rigoureusement perpendiculaires sur le plan du sextant;

2º La ligne de visée et l'un des couples de fils de la lunette doivent être parallèles à ce plan;

3º Le centre de l'axe de rotation du grand miroir doit passer par le centre de l'arc divisé;

4º Les divisions de cet arc de cercle et celles du vernier doivent être exactes;

5º Dans chaque miroir les deux faces doivent être parfaitement planes, et rigoureusement parallèles entre elles;

6º De même les verres colorés employés dans les observations du Soleil doivent être des lames à faces planes et bien parallèles.

69. *Mesure de la distance angulaire de deux objets.* — Admettons que ces conditions soient remplies, et voyons comment on peut, avec cet instrument, mesurer la distance angulaire de deux objets. On vise directement avec la lunette le moins lumineux de ces deux objets; puis, après avoir fait pivoter le sextant autour du rayon visuel de manière à ce que son plan passe par les deux objets, le plus lumineux étant, par rapport à l'œil, du même côté que le grand miroir, on fait mouvoir l'alidade avec son miroir jusqu'à ce qu'un rayon lumineux parti du second objet soit, après la réflexion sur le grand miroir puis sur le petit, renvoyé dans la lunette. On aperçoit alors dans le champ de celle-ci les

images des deux objets. Au moyen d'un petit déplacement de l'alidade, on arrive facilement à les amener au contact au milieu des fils du reticule, et, par suite, au centre même du champ. L'angle que font alors entre eux les deux miroirs, c'est-à-dire l'angle dont il a fallu faire tourner l'alidade à partir de la position où les deux miroirs étaient parallèles, est égal à la moitié de l'angle formé par les rayons visuels allant de l'œil à chacun des deux objets.

Tout d'abord si les deux miroirs M et *m* (*fig.* 44) sont parallèles entre eux, le rayon direct OA et le rayon réfléchi deux

Fig. 44.

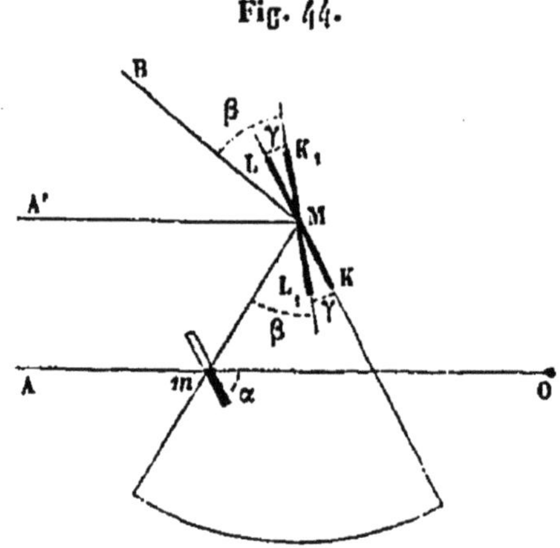

fois O*m* sont également parallèles. Suivons en effet le chemin de ces rayons lumineux, mais en sens inverse, ce qui revient à les considérer comme partis de l'œil de l'observateur : le chemin de ces deux rayons sera d'abord le même jusqu'en *m*; à partir de là, l'un va à travers la partie supérieure du miroir *m* jusqu'à l'objet A; l'autre rencontre le miroir *m* sous l'angle α, se réfléchit sous ce même angle et va tomber sur le miroir M sous le même angle α; il est donc réfléchi dans une direction parallèle à O*m*, et par conséquent il ira rencontrer aussi l'objet A, si toutefois celui-ci est assez éloigné pour qu'on puisse négliger la distance des deux miroirs par rapport à la distance de l'objet A à chacun d'eux.

Supposons, au contraire, que le grand miroir M, placé en K_1L_1, fasse avec le petit *m* l'angle γ : le rayon O*m*, qui tombe sur ce dernier sous l'angle α, fera avec le miroir M un angle β différent de α et évidemment égal à $\alpha - \gamma$, de telle sorte que

$$(\alpha) \qquad \beta = \alpha - \gamma;$$

mais, quittant après sa réflexion le miroir M sous un angle égal à β, ce rayon lumineux fera avec MA' un angle égal à

$$\alpha + \gamma - \beta = \alpha + \gamma - (\alpha - \gamma),$$

c'est-à-dire un angle égal à

$$2\gamma.$$

Or, en admettant encore que la distance des deux miroirs est négligeable par rapport à celles de l'instrument à chacun des deux objets, l'angle BMA' est égal à l'angle δ de ces deux objets; on a donc

$$\delta = 2\gamma.$$

L'angle des deux objets, dont on a superposé les images, est donc égal au double de celui dont on a fait tourner l'alidade; et si le zéro de la graduation coïncide avec la position de l'alidade pour laquelle les deux miroirs sont parallèles entre eux, l'angle δ est égal au double de la lecture faite sur la graduation. Pour plus de commodité, la chiffraison de la graduation a été faite en doublant les lectures, c'est-à-dire en considérant tous les arcs d'un demi-degré comme étant égaux à 1 degré, de telle sorte que la lecture donne immédiatement l'angle des deux objets.

Tel est le procédé général que nous appliquerons à quelques cas particuliers intéressants.

1° *Distances lunaires.* — Pour mesurer la distance de la Lune à une étoile, on met en contact l'image réfléchie du bord bien terminé de la Lune avec l'image de l'étoile donnée directement par la lunette.

Pour le cas d'une mesure de distance du Soleil à la Lune, le plan du sextant doit passer par les centres des deux astres : or, lorsque la Lune est dans son premier quartier, il est parfois difficile d'assigner exactement la position de son centre. On procède alors comme il suit : après avoir pointé la lunette sur la Lune, et tout en conservant cet astre dans le champ, on fait tourner le sextant autour de l'axe optique jusqu'à ce que les fils du réticule paraissent sensiblement perpendiculaires à la ligne qui joint les deux pointes du croissant. On fait alors mouvoir l'alidade de façon à établir le contact entre l'un des bords du Soleil et le bord le plus voisin de la Lune. On doit avoir soin de tourner la face du sextant, qui porte la graduation, vers le ciel si le Soleil est à droite de la Lune, vers la mer si le contraire arrive.

2° *Mesure des hauteurs.* — Quand on veut faire des mesures de hauteur avec le sextant, on se sert d'un horizon artificiel : soit un bain de mercure, soit une petite glace ronde dont la face supérieure est parfaitement plane et polie, la face inférieure dépolie et noircie, qui est portée par trois vis calantes, et que l'on rend horizontale au moyen du niveau; on mesure alors la distance de l'objet à son image réfléchie, ce qui donne le double de sa hauteur apparente.

En mer, on prend, comme horizon artificiel, l'horizon formé par la surface même de la mer. L'instrument étant dans un plan vertical, on dirige la lunette vers l'horizon, et l'on fait mouvoir l'alidade jusqu'à ce que l'image de l'astre soit en contact avec cette ligne. Pour s'assurer que le plan de l'instrument est bien vertical, on balancera le sextant à droite et à gauche, l'image devra décrire alors un arc *tangent* à l'horizon.

Si l'astre a un diamètre apparent, on fait coïncider avec l'horizon l'image d'un de ses bords. Pour le Soleil, on prend ordinairement le bord supérieur; pour la Lune il faut évidemment toujours choisir le bord bien terminé.

Lorsque la ligne de l'horizon tranche nettement sur la voûte céleste, ce qui arrive ordinairement pendant le crépuscule ou bien encore, lorsque la Lune étant très-basse, la surface de la mer réfléchit sa lumière à l'horizon; on peut, au lieu d'amener l'image de l'astre en contact avec l'horizon, amener au contraire l'image de l'horizon au contact de l'un des bords de l'astre vu directement.

3° *Hauteurs méridiennes.* — Le même instrument peut aussi servir à l'observation des hauteurs méridiennes. Quelques minutes avant le passage de l'astre au méridien, on établit le contact entre son image et l'horizon, et on le maintient au moyen de la vis de rappel à mesure que l'image se sépare de l'horizon; à moins qu'il ne s'agisse du passage inférieur d'un astre circompolaire, cette image tend à s'élever, et il vient un moment où elle semble rester stationnaire; on cesse alors de faire mouvoir la vis de rappel, et la lecture correspondante à la position actuelle de l'alidade est la hauteur méridienne cherchée. Il convient d'ailleurs, pour s'assurer que l'observation a été réellement faite au moment du passage au méridien, d'attendre que l'image de l'astre, ou celle de l'un de ses bords, se sépare de nouveau de l'horizon, mais dans le sens opposé au précédent.

Correction due à la dépression de l'horizon. — Toutes les mesures de hauteurs faites avec la ligne de l'horizon de la mer exigent une correction : les hauteurs ainsi obtenues sont trop grandes; car, en raison de l'élévation de l'œil au-dessus de la surface de la mer, l'horizon que fournit celle-ci est déprimé au-dessous de l'horizon rationnel; c'est la circonférence d'un petit cercle dont la distance zénithale est supérieure à 90°. Ce petit cercle est la ligne d'intersection de la sphère céleste avec le cône formé par les tangentes menées de l'œil à la surface des eaux. Quant à l'horizon vrai, c'est le cercle suivant lequel est coupée la sphère céleste par un plan horizontal mené par l'œil de l'observateur.

Soient :

$90° + d$ la distance zénithale de l'horizon de la mer, ou, ce qui revient au même,

d l'angle formé au centre de la terre par les rayons qui vont au lieu d'observation et au point où la tangente menée dans le plan d'observation rencontre la surface de la mer;

a le rayon de la sphère terrestre;

h la hauteur de l'œil au-dessus de la surface de la mer.

On a

$$\cos d = \frac{a}{a+h},$$

d'où

$$2\sin^2\tfrac{1}{2}d = \frac{h}{a+h},$$

et, par suite,

$$d = \sqrt{\frac{2h}{a+h}},$$

ou, en secondes,

$$d = 206265\sqrt{\frac{2h}{a+h}}.$$

L'angle d, *dépression de l'horizon*, calculé au moyen de cette formule pour une élévation quelconque de l'œil, devra être retranché de la hauteur observée.

70. *Vérification du sextant. — Perpendicularité des miroirs sur le plan du sextant.* — Nous avons maintenant à montrer comment on s'assure que les conditions que nous avons admises sont remplies. Nous commencerons par la perpendicularité des miroirs.

I. *Grand miroir.* — On vérifie que le grand miroir est perpendiculaire au plan du limbe au moyen de l'un des procédés suivants.

1° Après avoir enlevé la lunette, on met l'alidade au milieu du limbe, et l'on élève l'instrument horizontalement à la hauteur de l'œil, en tournant le centre vers soi et laissant le limbe en dehors. On applique ensuite l'œil vers l'une des extrémités du miroir, de manière que l'on puisse voir directement la partie du limbe qui est à gauche de l'alidade, et par réflexion celle qui est à droite. Si les deux parties forment une courbe continue, le grand miroir est perpendiculaire au plan de l'instrument; si, au contraire, l'image paraît *plus élevée*, le grand miroir penche vers l'*avant* ou vers le petit; l'image paraît-elle *plus basse*, le grand miroir penche vers l'*arrière*. On fera disparaître cette inclinaison en tournant en sens convenable les vis de rectification dont le miroir est muni. Il est d'ailleurs bien évident que, si l'axe de rotation de l'alidade est normal au plan du limbe, la superposition des images des deux parties du limbe devra subsister quand on fera parcourir à l'alidade le limbe tout entier.

Cette méthode est très-simple et très-rapide, mais elle est peu précise, car l'œil, étant nécessairement au-dessus du plan du limbe, et par suite au-dessus du plan de l'objet et de son image, ne peut apprécier leur coïncidence avec une certitude parfaite.

2° Pour éviter cette cause d'erreur, il fallait pouvoir élever jusqu'à la hauteur de l'œil le plan dans lequel se fait la coïncidence; on obtient ce résultat au moyen de petits appareils auxiliaires V (*fig.* 45) nommés *viseurs*. Un viseur est formé par deux

Fig 45.

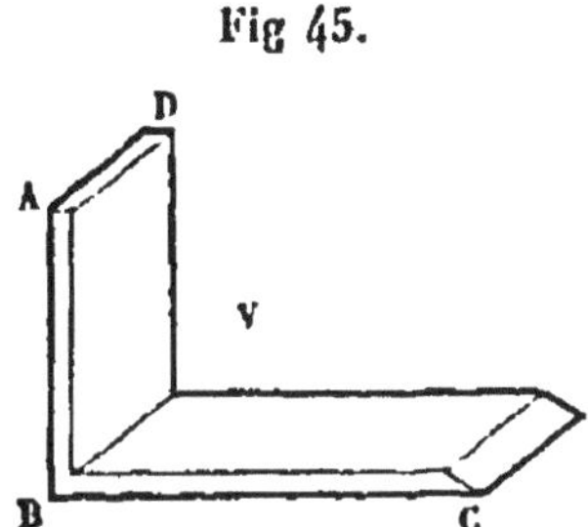

lames de cuivre noirci AB, BC perpendiculaires entre elles, et dont l'une d'elles AB est de hauteur à très-peu près égale à la distance du plan de l'instrument au centre du grand miroir (la *fig.* 45 représente l'un d'eux en vraie grandeur). On place sur le limbe, symétriquement par rapport au plan du grand miroir, et dans des directions telles que l'arête BC coïncide avec un rayon, deux viseurs égaux. Puis, l'œil étant encore contre le grand miroir et dans le plan qui passe par les arêtes supérieures AD des viseurs, on vise à la fois l'arête supérieure de l'un des viseurs et l'image réfléchie de l'arête du second. Si les deux droites sont dans le prolongement l'une de l'autre, le miroir est perpendiculaire au plan du limbe; dans le cas contraire, le miroir est oblique à ce plan et l'angle obtus se trouve du côté du viseur qui paraît le moins élevé. Il convient d'ailleurs de répéter les mêmes observations, après avoir changé les deux viseurs de place, afin d'éliminer l'erreur qui pourrait provenir de leur inégalité.

3° *Mesure de l'inclinaison du grand miroir.* — Ces deux méthodes, remarquables par leur rapidité et leur simplicité, ne font pas connaître la valeur même de l'inclinaison; pour obtenir cette quantité, on emploie la méthode suivante due à Preuss, astronome à Dorpat. Sur une règle fixe (*fig.* 46), on place verticalement quatre tiges AA', *aa'*, BB', *bb'*; l'une des plus extérieures BB' porte une graduation linéaire, et toutes sont munies de mires mobiles, formées pour A' et B' d'un petit trou circulaire percé dans une lame de cuivre, et pour a' et b' d'un petit cadre métallique sur lequel est tendu un fil fin d'argent. Après avoir enlevé la lunette du sextant, on le place horizontalement au milieu de la règle, de façon que le centre du grand miroir soit sur cette règle et à la même hauteur que les mires. On tourne le miroir vers A′ et a',

Fig. 46.

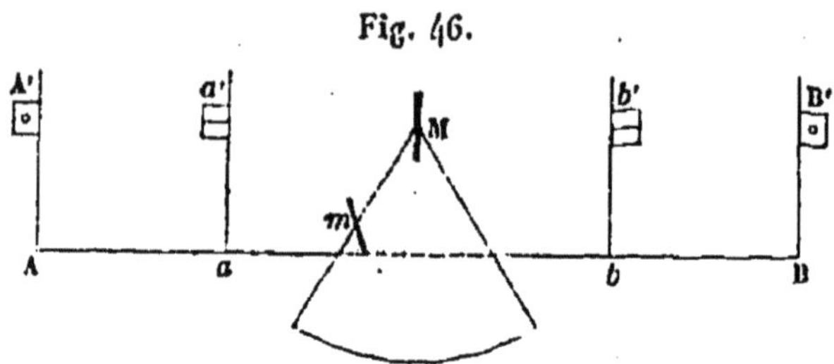

et, tenant l'œil contre A′, on place les mires dans des positions telles, que le fil de a' coïncide avec son image donnée par le miroir, et qu'en outre il coupe en son milieu l'image réfléchie du cercle A′. On marque alors par un trait la position qu'occupe le sextant sur la règle, on l'enlève, et, mettant l'œil à la mire B′, on déplace les mires B′ et b' jusqu'à ce que les deux fils a' et b' coïncident, et qu'en même temps le plan qu'ils déterminent passe par le milieu du cercle A′; soit l la position correspondante de l'index de B′ sur sa graduation. Rapportant alors le sextant à sa position première, on le tourne de 180 degrés autour de son pied, de façon que le miroir regarde les deux mires B′ et b'; puis, sans toucher à b', on élève ou l'on abaisse B′, jusqu'à ce que le fil b' coupe par son milieu l'image du cercle B′; soit l' la nouvelle lecture. Si, d'autre part, L représente la distance Bb exprimée avec la même unité que l et l', l'inclinaison i sera donnée par l'équation

$$\cos i = \frac{l - l'}{2\,\mathrm{L}},$$

ou

$$90^\circ - i = \frac{l - l'}{2\mathrm{L}} \times 206\,265, \quad i = 90^\circ + \frac{l - l'}{2\mathrm{L}} \times 206\,265.$$

Il suffirait d'ailleurs, pour faire disparaître cette inclinaison, de faire tourner le miroir dans sa monture au moyen des vis de correction, jusqu'à ce que, dans la seconde position du sextant, le fil b' partage en deux parties égales l'image réfléchie du cercle B'.

II. *Petit miroir.* — Après avoir rectifié la position du grand miroir, il suffit de rendre les deux miroirs parallèles entre eux, le petit miroir sera évidemment aussi perpendiculaire au plan du sextant. Pour cela, tenant l'instrument vertical, dirigeons la lunette vers un objet terrestre bien éclairé et très-éloigné, ou, mieux encore, vers une belle étoile ou vers le Soleil; puis tournons l'alidade jusqu'à ce que l'image réfléchie de cet objet ou de cet astre pénètre dans le champ de l'instrument. Serrons alors la vis de pression, et, à l'aide de la vis de rappel, faisons traverser lentement à cette image le champ de la lunette; si, à un moment donné, l'image et l'objet se recouvrent parfaitement, le petit miroir est parallèle au grand; dans le cas contraire, les deux miroirs sont inclinés l'un sur l'autre. On peut alors toujours amener l'image de l'objet sur la perpendiculaire au plan du limbe menée par l'objet, de manière que la distance de l'image à l'objet soit minimum, et qu'ainsi les droites d'intersection des deux miroirs avec le plan du limbe soient parallèles. Si, dans cette position, l'image est au-dessus de l'objet par rapport au plan parallèle au plan du limbe mené par l'axe optique, le petit miroir penche du côté du grand; si l'image est au contraire au-dessous, l'angle formé de ce côté par le petit miroir et le plan du limbe est obtus. Au moyen de la vis de correction perpendiculaire au plan du limbe, on rectifiera aisément la position du petit miroir, en amenant en coïncidence l'image directe et l'image réfléchie de l'objet observé.

On peut encore faire cette vérification au moyen de l'horizon de la mer. Après avoir placé l'instrument verticalement, on visera l'horizon de la mer à travers la partie transparente du petit miroir; puis on fera mouvoir l'alidade jusqu'à ce que l'image de l'horizon, réfléchie par les deux miroirs, vienne se placer dans le prolongement de la ligne directe d'horizon. Si, en inclinant l'instrument à droite ou à gauche, de manière à lui donner une position presque horizontale, les deux images de l'horizon paraissent encore se confondre, les deux miroirs sont parallèles. Si, au contraire, les deux images se séparent dès que le plan de l'instrument cesse d'être vertical les deux miroirs sont inclinés l'un sur l'autre, et le petit miroir penche vers le grand ou du côté opposé, suivant que, dans ce mouvement, l'image de l'horizon s'éloigne du plan du limbe ou s'en rapproche.

71. *Parallélisme de l'axe optique par rapport au plan du limbe.* — 1° Après avoir fixé l'instrument sur une table, dans une position horizontale, on placera, aux deux extrémités de son limbe, suivant une direction parallèle à celle de la lunette, deux viseurs tels que V (*fig.* 45), ou mieux encore deux viseurs tels que V_1 (*fig.* 47), formés chacun par un cadre, sur lequel un fil

Fig. 47.

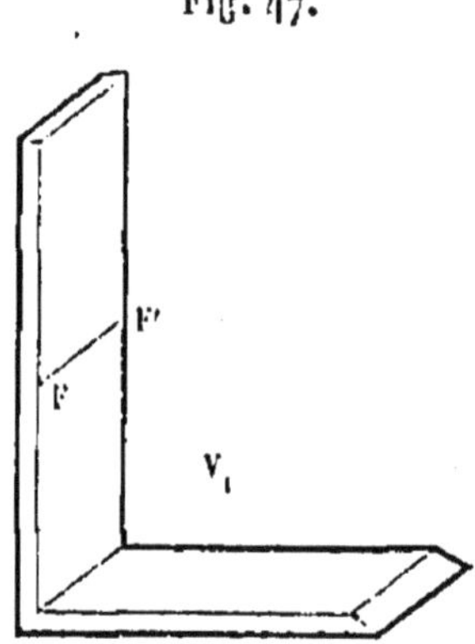

fin d'argent F est tendu horizontalement à la hauteur des arêtes supérieures des viseurs V. Celles-ci, ou les deux fils F, déterminent un plan parallèle au plan du limbe; on choisit avec l'œil un point qui soit dans ce plan, et en même temps visible dans la lunette, ou bien encore on marque sur un mur, un peu loin de l'appareil, à une distance de 5 à 7 mètres, des points également situés dans ce plan.

Après avoir placé l'un des viseurs en regard de la lunette, on tourne le porte-oculaire dans son collier jusqu'à rendre les fils de la lunette parallèles au fil de l'un des viseurs, et l'on élève ou l'on abaisse la lunette de manière à placer ce fil au milieu de l'intervalle des deux fils de la lunette; on vise alors avec la lunette les points précédemment choisis; s'ils apparaissent au milieu de l'intervalle des fils, l'axe optique est parallèle au plan du limbe; sinon on devra corriger la position de la lunette à l'aide des vis dont est muni son anneau, en remarquant que l'extrémité objective de l'axe optique penche vers le limbe si les points paraissent plus rapprochés du fil inférieur. On doit encore ici recommencer les mêmes observations, après avoir échangé les positions des deux viseurs, afin d'éliminer l'erreur que pourrait produire leur inégalité.

Quand on n'a pas de viseurs, on place l'œil dans le plan même de l'instrument, et l'on choisit deux points suffisamment éloignés pour que la distance de l'axe de la lunette au plan du limbe soit négligeable par rapport à leur distance à l'instrument; on continue ensuite comme précédemment.

2° Sur mer, il est parfois avantageux de procéder comme il suit, après avoir rendu les fils de la lunette parallèles au plan du limbe. On choisit deux objets distants d'au moins 110 degrés (la plus grande distance angulaire est celle qui convient le mieux), le Soleil et la Lune par exemple, et, par une rotation de l'alidade, on en fera coïncider les bords les plus voisins sur le fil le plus proche du plan du limbe. Puis, sans toucher à l'alidade, on déplacera l'instrument de manière à amener le point de contact des deux bords sur le fil le plus éloigné; si le contact a lieu comme précédemment, l'axe de la lunette est parallèle au plan du limbe; mais si le contact n'a plus lieu, les deux images étant alors distantes l'une de l'autre, ou, au contraire, ces deux images empiétant l'une sur l'autre, il faut rectifier la position de la lunette; on remarquera que, dans le premier cas, l'extrémité objective de l'axe optique penche vers le limbe.

72. *Erreur de collimation.* — Pour que les angles lus sur le limbe du sextant soient égaux aux distances angulaires vraies, il faut que, lorsque les deux miroirs sont parallèles, l'alidade soit au zéro. Après avoir assuré ce parallélisme, comme nous l'avons indiqué (p. 320), on lira le point où s'arrête alors l'alidade; c'est la véritable origine à partir de laquelle on doit compter tous les angles. Soit c la division correspondante, c est l'*erreur de collimation* du sextant, erreur que l'on devra prendre avec le signe — si le point correspondant est sur la division même du limbe, et avec le signe + s'il tombe sur la *division excédante.*

1° *Par le Soleil.* — Généralement on se sert du Soleil pour cette détermination, et ce procédé est le plus précis. Tenant l'instrument verticalement, on vise le Soleil avec la lunette, et l'on tourne ensuite le miroir de manière à faire coïncider l'un des bords de l'image réfléchie avec le bord le plus proche de l'image directe, celle-ci étant placée au-dessous de la première. Tournant ensuite l'alidade, on fait passer l'image réfléchie au-dessous, et l'on amène en contact les deux autres bords.

Soient a et b les lectures correspondantes aux deux positions de l'alidade, s le diamètre apparent du Soleil; on aura évidemment

$$a = c - s, \quad b = c + s,$$

d'où

$$(a) \qquad c = \tfrac{1}{2}(a + b),$$

et, en valeur absolue pour le diamètre du Soleil,

$$(b) \qquad s = \tfrac{1}{2}(b - a).$$

En réalité, l'une des lectures a ou b se fera sur l'arc lui-même, et l'autre sur l'excédant de la graduation; mais la formule (a) s'applique à tous les cas, à la condition de prendre négativement les arcs lus sur l'arc lui-même, et positivement les arcs lus sur la partie excédante et comptés, comme les autres, à partir de zéro. Si la valeur ainsi trouvée pour l'erreur de collimation était trop considérable, on la réduirait en faisant tourner le petit miroir autour d'une perpendiculaire au plan du sextant, au moyen de la vis de correction qui est parallèle à ce plan. Il suffirait d'amener l'alidade au zéro, de viser un objet dans la lunette, et de faire ensuite marcher la vis en sens convenable jusqu'à ce que les deux images de l'objet soient en coïncidence.

Si les observations sont bien faites, la valeur (b) trouvée pour le diamètre du Soleil doit être égale à celle que donnent les Éphémérides pour le jour de l'observation. Mais si l'on veut donner une plus grande exactitude à cette comparaison, il conviendra au contraire de mesurer, avec le sextant, le diamètre horizontal du Soleil, et non son diamètre vertical, car le premier n'est pas sensiblement altéré par la réfraction (voir *Astronomie sphérique*, p. 462). En outre, on devra répéter plusieurs fois la même mesure, et prendre la moyenne des nombres ainsi obtenus.

Exemple. — Le 15 mars 1869, on a fait les mesures suivantes du diamètre horizontal du Soleil :

	Lectures faites sur l'arc lui-même.	Lectures faites sur l'arc excédant.
	$-31'.20''$	$+33'.10''$
	-31.10	$+33.00$
	-31.15	$+33.20$
	-31.25	$+33.15$
	-31.20	$+33.10$
	-31.20	$+33.10$
Moyennes...	$-31.18,3$	$+33.10,8$

d'où

$$c = +56'',3, \quad s = 32'\,14'',6.$$

Or le *Nautical Almanach* donne, pour ce jour-là,

$$s = 32'\,12'',8.$$

2° *Par la Lune ou une belle étoile.* — On peut aussi déterminer l'erreur de collimation au moyen de la Lune ou d'une belle étoile. Ce moyen, moins précis que le précédent, ne doit être employé que lorsque la nuit il est nécessaire de trouver immédiatement l'erreur de collimation de l'instrument.

3° *Au moyen d'un objet terrestre.* — *Erreur de parallaxe.* — Enfin, à défaut du Soleil, un objet terrestre *suffisamment éloigné* et bien terminé, l'arête d'une maison par exemple, peut également servir. Mais, si la distance de l'objet à l'instrument n'est pas assez grande pour pouvoir être considérée comme infinie par rapport à la distance des deux miroirs, il faut, à l'erreur de collimation c ainsi trouvée, ajouter une petite correction, ou *erreur de parallaxe*, pour avoir l'erreur vraie c_0 de la collimation que l'on aurait obtenue avec un objet infiniment éloigné.

En effet, soient (*fig.* 48)

Δ la distance de l'objet A au petit miroir m,

f la distance des deux miroirs M et m,

β l'angle de l'axe optique mP avec la normale mn au petit miroir.

Fig. 48.

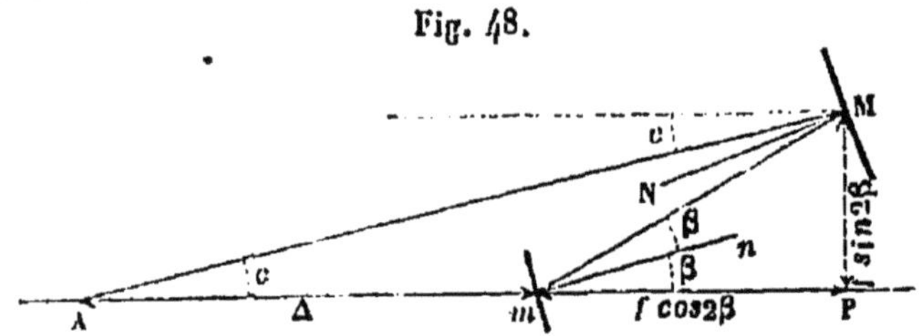

Nous aurons évidemment, pour déterminer l'angle c, que font entre eux les rayons directs et les rayons réfléchis deux fois au moment où les deux images sont en coïncidence, l'équation

$$\tang c = \frac{f \sin 2\beta}{\Delta + f \cos 2\beta},$$

d'où l'on déduit [*Astronomie sphérique*, n° 11 (éq. 14)]

$$(a) \qquad c = \frac{f}{\Delta} \sin 2\beta - \tfrac{1}{2} \frac{f^2}{\Delta^2} \sin 4\beta,$$

car le rapport $\frac{f}{\Delta}$ sera toujours suffisamment petit pour qu'on puisse arrêter le développement aux termes du troisième ordre (*).

Or, si les deux miroirs avaient été parallèles, le rayon réfléchi par le grand miroir aurait rencontré un objet B dont la distance angulaire (vue de M) à l'objet observé A serait précisément égale à c; pour passer de sa position actuelle à celle où il est parallèle au petit miroir, il faudrait donc que le petit miroir tournât d'un angle égal à $\frac{1}{2}c$; en d'autres termes, pour avoir la lecture c_0, on devrait augmenter de c la lecture qui correspond à la position actuelle du grand miroir. On a donc

$$(b) \qquad c_0 = c + \frac{f}{\Delta} \sin 2\beta - \tfrac{1}{2} \frac{f^2}{\Delta^2} \sin 4\beta.$$

(*) Le second membre de cette équation (a) devra être multiplié par 206 265, si l'on veut obtenir la valeur de c en secondes d'arc.

Remarque. — La détermination de cette erreur de parallaxe est complétement inutile si l'on veut obtenir, avec le sextant, l'angle formé par deux objets situés à l'horizon. Il suffit de déterminer l'erreur de collimation de l'instrument avec celui des deux objets que l'on visera directement avec le petit miroir, l'erreur de parallaxe sera comprise dans l'erreur de collimation ainsi déterminée.

73. *Angle que fait l'axe optique avec la normale au petit miroir.* — 1° Quelques unes des formules que nous venons de trouver contiennent l'angle β que fait l'axe optique de la lunette avec la normale au plan du petit miroir; pour déterminer cette constante instrumentale, on procédera comme il suit : après avoir placé le sextant sur un plan horizontal fixe, on visera avec la lunette un objet A *éloigné*, et l'on amènera en coïncidence les deux images de cet objet; les deux miroirs seront alors parallèles, et l'angle formé par les rayons tombant de l'objet A sur le grand miroir et les rayons réfléchis par celui-ci, sera égal au double de l'angle inconnu β. Ceci fait, en regard du sextant et dans le plan de sa ligne de visée, on disposera horizontalement la lunette d'un théodolite, de telle façon que l'image de l'objet A, réfléchie par le grand miroir et vue à travers la partie transparente du petit, se fasse au foyer de cette lunette en coïncidence avec le point de croisement des fils de son réticule. On mesurera ensuite avec le sextant la distance angulaire de l'objet A, et de la croisée des fils du réticule qui, vue à travers l'objectif du théodolite, paraît comme un objet infiniment éloigné. Soient s la lecture correspondante, c_0 l'erreur de collimation, on aura

$$s - c_0 = 2\beta.$$

Si la distance de l'objet A au petit miroir ne pouvait pas être considérée comme infinie par rapport à la distance des deux miroirs, le procédé précédent serait encore applicable; dans ce cas, en effet, on aurait, au lieu de l'équation précédente,

$$s - c_0 = 2\beta - \frac{f}{\Delta}\sin 2\beta + \ldots;$$

d'autre part, si c est l'erreur de collimation obtenue (nº 72) avec l'objet A, on a aussi

$$c - c_0 = \frac{f}{\Delta} \sin 2\beta - \ldots,$$

d'où l'on conclut

$$s - c = 2\beta.$$

2° Knorre a donné un autre moyen plus simple que le précédent, pour déterminer l'angle β. Après avoir placé, comme plus haut, l'instrument dans une position horizontale, rendu les fils sensiblement perpendiculaires au plan du sextant, et enlevé le grand miroir de sa monture, on vise, à travers la partie transparente du petit miroir, un objet A *éloigné*, et dont l'image se forme au milieu de l'intervalle des fils; on note ensuite le point K de l'horizon dont l'image réfléchie par le petit miroir coïncide avec le point A (s'il n'y avait pas, dans l'horizon de l'instrument, un point qui satisfasse à la condition précédente, et qui soit d'une observation facile, on devrait en faire placer un par un aide). On choisit ensuite un autre point B, qui soit à peu près au milieu de l'intervalle qui sépare le point A et le point K, et, après avoir remis le grand miroir en position, on mesure les angles compris entre le point A et le point B, d'une part, entre le point B et le point K, d'autre part : la demi-somme de ces deux angles est égale au complément de l'angle β. Si l'on veut avoir une mesure plus exacte de l'angle β, il conviendra de réduire tous les angles au milieu m du petit miroir, et, pour cela, on recommencera les mesures précédentes, après avoir tourné l'oculaire de 180°. On prendra alors, pour valeur de β, la moyenne des valeurs ainsi obtenues.

74. *Erreur d'excentricité.* — Enfin, les mesures faites avec le sextant peuvent encore être soumises à une autre cause d'erreur, provenant à la fois de l'excentricité de l'axe de rotation de l'alidade, et des défauts mêmes de la graduation. Ces dernières sont, en général, complétement négligeables par rapport aux erreurs d'observation, et seraient d'ailleurs comprises dans les formules qui représentent l'erreur d'excentricité.

1° On détermine ces erreurs en mesurant avec le sextant la distance angulaire de deux objets, et en comparant la valeur ainsi trouvée à la valeur exacte obtenue, par exemple, à l'aide d'un bon théodolite. Soient, en effet, α l'angle exact, s la lecture faite sur le sextant et corrigée de l'erreur de collimation, on a (n° 6, p. 41)

$$\alpha - s = \frac{c}{r} \sin\tfrac{1}{2}(s - O) \times 206265,$$

ou en développant

$$(1) \qquad \alpha - s = 206265\left(\frac{c}{r}\cos\tfrac{1}{2}O \sin\tfrac{1}{2}s - \frac{c}{r}\sin\tfrac{1}{2}O \cos\tfrac{1}{2}s\right).$$

En mesurant une seconde distance également connue, on aurait de même

$$(2) \qquad \alpha' - s' = 206265\left(\frac{c}{r}\cos\tfrac{1}{2}O \sin\tfrac{1}{2}s' - \frac{c}{r}\sin\tfrac{1}{2}O \cos\tfrac{1}{2}s'\right);$$

les deux équations (1) et (2), ou mieux, un ensemble de groupes d'équations analogues, permettent de trouver à la fois

$$\frac{c}{r}\cos\tfrac{1}{2}O \quad \text{et} \quad \frac{c}{r}\sin\tfrac{1}{2}O,$$

c'est-à-dire l'angle O et le rapport $\frac{c}{r}$. On ajoutera ensuite à chaque lecture du sextant la quantité

$$+\frac{c}{r}\sin\tfrac{1}{2}(s - O) \times 206265.$$

2° On peut encore mesurer avec le sextant la distance de deux belles étoiles, et comparer la valeur ainsi obtenue à celle que l'on déduit de leurs ascensions droites et de leurs déclinaisons; en répétant la même observation pour deux autres étoiles, on aura encore deux équations analogues aux équations (1) et (2), qui suffiront pour déterminer $\frac{c}{r}$ et O.

3° On dispose au loin, dans le plan du sextant placé horizontalement sur un pilier fixe, trois signaux à peu près à égale distance l'un de l'autre et aussi à égale distance du sextant. On mesure avec le sextant les trois angles que font entre eux les rayons qui vont à ces signaux; chacun d'eux est d'environ 120°, mais leur somme doit être rigoureusement égale à 360°; la différence entre la valeur obtenue et 360° donne le triple de l'erreur de l'angle de 120°. Au lieu de trois signaux plaçons-en quatre, six, huit, etc., nous aurons de la même manière l'erreur des angles de 90°, 60°, 45°, etc. Soit ε la différence entre la somme et 360°, nous aurons, dans le cas de trois signaux,

$$\frac{\varepsilon}{3} = 206265\left(\frac{e}{r}\cos\tfrac{1}{2}O\sin 60° - \frac{e}{r}\sin\tfrac{1}{2}O\cos 60°\right),$$

et deux équations pareilles serviraient à déterminer O et $\frac{e}{r}$.

Remarque. — Quoique en apparence deux mesures d'angles suffisent pour déterminer l'erreur d'excentricité du vernier, il conviendra de mesurer un grand nombre d'angles différents; chacun d'eux donnera une équation telle que (1); on traitera ensuite l'ensemble de ces équations par la méthode des moindres carrés, afin d'en déduire les valeurs les plus probables des inconnues

$$O \quad \text{et} \quad \frac{e}{r}.$$

75. *Influence d'un défaut d'installation de la lunette, ou des miroirs, sur la valeur des angles mesurés avec le sextant.* — Bohnenberger est le premier qui ait traité avec soin et en détail la question qui nous occupe actuellement (*); depuis, Encke a donné une solution analytique et générale de ce problème (**); Grunert (***) et Struve en ont ensuite repris l'étude. Tels sont les travaux que nous allons analyser, en nous servant surtout des élégantes démonstrations géométriques données par Struve.

Supposons l'axe optique parallèle au plan du sextant, les deux

(*) Bohnenberger. — *Anleitung zur Geographischen Ortsbestimmung.*

(**) Encke. — *Uber den Spiegel Sextant* (*Berliner astronomische Jahrbuch, für* 1830).

(***) Grunert. — *Beiträge zur Mathematik.*

miroirs perpendiculaires à ce même plan, et du centre O du sextant (*fig.* 49), décrivons une sphère avec un rayon arbitraire; si

Fig. 49.

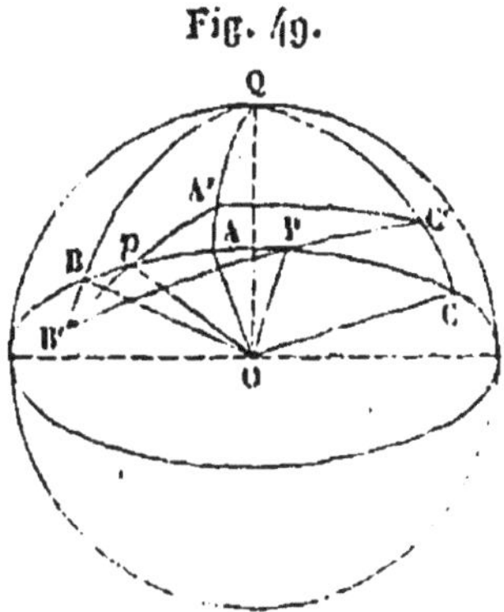

les objets observés sont assez éloignés pour que l'on puisse négliger la distance qui sépare la position réelle de l'œil du centre du sextant, on pourra admettre que l'œil de l'observateur est lui-même en O. Le plan du sextant coupe la sphère O, suivant un grand cercle BAC, qui représente aussi le plan dans lequel sont situés les deux objets A et C, dont on veut mesurer la distance angulaire. Soit OA le rayon visuel allant à l'objet A, ce rayon rencontre le petit miroir, est alors réfléchi vers le grand; et si p est le point où la normale au petit miroir rencontre le grand cercle BAC, après sa réflexion ce rayon lumineux coupera ce grand cercle en un point B tel, que

$$\mathrm{B}p = p\mathrm{A}.$$

Soit maintenant P le point où la normale au grand miroir rencontre la sphère céleste ou le cercle BAC, le rayon lumineux que nous considérons rencontrera, après sa réflexion sur le grand miroir, le cercle BAC en un point C tel, que

$$\mathrm{PC} = \mathrm{PB},$$

et c'est évidemment dans la direction OC que se trouve le second des deux objets A et C observés. L'angle formé par les rayons visuels OA et OC allant à ces deux objets est mesuré par l'arc AC; celui que forment entre eux les deux miroirs a pour mesure l'arc Pp, et l'on voit aisément que

$$AC = 2\,Pp,$$

résultat que nous avons démontré d'une autre manière en commençant l'étude du sextant.

Mais si les conditions que nous avons admises plus haut ne sont pas remplies, cette relation n'a plus lieu; et pour évaluer simplement l'influence des différentes causes d'erreur, nous procéderons comme nous l'avons fait (*Lunette méridienne*, chap. V, n° 34), et nous déterminerons successivement l'effet de chacune d'elles, toutes les autres étant alors supposées nulles.

1° *Inclinaison de l'axe optique de la lunette sur le plan du sextant.* — Soit i l'angle que l'axe optique de la lunette fait avec le plan du sextant; lorsque celle-ci est dirigée vers le point A (*fig.* 49), au lieu de couper la sphère en A, son axe optique la rencontre en un point A', situé, en dehors du cercle BAC, sur un arc de grand cercle QAA' (Q est le pôle du grand cercle BAC) perpendiculaire à BAC, et à une distance AA' de ce cercle égale à l'angle i. De même, après réflexion sur le petit et sur le grand miroir, le rayon lumineux rencontrera la sphère en des points B' et C' situés sur des arcs de grand cercle QBB' et QC'C, menés par les points B et C perpendiculairement à BAC, et à des distances

$$BB' = CC' = i.$$

Or AQC, ou l'arc AC qui le mesure, est l'angle δ lu sur le sextant; la distance angulaire vraie δ' des deux objets est au contraire mesurée par l'arc A'C'; le triangle sphérique isoscèle A'QC', dont les côtés sont $A'C' = \delta'$, $QA' = QC' = 90° - i$, et où l'angle en Q est égal à δ', donnera évidemment

$$\cos\delta' = \sin^2 i + \cos^2 i \cos\delta,$$

où, puisque l'angle i est toujours petit,

$$\cos\delta' = \cos\delta + 2i^2 \sin^2 \tfrac{1}{2}\delta,$$

et, par une formule connue [*Astronomie sphérique*, éq. (19), n° 11],

$$\delta' = \delta - i^2 \tang \tfrac{1}{2}\delta. \qquad (1)$$

Ainsi, dans cette hypothèse, tous les angles mesurés avec le sextant sont trop grands de la quantité

$$i^2 \tang \tfrac{1}{2}\delta.$$

On peut d'ailleurs déterminer très-aisément la grandeur de cette erreur. Procédons comme nous l'avons indiqué (nº 71, 2º), et soient :

s et s' les angles lus sur le sextant quand les images coïncident sur les deux fils,
d la distance des fils,

on aura les deux équations

$$s = \delta' + (\tfrac{1}{2}d - i)^2 \tang \tfrac{1}{2}s,$$
$$s' = \delta' + (\tfrac{1}{2}d + i)^2 \tang \tfrac{1}{2}s';$$

d'où, en supposant

$$\tang \tfrac{1}{2}s = \tang \tfrac{1}{2}s',$$

on conclut immédiatement

$$(2) \qquad i = \frac{s' - s}{2d} \cot \tfrac{1}{2}s.$$

Comme nous l'avons dit plus haut, le plus petit angle correspond toujours au fil qui s'éloigne le moins du sextant, et la direction parallèle au plan du sextant est distante de ce fil de l'angle $(\tfrac{1}{2}d - i)$. Il faudrait tendre à cette distance un troisième fil sur lequel on observerait toutes les coïncidences. Si, au contraire, on continue à observer les coïncidences au milieu de l'intervalle qui sépare les deux fils primitifs, on devra retrancher de chaque angle observé la quantité

$$(3) \qquad i^2 \tang \tfrac{1}{2}s.$$

Supposons que l'inclinaison de l'axe optique ait été rectifiée d'après la première des méthodes données plus haut (nº 71, p. 321); admettons d'ailleurs que le mur sur lequel on a marqué des points soit distant de 7 mètres de l'appareil, et que l'erreur commise sur leur hauteur soit de $0^m,02$; l'inclinaison i est alors donnée par l'équation

$$\tang i = \frac{0,02}{7};$$

d'où, en secondes,

$$i = \frac{0,02}{7} 206265 = 577'' = 9'37''.$$

Prenons-la égale à 10′, et supposons que l'angle lu sur le sextant soit égal à 120°, nous aurons pour valeur du terme correctif

$$\frac{36000}{206265} \tang 60°,$$

ou environ 3″.

L'erreur produite par le défaut d'inclinaison de l'axe optique sera donc toujours très-faible et même négligeable, si le réglage de l'appareil a été fait avec soin.

2° *Distance des fils.* — La formule (2) qui donne la valeur de i contient une inconnue, la distance d des fils. Pour l'estimer, on tourne le porte-oculaire de manière à rendre deux des fils sensiblement perpendiculaires au plan de l'instrument; puis, tenant le sextant verticalement, on fait mouvoir l'alidade jusqu'à ce que les images directe et réfléchie de l'horizon de la mer coïncident exactement avec l'un des autres fils (*). Après avoir fait la lecture sur le limbe, on déplace ensuite l'alidade de manière que l'image réfléchie soit sur un fil et l'image directe sur l'autre fil, la différence des deux lectures est égale à la distance angulaire cherchée; ou, mieux encore, on placera d'abord l'alidade dans une position telle, que, l'image directe étant sur un fil, l'image réfléchie soit sur l'autre, puis on tournera l'alidade de manière à ce

(*) Sur terre il conviendrait, afin d'avoir une valeur plus exacte de la quantité d, de placer l'instrument horizontalement sur un support fixe, et de faire avec un objet terrestre *éloigné et bien limité* les mesures qui précèdent.

D'un autre côté, si l'on ne voulait qu'avoir approximativement la valeur de la distance des fils, il suffirait de viser le Soleil avec la lunette et d'estimer à l'œil la fraction du diamètre de cet astre, interceptée par les fils.

que les images changent respectivement de fil : la demi-différence des deux lectures est égale à la distance d.

Ceci s'applique au cas où, dans les deux observations, les lectures sont du même côté du zéro. Dans l'hypothèse contraire, l'une des lectures devrait être prise positivement, l'autre négativement.

3° *Inclinaison du petit miroir sur le plan du sextant.* — Si le petit miroir fait avec la normale au plan du sextant un angle i_1, la normale à ce miroir passant par l'œil de l'observateur rencontrera la sphère O (*fig.* 50) en un point p' de l'arc de grand cercle

Fig. 50.

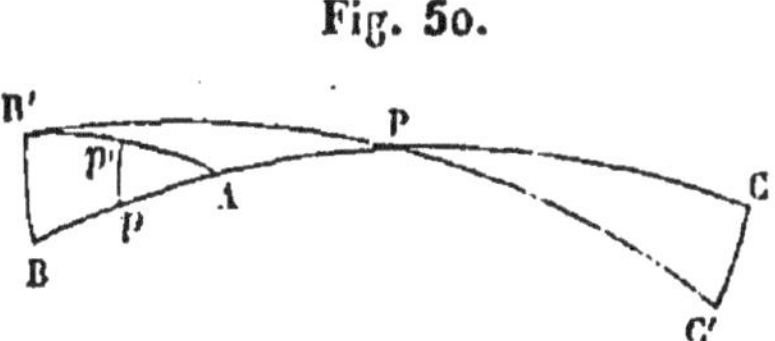

mené par le point p perpendiculairement à BAC, c'est à dire au plan du sextant, et distant du point p d'un arc égal à i_1. Après sa réflexion sur le petit miroir, le rayon venant de l'œil rencontrerait donc la sphère O en B′, et lorsque ce même rayon aura été réfléchi par le grand miroir, il coupera la sphère O en un point C′ situé sur un arc de cercle mené par le point C perpendiculairement à BAC. Dans le cas actuel, AC mesure donc l'angle δ lu sur le sextant, et AC′ est l'arc qui mesure la distance vraie δ' des deux objets dont on a fait coïncider les images. Or on a

$$BB' = CC' = 2 i_1 \cos\beta,$$

β étant encore l'angle formé par l'axe optique avec la normale au petit miroir,

$$\beta = Ap;$$

d'autre part,

$$\cos\delta' = \cos\delta \cos CC' = \cos\delta - 2 i_1^2 \cos^2\beta \cos\delta,$$

et, par la formule connue [*Astronomie sphérique*, éq. (19), n° 11],

$$\delta' = \delta + 2 i_1^2 \frac{\cos^2\beta}{\tang\delta}. \tag{4}$$

Cette erreur n'est sensible que pour de petites valeurs de δ; pour $\delta = 0$ l'expression précédente devient infinie, et en réalité la correction ne s'applique point à ce cas particulier, puisque, dans l'hypothèse d'un miroir incliné, il est impossible de faire coïncider l'image directe et l'image réfléchie d'*un même point*. D'autre part, l'inclinaison que laisse subsister le mode de réglage du petit miroir (nº 70) n'est jamais bien considérable. Supposons, par exemple, qu'on ait réglé ce miroir avec le Soleil, et que l'on prenne $i_1 = 1' = 60''$; on a fait alors coïncider les bords des deux images successivement de part et d'autre du véritable zéro du limbe; dans ce cas $\delta = \pm 0^\circ 32'$, et si l'on admet, ce qui est le cas le plus ordinaire, que β soit égal à 15°, la correction sera moindre que $4''$; cette correction, toujours faible aussitôt que la distance angulaire des deux objets devient considérable, doit alors être considérée comme comprise dans l'*erreur de collimation*.

Si $\beta = 15^\circ$, cette correction est de $6' 13'',2$ pour deux objets distants de $0^\circ 30'$, et seulement de $18'',7$ pour deux objets distants de 10°. On pourra donc en général la négliger.

4° *Inclinaison du grand miroir sur le plan du sextant.* — Supposons maintenant que le grand miroir ne soit pas perpendiculaire au plan du sextant, mais fasse avec la normale à ce plan un angle i_2: le plan du petit miroir ayant été d'ailleurs rendu parallèle à celui du grand (nº 70), et l'axe optique de la lunette perpendiculaire à leur direction commune. Les pôles p' et P' des deux miroirs sont alors situés sur un petit cercle B'A'C' (*fig.* 51),

Fig. 51.

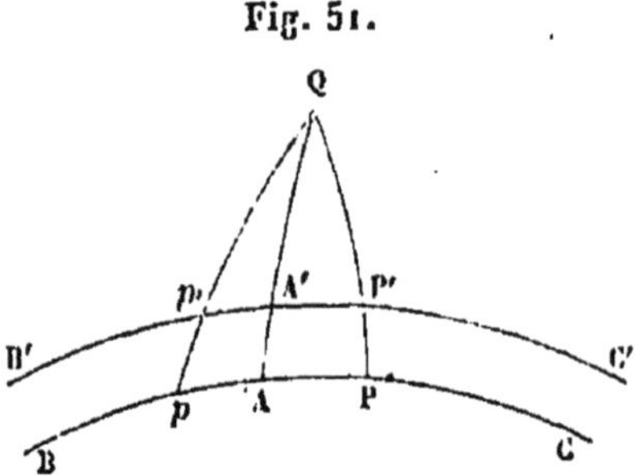

distant d'un arc i_2 du grand cercle BAC suivant lequel le plan du sextant coupe la sphère O. La direction de l'axe optique de la lunette est déterminée par un point situé aussi dans ce plan. Le rayon direct, mené de l'œil à l'objet A', sera réfléchi par le petit miroir en B', puis de là sur le grand en C', B' et C' étant aussi sur ce même grand cercle B'A'C'. A'C' est la distance angulaire vraie δ' des deux objets observés; p' P' est l'angle vrai des deux miroirs $\frac{1}{2}\delta'$, tandis que pP est l'angle $\frac{1}{2}\delta$ donné par la lecture faite sur le sextant : et, comme les éléments du triangle isoscèle Qp'P' sont

$$p'\mathrm{QP}' = \tfrac{1}{2}\delta, \quad \mathrm{Q}p' = \mathrm{QP}' = 90^\circ - i_2,$$

on aura, par le même procédé que plus haut (p. 331),

$$\tfrac{1}{2}\delta' = \tfrac{1}{2}\delta - i_2^2 \operatorname{tang}\tfrac{1}{4}\delta, \quad \delta' = \delta - 2i_2^2 \operatorname{tang}\tfrac{1}{4}\delta.$$

Avec le procédé de rectification que nous avons donné plus haut (n° 70), il est facile de réduire l'inclinaison i_2 du miroir à être au plus de $5' = 300''$; supposons d'ailleurs $\delta = 120^\circ$, on déduira de la formule précédente

$$\delta' - \delta = -0'',55,$$

quantité qui, dans la pratique, est tout à fait négligeable.

Pour montrer combien il faudrait que le réglage de l'instrument eût été imparfait pour qu'il devînt nécessaire de tenir compte de cette correction, nous dirons que, pour une inclinaison du grand miroir atteignant 40', l'erreur commise sur la distance de deux objets éloignés de 100° n'est que de 26'',08.

76. *Examen du parallélisme des deux faces des miroirs.* — Les miroirs employés dans les instruments à réflexion, et en particulier dans les sextants, ne sont point, en général, des plans métalliques polis, parce que, quel que soit l'alliage avec lequel ces miroirs, dits *miroirs de platine*, aient été formés, leurs surfaces réfléchissantes s'oxydent et se ternissent très-rapidement, surtout à la mer. On ne se sert que de miroirs de glace, étamés à leur face postérieure, dont le poli est plus beau et surtout plus durable que celui des miroirs métalliques. L'image donnée par de pareils miroirs résulte en réalité, si leurs faces sont parallèles, de la superposition de deux espèces de rayons, les uns réfléchis à la première face (la face non étamée), les autres réfléchis sur la face étamée,

ayant en outre subi deux réfractions à l'entrée du miroir et à la sortie et qui sont évidemment parallèles aux premiers.

I. *Grand miroir.* — Mais si, au lieu d'être parallèles, les deux faces du miroir forment un prisme, dont nous supposerons l'arête perpendiculaire au plan du sextant, les rayons réfléchis par la première et la seconde face ne seront plus, après leur sortie du miroir, parallèles entre eux; au lieu d'une seule image d'un objet lumineux, un pareil miroir en donne deux, l'une réfléchie par la première face, à laquelle s'appliquent les calculs que nous avons faits (nº 69), mais qu'on n'observe pas à cause de sa faible intensité, l'autre réfléchie par la face étamée, beaucoup plus vive, la seule dont on fasse usage dans les observations, mais dont la position a été altérée par les deux réfractions à l'entrée et à la sortie. D'ailleurs, quelque petite que soit l'inclinaison des deux faces, il peut en résulter, dans les observations, une erreur beaucoup plus considérable que cette inclinaison. Soient, en effet (*fig.* 52):

MNP une section droite du miroir,

γ l'angle PNM formé par les deux faces,

AB un rayon lumineux tombant sur la face antérieure MN du miroir sous l'angle d'incidence a.

Ce rayon AB, pénétrant dans le miroir, sera réfracté suivant BC, réfléchi suivant CD, puis réfracté de nouveau suivant DE; or, en

Fig. 52.

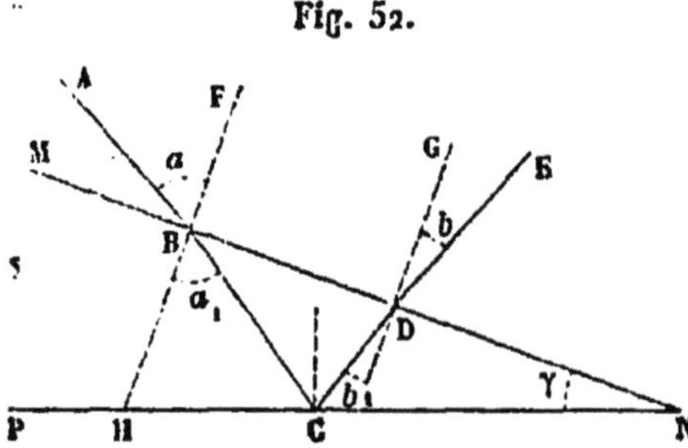

adoptant les notations de la figure, on a évidemment, dans les deux triangles NCD et CBH,

$$C = 90^\circ - \gamma - b_1,$$
$$C = 90^\circ + \gamma - a_1;$$

d'où, en retranchant,

$$(a) \qquad a_1 - b_1 = 2\gamma;$$

d'autre part, soit $\frac{n}{m}$ l'indice de réfraction du verre par rapport à l'air, on aura

$$m \sin a_1 = n \sin a,$$
$$m \sin b_1 = n \sin b;$$

d'où

$$n(\sin a - \sin b) = m(\sin a_1 - \sin b_1),$$
$$n \sin \tfrac{1}{2}(a - b) \cos \tfrac{1}{2}(a + b) = m \sin \tfrac{1}{2}(a_1 - b_1) \cos \tfrac{1}{2}(a_1 + b_1),$$

et, par l'équation (a),

$$n \sin \tfrac{1}{2}(a - b) \cos \tfrac{1}{2}(a + b) = m \sin \gamma \cos \tfrac{1}{2}(a_1 + b_1),$$

ou approximativement, puisque l'angle γ est toujours petit,

$$a - b = 2\frac{m}{n}\gamma \frac{\cos a_1}{\cos a} = 2\gamma \sqrt{\frac{m^2 - n^2}{n^2} \operatorname{séc}^2 a + 1},$$

et, en posant $\frac{m^2 - n^2}{n^2} = q^2$,

$$a - b = 2\gamma \sqrt{1 + q^2 \operatorname{séc}^2 a}.$$

Mais a est l'angle que le rayon mené de l'œil au second objet fait avec la normale au grand miroir; d'autre part, si β est l'angle constant de l'axe optique de la lunette avec la normale au petit miroir, δ l'angle que font entre eux les deux objets, on a

$$(b) \qquad a = \beta + \tfrac{1}{2}\delta,$$

il vient donc

$$a - b = 2\gamma \sqrt{1 + q^2 \operatorname{séc}^2 (\beta + \tfrac{1}{2}\delta)}.$$

D'ailleurs, par suite de ce défaut de parallélisme des deux faces du miroir, les faces étamées du grand et du petit miroir ne sont pas, comme nous l'avons supposé, parallèles lorsque l'image directe et l'image deux fois réfléchie d'un même objet coïncident; en d'autres termes, l'origine des divisions est elle-même erronée, et l'erreur qui en résulte s'obtient en faisant $\delta = 0$ dans l'équation précédente. De telle sorte que, si x désigne la correction de l'angle δ, on a

$$x = 2\gamma\left[\sqrt{1 + q^2 \operatorname{séc}^2(\beta + \tfrac{1}{2}\delta)} - \sqrt{1 + q^2 \operatorname{séc}^2\beta}\right],$$

et, comme on a approximativement $\dfrac{n}{m} = \dfrac{2}{3}$,

$$(A) \qquad x = 2\gamma\left[\sqrt{1 + \tfrac{5}{4} \operatorname{séc}^2(\beta + \tfrac{1}{2}\delta)} - \sqrt{1 + \tfrac{5}{4} \operatorname{séc}^2\beta}\right].$$

Cette correction x doit être prise positivement dans le cas de la *fig.* 52, où la partie du miroir sur laquelle tombe le rayon incident AB est plus épaisse que celle par où émerge le rayon réfléchi, car le rayon réfléchi DE fait alors, avec la normale DG au miroir, un angle moindre que le rayon incident, et, par suite, l'angle lu sur le sextant est trop faible. Cette correction devrait, dans le cas contraire, être affectée du signe —.

L'équation (A) montre que l'effet d'un défaut de parallélisme des deux faces du miroir est d'autant plus grand que l'angle β est lui-même plus grand. D'autre part, plus est petit l'angle β, plus est grand l'angle que l'on peut observer avec le sextant, car toute réflexion cesse sur le grand miroir quand $a = 90°$, c'est-à-dire [éq. (b)] lorsque

$$\delta = 180° - 2\beta;$$

la plus grande valeur que l'on puisse donner à l'angle β est donc de 30 degrés.

Prenons, par exemple,

$$\gamma = 10'', \quad \beta = 10°, \quad \delta = 120°;$$

nous aurons, à très peu près,

$$x = +41'',$$

correction dont la valeur est considérable. Il importe donc de savoir reconnaître si le miroir a réellement ses deux faces parallèles, et, dans le cas contraire, de pouvoir mesurer l'angle δ ou déterminer expérimentalement la valeur de la correction x.

Vérifier si le miroir a une forme prismatique. — Ainsi que nous l'avons dit en commençant ce numéro, dans le cas où le miroir a une forme prismatique, chaque objet donne lieu à deux images séparées : l'une très-vive, produite par la réflexion sur la surface étamée, mais déformée par les réfractions ; l'autre, beaucoup plus pâle et formée par les rayons réfléchis sur la face antérieure.

1° Par conséquent, un moyen très-simple de s'assurer du parallélisme des faces est le suivant. Avec une lunette, regardez très-obliquement dans le miroir l'image réfléchie d'un objet bien terminé, tel que le disque du Soleil, de la Lune, ou un objet terrestre distinct et *éloigné* (l'arête d'une maison, la pointe d'un clocher) ; si vous n'apercevez qu'une seule image ronde et bien nettement terminée, qu'une seule ligne droite et non dédoublée, les deux faces du miroir sont parallèles.

2° Ou bien encore, après avoir enlevé le tain du miroir, placez-le dans un châssis parfaitement arrêté devant l'objectif d'une lunette à réticule fixée sur un pied immobile ; et, la lunette étant oblique par rapport au plan du miroir, visez à une mire éloignée et faites coïncider l'un de ses points avec la croisée des fils du réticule. Si, en faisant ensuite tourner le miroir dans son châssis, l'image de ce point reste constamment sur la croisée des fils, les deux faces du miroir sont parallèles entre elles.

3° Après avoir mesuré, avec le sextant déjà réglé, un angle d'environ 120 degrés, on enlèvera le grand miroir du châssis qui le contient, et on le retournera de façon que le côté qui était le plus près du plan de l'instrument en soit le plus éloigné ; si, après avoir de nouveau rectifié l'instrument, on trouve pour le même angle la même valeur, les deux faces du miroir sont parallèles. Il faudra avoir soin que, dans les deux cas, le contact des images des deux objets ait lieu à égale distance des deux fils de la lunette ; de plus, on ne devra se servir, pour la réflexion, que de la partie non étamée du petit miroir, car, si la réflexion se produisait sur sa surface postérieure, il pourrait s'introduire une nouvelle erreur provenant de l'imperfection de ce miroir, erreur qui rendrait la détermination incertaine et la vérification inutile.

Mesure de la correction x et de l'angle γ. — En général, les bons constructeurs rejettent tout miroir qui ne supporterait pas l'un des moyens de vérification précédents. Néanmoins, s'il arrivait que le miroir dont on doit se servir fût ainsi défectueux, on pourrait déterminer la correction que cette imperfection nécessite. Pour cela, on mesure, dans les deux positions du miroir (3°, p. 340), l'angle instrumental qui correspond à la distance angulaire de deux objets nettement limités et éloignés, deux étoiles fixes par exemple, après avoir, dans chaque cas, rectifié l'instrument et déterminé l'erreur de collimation. Soient :

Δ la vraie distance des deux étoiles,
s' l'angle lu dans le premier cas,
s'' l'angle lu dans le second cas,

on a évidemment

$$\Delta + x = s', \quad \Delta - x = s'',$$

d'où

$$x = \tfrac{1}{2}(s' - s''). \tag{c}$$

On répètera les mêmes opérations pour un certain nombre d'angles différents; et, au moyen des valeurs de x ainsi trouvées, on formera une table d'interpolation qui permettra de trouver la valeur de la correction correspondante à un angle intermédiaire quelconque.

D'autre part, pour une valeur déterminée de δ, on a [éq. (A), p. 339]

$$\gamma = \frac{x}{2\left[\sqrt{1 + \frac{5}{4}\,\text{séc}^2(\beta + \frac{1}{2}\delta)} - \sqrt{1 + \frac{5}{4}\,\text{séc}^2\beta}\right]},$$

ou, par l'équation (c),

$$\gamma = \frac{s' - s''}{4\left[\sqrt{1 + \frac{5}{4}\,\text{séc}^2(\beta + \frac{1}{2}\delta)} - \sqrt{1 + \frac{5}{4}\,\text{séc}^2\beta}\right]}.$$

Chacune des mesures faites sur deux objets différents donnera une valeur de γ, et, par la méthode des moindres carrés, on en déduira la valeur la plus probable de l'angle que forment entre elles les deux faces du miroir.

lui parallèlement en sortiraient encore parallèles entre eux. Mais, en général, ceci n'a pas lieu, et chacun de ces verres forme en réalité un prisme d'angle réfringent, assez petit il est vrai, mais qui néanmoins change la direction du faisceau de rayons parallèles incidents, et, par suite, la valeur des angles ainsi mesurés. Comme les rayons lumineux rencontrent toujours les verres colorés sous le même angle, l'erreur ainsi commise est une quantité constante, dont la seule portion utile à considérer est celle qui se produit dans un plan parallèle à celui du sextant.

Pour vérifier le parallélisme des deux faces des verres colorés, le moyen le plus commode est le suivant, dû à Bohnenberger. Ayant placé deux des verres foncés, l'un X derrière le petit miroir, l'autre Y entre le grand et le petit miroir, on mesure, à l'aide du Soleil, l'erreur de collimation de l'instrument; on retourne ensuite le verre coloré Y dans son support, de façon que l'arête supérieure devienne inférieure, et que celle qui était à gauche soit maintenant à droite, après quoi on détermine de nouveau l'erreur de collimation. Si l'on trouve la même valeur que précédemment, les deux faces du verre coloré Q sont parallèles. Dans le cas contraire, ce verre a une forme prismatique, et l'erreur de collimation est évidemment, dans le second cas, trop grande ou trop petite de la même quantité dont elle était trop petite ou trop grande dans le premier; de telle sorte que la demi-différence des résultats est égale à l'erreur du verre coloré Y. Laissant alors le verre Y immobile, on opérera de même avec le verre X, et l'on obtiendra aussi l'erreur de parallélisme des verres qui servent au petit miroir.

Quant aux verres moins foncés, on vérifiera leur parallélisme, et l'on déterminera l'erreur qu'ils peuvent introduire dans les observations en opérant avec la Lune, au moment où elle est pleine, comme nous venons de le faire avec le Soleil.

Du reste on peut, dans la plupart des cas, diriger les observations de manière à éliminer l'erreur provenant du défaut de parallélisme des verres colorés.

1° Veut-on obtenir une distance du Soleil à la Lune, ou la distance du Soleil à un objet terrestre? On déterminera cette distance dans une première position du verre coloré; puis, après avoir retourné le verre comme nous l'avons dit, on recommencera la même mesure : la moyenne des résultats ainsi obtenus sera indépendante de l'erreur du verre coloré, à la condition toutefois d'appliquer à cette observation l'erreur de collimation obtenue indépendamment de l'emploi des verres colorés, c'est-à-dire par un autre procédé que l'observation du Soleil. Toute erreur provenant du défaut de parallélisme des faces des verres colorés sera d'ailleurs éliminée, si l'on a soin d'employer pour l'observation du Soleil les mêmes verres qui ont servi à déterminer l'erreur de collimation du sextant; ou, en d'autres termes, d'accompagner toute observation du Soleil d'une mesure de l'erreur de collimation faite avec cet astre.

Le mode de retournement des verres colorés que nous avons indiqué est celui que l'on trouve dans les sextants de Borda et de Ertel; dans les instruments construits par Pistor et Martins, on fait, au contraire, tourner les verres autour d'un axe perpendiculaire au plan du sextant et passant par leur centre, de façon que la face antérieure devienne ensuite postérieure, et inversement. Ces deux procédés conduisent évidemment au même résultat si, comme nous l'avons dit, on suppose l'arête du prisme perpendiculaire au sextant, ou, ce qui revient au même, si l'on ne considère que l'erreur produite dans un plan parallèle à celui du sextant. Mais le procédé de Pistor et de Martins est plus commode, car on peut facilement imaginer un mécanisme qui permette d'effectuer ce retournement d'une façon instantanée.

2° Toutefois, dans certains sextants, ceux de Gambey par exemple, les verres colorés sont fixes dans leurs supports, et ne peuvent se retourner. On procède alors comme il suit.

On détermine l'erreur de collimation du sextant au moyen de la Lune et sans faire usage de verres colorés; puis on recommence la même mesure, après avoir placé successivement, derrière le petit miroir et en avant du grand, les moins foncés des verres dont on dispose : les différences de ces nombres et du premier donnent les erreurs de chacun des deux verres. Se servant alors d'un verre plus foncé derrière le petit miroir et du verre vert par devant le grand, on détermine l'erreur de collimation au moyen du Soleil. Le nombre ainsi obtenu est affecté des erreurs des deux verres; en le retranchant de la collimation vraie trouvée par la Lune, on a la somme de ces deux erreurs, et, comme on connaît l'erreur de l'un des verres, on a l'erreur de l'autre par différence.

II. — Cercle de réflexion.

Un instrument tel que le sextant est sujet à un certain nombre d'inconvénients, qu'il est complétement impossible d'éviter; ainsi on ne peut, avec lui, mesurer des angles supérieurs à 120 degrés, et surtout il n'y a pas moyen d'employer un procédé d'observation qui permette d'éliminer l'erreur d'excentricité de l'alidade. C'est pour répondre à l'une et à l'autre de ces deux conditions qu'ont été construits les cercles à réflexion. Le premier de ces appareils date de 1770, il est dû à Tobie Mayer, de Gœttingue; après lui, Borda y a ajouté des perfectionnements tellement considérables qu'on lui donne indifféremment le nom de l'un ou de l'autre de ces deux astronomes. En 1837, Steinheil, de Munich, a remplacé le petit miroir par un prisme à réflexion totale, modification conservée par MM. Pistor et Martins, de Berlin, qui construisent les cercles de réflexion les plus réputés aujourd'hui (*).

Malgré ces avantages, les cercles de réflexion sont peu employés; ils ne le sont même pas du tout dans la marine française, et, en effet, le sextant ayant à poids égal des dimensions plus grandes, les mesures s'y font avec plus d'exactitude et de commodité.

78. *Description et usage.* — Le cercle de réflexion ne diffère du sextant qu'en deux points essentiels :

1° Le corps même de l'instrument et la graduation;

2° L'appareil fixe de réflexion, qui est un prisme à réflexion totale au lieu d'être un miroir.

Le corps de l'instrument est un plateau circulaire en cuivre, à la périphérie duquel est incrustée la lame d'argent qui porte la graduation; l'alidade mobile autour du centre du cercle et qui

(*) Voir *Berliner Gewerbe: Industrie- und Handelsblatt von Neukrantz* (vol. XIV, p. 17 et suiv.).

porte le grand miroir se termine par deux verniers opposés dont les zéros sont à 180 degrés l'un de l'autre. La lecture se faisant ainsi aux deux extrémités d'un même diamètre, on élimine l'erreur d'excentricité. A droite de l'alidade est un prisme rectangle isoscèle, à réflexion totale, dont on a noirci la face hypoténuse; la hauteur de ce prisme est d'environ moitié de celle du miroir, et, comme l'ouverture de la lunette est au moins égale à la hauteur de ce miroir, on peut, en regardant dans la lunette, voir directement les objets situés en avant du prisme. Celui-ci a été placé de telle sorte que, lorsque la ligne des verniers coïncide avec le diamètre 0° — 180° de la graduation, la face hypoténuse du prisme soit parallèle à la face étamée du miroir, son angle réfringent étant situé du côté de celui-ci. L'axe optique de la lunette fait, avec la face hypoténuse du prisme, le même angle que la ligne de foi des verniers avec la face étamée du miroir; de cette façon, tout rayon qui tombe sur ce miroir parallèlement à l'axe optique de la lunette sort du prisme parallèlement à cette même ligne, et, par suite, l'image directe d'un objet et son image doublement réfléchie par le miroir et le prisme coïncident lorsque la ligne de foi des verniers est au zéro de la graduation.

Les montures du miroir et du prisme ainsi que l'anneau qui porte la lunette sont munis de vis de correction analogues à celles que nous avons décrites en parlant du sextant; on peut ainsi rendre le miroir et la face hypoténuse du prisme perpendiculaires au plan du cercle, amener ces deux plans au parallélisme dans une position determinée de l'alidade, et, en outre, rendre l'axe optique de la lunette parallèle au plan du cercle.

Le mode de fonctionnement du prisme est bien facile à comprendre. Soient, en effet (*fig.* 53), ABC une section droite de ce prisme, et SI un rayon incident contenu dans son plan. Ce rayon se réfractera suivant IR; puis, si l'angle α qu'il fait en R avec la normale à la face BC est supérieur à l'angle limite 40° 31′, il y éprouvera la réflexion totale, et prendra la direction RI′; là il sera de nouveau réfracté, et émergera suivant I′S′. Or, on a évidemment, dans les triangles RIT et RI′T′, BIT et CI′T′,

$$\alpha - r = B, \quad \alpha - r' = B,$$

d'où

$$r = r',$$

et puisque

$$\sin i = n \sin r, \quad \sin i' = n \sin r',$$

on en déduit

$$i = i'.$$

Le rayon incident et le rayon émergent font donc des angles égaux avec les normales aux points où ils rencontrent les deux faces du prisme, et par conséquent aussi avec la perpendiculaire KH menée à la face hypoténuse par leur point d'intersection K.

Fig. 53.

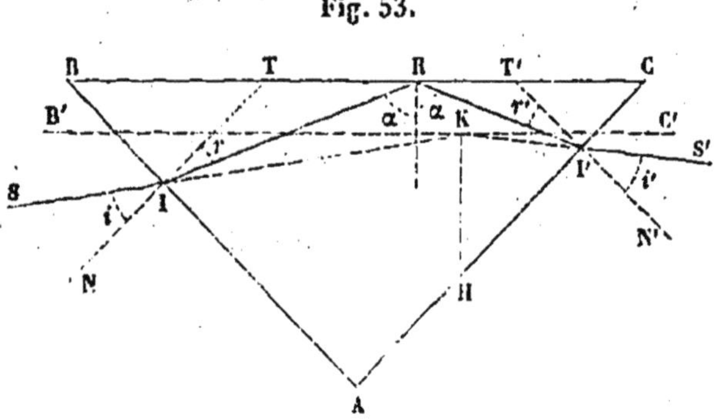

D'ailleurs, tout rayon parallèle au rayon SI émergera évidemment suivant une direction parallèle à S'I'; il résulte donc de là que, pour un faisceau de rayons incidents parallèles, le passage à travers le prisme équivaut à une réflexion sur un miroir B'C' parallèle à la face hypoténuse du prisme.

D'un autre côté, pour former image au foyer de l'objectif de la lunette, il faut nécessairement qu'au sortir du prisme les rayons émanés d'un objet quelconque soient parallèles à son axe optique; en d'autres termes, les positions relatives de la lunette et du prisme étant invariables, ils devront, en sortant du prisme, faire avec la face AC un angle constant : il en est de même, par rapport à la face AB, des rayons incidents correspondants.

Ainsi, pour observer un astre par réflexion sur le miroir, puis sur la face hypoténuse du prisme, on devra amener le miroir dans une position telle, que les rayons qu'il réfléchit aient une direction déterminée. Le passage de ces rayons à travers le prisme équivaut à leur réflexion sur un second miroir *fixe*. Tout ce que nous avons dit pour le sextant s'applique donc au cercle de réflexion. Mais ici, la seconde réflexion des rayons étant totale, l'intensité lumineuse de l'image qu'ils formeront au foyer de la lunette sera beaucoup plus considérable. De plus, la circonférence entière du cercle étant graduée, on pourra mesurer la distance angulaire de deux objets quelconques.

Quant à l'essai et à la vérification du prisme, on les exécutera comme pour le petit miroir du sextant. Après avoir rendu le grand miroir perpendiculaire au plan du cercle, on cherchera à faire coïncider l'image directe et l'image doublement réfléchie d'un objet lumineux. Si le résultat peut être atteint au moyen des vis de correction du prisme, celui-ci a ses faces parallèles à l'arête réfringente, et en même temps perpendiculaires au plan du cercle; dans le cas contraire, on a affaire non plus à un prisme, mais à une pyramide, et les observations sont soumises aux mêmes causes d'erreur que celles effectuées avec un sextant dont le petit miroir est prismatique.

CHAPITRE VIII.

INSTRUMENTS DESTINÉS A LA MESURE DES POSITIONS RELATIVES D'ASTRES VOISINS. — MICROMÈTRES. — HÉLIOMÈTRE.

I. — Micromètres a fils.

79. *Micromètre de Rœmer.* — *Description.* — Pour mesurer commodément avec un équatorial les différences d'ascension droite et de déclinaison de deux astres voisins, on le munit souvent d'un *micromètre à fils*. Cet appareil, dont la découverte paraît due à Rœmer (*) ou à Auzout et Picard (**), se compose essentiellement d'un système de fils parallèles entre eux, placés dans le plan focal de l'objectif parallèlement à un cercle horaire, et d'un ou plusieurs fils perpendiculaires aux premiers portés dans un plan aussi voisin que possible du plan focal par un cadre métallique qu'on peut mettre en mouvement au moyen d'une vis micrométrique; la plaque qui porte les fils mobiles est constamment poussée par deux ressorts à boudin (la *fig.* 9, p. 31, donne un exemple de cette disposition) dans une direction opposée à celle de la tête de vis; les temps perdus dans la marche de cette vis sont ainsi complétement évités. Le tambour T (*fig.* 54) de cette vis est divisé, on y lit les fractions de tour dont la vis a tourné; il engrène avec un second tambour latéral T' qui sert à compter le nombre de tours. Si les astres que l'on veut comparer sont assez brillants pour pouvoir supporter un éclairement du champ, les fils du micromètre sont aussi fins que possible, ordinairement des fils d'araignée, afin de permettre une plus grande précision; dans le cas contraire, on emploie des fils plus gros,

(*) Horrebow. — *Basis Astronomiæ Rœmeri*, p. 114.

(**) Auzout. — *Traité du micromètre, ou manière exacte pour prendre le diamètre des planètes et la distance entre les petites étoiles.* Paris, 1667.

des fils de platine, et même, dans l'observation des comètes, des lames de platine, qui se détachent en noir sur le fond du ciel.

Fig. 54.

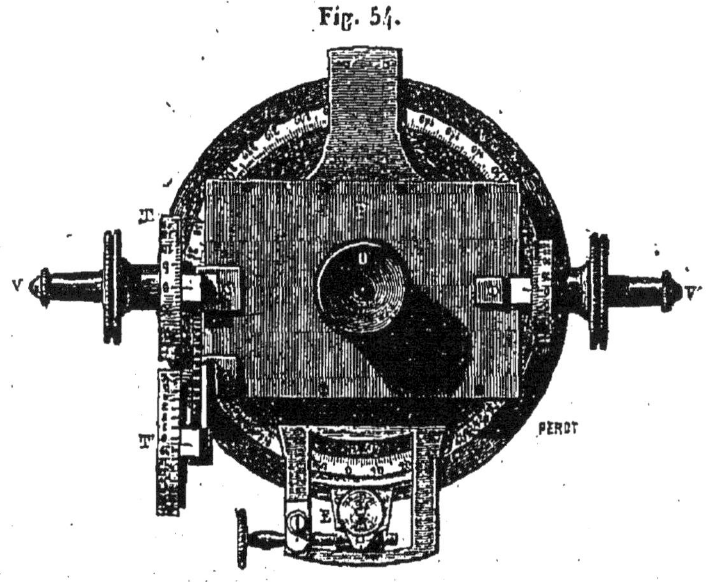

L'ensemble des fils et des cadres qui les portent est enfermé dans une boîte métallique P (*fig.* 55), terminée à sa partie supé-

Fig. 55.

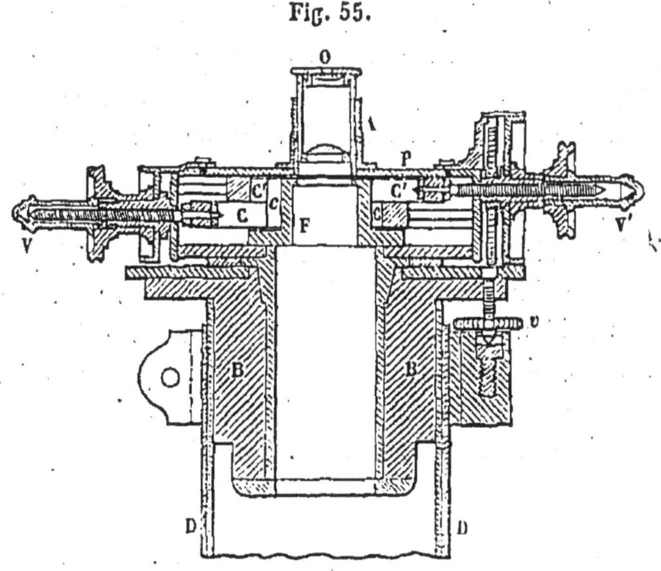

rieure par un tube A, dans lequel on introduit l'oculaire O; par la face opposée, cette boîte est fixée à un tube métallique B, beaucoup plus large que le premier, et qui entre à frottement un peu dur dans le collier D, par lequel se termine le corps même de la lunette; son mouvement est limité par un arrêt placé à l'intérieur du collier et qui lui donne une position telle, que les fils soient sensiblement dans le plan focal de l'objectif; on le fixe dans cette position au moyen de la vis de serrage du collier; la vis v, dont l'écrou est taillé dans le corps du micromètre et dont la pointe opposée vient s'appuyer sur le collier, permet ensuite de déplacer un peu le micromètre tout entier, dans un sens ou dans l'autre, parallèlement à l'axe de l'appareil.

Au moyen d'une disposition que la *fig.* 55 rend suffisamment claire, la boîte du micromètre peut, lorsque celui-ci est fixé, prendre un mouvement de rotation dans un plan perpendiculaire à l'axe du tube B.

80. *Méthode d'observation.* — Il faut d'abord s'assurer que les fils sont bien au foyer de l'objectif; on y arrivera aisément au moyen de la vis v (*fig.* 55), en suivant la méthode indiquée (n° 38, p. 169) pour la lunette méridienne. On rendra ensuite les fils mobiles parallèles au mouvement diurne : pour cela, après avoir amené sous l'un de ces fils l'image d'une étoile équatoriale, on fera tourner la boîte P tout entière jusqu'à ce que, dans son mouvement à travers le champ de la lunette, l'étoile ne quitte plus le fil; celui-ci représentera alors un parallèle, et les fils perpendiculaires un cercle horaire.

Ceci posé, si deux astres inconnus traversent le champ de la lunette et que l'on observe les temps de leurs passages aux fils verticaux, la moyenne des différences sera la différence même de leurs ascensions droites; d'autre part, on pointera successivement les deux astres avec le fil mobile, et si l'on connaît la valeur d'un tour de la vis en secondes, si en outre celle-ci est régulière ou que, du moins, on en ait étudié les irrégularités (n° 11), la différence des lectures faites sur les tambours de la vis donnera la différence de leurs déclinaisons. Si l'un des astres a un mouvement propre, les différences se rapportent : l'une au moment du passage de cet astre au fil moyen, l'autre au moment de son pointé en déclinaison.

Certains micromètres ont un fil horizontal fixe et un autre mobile; les observations peuvent alors se faire en amenant l'un des astres sous le fil fixe, et en bissectant l'autre avec le fil mobile. Il faut, dans ce cas, connaître la position du fil fixe; elle s'obtient en amenant le fil mobile en coïncidence avec le fil fixe, ou mieux en le rendant tangent au bord supérieur et au bord inférieur du fil fixe : la moyenne des lectures est la position cherchée. En répétant cette opération non-seulement au milieu du champ, mais aux deux extrémités, on vérifiera le parallélisme des deux fils ; car, s'il existe, la lecture qui correspond à la coïncidence doit être la même dans les deux observations.

81. *Valeur d'un tour de la vis.* — Pour déterminer la valeur d'un tour de la vis, on tournera le micromètre de manière à rendre les fils de déclinaison perpendiculaires au mouvement diurne, et l'on observera une circompolaire au fil mobile, comme nous l'avons indiqué p. 203, à propos de la lunette méridienne.

On peut encore suivre la méthode indiquée par Gauss et mesurer, avec un instrument quelconque, la distance angulaire qui sépare deux positions du fil mobile; ou bien, mesurer avec la vis, un angle bien connu, par exemple la différence de déclinaison de deux étoiles exactement déterminées. La précision de la détermination dépend alors et de la perfection de l'instrument employé, et de l'exactitude de la détermination préalable des deux étoiles; aussi conviendra-t-il de se servir des Pléiades, dont les positions ont été données par Bessel avec le plus grand soin (*).

Enfin, une autre méthode consiste à mesurer, d'une part, la longueur m du pas de la vis, et, d'autre part, la distance focale f de la lunette (**); on a alors, pour valeur r du pas de la vis,

$$r = \frac{m}{f} 206265.$$

Puisque le pas de la vis change avec la température, tout aussi

---

(*) Bessel. — *Astronomische Untersuchungen*, vol. I.

(**) Nous appelons *distance focale* d'une lunette la distance qui sépare le foyer de celui des deux points principaux qui est situé de son coté.

bien que la distance focale de la lunette, la valeur du tour de vis dépend de la température; chaque détermination convient donc à la température actuelle t_0; mais à une autre température t, on pourra, en général, représenter r par une expression de la forme

$$r = a - b(t - t_0);$$

à l'aide de l'ensemble des équations résultant de différentes déterminations faites à des températures connues, on obtiendra, par la méthode des moindres carrés, les valeur les plus probables de a et de b.

82. *Cercle de position. — Distances et angles de position.* — Ordinairement, le micromètre est accompagné d'un cercle de position. C'est une graduation circulaire (*fig.* 54) tracée sur la face supérieure du porte-micromètre; la boîte P, où se trouvent les fils, fait corps avec un vernier E, qui tourne avec ceux-ci et sert à en mesurer les déplacements angulaires; déjà (p. 141) nous avons montré comment on faisait servir ce cercle à la mesure de la *distance* de deux astres, ainsi que de leur *angle de position;* il nous reste peu de chose à ajouter ici.

Il faut, avant d'employer ce micromètre, s'assurer que la croisée des fils est sur l'axe de rotation du micromètre : pour cela, on vise avec la lunette un objet lumineux quelconque très-éloigné, mais *fixe*, et l'on fait coïncider son image soit avec la croisée des fils du réticule, soit avec le point de croisement du fil horaire et du fil mobile de déclinaison, placé sensiblement au milieu du champ; après quoi, on fait tourner le vernier E de 180° : l'image de l'objet visé ne doit point avoir quitté le point de croisement; dans le cas contraire, on déplacerait la croisée des fils du réticule jusqu'à obtenir le résultat indiqué.

Pour déduire de ces observations de positions et de distances les différences d'ascension droite et de déclinaison des deux astres, il faut connaître les relations qui existent entre les coordonnées des deux systèmes. Or, dans le triangle formé par les deux étoiles et le pôle de l'équateur, les côtés sont Δ, $90° - \delta$ et $90° - \delta'$, les angles opposés $\alpha' - \alpha$, $180° - p'$ et p, p et p' étant les angles de position et Δ la distance; on a donc, d'après les formules de Gauss,

$$\sin\tfrac{1}{2}\Delta \sin\tfrac{1}{2}(p'+p) = \sin\tfrac{1}{2}(\alpha'-\alpha)\cos\tfrac{1}{2}(\delta'+\delta),$$
$$\sin\tfrac{1}{2}\Delta \cos\tfrac{1}{2}(p'+p) = \cos\tfrac{1}{2}(\alpha'-\alpha)\sin\tfrac{1}{2}(\delta'-\delta),$$
$$\cos\tfrac{1}{2}\Delta \sin\tfrac{1}{2}(p'-p) = \sin\tfrac{1}{2}(\alpha'-\alpha)\sin\tfrac{1}{2}(\delta'+\delta),$$
$$\cos\tfrac{1}{2}\Delta \cos\tfrac{1}{2}(p'-p) = \cos\tfrac{1}{2}(\alpha'-\alpha)\cos\tfrac{1}{2}(\delta'-\delta).$$

$\alpha'-\alpha$ et $\delta'-\delta$ sont de petites quantités, on peut donc confondre le sinus avec l'arc et remplacer le cosinus par l'unité : d'ailleurs, Δ est aussi une petite quantité, et, puisqu'on peut supposer $p'=p$, on obtient

$$\Delta \sin p = (\alpha'-\alpha)\cos\tfrac{1}{2}(\delta'+\delta),$$
$$\Delta \cos p = \delta'-\delta.$$

Mouvement d'horlogerie. — Comme nous l'avons dit p. 141, ces observations micrométriques sont singulièrement facilitées par l'emploi d'un mouvement d'horlogerie (*fig.* 56) qui, communiquant à l'appareil tout entier un mouvement très-sensiblement égal au mouvement diurne, rend les étoiles presque immobiles dans le champ de la lunette. Les mesures des distances et des angles de position se feront encore comme nous l'avons indiqué plus haut, ainsi que celles des différences de déclinaison; mais pour obtenir la différence des ascensions droites de deux astres, on procédera comme il suit : on rendra d'abord le fil mobile perpendiculaire au mouvement diurne; puis on fera avec ce fil un certain nombre de pointés *alternativement* sur les deux astres; l'erreur qui pourrait résulter d'un défaut de synchronisme du mouvement d'horlogerie et du mouvement diurne disparaîtra dans la moyenne des différences ainsi obtenues.

Emploi du chronographe. — Si l'équatorial dont on se sert ne possède pas de mouvement d'horlogerie, ou encore si celui qui le commande est trop imparfait, il sera souvent commode, par exemple dans la comparaison des étoiles doubles, de faire l'observation au moyen d'un chronographe; la vis micrométrique sera alors complétement inutile.

Dans ces conditions le procédé d'observation est le suivant :

on place le fil mobile à une petite distance, d'ailleurs arbitraire, du fil fixe; de même on fixe le cercle de position dans une situation quelconque par rapport au mouvement diurne. Pointant

Fig. 56.

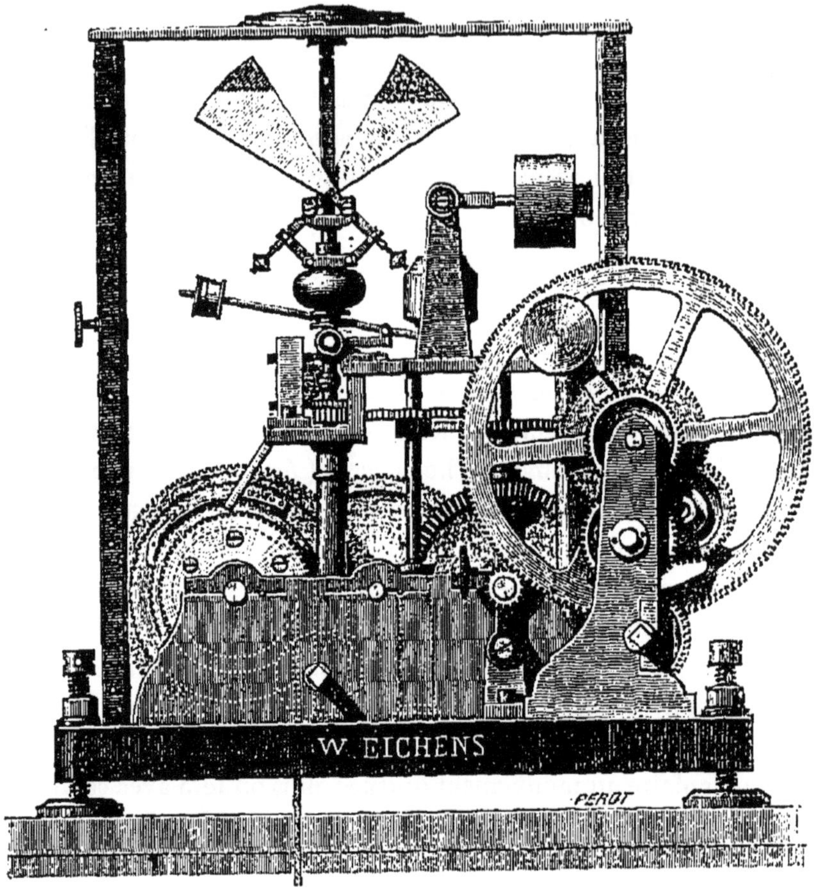

ensuite la lunette sur le groupe d'étoiles à étudier, on observe : 1° le passage de l'étoile principale A au premier fil, et celui de son compagnon B au second fil; 2° le passage du compagnon B au premier fil, et celui de l'étoile A au second. Dès lors, soient :

t et t' les intervalles de temps qui séparent les passages dans ces deux cas;

Δ la distance des deux astres;

p l'angle de position du compagnon;

i l'inclinaison des fils par rapport au parallèle, inclinaison donnée par le cercle de position et comptée de la partie ouest vers la partie nord du parallèle;

a l'arc de parallèle que décrit A entre les deux fils.

Le triangle formé par cette portion de parallèle et les positions des étoiles A et B sur les deux fils au moment de la première observation donne

$$(1) \qquad a = \Delta \frac{\cos(p-i)}{\sin i};$$

d'autre part, $\frac{1}{2}(t-t')$ est évidemment l'intervalle de temps que l'étoile A mettrait à parcourir l'arc de parallèle a, on a donc aussi

$$(2) \qquad a = \tfrac{1}{2}(t-t')\cos\delta;$$

d'où, connaissant δ, on déduira a.

Au moyen de deux observations de ce genre, on obtiendra donc, par deux équations telles que (1), les valeurs des inconnues Δ et p. Mais si au lieu de deux observations on en a fait un grand nombre, chacune d'elles donnant une équation de la forme

$$0 = \Delta \frac{\cos(p-i)}{\sin i} - a + d\Delta \frac{\cos(p-i)}{\sin i} - dp.\Delta \frac{\sin(p-i)}{\sin i}\,\frac{3600}{206265};$$

on tirera de leur ensemble, par la méthode des moindres carrés, les valeurs les plus probables de $d\Delta$ et dp.

Exemple. — A l'observatoire d'Ann-Arbor, on a fait les observations résumées par le tableau suivant, où chaque valeur de a est la moyenne de dix passages :

i.	a.
$99^\circ 24'$,	$-1'',062$,
50.24,	$-4\ ,239$,
141.40,	$+2\ ,382$.

Adoptons pour Δ et p les valeurs $3'',5$ et 207°, et posons $p' = \frac{1}{10}p$, nous aurons les trois équations

$$0 = -0'',011 - 0,306\,d\Delta - 0,590\,dp',$$
$$0 = +0\;,070 - 1,191\,d\Delta - 0,315\,dp',$$
$$0 = -0\;,044 + 0,668\,d\Delta - 0,089\,dp'.$$

On en déduit

$$d\Delta = +0'',056, \quad dp = +0^{\circ},208,$$

et pour a les erreurs résiduelles

$$-0'',040, \quad -0'',004, \quad +0'',024.$$

83. *Micromètre à étoiles doubles.* — Les micromètres qui doivent servir aux mesures micrométriques des étoiles doubles ont, en général, deux fils mobiles indépendants, conduits chacun par une vis micrométrique : tel est le micromètre représenté *fig.* 54 et *fig.* 55. La *fig.* 55, qui est une coupe perpendiculaire à la direction du mouvement des fils, montre comment ceux-ci et les fils fixes peuvent être sensiblement dans le même plan. Au centre est la plaque F, qui porte les fils fixes; sur la base inférieure de F glisse un cadre C qui, au moyen de lames verticales, porte l'un des fils mobiles α; puis, sur ce cadre lui-même, glisse un second cadre C', qui porte le second fil mobile α'.

Ainsi que le montre la *fig.* 54, l'une des vis seules est munie d'un tambour servant à compter les tours.

La méthode d'observation est la suivante : le réticule étant orienté de manière à ce que le fil fixe, perpendiculaire à la direction des fils mobiles, soit parallèle à la ligne qui joint les deux composantes du système d'étoiles que l'on veut comparer, on amène, par un mouvement d'ensemble de l'instrument, l'image de l'une des composantes à se trouver à peu près à la croisée du fil mobile α' et du fil fixe; on met alors en marche le mouvement d'horlogerie, puis de la main gauche faisant mouvoir la vis V', on bissecte très-exactement cette étoile avec le fil α'; de la main droite, au contraire, on amène le fil α sur l'autre composante. La différence des deux lectures donne la distance des deux étoiles. On répète cette opération un grand nombre de fois. Le fil α' sert ainsi, dans chaque cas, de fil fixe origine, et son emploi permet de ne point se préoccuper du défaut de synchronisme entre le mouvement d'horlogerie et celui des étoiles; d'ailleurs, pendant la durée de l'opération, le changement qui résulte de ce défaut dans la position de l'étoile par rapport au réticule est toujours très-faible; la vis V', supposée d'abord au zéro de sa graduation, ne fera donc jamais un tour entier; c'est pourquoi la vis V (*fig.* 54) seule est munie d'un tambour latéral servant à compter les tours.

Remarque. — Sur le micromètre à fils, consulter :
Struve. — *Stellarum duplicium et multiplicium mensuræ micrometicæ, etc.*

84. *Réticule de* 45°. — *Réticule de Bradley.* — Nous ne dirons que quelques mots des autres micromètres à fils connus, car ils sont aujourd'hui à peu près hors d'usage. Le plus ancien est le *réticule de* 45° (*), formé par quatre fils AA' et BB', DD' et EE' (*fig.* 57) qui se coupent deux à deux sous des angles de 45°. Sup-

Fig. 57.

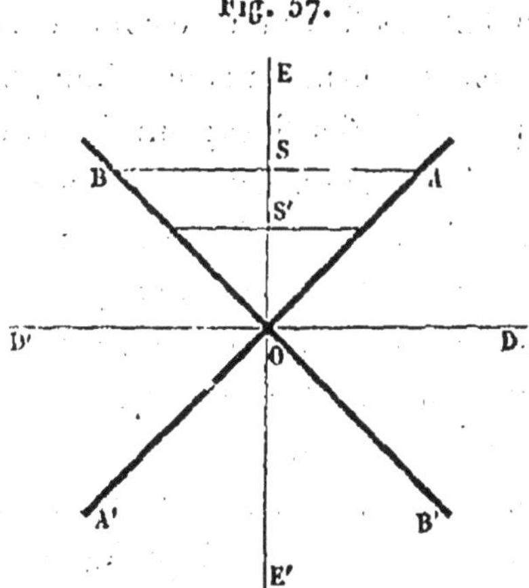

posons que le fil DD' ait été rendu parallèle au mouvement diurne, et soit $(t' - t)$ le temps qu'une étoile S met à aller de A en B, nous aurons

$$(1) \qquad SO = \tfrac{1}{2}(t' - t)15\cos\delta,$$

équation qui nous permettra de calculer sa distance au centre SO;

(*) Lalande. — *Astronomie*, 3e édition, t. II, p. 598.

d'autre part, $\frac{1}{2}(t'+t)$ est l'époque du passage de l'étoile par le cercle horaire EE'. Pour une autre étoile S', on aurait de même

$$(2) \qquad S'O = \tfrac{1}{2}(\tau'-\tau)\,15\cos\delta'.$$

La différence SO — S'O est la différence de déclinaison des deux étoiles, et $\frac{1}{2}[(t'+t)-(\tau'+\tau)]$ celle de leurs ascensions droites.

Le *réticule de Bradley* (*) se compose essentiellement d'un losange dont la petite diagonale, de longueur moitié moindre que la grande (*fig.* 58), est placée parallèlement au mouvement diurne.

Fig. 58.

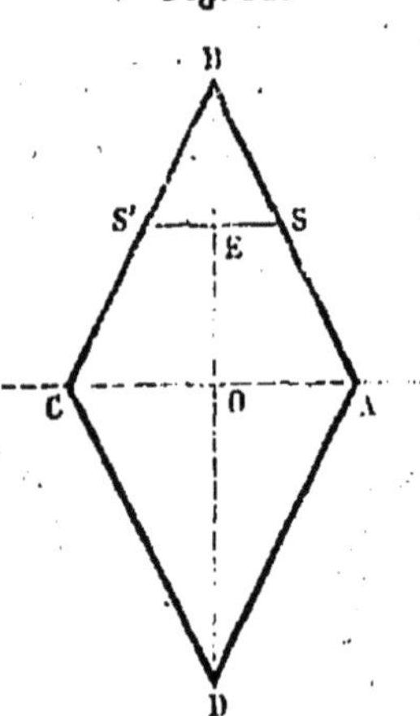

Si une étoile a été observée sur les fils en S et en S', la distance EB sera donnée par l'équation

$$EB = 15\cos\delta(t-t'),$$

de même $\frac{1}{2}(t+t')$ donnera le temps du passage par le cercle horaire OB; on trouvera ensuite, tout à fait comme précédemment, les différences d'ascension droite et de déclinaison des deux astres. C'est avec un micromètre de ce genre que Lacaille a fait ses observations du cap de Bonne-Espérance (**).

Remarque. — Avant de se servir de ces micromètres, il faut toujours s'assurer que les fils se coupent bien sous les angles

(*) Lalande. — *Astronomie*, t. II, p. 599.
(**) Lacaille. — *Cœlum australe stelliferum*, p. viii.

théoriques. En outre, il est nécessaire de les éclairer la nuit; ils ne peuvent donc servir à l'observation des astres très-faibles. Aussi les a-t-on remplacés avec avantage par les micromètres circulaires, qui n'exigent aucun éclairement et qui peuvent toujours être construits avec la plus grande précision.

II. — Micromètre circulaire.

85. *Description.* — Le micromètre circulaire consiste essentiellement en un anneau métallique, dont le bord intérieur est exactement circulaire (*fig.* 59), et qu'on place dans le plan focal de la lunette (*). On produit ainsi dans le plan focal un cercle parfait, uniformément éclairé, et l'observation d'une étoile consiste à noter le temps de son entrée dans le champ et celui de sa

Fig. 59. Fig. 60.

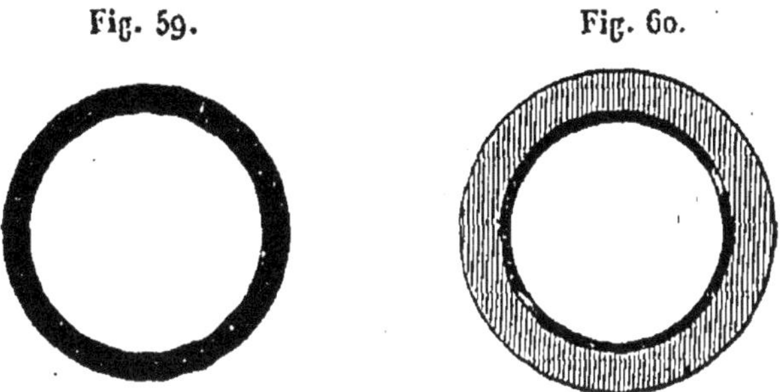

sortie. Cette disposition offre un grand inconvénient, en ce que rien n'indiquant à l'avance le point du cercle par où doit entrer l'étoile, cette observation est faite avec beaucoup moins d'exactitude que celle de la sortie. Pour l'éviter, Fraunhofer (**) sertit cet anneau métallique à la partie intérieure d'un anneau plan de verre (*fig.* 60), qui, tout en pouvant servir de support au micromètre, permet d'apercevoir l'étoile avant qu'elle atteigne celui-ci.

(*) Koch. — *Gebrauch des leeren Kreises als Mikrometer* (*Bode, Astronomisches Jahrbuch*, pour 1793, p. 188).

(**) Fraunhofer. — *Beschreibung eines neuen Mikrometers* (*Astronomische Nachrichten*, vol. II, n° 43).

Première méthode d'observation. — Soient t et t' les temps de la sortie et de l'entrée d'une étoile; la moyenne arithmétique $\frac{1}{2}(t+t')$ donnera l'heure de son passage dans le plan horaire du centre du cercle; de telle sorte que si, ayant laissé l'instrument fixe, on a trouvé pour une autre étoile les temps τ et τ', on aura, pour la différence de leurs ascensions droites,

$$\alpha' - \alpha = \tfrac{1}{2}(\tau' + \tau) - \tfrac{1}{2}(t' + t).$$

D'autre part, soient 2μ et $2\mu'$ les cordes AB, A'B' (*fig.* 61)

Fig. 61.

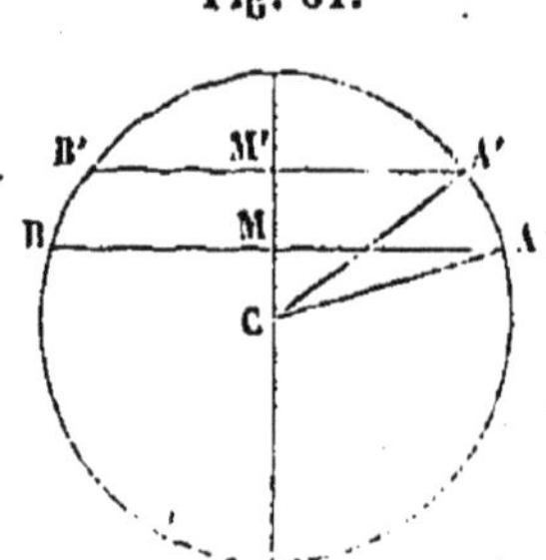

que décrivent les étoiles, on a

$$\mu = \tfrac{15}{2}(t' - t)\cos\delta, \quad \mu' = \tfrac{15}{2}(\tau' - \tau)\cos\delta'.$$

Posons d'ailleurs

$$\sin\varphi = \frac{\mu}{r}, \quad \sin\varphi' = \frac{\mu'}{r},$$

r étant le rayon du cercle, il viendra, si D désigne la déclinaison de son centre C,

$$\delta - D = r\cos\varphi, \quad \delta' - D = r\cos\varphi',$$

d'où, pour la différence des déclinaisons,

$$\delta' - \delta = r(\cos\varphi \mp \cos\varphi),$$

suivant que, dans leur passage à travers le champ, les étoiles seront du même côté du centre ou de côtés différents.

Exemple. — Le 11 avril 1848, à l'observatoire de Bilk, avec le micromètre circulaire de la lunette de 6 pieds, on a comparé la planète Flora avec une étoile voisine dont la position apparente était donnée par

$$\alpha = 91^\circ 12' 59'',01, \quad \delta = 24^\circ 1' 9'',01.$$

On a trouvé, en temps sidéral,

$$\begin{array}{llll} \tau \ldots\ldots & = 11^h 16^m 35^s,0, & t \ldots\ldots & = 11^h 17^m 53^s,0, \\ \tau' \ldots\ldots & = 11.17.25\ ,5, & t' \ldots\ldots & = 11.19.46\ ,0, \\ \tau' - \tau \ldots & = 11.0.50\ ,5, & t' - t \ldots & = 11.1.53\ ,5. \end{array}$$

On avait, par conséquent,

$$\begin{array}{llll} \log \tau' - \tau \ldots & = 1,70329, & \log(t' - t) . & = 2,05500, \\ \log \mu' \ldots\ldots & = 2,53878, & \log \mu \ldots\ldots & = 2,89070, \\ \log \cos \varphi' \ldots & = \bar{1},97850, & \log \cos \varphi \ldots & = \bar{1},85941, \\ \delta' - D \ldots & = 17' 51'',9, & \delta - D \ldots & = 13' 34'',8. \end{array}$$

Comme les deux astres passaient tous deux du même côté du centre, et au nord de celui-ci, on déduit de ces nombres

$$\delta' - \delta = +4' 17'',1.$$

Quant aux temps où les astres étaient dans le plan horaire du centre, ils sont

$$\tfrac{1}{2}(\tau + \tau') = 11^h 17^m 0^s,25, \quad \tfrac{1}{2}(t + t') = 11^h 18^m 49^s,75.$$

Par conséquent, à l'époque $11^h 17^m 0^s,25$, on avait

$$\alpha' - \alpha = -1^m 49^s,50, \quad \delta' - \delta = +4' 17'',1.$$

Seconde méthode. — Si le bord extérieur d'un pareil anneau est aussi bien travaillé que le bord intérieur, on peut observer l'entrée et la sortie aux deux bords; mais alors il n'est pas nécessaire de réduire les observations faites à chacun d'eux avec le rayon qui lui correspond, et le calcul se simplifie comme il suit.

Soient :

μ et r la corde et le rayon du cercle extérieur,
μ' et r' la corde et le rayon du cercle intérieur.

On a

$$\tfrac{15}{2}(t'-t)\cos\delta=\mu=r\sin\varphi,\quad \tfrac{15}{2}(t'_1-t_1)\cos\delta'=\mu'=r'\sin\varphi';$$

d'où, en posant

$$\tfrac{1}{2}(r+r')=a,\quad \tfrac{1}{2}(r-r')=b,$$

il vient

$$\mu+\mu'=(a+b)\sin\varphi+(a-b)\sin\varphi',$$
$$\mu-\mu'=(a+b)\sin\varphi-(a-b)\sin\varphi'.$$

On en conclut

$$\tfrac{1}{2}(\mu+\mu')=a\sin\tfrac{1}{2}(\varphi+\varphi')\cos\tfrac{1}{2}(\varphi-\varphi')+b\cos\tfrac{1}{2}(\varphi+\varphi')\sin\tfrac{1}{2}(\varphi-\varphi'),$$
$$\tfrac{1}{2}(\mu-\mu')=a\cos\tfrac{1}{2}(\varphi+\varphi')\sin\tfrac{1}{2}(\varphi-\varphi')+b\sin\tfrac{1}{2}(\varphi+\varphi')\cos\tfrac{1}{2}(\varphi-\varphi').$$

Or, en ajoutant et retranchant les deux équations,

$$\delta-\mathrm{D}=r\cos\varphi,\quad \delta'-\mathrm{D}=r'\cos\varphi',$$

on obtient

$$(a-b)\cos\varphi'-(a+b)\cos\varphi=0,$$

ou

$$b=a\,\frac{\sin\frac{1}{2}(\varphi+\varphi')\sin\frac{1}{2}(\varphi-\varphi')}{\cos\frac{1}{2}(\varphi+\varphi')\cos\frac{1}{2}(\varphi-\varphi')};$$

d'où

$$\delta-\mathrm{D}=a\cos\tfrac{1}{2}(\varphi+\varphi')\cos\tfrac{1}{2}(\varphi-\varphi')-b\sin\tfrac{1}{2}(\varphi+\varphi')\sin\tfrac{1}{2}(\varphi-\varphi'),$$

et, en remplaçant b par sa valeur dans les expressions de

$$\tfrac{1}{2}(\mu+\mu'),\quad \tfrac{1}{2}(\mu-\mu')\quad \text{et}\quad \delta-\mathrm{D},$$

on a

$$\tfrac{1}{2}(\mu+\mu')=a\,\frac{\sin\frac{1}{2}(\varphi+\varphi')}{\cos\frac{1}{2}(\varphi-\varphi')},\quad \tfrac{1}{2}(\mu-\mu')=a\,\frac{\sin\frac{1}{2}(\varphi-\varphi')}{\cos\frac{1}{2}(\varphi+\varphi')},$$

et

$$\delta-\mathrm{D}=a\,\frac{\cos^2\frac{1}{2}(\varphi+\varphi')\cos^2\frac{1}{2}(\varphi-\varphi')-\sin^2\frac{1}{2}(\varphi+\varphi')\sin^2\frac{1}{2}(\varphi-\varphi')}{\cos\frac{1}{2}(\varphi+\varphi')\cos\frac{1}{2}(\varphi-\varphi')}$$
$$=a\,\frac{\cos\varphi\cos\varphi'}{\cos\frac{1}{2}(\varphi+\varphi')\cos\frac{1}{2}(\varphi-\varphi')}.$$

Posons maintenant

$$(A)\qquad \frac{\mu+\mu'}{2a}=\sin A,\quad \frac{\mu-\mu'}{2a}=\sin B.$$

Nous aurons

$$\cos A=\frac{\sqrt{\cos\varphi\cos\varphi'}}{\cos\frac{1}{2}(\varphi-\varphi')},\quad \cos B=\frac{\sqrt{\cos\varphi\cos\varphi'}}{\cos\frac{1}{2}(\varphi+\varphi')},$$

d'où

$$(B)\qquad \delta-D=a\cos A\cos B.$$

Le calcul de la distance, au centre du cercle, de la corde que parcourt une étoile est ainsi ramené à celui des formules simples (A) et (B).

Exemple. — Le 4 juin 1850, à l'Observatoire de Bilk, on a fait, avec le micromètre circulaire de la lunette de 6 pieds, une comparaison de la comète de Petersen.

Les coordonnées apparentes de l'étoile de comparaison étaient

$$\alpha=223^\circ 22' 41'',30,\quad \delta=59^\circ 7' 12'',19,$$

et la déclinaison de la comète d'environ $59^\circ 20'$; d'ailleurs

$$r=11' 21'',09,\quad r'=9' 26'',29,$$

et par suite

$$a=10' 23'',69.$$

L'observation a donné les résultats suivants :

Comète au nord du centre.

	Entrée.	Sortie.	
B.E....	$18^h 15^m 54^s$	$18^h 17^m 21^s$	B.I.
B.I.....	16.20	17.48.......	B.E.

Étoile au sud du centre.

	Entrée.	Sortie.	
B.E....	$18^h 18^m 55^s,3$	$18^h 21^m 20^s,5$....	B.I.
B.I.....	19.13 ,0	21.37 ,5....	B.E.

On a par conséquent

$\tau'-\tau$	B.E. . .	$1^m 54^s$	$t'-t$	B.E. . .	$2^m 42^s,2$
	B.I. . . .	1 . 1		B.I. . . .	2 . 7 ,5
log somme. . . .		2,24304	log somme. . . .		2,46195
log diff.		1,72428	log diff.		1,54033
log cos A.		$\bar{1}$,92623	log cos A		$\bar{1}$,65138
log cos B.		$\bar{1}$,99418	log cos B.		$\bar{1}$,99749
		$\bar{1}$,92041			$\bar{1}$,64887

Il en résulte

$$\delta' - D = +8'39'',26, \quad \delta - D = -4'37'',88,$$

on a, par conséquent, pour la différence des déclinaisons des deux astres,

$$\delta' - \delta = +13'17'',14,$$

et pour leur différence d'ascension droite

$$\alpha' - \alpha = -3^m 25^s,82.$$

86. *Recherche des meilleures conditions d'observation.* — Pour trouver quelles sont les conditions dans lesquelles il convient de se placer afin de donner aux observations faites avec cet instrument la plus grande précision possible, différentions les formules

$$r\sin\varphi = \mu, \quad r\sin\varphi' = \mu', \quad r\cos\varphi' \mp r\cos\varphi = \delta' - \delta,$$

nous aurons

$$dr\sin\varphi + r\cos\varphi\, d\varphi = d\mu, \quad dr\sin\varphi' + r\cos\varphi'\, d\varphi' = d\mu',$$
$$(\cos\varphi' \mp \cos\varphi)\, dr - r\sin\varphi'\, d\varphi' \pm r\sin\varphi\, d\varphi = d(\delta' - \delta),$$

ou, en éliminant $d\varphi$, $d\varphi'$ entre la dernière équation et les deux premières,

$$(\cos\varphi \mp \cos\varphi')\, dr - \sin\varphi'\cos\varphi\, d\mu \pm \sin\varphi\cos\varphi'\, d\mu$$
$$= \cos\varphi\cos\varphi'\, d(\delta' - \delta);$$

$d\mu$ et $d\mu'$ sont les erreurs des demi-intervalles de temps observés.

Or les observations ne sont pas également précises dans tous les points du micromètre, car, près du milieu, les étoiles entrent et sortent plus rapidement que près des bords; par conséquent l'observation est moins sûre loin des bords que près d'eux : mais on peut toujours placer l'instrument de telle sorte que les observations se fassent dans des positions symétriques par rapport au centre, et par conséquent supposer $d\mu = d\mu'$; l'équation précédente devient alors

$$(\cos\varphi \pm \cos\varphi')\,dr - \sin(\varphi' \mp \varphi)\,d\mu = \cos\varphi\cos\varphi'\,d(\delta' - \delta).$$

Si l'on veut, avec un micromètre donné, trouver la différence de déclinaison de deux étoiles, il faudra donc diriger l'observation de manière que $\cos\varphi\cos\varphi'$ soit aussi près que possible de l'unité, et, par suite, faire passer les astres dans le champ aussi loin du centre que possible. Si, en outre, les deux astres sont sur le même parallèle, auquel cas il faut prendre le signe supérieur et où de plus on a $\varphi = \varphi'$, il est clair qu'alors une erreur dans la détermination de r n'a aucune influence sur la détermination de la déclinaison. Au contraire, pour déterminer les différences d'ascension droite, il conviendra évidemment que la corde décrite par chaque astre dans le champ de la lunette, soit aussi voisine que possible du centre, parce qu'alors l'entrée et la sortie, se faisant plus rapidement, sont observables avec une bien plus grande exactitude.

87. *L'astre observé a un mouvement propre considérable. — Première méthode.* — Fréquemment, l'astre dont on veut déterminer la position se meut si rapidement en ascension droite et en déclinaison, qu'on s'éloigne beaucoup de la vérité en admettant qu'il rétrograde de 15 secondes d'arc en 1 seconde sidérale, et qu'une ligne perpendiculaire au chemin qu'il décrit représente un cercle de déclinaison; il faut alors faire subir une nouvelle correction au lieu trouvé par la méthode précédente.

Soit d la distance de l'astre au centre de l'anneau, et représentons par t la demi-différence $\frac{1}{2}(t' - t'')$ des époques d'entrée et de sortie, nous aurons

$$d^2 = r^2 - (15t\cos\delta)^2.$$

Appelons $\Delta\alpha$ l'accroissement de l'ascension droite de l'astre en une seconde de temps, et Δt la correction qu'il faut appliquer à t par suite de la variation d'ascension droite, de sorte que $(t+\Delta t)$ soit le demi-intervalle de temps qu'on aurait observé si l'ascension droite eût été invariable, nous aurons

$$\Delta t = -\frac{1}{15}t\,\Delta\alpha.$$

Mais on a

$$\Delta d = -\frac{(15)^2 t\cos^2\delta}{d}\,\Delta t,$$

d'où

$$\Delta d = \frac{15t^2\cos^2\delta}{d}\,\Delta\alpha,$$

ou, puisque $15t\cos\delta = \mu$,

$$\text{(A)}\qquad \Delta d = \Delta(\delta - \mathrm{D}) = \frac{\mu^2}{d}\,\frac{\Delta\alpha}{15}.$$

D'autre part, la tangente de l'angle n que la corde décrite par l'astre fait avec le parallèle est donnée par l'équation

$$\operatorname{tang} n = \frac{\Delta\delta}{(15-\Delta\alpha)\cos\delta},$$

où $\Delta\delta$ représente la variation de la déclinaison en 1 seconde de temps; en conséquence, si x est la partie de cette corde comprise entre le cercle de déclinaison du centre de l'anneau et l'arc mené par le centre perpendiculairement au chemin que décrit l'astre, on a

$$x = d\operatorname{tang} n = d\,\frac{\Delta\delta}{(15-\Delta\alpha)\cos\delta};$$

et, comme au temps $\frac{1}{2}(\tau+\tau')$, du passage par le cercle horaire, calculé sans tenir compte du mouvement propre, il faut ajouter la quantité

$$\frac{x}{\cos\delta} = +d\,\frac{\Delta\delta}{(15-\Delta\alpha)\cos^2\delta}$$

ou

$$\frac{d}{15\cos^2\delta}\,\frac{\Delta\delta}{1-\frac{\Delta\alpha}{15}} = \frac{d}{15\cos^2\delta}\,\Delta\delta\left(1+\frac{\Delta\alpha}{15}+\ldots\right),$$

on aura, en négligeant les termes de l'ordre $\Delta\alpha\,\Delta\delta$, pour expression de la correction,

$$(\mathrm{B}) \qquad \Delta\tfrac{1}{2}(\tau+\tau') = +d\,\frac{\Delta\delta}{15\cos^2\delta}.$$

Exemple. — Dans le dernier exemple du n° 85, le mouvement de la comète était, en vingt-quatre heures, de

$$-1^{\circ}15' \quad \text{en ascension droite,}$$
$$-1^{\circ}17' \quad \text{en déclinaison ;}$$

d'où il résulte

$$\log\Delta\alpha = \bar{2},71551_n, \quad \log\Delta\delta = \bar{2},72694_n;$$

on avait d'ailleurs

$$\log d = 2,71538, \quad \log\mu = 2,52468,$$

on en déduit

$$\Delta(\delta - \mathrm{D}) = -0'',75, \quad \Delta\tfrac{1}{2}(\tau+\tau') = -7'',10.$$

Seconde méthode. — On peut calculer plus simplement l'influence du mouvement en ascension droite sur la déclinaison, en multipliant la corde par $\frac{3600 - \Delta'\alpha}{3600}$, $\Delta'\alpha$ étant le mouvement horaire d'ascension droite exprimé en temps, et calculant ensuite la distance au centre avec cette valeur corrigée de la corde. Or

$$\log\frac{3600-\Delta'\alpha}{3600} = \log\left(1 - \frac{\Delta'\alpha}{3600}\right);$$

en développant cette dernière expression en série, négligeant les termes d'ordre supérieur au premier, et désignant par M le nombre 0,43429, module du système de logarithmes de Briggs, elle devient

$$-\mathrm{M}\frac{\Delta'\alpha}{3600},$$

et, puisque M est approximativement égal à $\frac{48\times15\times60}{100\,000}$, on a approximativement

$$\frac{M\Delta'\alpha}{3600} = \frac{\Delta'\alpha}{60}\,\frac{48\times 15}{100\,000}.$$

Il suffit donc de retrancher du logarithme du nombre constant $\frac{15}{2}\,\frac{\cos\delta'}{r}$ autant d'unités du cinquième ordre décimal que le mouvement en ascension droite en quarante-huit heures comporte de minutes d'arc.

Exemple. — Dans l'exemple qui précède, la variation d'ascension droite en quarante-huit heures était

$$-\,2^\circ 30' = -\,150';$$

d'autre part, la constante logarithmique $\log\frac{15}{2}\,\frac{\cos\delta'}{r} = \log\frac{15}{2}\,\frac{\cos\delta'}{2a}$ [form. (A), n° 85] était égale à

$$\bar{3},48667;$$

nous la remplacerons donc par

$$\bar{3},48817,$$

et, en terminant le calcul comme dans l'exemple du n° 85 (*Deuxième méthode*, p. 364), il viendra

	2,24304
	1,72428
cos A.............	$=\bar{1},92563$
cos B.............	$=\bar{1},99415$
δ' — D............	$=8'38'',50$

88. *Réduction des observations d'un astre voisin du Pôle.* — Jusqu'ici on a supposé que le chemin que l'étoile décrit dans sa course à travers le champ de la lunette peut être considéré comme rectiligne; mais si les étoiles sont voisines du pôle, cette hypothèse est inadmissible. Il faut alors apporter une correction nouvelle aux différences de déclinaison calculées d'après les formules obte-

nues plus haut; quant à l'ascension droite, elle s'obtient comme précédemment, car, dans ce cas encore, la moyenne arithmétique des temps de l'entrée et de la sortie donne le temps du passage par le cercle horaire du centre du micromètre.

Dans le triangle sphérique formé par le pôle de l'équateur, le centre du micromètre et le point d'entrée ou de sortie, on a, en désignant par τ le demi-intervalle de temps qui sépare ces deux phénomènes,

$$\cos r = \sin D \sin \delta + \cos D \cos \delta \cos . 15\tau,$$

ou

$$\sin^2 \tfrac{1}{2} r = \sin^2 \tfrac{1}{2}(\delta - D) + \cos D \cos \delta \sin^2 \left(\frac{15}{2}\tau\right);$$

d'où il résulte

$$\begin{aligned}(\delta - D)^2 &= r^2 - (15\tau)^2 \cos^2 \delta - (15\tau)^2 \cos \delta (\cos D - \cos \delta) \\ &= r^2 - (15\tau)^2 \cos^2 \delta - (15\tau)^2 (\delta - D) \sin \delta \cos \delta.\end{aligned}$$

Extrayant la racine carrée des deux membres et s'arrêtant à la première puissance de $(\delta - D)$, il vient

$$\delta - D = [r^2 - (15\tau)^2 \cos^2 \delta]^{\frac{1}{2}} - \frac{(\delta - D) \sin \delta \cos \delta (15\tau)^2}{2[r^2 - \cos^2 \delta (15\tau)^2]^{\frac{1}{2}}}.$$

Le premier terme est la différence de déclinaison calculée dans l'hypothèse d'un chemin rectiligne (n° 85, p. 361), nous le désignerons par d; le second terme est la correction cherchée. On a donc

$$\delta - D = d - \frac{\delta - D}{2d} (15\tau)^2 \sin \delta \cos \delta,$$

ou, en supposant, dans le terme correctif, $\delta - D = d$, ce qui est suffisamment approché,

$$\delta - D = d - \tfrac{1}{2}(15\tau)^2 \sin \delta \cos \delta,$$

formule dont le second terme doit encore être divisé par 206265, si l'on veut avoir la correction en secondes; pour la deuxième étoile, on a de même

$$\delta - D = d' - \tfrac{1}{2}(15\tau')^2 \sin \delta' \cos \delta',$$

et par suite

$$\delta' - \delta = d' - d + \tfrac{1}{2}[(15\tau)^2 \operatorname{tang}\delta \cos^2\delta - (15\tau')^2 \operatorname{tang}\delta' \cos^2\delta'];$$

on a donc, sans erreur sensible,

$$\delta' - \delta = d' - d + \tfrac{1}{2}\operatorname{tang}\tfrac{1}{2}(\delta + \delta')[(15\tau)^2 \cos^2\delta - (15\tau')^2 \cos^2\tau],$$

ou, puisque

$$(15\tau)^2 \cos^2\delta = r^2 - d^2, \quad (15\tau)^2 \cos^2\delta' = r'^2 - d'^2,$$

on a, en définitive,

$$\delta' - \delta = d' - d + \tfrac{1}{2}(d' + d)(d' - d) \operatorname{tang}\tfrac{1}{2}(\delta' + \delta);$$

il faut donc ajouter à la différence, calculée dans l'hypothèse d'un chemin rectiligne, la correction suivante :

$$+\tfrac{1}{2}\frac{(d' + d)(d' - d)}{206\,265} \operatorname{tang}\tfrac{1}{2}(\delta + \delta').$$

Exemple. — Le 30 mai 1850, on a comparé la comète de Petersen, dont la déclinaison était $74^\circ 9'$, avec une étoile dont la déclinaison était $73^\circ 52',5$: le calcul effectué d'après la formule ordinaire aurait donné

$$d = -8'56'',7, \quad d' = +7'36'',9;$$

on a dès lors

$\log(d' + d)$...........	$= 1,90\,200_n$
$\log(d' - d)$...........	$= 2,79\,721$
compl. log 206 265.....	$= 4,68\,557$
compl. log 2...........	$= 9,69\,897$
$\log \operatorname{tang}\tfrac{1}{2}(\delta' + \delta)$......	$= 0,54\,286$
	$9,82\,661_n$
Correction.....	$= -0'',67$;

la différence de déclinaison corrigée est par conséquent

$$+16'32'',93.$$

89. *Valeur du rayon de l'anneau du micromètre.* — L'emploi du micromètre circulaire exige toujours la connaissance du rayon. On peut, pour le déterminer, employer plusieurs méthodes.

1° *On se sert de deux étoiles quelconques.* — Observe-t-on deux étoiles dont les déclinaisons sont connues, on a

$$\mu + \mu' = r(\sin\varphi + \sin\varphi') = 2r\sin\tfrac{1}{2}(\varphi + \varphi')\cos\tfrac{1}{2}(\varphi - \varphi'),$$
$$\mu - \mu' = r(\sin\varphi - \sin\varphi') = 2r\cos\tfrac{1}{2}(\varphi + \varphi')\sin\tfrac{1}{2}(\varphi - \varphi');$$

d'ailleurs (n° 85, p. 361)

$$r = \frac{\delta' - \delta}{\cos\varphi + \cos\varphi'} = \frac{\delta' - \delta}{2\cos\frac{1}{2}(\varphi + \varphi')\cos\frac{1}{2}(\varphi - \varphi')},$$

il en résulte

$$\frac{\mu + \mu'}{\delta' - \delta} = \operatorname{tang}\tfrac{1}{2}(\varphi + \varphi'), \quad \frac{\mu - \mu'}{\delta' - \delta} = \operatorname{tang}\tfrac{1}{2}(\varphi - \varphi').$$

Actuellement posons

$$\frac{\mu + \mu'}{\delta' - \delta} = \operatorname{tang} A, \quad \frac{\mu - \mu'}{\delta' - \delta} = \operatorname{tang} B:$$

nous aurons

$$r = \frac{\delta' - \delta}{2\cos A\cos B}, \quad r = \frac{\mu + \mu'}{2\sin A\cos B}, \quad r = \frac{\mu - \mu'}{2\cos A\sin B},$$
$$r = \frac{\mu}{\sin(A + B)}, \quad r = \frac{\mu'}{\sin(A - B)}.$$

L'équation différentielle donnée au n° 86 montre qu'il faut faire passer les étoiles des deux côtés du centre, le plus près possible des bords, car alors le coefficient de dr est maximum et presque égal à 2, et celui de $d\mu$, au contraire, est presque nul.

Il faut donc, pour déterminer ainsi le rayon, choisir deux étoiles dont la différence de déclinaison soit un peu plus petite que le rayon du cercle.

Exemple. — La valeur angulaire du rayon du cercle intérieur du micromètre décrit au n° 85 a été déterminée à l'aide des étoiles

Astérope et Mérope des Pléiades (*), dont les déclinaisons étaient

$$\delta = 24^\circ 4' 24'', 26, \quad \delta' = 23^\circ 28' 6'', 85,$$

tandis que les demi-intervalles τ et τ' des temps d'entrée et de sortie avaient pour valeurs

$$\tau = 18^s, 5, \quad \tau' = 56^s, 2.$$

Avec ces données, on obtient

$$\begin{array}{ll}
\log(\mu' + \mu) \dots\dots\dots\dots & = 2,71038 \\
\log(\mu - \mu') \dots\dots\dots\dots & = 2,41490 \\
\log \cos A \dots\dots\dots\dots & = \bar{1},98825 \\
\log \cos B \dots\dots\dots\dots & = \bar{1},99693 \\
\hline
& \quad \bar{1},98518 \\
& r = 18' 46'', 5
\end{array}$$

2° *On se sert de deux étoiles voisines du Pôle.* — Il peut être avantageux de déterminer le rayon de l'anneau micrométrique à l'aide des passages de deux étoiles voisines du pôle, car la lenteur de leur mouvement diminue l'influence des erreurs d'observation. Mais, dans ce cas, il est impossible de se servir des formules précédentes, le chemin décrit par l'étoile ne pouvant plus être considéré comme rectiligne. Dans le triangle formé par le pôle, le centre du cercle et le point d'entrée ou de sortie, on a, en désignant par τ et τ' les demi-intervalles, convertis en arc, qui séparent pour chaque étoile l'entrée et la sortie,

$$\cos r = \sin \delta \sin D + \cos \delta \cos D \cos \tau,$$

$$\cos r = \sin \delta' \sin D + \cos \delta' \cos D \cos \tau'.$$

Sous le signe cosinus, remplaçons

$$\delta \text{ par } [\tfrac{1}{2}(\delta + \delta') + \tfrac{1}{2}(\delta - \delta')] \text{ et } \delta' \text{ par } [\tfrac{1}{2}(\delta + \delta') - \tfrac{1}{2}(\delta - \delta')],$$

(*) Les étoiles qui forment la constellation des Pléiades sont surtout commodes pour cet usage, parce qu'on en peut toujours trouver qui conviennent à chaque micromètre. Leurs positions ont été d'ailleurs déterminées avec le plus grand soin par Bessel (voir *Astronomische Nachrichten* n° 430, et *Astronomische Untersuchungen*, t. I).

et, retranchant les deux équations l'une de l'autre, nous aurons

$$\begin{aligned}\operatorname{tang} D = &+ \cot\tfrac{1}{2}(\delta - \delta')\sin\tfrac{1}{2}(\tau - \tau')\sin\tfrac{1}{2}(\tau + \tau')\\ &+ \operatorname{tang}\tfrac{1}{2}(\delta + \delta')\cos\tfrac{1}{2}(\tau - \tau')\cos\tfrac{1}{2}(\tau + \tau');\end{aligned}$$

soit, maintenant,

$$\text{(A)}\qquad \left\{\begin{aligned}\cot\tfrac{1}{2}(\delta - \delta')\sin\tfrac{1}{2}(\tau - \tau') &= a\cos A,\\ \operatorname{tang}\tfrac{1}{2}(\delta + \delta')\cos\tfrac{1}{2}(\tau - \tau') &= a\sin A,\end{aligned}\right.$$

on tirera D de l'équation

$$\text{(B)}\qquad \operatorname{tang} D = a\sin\left[\tfrac{1}{2}(\tau + \tau') + A\right].$$

D une fois trouvé de cette manière, on calculera r à l'aide de l'une des deux équations suivantes :

$$\begin{aligned}\sin^2\tfrac{1}{2}r &= \sin^2\tfrac{1}{2}(\delta - D) + \cos\delta\cos D\sin^2\tfrac{1}{2}\tau,\\ \sin^2\tfrac{1}{2}r &= \sin^2\tfrac{1}{2}(\delta' - D) + \cos\delta'\cos D\sin^2\tfrac{1}{2}\tau',\end{aligned}$$

équations qui, avec les notations

$$\text{(C}\qquad \left\{\begin{aligned}\operatorname{tang} y &= \frac{\sin\frac{1}{2}\tau}{\sin\frac{1}{2}(\delta - D)}\sqrt{\cos\delta\cos D},\\ \operatorname{tang} y' &= \frac{\sin\frac{1}{2}\tau'}{\sin\frac{1}{2}(\delta' - D)}\sqrt{\cos\delta'\cos D},\end{aligned}\right.$$

peuvent s'écrire

$$\sin^2\tfrac{1}{2}r = \sin^2\tfrac{1}{2}(\delta - D)\,\text{séc}^2 y,\quad \sin^2\tfrac{1}{2}r = \sin^2\tfrac{1}{2}(\delta' - D)\,\text{séc}^2 y',$$

ou

$$\text{(D)}\qquad r = \frac{\delta - D}{\cos y} = \frac{\delta' - D}{\cos y'}.$$

Les formules (A), (B), (C) et (D) contiennent ainsi la solution de la question.

Remarque. — *Correction de réfraction.* — Quelle que soit celle de ces deux méthodes par laquelle on ait déterminé le rayon de l'anneau, il faut toujours prendre pour différence de déclinaison des deux étoiles la différence apparente affectée de la réfraction.

Or, si les étoiles ne sont pas voisines de l'horizon, leurs déclinaisons apparentes sont (n° 24)

$$\delta + 57'' \cot(N + \delta), \quad \delta' + 57'' \cot(N + \delta'),$$

N étant donnée par l'équation

$$\tang N = \cot\varphi \cos t,$$

et t étant la moyenne arithmétique des angles horaires des deux étoiles.

On a ainsi, pour la différence des déclinaisons apparentes,

$$\delta' - \delta - \frac{57'' \sin(\delta' - \delta)}{\sin(N + \delta)\sin(N + \delta')},$$

expression que l'on peut encore écrire

$$\delta' - \delta - \frac{57'' \sin(\delta' - \delta)}{\sin^2[N + \frac{1}{2}(\delta + \delta')]};$$

c'est toujours cette différence de déclinaison, ainsi corrigée, qu'il faut employer dans le calcul du rayon de l'anneau.

3° *Méthode de Peters.* — Les résultats obtenus par les deux méthodes précédentes dépendent des déclinaisons des étoiles employées; on ne doit donc observer que des étoiles dont les positions soient exactement connues; or celles-ci appartiennent à la classe des plus brillantes, tandis que les observations faites avec le micromètre circulaire portent, la plupart du temps, sur des astres très-faibles. Il serait donc désirable d'employer aussi des astres faibles pour la détermination du rayon, car il est possible qu'entre les observations de l'entrée ou de la sortie de deux astres, l'un brillant, l'autre peu lumineux, il y ait une différence constante (*).

Aussi Peters, de Clinton, a-t-il proposé une autre méthode d'évaluation du rayon; on y compare une étoile passant presque au centre du champ avec une autre qui le coupe suivant une corde

(*) Peut-être aussi n'observe-t-on pas avec la même précision l'entrée et la sortie d'un astre; mais cette cause d'erreur est moins à redouter.

très-petite, et dont la différence de déclinaison avec la première n'a besoin que d'être connue d'une manière approchée.

L'équation

$$\mu = r \sin \varphi$$

donne

$$r = \mu + 2r \sin^2 (45^\circ - \tfrac{1}{2}\varphi);$$

si l'étoile traverse le champ près de son centre, le second terme, ou la correction qu'il faut apporter à μ, est très-petit. Pour déterminer cette correction, on observe une seconde étoile passant près du bord, et l'on pose (n° 89, p. 372)

$$\frac{\mu + \mu'}{\delta' - \delta} = \tang A, \quad \frac{\mu - \mu'}{\delta' - \delta} = \tang B, \quad \varphi = A + B;$$

on a

$$r = \mu + 2r \sin^2 [45^\circ - \tfrac{1}{2}(A + B)],$$

ou, en raison de la petitesse du second terme,

$$\begin{aligned} r &= \mu \left\{ 1 + 2 \sin^2 [45^\circ - \tfrac{1}{2}(A + B)] \right\} \\ &= \mu [2 - \sin (A + B)]. \end{aligned}$$

Comme on trouve toujours facilement, dans une région quelconque du ciel, des étoiles satisfaisant à ces conditions, il est bon de les choisir voisines du méridien et distantes de l'horizon pour que la réfraction n'ait aucune influence sur les observations. Cette méthode de détermination du rayon sera surtout commode, si l'on se sert d'un chronographe.

4° *Méthode de Gauss.* — On peut encore suivre la méthode de Gauss, c'est-à-dire pointer la lunette d'un bon théodolite sur l'objectif de la lunette à étudier, et mesurer directement la valeur angulaire du diamètre de l'anneau au moyen du cercle vertical ou du cercle horizontal de l'instrument.

5° *On se sert du Soleil.* — Pour l'observation des taches du Soleil avec un micromètre à anneau, il est bon de se servir d'une valeur du rayon obtenue avec le Soleil lui-même, car l'immersion et l'émersion du bord du Soleil s'observent généralement avec une précision différente de celle qui correspond à l'entrée et à la sortie d'une étoile ; l'observation des contacts des bords du Soleil avec le cercle donne un moyen simple d'arriver à ce résultat.

En effet, admettons, ce qui est suffisamment exact, que le chemin décrit par le centre du Soleil pendant l'observation soit une droite AB (*fig.* 62). Aux moments des quatre contacts, cet astre

Fig. 62.

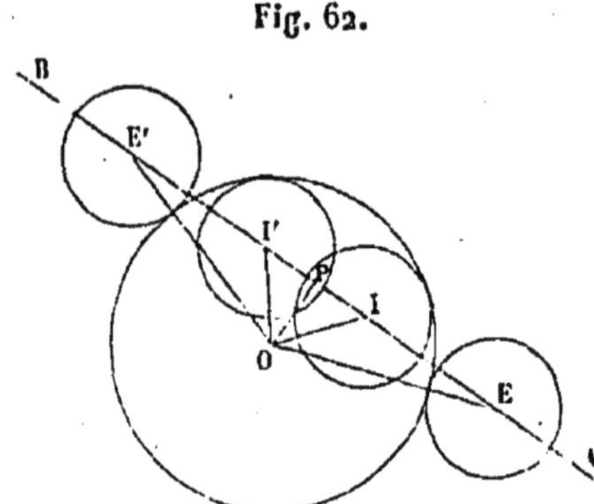

occupera, par rapport au micromètre, les positions E, E' et I, I'. Or les cordes EE' et II' sont évidemment les intervalles des temps, réduits en arc, qui s'écoulent entre les deux contacts extérieurs et les deux contacts intérieurs du Soleil, de sorte que si $2t$ et $2t'$ sont les intervalles de temps, OP une perpendiculaire abaissée du centre O de l'anneau sur la corde AB, δ et D les déclinaisons du centre de l'anneau et du centre du Soleil, les deux triangles OPE et OPI donneront

$$(R + r)^2 = (\delta - D)^2 + (15t\cos\delta)^2,$$
$$(R - r)^2 = (\delta - D)^2 + (15t'\cos\delta)^2;$$

d'où il résulte immédiatememt

$$(R + r)^2 - (R - r)^2 = (15\cos\delta)^2(t^2 - t'^2)$$

ou

$$r = \frac{(15\cos\delta)^2(t + t')(t - t')}{4R}.$$

Exemple. — Au micromètre circulaire du télescope de l'Observatoire de Bilk, on a observé les contacts du Soleil lorsque sa déclinaison et son demi-diamètre étaient

$$+23^\circ 14' 50'', \quad 15' 45'',07;$$

on a trouvé, pour l'entrée et la sortie, les époques suivantes :

	Contact extérieur.	Contact intérieur.
Entrée.......	$10^h 31^m 8^s,2$	$10^h 32^m 30^s,8$
Sortie.........	10.34.47 ,5	10.33.25 ,3

Les demi-intervalles sont donc, en temps sidéral,

$$1^m 49^s,65, \quad 0^m 27^s,25;$$

et comme le mouvement diurne du Soleil en ascension droite était de $4^m 8^s,7$, il fallait, pour les exprimer en temps vrai, multiplier ces nombres par 0,99712. On a donc

$$t = 109^s,33, \quad t' = 27^s,17,$$

nombres avec lesquels on obtient

$$r = 9' 23'',52.$$

Remarque I. — Le rayon de l'anneau ne conservera évidemment la même valeur que si sa distance à l'objectif est invariable; par conséquent, lorsqu'en suivant l'une des méthodes qui précèdent on aura déterminé cette valeur, on devra marquer exactement la position qu'occupait le coulant de l'oculaire pendant l'observation, de manière à pouvoir toujours ramener le micromètre à la même distance de l'objectif dans les observations ultérieures.

Remarque II. — Sur le micromètre circulaire consulter les Mémoires de Bessel, insérés dans le *Zach's Monatlicher Correspondenz*, vol. XXIV et XXVI.

III. — Héliomètre.

Le principe sur lequel repose la construction de l'héliomètre est dû à Bouguer (*). Il plaçait deux objectifs de même distance focale assez près l'un de l'autre pour qu'on pût voir, dans un seul et même oculaire, les images d'un même objet, données par les

(*) Bouguer. — *De la mesure des diamètres des plus grandes planètes; description d'un nouveau micromètre nommé* héliomètre (*Mémoires de l'Académie de Paris*, 1748).

deux objectifs. Plus tard, Dollond (*) obtint le même résultat en plaçant en avant de l'objectif d'une lunette ordinaire un second objectif à distance focale négative, coupé par son centre, et dont les deux moitiés étaient mobiles. Enfin, Fraunhofer donna à l'instrument sa forme définitive, sous laquelle il fut employé avec tant de succès par Bessel, à l'Observatoire de Kœnigsberg, dans la recherche de la parallaxe de la 61ᵉ du Cygne (**).

90. *Description.* — L'héliomètre se compose d'une lunette dont l'objectif est coupé par son centre, et dont les deux moitiés (*fig.* 63)

Fig. 63.

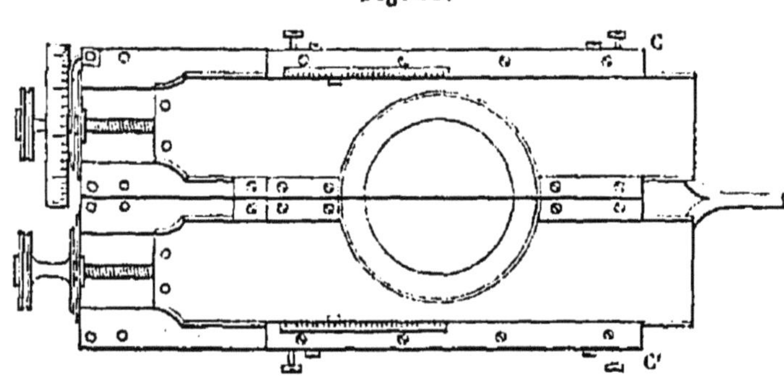

peuvent être mises en mouvement, dans des coulisses C et C' parallèles à la ligne de section, chacune par une vis parfaitement travaillée (***). La tête de chaque vis est divisée (pour plus de clarté on a divisé, dans la *fig.* 63, une seule des têtes de vis) et sert à mesurer les fractions de tour; quant aux nombres entiers

(*) Dollond. — *On the divided object glass micrometer* (*Philosophical Transactions* pour 1753, nº 27).

(**) Hansen. — *Ausführliche Methode, mit dem Fraunhofer'schen Heliometer Beobachtungen anzustellen* (Gotha, 1827).

Bessel — *Mémoire sur l'Héliomètre de Kœnigsberg* (*Astronomische Nachrichten*, vol. VIII, p. 411 à 426).

(***) Dans certains grands héliomètres, ce mouvement des deux moitiés de l'objectif se fait suivant un arc de cercle dont le rayon est égal à la distance focale de l'objectif; les foyers des deux lentilles partielles restent alors à la même distance de l'oculaire, quels que soient les déplacements de celles-ci. Telle a été la disposition adoptée par Merz, pour l'héliomètre de l'Observatoire de Radcliffe (*Astronomical observations made at the Radcliffe Observatory Oxford*, vol. XI. Introduction, p. XIV).

de tours, on les lit sur deux échelles en argent fixées aux coulisses elles-mêmes; si l'on connaît la valeur angulaire d'un tour de la vis, on pourra donc toujours savoir de quel arc on a déplacé les deux moitiés de l'objectif, l'une par rapport à l'autre.

Lorsque les deux demi-lentilles sont placées de façon que leurs centres coïncident, elles ne forment, à proprement parler, qu'un seul objectif, et la lunette donne, d'une étoile vers laquelle elle est dirigée, une seule image située sur la ligne qui passe par l'étoile et le centre. Déplace-t-on maintenant l'une des demi-lentilles d'un certain nombre de tours de la vis, l'image donnée par l'objectif immobile reste invariable, mais on voit une deuxième image de l'étoile, donnée par la demi-lentille mobile, dans la direction qui joint actuellement son centre optique au point lumineux : si donc une seconde étoile se trouve sur la ligne qui passe par le centre optique du demi-objectif immobile et l'image donnée par le demi-objectif mobile, les images de ces deux étoiles se superposeront, et le nombre de tours de vis dont l'objectif mobile a été déplacé donnera l'angle dont sont éloignées les deux étoiles. Tel est le principe sur lequel repose l'emploi de l'héliomètre, pour les mesures de distances.

De même, soit A l'image du Soleil donnée par la lunette lorsque les deux lentilles sont à la position de coïncidence : on fera mouvoir l'une d'elles jusqu'à ce que la nouvelle image A′ paraisse en contact avec la première A ; la quantité dont il aura fallu déplacer cette lentille mesure le diamètre du Soleil. C'est de cette application, à laquelle il est éminemment propre, que vient le nom d'*héliomètre* donné à cet instrument.

Dans la mesure de la distance de deux astres, il est essentiel que la direction du déplacement des deux lentilles soit parallèle à la ligne qui joint les deux astres, ou, en d'autres termes, que la ligne d'intersection des deux objectifs passe par les deux astres. Aussi, l'objectif tout entier est-il mobile autour de l'axe de la lunette, afin qu'on puisse donner à la ligne d'intersection toutes les positions possibles; une graduation tracée sur un anneau cylindrique, porté par le tube de la lunette, indique les angles dont a tourné le diamètre commun, et, si la lunette est montée parallactiquement, ce cercle gradué servira de *cercle de position*.

L'oculaire de l'héliomètre est, comme l'objectif, mobile dans une coulisse $C_1C'_1$ (*fig.* 64), et de plus il tourne autour de l'axe; le premier mouvement est mesuré par une échelle portée par la coulisse, et le second par une division circulaire placée sur le tube

Fig. 64.

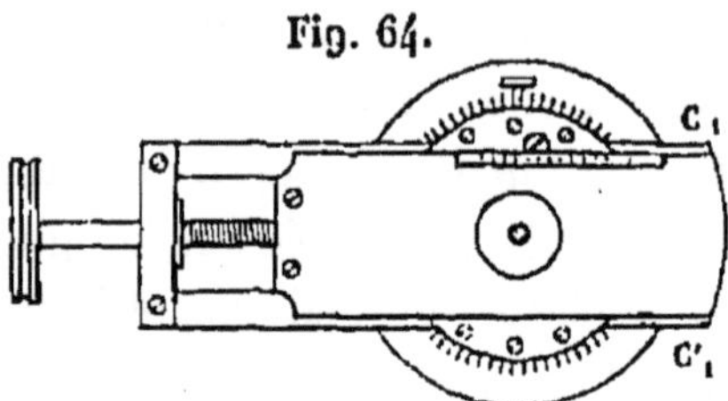

de l'oculaire; l'échelle et le cercle ont des graduations identiques aux graduations analogues de l'objectif. Pourquoi ces deux sortes de mouvements? Au moyen d'une rotation convenable, on amènera la coulisse à être parallèle au diamètre commun des deux moitiés de l'objectif, c'est-à-dire à la ligne de jonction des deux astres; puis, avec la vis, on déplacera l'oculaire tout entier en ligne droite, jusqu'à mettre au milieu du champ le point où coïncident les images des deux astres.

Zéros des échelles de l'objectif et de l'oculaire. — En général, le plan de section de l'objectif ne passe pas par le centre du cercle de position. Nous prendrons, pour zéro de l'échelle de chacune des demi-lentilles, la lecture faite sur cette échelle lorsque la distance du centre optique de la lentille au centre du cercle de position est un minimum. Il est facile de déterminer ce zéro; il suffit de trouver la position de la demi-lentille telle que l'image d'un objet quelconque ne se déplace pas, dans la direction du plan de section, quand on fait tourner l'objectif de 180°. Lorsque cette position aura été trouvée, il conviendra de déplacer l'index, de manière à le mettre aussi exactement que possible au milieu de l'échelle.

Nous trouverons de la même manière le zéro de l'échelle de l'oculaire; et nous pouvons supposer que, sur chacune des trois échelles, les deux de l'objectif et celle de l'oculaire, les index sont sensiblement au milieu de l'échelle dans la position qui correspond au zéro, et qu'en outre les lectures correspondantes sont les mêmes et égales à h.

Il faut ensuite placer la croisée des fils du réticule de l'oculaire, de telle sorte que sa distance à l'axe de rotation soit aussi un minimum; on obtiendra ce résultat en pointant cette croisée de fils sur un objet fixe très-éloigné, et en tournant ensuite de 180° les deux cercles de position. Si l'image reste sur la croisée des fils, le résultat cherché est atteint; dans le cas contraire, on devra rectifier la position du réticule, au moyen des vis de correction dont il est muni.

91. *Formules de réduction.* — Ceci posé, imaginons que l'image d'un objet quelconque, donnée par l'une des demi-lentilles (*), coïncide avec la croisée des fils, et soient :

s la lecture faite sur l'échelle de cette lentille;

p la lecture faite sur le cercle de position, corrigée de l'erreur de l'index;

σ et ϖ les lectures analogues pour l'oculaire;

a la distance du zéro au centre du cercle de position;

t et δ les lectures corrigées du cercle horaire et du cercle de déclinaison de l'instrument, lectures qui représentent le point du ciel vers lequel est dirigée la lunette.

Actuellement, imaginons un système d'axes de coordonnées rectangulaires $O\xi$, $O\eta$, $O\zeta$ tel : que les axes des ξ et des η soient dans le plan du réticule, la partie positive de l'axe des ξ passant par le zéro du cercle de position et la partie positive de l'axe des η par le point 90° de ce même cercle ou, ce qui revient au même, étant dirigée vers l'est quand la lunette est pointée sur le zénith; qu'aussi la partie positive de l'axe des ζ soit dirigée vers l'objectif.

D'autre part, appelons l la distance focale de l'objectif exprimée en unités de l'échelle, considérons a comme positif quand le zéro est du côté des η positifs, supposons l'angle de position dans le premier ou le quatrième quadrant, et posons

$$s - h = c, \quad \sigma - h = \varepsilon,$$

(*) Nous supposons ici que l'on ne déplace qu'une des lentilles, l'autre restant fixe pendant l'observation.

nous aurons, pour expressions des coordonnées des points s et σ,

$$e\cos p - a\sin p, \quad e\sin p - a\cos p, \quad l,$$
$$\varepsilon\cos\varpi - a\sin\varpi, \quad \varepsilon\sin\varpi - a\cos\varpi, \quad 0;$$

les coordonnées du point s relativement à σ seront donc

$$(a) \qquad \begin{cases} \xi = e\cos p - \varepsilon\cos\varpi - a(\sin p - \sin\varpi), \\ \eta = e\sin p - \varepsilon\sin\varpi + a(\cos p - \cos\varpi), \\ \zeta = l. \end{cases}$$

Ces coordonnées déterminent la position de la droite $s\sigma$ par rapport aux trois axes. Or, si nous imaginons une droite qui, menée par le foyer de la lunette, soit dirigée vers le même point du ciel que $s\sigma$, elle sera parallèle à la précédente; de plus, les deux droites étant des parallèles comprises entre plans parallèles (celui du réticule et celui du cercle de position de l'objectif), elles auront même longueur, et, par conséquent, les coordonnées du foyer, par rapport à ce nouveau point s, seront les mêmes que celles de σ par rapport au point primitif s; en d'autres termes, si l'on observe un astre dont la distance au foyer soit infinie par rapport à ε, on peut admettre que les expressions précédentes représentent les coordonnées du point s par rapport au foyer.

Prenons maintenant un nouveau système d'axes dans lequel les axes des x et des y soient dans le plan de l'équateur, la partie positive de l'axe des x étant dirigée vers l'origine des angles horaires et celle de l'axe des y vers le point d'angle horaire 90°, et où l'axe des z, parallèle à l'axe du monde, ait sa partie positive dirigée vers le pôle nord. Pour passer du premier système au second, nous procéderons comme il suit : tout d'abord, nous ferons tourner l'axe des ξ dans le plan $\xi\zeta$ d'un angle $90° - \delta$ autour de l'axe des ζ, nous aurons amené ainsi le plan des $\xi\eta$ à coïncider avec l'équateur; les nouvelles coordonnées du point s seront

$$(\alpha) \qquad \begin{cases} \xi' = \xi\sin\delta + \zeta\cos\delta, \\ \eta' = \eta, \\ \zeta' = \zeta\sin\delta - \xi\cos\delta; \end{cases}$$

après quoi, une rotation du nouvel axe des ξ', dans le plan $\xi\eta'$, d'un angle $270^\circ + t$, autour de l'axe des ζ', fera coïncider $O\xi'$ avec la partie positive de l'axe des y, et, par suite, le premier système avec le second. En fonction des ξ', η' et ζ', les coordonnées du point s seront d'ailleurs

$$(\beta)\qquad \begin{cases} x = \xi' \cos t + \eta' \sin t, \\ y = \xi' \sin t - \eta' \cos t, \\ z = \zeta'; \end{cases}$$

l'élimination de ξ', η' et ζ' entre les équations (α) et (β) donne

$$(\gamma)\qquad \begin{cases} x = \zeta \cos\delta \cos t + \xi \sin\delta \cos t + \eta \sin t, \\ y = \zeta \cos\delta \sin t + \xi \sin\delta \sin t - \eta \cos t, \\ z = \zeta \sin\delta - \xi \cos\delta, \end{cases}$$

ou, après substitution des valeurs de ξ, η, ζ, tirées des équations (α),

$$\begin{aligned} x = {} & l\cos\delta\cos t + (e\cos p - \varepsilon\cos\varpi)\sin\delta\cos t + (e\sin p - \varepsilon\sin\varpi)\sin t \\ & - a(\sin p - \sin\varpi)\sin\delta\cos t + a(\cos p - \cos\varpi)\sin t, \\ y = {} & l\cos\delta\sin t + (e\cos p - \varepsilon\cos\varpi)\sin\delta\sin t - (e\sin p - \varepsilon\sin\varpi)\cos t \\ & - a(\sin p - \sin\varpi)\sin\delta\sin t - a(\cos p - \cos\varpi)\cos t, \\ z = {} & l\sin\delta - (e\cos p - \varepsilon\cos\varpi)\cos\delta + a(\sin p - \sin\varpi)\cos\delta. \end{aligned}$$

On en déduit, pour le carré de la distance r du point s à l'origine des coordonnées,

$$r^2 = l^2 + (e\cos p - \varepsilon\cos\varpi)^2 + (e\sin p - \varepsilon\sin\varpi)^2 + 4a^2\sin^2\tfrac{1}{2}(p - \varpi).$$

D'un autre côté, la ligne qui joint le point s à l'origine des coordonnées fait, avec les trois axes des coordonnées, des angles dont les cosinus sont

$$\cos\alpha = \frac{x}{r}, \quad \cos\beta = \frac{y}{r}, \quad \cos\gamma = \frac{z}{r}.$$

Actuellement, désignons par δ' et t' la déclinaison et l'angle horaire de l'étoile observée, c'est-à-dire du point où la ligne qui passe par la croisée des fils et le point s rencontre la sphère céleste apparente, nous aurons

$$\cos\alpha = \cos\delta'\cos t', \quad \cos\beta = \cos\delta'\sin t', \quad \cos\gamma = \sin\delta'.$$

Par conséquent, si nous posons

$$\frac{e}{l}=\mathrm{D},\quad \frac{\varepsilon}{l}=\Delta,\quad \frac{a}{l}=d,$$

et, pour abréger,

$$1+(\mathrm{D}\cos p-\Delta\cos\varpi)^2+(\mathrm{D}\sin p-\Delta\sin\varpi)^2+4d^2\sin^2\tfrac{1}{2}(p-\varpi)=\mathrm{A},$$

nous aurons

$$(b)\left\{\begin{aligned}
\cos\delta'\cos t' &= \frac{\cos\delta\cos t+(\mathrm{D}\cos p-\Delta\cos\varpi)\sin\delta\cos t}{\sqrt{\mathrm{A}}}\\
&\quad-\frac{d(\sin p-\sin\varpi)\sin\delta\cos t-d(\cos p-\cos\varpi)\sin t}{\sqrt{\mathrm{A}}}\\
&\quad+\frac{(\mathrm{D}\sin p-\Delta\sin\varpi)\sin t}{\sqrt{\mathrm{A}}},\\
\cos\delta'\sin t' &= \frac{\cos\delta\sin t+(\mathrm{D}\cos p-\Delta\cos\varpi)\sin\delta\sin t}{\sqrt{\mathrm{A}}}\\
&\quad-\frac{d(\sin p-\sin\varpi)\sin\delta\sin t+d(\cos p-\cos\varpi)\cos t}{\sqrt{\mathrm{A}}}\\
&\quad-\frac{(\mathrm{D}\sin p-\Delta\sin\varpi)\cos t}{\sqrt{\mathrm{A}}},\\
\sin\delta' &= \frac{\sin\delta-(\mathrm{D}\cos p-\Delta\cos\varpi)\cos\delta}{\sqrt{\mathrm{A}}}\\
&\quad+\frac{d(\sin p-\sin\varpi)\cos\delta}{\sqrt{\mathrm{A}}}.
\end{aligned}\right.$$

Avec l'héliomètre, on observe toujours deux objets; supposons donc qu'il y ait, sur la croisée des fils, en même temps que l'image de la première étoile, celle d'une autre étoile fournie par la seconde demi-lentille, nous aurons trois équations analogues aux équations (b), dans lesquelles

$$\delta,\ t,\ \Delta,\ \varpi,\ d\ \text{ et }\ p$$

n'auront pas changé, mais où D, δ' et t' auront pris les valeurs qui conviennent à la seconde étoile, et que nous désignerons par

D', δ'' et t''. En résumé, nous avons donc six équations (qui se réduisent à quatre dans le cas où l'on cherche les angles par leurs tangentes), dans lesquelles toutes les quantités que renferme le second membre, se déduisent des lectures faites sur l'instrument; ainsi δ et t résultent des lectures faites sur le cercle de déclinaison et sur le cercle horaire, D et Δ des lectures faites sur les règles graduées de l'objectif et de l'oculaire, p et ϖ, sont donnés par les deux cercles de position. Ces équations permettront donc de trouver δ', t', δ'' et t''. A la vérité, l'instrument ne donne pas les grandeurs δ, t, Δ et ϖ avec la même exactitude que D et p; mais, puisque les deux astres observés sont toujours très-voisins, et que, par suite, les erreurs ainsi commises ont la même influence sur les positions des deux étoiles, on pourra toujours trouver avec exactitude les différences $\delta'' - \delta'$ et $t'' - t'$.

92. *Formules approchées.* — Si les deux étoiles observées sont voisines du pôle, il faudra calculer δ'', δ', t'' et t' d'après les formules rigoureuses (b). Mais, en général, on pourra se contenter de formules approximatives, qui donnent immédiatement les différences $\delta'' - \delta'$ et $\alpha'' - \alpha'$. D'abord, il sera permis de supposer d nul; puis, si dans l'équation que donne $\sin\delta'$ on développe le dénominateur en série, et qu'on effectue ensuite la division en ne conservant que les premiers termes, on aura

$$\begin{aligned}\sin\delta - \sin\delta' = (\text{D}\cos p - \Delta\cos\varpi)\cos\delta + \tfrac{1}{2}(\text{D}\cos p - \Delta\cos\varpi)^2\sin\delta \\ + \tfrac{1}{2}(\text{D}\sin p - \Delta\sin\varpi)^2\sin\delta,\end{aligned}$$

ou, en appliquant la formule connue (*Astronomie sphérique*, n° **11**, formule 20), et ne conservant que les carrés des quantités entre parenthèses,

$$\delta' - \delta = -(\text{D}\cos p - \Delta\cos\varpi) - \tfrac{1}{2}(\text{D}\sin p - \Delta\sin\varpi)^2\tan\delta;$$

pour l'autre étoile, on aurait de même

$$\delta'' - \delta = -(\text{D}'\cos p - \Delta\cos\varpi) - \tfrac{1}{2}(\text{D}'\sin p - \Delta\sin\varpi)^2\tan\delta,$$

d'où

$$(c)\ \left\{\begin{aligned}\delta'' - \delta' = (\text{D} - \text{D}')\cos p \\ + \tfrac{1}{2}(\text{D} - \text{D}')[(\text{D} + \text{D}')\sin p - 2\Delta\sin\varpi]\tan\delta\sin p,\end{aligned}\right.$$

équation qui donne la différence de déclinaison des deux étoiles en fonction des lectures faites sur l'instrument.

Pour obtenir aussi la différence d'ascension droite, on multiplie la première des équations (b) par $\sin t$, la seconde par $\cos t$, et on les ajoute. Il vient alors

$$\cos\delta' \sin(t - t') = \frac{D\sin p - \Delta\sin\varpi}{\sqrt{1 + (D\cos p - \Delta\cos\varpi)^2 + (D\sin p - \Delta\sin\varpi)^2}}.$$

On aurait de même, pour l'autre étoile,

$$\cos\delta'' \sin(t - t'') = \frac{D'\sin p - \Delta\sin\varpi}{\sqrt{1 + (D'\cos p - \Delta\cos\varpi)^2 + (D'\sin p - \Delta\sin\varpi)^2}}.$$

En négligeant les carrés de D, D' et Δ, et en introduisant l'ascension droite au lieu de l'angle horaire, ces équations deviennent

$$(\alpha' - \alpha)\cos\delta' = (D\sin p - \Delta\sin\varpi),$$
$$(\alpha'' - \alpha)\cos\delta'' = (D'\sin p - \Delta\sin\varpi).$$

Et, si l'on remplace δ' et δ'' par

$$\delta' = \tfrac{1}{2}(\delta' + \delta'') + \tfrac{1}{2}(\delta' - \delta''), \quad \delta'' = \tfrac{1}{2}(\delta' + \delta'') - \tfrac{1}{2}(\delta' - \delta''),$$

puis, $(\delta' - \delta'')$ étant un petit angle, $\sin(\delta' - \delta'')$ par $(\delta' - \delta'')$ et $\cos(\delta' - \delta'')$ par 1, il vient

$$(\alpha' - \alpha)\cos\tfrac{1}{2}(\delta' + \delta'') = (D\sin p - \Delta\sin\varpi)[1 + \tfrac{1}{2}(\delta'' - \delta')\operatorname{tang}\delta],$$
$$(\alpha'' - \alpha)\cos\tfrac{1}{2}(\delta' + \delta'') = (D'\sin p - \Delta\sin\varpi)[1 + \tfrac{1}{2}(\delta'' - \delta')\operatorname{tang}\delta],$$

d'où

$$\begin{aligned}(\alpha'' - \alpha')\cos\tfrac{1}{2}(\delta' + \delta'') &= (D' - D)\sin p + \tfrac{1}{2}(\delta'' - \delta')(D' + D)\operatorname{tang}\delta\sin p \\ &\quad - \Delta(\delta'' - \delta')\operatorname{tang}\delta\sin\varpi,\end{aligned}$$

et enfin, en substituant à $(\delta'' - \delta')$ la valeur approchée

$$\delta'' - \delta' = (D - D')\cos p$$

trouvée précédemment, il vient

$$(d)\quad \left\{\begin{aligned}&(\alpha'' - \alpha')\cos\tfrac{1}{2}(\delta' + \delta'') \\ &\quad = (D' - D)\sin p - \tfrac{1}{2}(D' - D)[(D + D')\sin p - 2\Delta\sin\varpi]\operatorname{tang}\delta\cos p.\end{aligned}\right.$$

Posons encore

$$\text{(A)} \qquad u = -\tfrac{1}{2}[(\mathrm{D}' + \mathrm{D})\sin p - 2\Delta \sin \varpi] \operatorname{tang} \delta.$$

Nous pourrons, dans les équations (c) et (d), remplacer la petite quantité u par $\sin u$ et multiplier les premiers termes par le facteur $\cos u$, ce qui donnera

$$\text{(B)} \qquad \begin{cases} \delta'' - \delta' = -(\mathrm{D}' - \mathrm{D})\cos(p + u), \\ \alpha'' - \alpha' = +(\mathrm{D}' - \mathrm{D})\sin(p + u)\operatorname{séc}\tfrac{1}{2}(\delta' + \delta''). \end{cases}$$

93. *Méthode d'observation.* — Jusqu'ici, nous avons supposé qu'on mesurait simplement la distance entre les deux étoiles, et nous avons appelé s la lecture qui, sur l'une des règles graduées, correspond au cas où les images produites par les deux lentilles, coïncident.

Mais si l'on a deux objets a et b voisins, on obtient, en déplaçant l'une des lentilles, deux nouvelles images a' et b'; après avoir fait coïncider les images a et b', ramenons la lentille en arrière, au delà du point où les centres des deux lentilles se confondent, nous pourrons superposer les deux images b et a'; la différence des lectures dans ces deux positions donnera évidemment le double de la distance des deux étoiles.

Si les observations ont été faites de cette manière, il faudra remplacer, dans les formules précédentes, $\mathrm{D}' - \mathrm{D}$ par $\frac{1}{2}(\mathrm{D}' - \mathrm{D})$, D' et D étant alors les valeurs de D correspondantes aux deux positions de la lentille mobile. D'autre part, comme en général il faudra, pour pouvoir obtenir cette nouvelle coïncidence, imprimer à tout l'objectif un petit mouvement de rotation autour de l'axe, la lecture sur le cercle de position ne sera plus la même dans les deux cas. Soient p' et p'' les deux lectures, nous aurons donc

$$p = \frac{p' + p''}{2}, \quad \mathrm{D}' + \mathrm{D} = \frac{s + s' - 2h}{l}, \quad \Delta = \frac{\sigma - h}{l},$$

$$u = \tfrac{1}{2}\left[\frac{(s + s' - 2h)}{l}\sin p - 2\frac{(\sigma - h)}{l}\sin\varpi\right]\operatorname{tang}\delta;$$

$$\delta'' - \delta' = -\tfrac{1}{2}(\mathrm{D}' - \mathrm{D})\cos(p + u),$$

$$\alpha'' - \alpha' = \tfrac{1}{2}(\mathrm{D}' - \mathrm{D})\sin(p + u)\operatorname{séc}\tfrac{1}{2}(\delta' + \delta'').$$

Si l'on veut obtenir $\delta'' - \delta'$ et $\alpha'' - \alpha'$ en secondes et u en minutes, il faudra multiplier $\frac{1}{2}(D' - D)$ par la valeur en secondes d'arc d'une division de l'échelle et l'expression de u par $\frac{206265}{60}$.

D'un autre côté, on peut toujours disposer les observations de manière à n'avoir point à calculer la quantité u. En effet, $u = 0$, lorsque l'on a à la fois

$$\sigma = \frac{s' + s}{2}, \quad \varpi = p;$$

on devra donc chercher à mettre l'oculaire, tout au moins le plus approximativement possible, dans la position où les conditions qui précèdent sont remplies, et cela est d'autant plus nécessaire, qu'alors les images données par la lunette auront leur plus grand degré de netteté.

Remarque. — Cette méthode d'observation, dans laquelle on combine deux observations correspondantes à des positions de la lentille, symétriques par rapport au centre, doit être considérée non-seulement comme *commode* et *avantageuse*, en ce sens que le nombre des constantes à obtenir est moindre et que leur détermination n'exige plus une aussi grande précision, mais aussi comme *nécessaire ;* elle ne saurait en effet être remplacée par la détermination de ces grandeurs et le calcul de l'influence qu'elles ont sur une observation unique, rien ne pouvant faire affirmer *à priori* que leurs valeurs soient les mêmes dans toutes les positions de l'instrument par rapport à l'horizon. De plus, la position où les images sont en coïncidence est en général difficile à estimer, le seul guide étant l'apparence des deux images comme une simple étoile, et l'approximation avec laquelle se fait cette appréciation dépendant de l'état de l'atmosphère. Deux mesures opposées diffèrent souvent de 2″ ou 3″ et même plus, mais leur moyenne sera généralement fort approchée de la vérité.

D'un autre côté, nous avons supposé jusqu'à présent que la coïncidence des images se faisait toujours en un point déterminé de l'oculaire, la croisée des fils du réticule. Dans l'observation des astres faibles, les fils n'étant plus éclairés, une pareille condition serait difficile à remplir exactement. Mais, sauf pour les étoiles très-voisines du pôle, il suffit que, dans les deux observations successives, la coïncidence se fasse sensiblement au même point et à peu près au milieu du champ.

Nous ajouterons enfin, que, dans le cas où l'on observe des étoiles faibles, le point de coïncidence est en général marqué par un accroissement subit de lumière, fort appréciable et causé par la superposition des images. Cette circonstance rend souvent l'observateur capable de faire des mesures satisfaisantes d'objets à peine visibles individuellement.

94. *L'un des astres a un mouvement propre.* — Si l'un des astres a un mouvement propre en ascension droite et en déclinaison, il faut en tenir compte dans la réduction des observations. Or, si à l'aide de chacun des couples de valeurs obtenues pour la distance et l'angle de position des deux astres, on calcule leurs différences d'ascension droite et de déclinaison, la moyenne arithmétique de ces différences correspondra à la moyenne des temps d'observation, puisque le mouvement en ascension droite et déclinaison peut toujours être considéré comme proportionnel au temps. Mais il sera plus court, et par suite préférable, de calculer simplement la différence d'ascension droite et de déclinaison qui correspond à la moyenne des distances et des angles de position mesurés; ces dernières grandeurs ne variant pas toujours proportionnellement au temps, il n'est plus possible de faire immédiatement correspondre à la moyenne des temps les moyennes des distances et des angles de position observés; et il faut d'abord en corriger les valeurs, comme on l'a fait (*Astronomie sphérique*, nº 107), dans la réduction à la moyenne des temps, des distances zénithales mesurées. Soient :

$t, t', t'', \ldots$	les temps d'observation,
$p, p', p'', \ldots$	les angles de position correspondants,
T	la moyenne des temps, $t, t', \ldots$,
P	l'angle de position correspondant au temps T,
$\Delta\alpha$, $\Delta\delta$	les variations de l'ascension droite et de la déclinaison en une seconde de temps,

et $\tau, \tau', \tau'', \ldots$ étant exprimés en secondes de temps, posons

$$t - \mathrm{T} = \tau, \quad t' - \mathrm{T} = \tau', \ldots,$$

nous aurons

$$\begin{aligned} p = \mathrm{P} &+ \frac{d\mathrm{P}}{d\alpha}\Delta\alpha.\tau + \frac{1}{2}\frac{d^2\mathrm{P}}{d\alpha^2}\Delta\alpha^2.\tau^2 + \ldots \\ &+ \frac{d\mathrm{P}}{d\delta}\Delta\delta.\tau + \frac{1}{2}\frac{d^2\mathrm{P}}{d\delta^2}\Delta\delta^2.\tau^2 + \frac{d^2\mathrm{P}}{d\alpha\, d\delta}\Delta\alpha\Delta\delta.\tau^2. \end{aligned}$$

Il y aura autant d'équations semblables que d'angles primitifs mesurés, et si n est le nombre d'observations, on obtiendra, en ajoutant ces équations membre à membre,

$$\begin{aligned} \mathrm{P} = &\frac{p + p' + p'' + \ldots}{n} \\ &- \left(\frac{1}{2}\frac{d^2\mathrm{P}}{d\alpha^2}\Delta\alpha^2 + \frac{d^2\mathrm{P}}{d\alpha\, d\delta}\Delta\alpha\Delta\delta + \frac{1}{2}\frac{d^2\mathrm{P}}{d\delta^2}\Delta\delta^2\right)\frac{\Sigma\tau^2}{n}, \end{aligned}$$

où l'on remplacera, si l'on veut, $\frac{\Sigma\tau^2}{n}$ par $\frac{2\Sigma\, 2\sin^2\frac{1}{2}\tau}{n}$, afin de pouvoir se servir des tables de Warnstorff.

Pareillement, si, $d, d', d'', \ldots$ sont les distances mesurées, et D la distance correspondante à la moyenne arithmétique des temps, on a

$$\mathrm{D} = \frac{d + d' + d'' + \ldots}{n} - \left(\frac{1}{2}\frac{d^2\mathrm{D}}{d\alpha^2}\Delta\alpha^2 + \frac{d^2\mathrm{D}}{d\alpha\, d\delta}\Delta\alpha\Delta\delta + \frac{1}{2}\frac{d^2\mathrm{D}}{d\delta^2}\Delta\delta^2\right)\frac{\Sigma\tau^2}{n}.$$

Reste à trouver les expressions des différentes dérivées contenues dans ces deux formules. Or on a

$$\mathrm{D}\sin\mathrm{P} = (\alpha - \alpha')\cos\delta \ (*), \qquad \mathrm{D}\cos\mathrm{P} = \delta - \delta';$$

il en résulte

$$\operatorname{tang}\mathrm{P} = \frac{\alpha' - \alpha}{\delta' - \delta}\cos\delta, \quad \mathrm{D}^2 = (\alpha - \alpha')^2\cos^2\delta + (\delta - \delta')^2.$$

(*) Dans cette équation on a, pour abréger, appelé δ la moyenne arithmétique $\frac{1}{2}(\delta + \delta')$ des déclinaisons des deux astres au temps T pour lequel on calcule les dérivées; δ est donc une constante.

On en déduit aisément

$$\frac{dP}{d\alpha}=\frac{\cos\delta\cos P}{D},\quad \frac{dP}{d\delta}=-\frac{\sin P}{D},\quad \frac{dD}{d\alpha}=\cos\delta\sin P,\quad \frac{dD}{d\delta}=\cos P,$$

$$\frac{d^2P}{d\alpha^2}=\frac{2\cos^2\delta\sin P\cos P}{D^2},\quad \frac{d^2P}{d\delta^2}=\frac{2\sin P\cos P}{D^2},$$

$$\frac{d^2P}{d\alpha\, d\delta}=\frac{2\cos\delta\sin^2 P}{D^2}-\frac{\cos\delta}{D^2};$$

$$\frac{d^2D}{d\alpha^2}=\frac{\cos^2\delta\cos^2 P}{D},\quad \frac{d^2D}{d\delta^2}=\frac{\sin^2 P}{D},\quad \frac{d^2D}{d\alpha\, d\delta}=-\frac{\cos\delta\sin P\cos P}{D};$$

et en posant

$$\Delta\alpha\cos\delta=c\sin\gamma,\quad \Delta\delta=c\cos\gamma,$$

nous aurons

$$P=\frac{p+p'+p''+\ldots}{n}-c^2\,\frac{\sin(P-\gamma)\cos(P-\gamma)}{D^2}\,\frac{\Sigma\tau^2}{n},$$

$$D=\frac{d+d'+d''+\ldots}{n}-\frac{c^2}{2}\,\frac{\sin^2(P-\gamma)}{D}\,\frac{\Sigma\tau^2}{n},$$

ou, en désignant par M le module du système des logarithmes vulgaires,

$$\log D=\log\frac{d+d'+d''+\ldots}{n}-\frac{Mc^2}{2}\,\frac{\sin^2(P-\gamma)}{D^2}\,\frac{\Sigma\tau^2}{n}.$$

Il convient d'exprimer le second terme de P en minutes d'arc, et le second terme de log D en unités du cinquième ordre décimal; on multipliera pour cela la première de ces deux quantités par

$$\frac{60}{(86\,400)^2}\,\frac{206\,265}{R^2},$$

et la seconde par

$$\frac{100\,000}{(86\,400)^2}\,\frac{(60)^2}{R^2},$$

R étant la valeur en secondes d'arc d'une division de l'échelle, $\Delta\alpha$ et $\Delta\delta$ étant supposées représenter, en minutes d'arc, les variations de l'ascension et de la déclinaison en vingt-quatre heures, et D étant exprimé en divisions de l'échelle.

Dans le cas où l'on emploie dans le calcul les tables relatives à $2\sin^2\frac{1}{2}\tau$, et, par suite, où l'on se sert des formules

$$P = \frac{p + p' + p'' + \ldots}{n} - 2c^2 \frac{\sin(P-\gamma)\cos(P-\gamma)}{D^2} \sum \frac{2\sin^2\frac{1}{2}\tau}{n}$$

et

$$\log D = \log \frac{d + d' + d'' + \ldots}{n} - Mc^2 \frac{\sin^2(P-\gamma)}{D^2} \sum \frac{2\sin^2\frac{1}{2}\tau}{n},$$

il faut multiplier les seconds termes des deux équations par les nombres

$$\frac{60}{(86400)^2}\,\frac{(206265)^2}{15^2 R^2}, \quad \frac{100000}{(86400)^2}\,\frac{(60)^2 \times 206265}{15^2 \times R^2}.$$

95. *Détermination des constantes.* — 1° *Zéro du cercle de position.* — (*a*) L'index du cercle de position sera au zéro de ce cercle lorsque le plan de section de l'objectif sera perpendiculaire à l'axe de déclinaison. Par conséquent, les deux demi-objectifs ayant été fort éloignés l'un de l'autre, on fera tourner le porte-objectif jusqu'à ce que les verniers des cercles de position soient au zéro, et l'on amènera l'une des images d'un objet au centre du réticule, par exemple sur la croisée des fils. (Dans ce but, il est bon d'avoir un réticule composé de plusieurs fils parallèles, situés à quelque distance les uns des autres, de telle sorte que le milieu du champ soit donné par un petit carré.) Si l'on peut ensuite, par une simple rotation de la lunette autour de l'axe de déclinaison, amener également l'autre image au centre du réticule, le plan de section de l'objectif sera alors parallèle au plan dans lequel la lunette est maintenant mobile, et par conséquent l'erreur de collimation du cercle de position sera nulle. Dans le cas contraire, il faudra tourner un peu l'objectif jusqu'à ce que l'on ait obtenu ce résultat, que, par une simple rotation de la lunette autour de son axe de déclinaison, les deux images d'un même objet coïncident au centre du réticule; le nombre que marquera alors le vernier du cercle de position sera son origine véritable, et la

distance qui le sépare du zéro, l'*erreur de collimation* de ce cercle.

Tout ceci suppose que le mouvement de chacune des deux moitiés de l'objectif est rectiligne; dans le cas contraire, l'erreur de collimation varierait avec la distance des deux images, et il faudrait en trouver la valeur pour différentes distances et différentes positions des deux lentilles par rapport à leurs échelles.

(*b*) Lorsque la position du réticule de la lunette est telle que, dans son passage à travers le champ, une étoile voisine de l'équateur ne quitte pas l'un des fils, ce fil est parallèle à l'équateur. Ce premier résultat obtenu, faisons tourner le porte-objectif jusqu'à ce que les deux images d'une même étoile, données par un déplacement des deux lentilles actuellement en coïncidence, se meuvent sur le fil, le cercle de position de l'objectif devra marquer 90° ou 270°; s'il marque, au contraire, $90° - c$ ou $270° - c$, c sera l'erreur de collimation du cercle de position, erreur qu'il faudra ajouter à toutes les lectures.

2° *Valeur en arc d'un tour de la vis ou d'une division de l'échelle.* — On trouve la valeur en arc d'une division des échelles de l'objectif en mesurant, avec l'héliomètre, un diamètre apparent connu, celui du Soleil par exemple, ou bien encore la distance de deux étoiles exactement déterminées, deux des Pléiades par exemple.

On peut aussi suivre une méthode différente due à Gauss, et qui repose sur le principe suivant : puisque les axes des deux lentilles sont toujours parallèles entre eux quelle que soit la distance dont on ait séparé les deux lentilles, quand, avec une lunette disposée pour voir nettement à l'infini, on pointera sur l'objectif de l'héliomètre, on apercevra deux images d'un fil tendu en son foyer. En conséquence si l'on place l'une des lentilles au milieu de son échelle, qu'on éloigne l'autre d'un grand nombre de divisions de l'échelle, et qu'on éclaire le réticule en dirigeant l'oculaire vers le ciel, on pourra, avec une deuxième lunette munie d'un appareil capable de mesurer les angles, déterminer la distance apparente des deux images. En comparant cette distance angulaire avec le nombre de divisions de l'échelle dont on a éloigné l'une des lentilles de la position de coïncidence, on aura la grandeur d'une des divisions de l'échelle. Soient :

S la lecture faite sur la lentille mobile,
S_0 la lecture faite sur la lentille laissée fixe,
s la lecture faite sur l'échelle de l'oculaire,
b et c les angles que font, avec l'axe de la lunette, les lignes menées des points S_0 et S à son foyer,
R la valeur angulaire d'une division de l'échelle, c'est-à-dire d'un tour de la vis.

On aura

$$R(s - S_0) = 206\,265'' \operatorname{tang} b,$$
$$R(S - s) = 206\,265'' \operatorname{tang} c;$$

d'ailleurs, si a est la distance angulaire mesurée des deux images du fil, on a aussi

$$a = b + c.$$

En éliminant b et c entre ces trois équations, il vient

$$\left(\frac{R}{206\,265}\right)^2 (s - S_0)(S - s) \operatorname{tang} a + \frac{R}{206\,265}(S - S_0) - \operatorname{tang} a = 0,$$

d'où

$$\frac{R}{206\,265} = -\frac{S - S_0 - \sqrt{(S - S_0)^2 + 4(s - S_0)(S - s)\operatorname{tang}^2 a}}{2(s - S_0)(S - s)\operatorname{tang} a}.$$

Si l'une des lentilles qui composent l'objectif n'a pas de micromètre avec lequel on puisse mesurer son déplacement, on fera deux observations analogues à la précédente avec l'autre lentille placée successivement dans deux positions différentes. Soient alors S', s' et a' les données de cette seconde observation, on aurait une équation identique à la précédente, où ces quantités remplaceraient S, s et a. Mais on peut toujours disposer les observations de telle sorte que

$$S' - S_0 = S_0 - S, \quad s - S_0 = S_0 - s';$$

avec ces conditions, la différence des deux équations en R donne évidemment

$$\frac{R}{206265} = -\frac{S'-S-\sqrt{(S'-S)^2+16(s-S_0)(S-s)\tang^2\frac{1}{2}(a+a')}}{4(s-S_0)(S-s)\tang\frac{1}{2}(a+a')}.$$

Supposons que $s - S_0$ et $S - s$ aient le même signe, et posons

$$\tang\alpha = 4\,\frac{\tang\frac{1}{2}(a+a')}{S'-S}\sqrt{(s-S_0)(S-s)},$$

la valeur de R deviendra

$$R = 206265\,\frac{\operatorname{séc}\alpha - 1}{\sqrt{(s-S_0)(S-s)}\tang\alpha} = 206265\,\frac{\tang\frac{1}{2}\alpha}{\sqrt{(s-S_0)(S-s)}}.$$

Si $s - S_0$ et $S - s$ ont des signes contraires, nous pourrons poser

$$\sin\beta = 4\,\frac{\tang\frac{1}{2}(a+a')}{S'-S}\sqrt{(s-S_0)(S-s)},$$

et nous aurons pour R

$$R = 206265\,\frac{1-\cos\beta}{\sqrt{(s-S_0)(S-s)}\sin\beta} = 206265\,\frac{\tang\frac{1}{2}\beta}{\sqrt{(s-S_0)(S-s)}}.$$

Si $s = S$, $s' = S'$, on obtient, dans les deux observations, au lieu d'équations du second degré en R, les équations suivantes :

$$(S-S_0)\frac{R}{206265} = \tang a, \quad (S_0-S')\frac{R}{206265} = \tang a',$$

d'où

$$R = 206265\,\frac{2\tang\frac{1}{2}(a+a')}{S-S'},$$

ou la formule approximative

$$R = \frac{a+a'}{S-S'}.$$

Ces formules sont évidemment applicables, que l'on ait déterminé la valeur d'une division de l'échelle par l'observation du diamètre du Soleil ou par la distance de deux étoiles fixes. Ainsi a et a' seront égaux, soit au diamètre du Soleil, soit à la distance de deux étoiles fixes.

Si l'oculaire de l'héliomètre a un réticule, on peut encore rendre l'un des fils de ce réticule parallèle au mouvement diurne; puis, après avoir déplacé l'une des lentilles et fixé le cercle de position de manière que les deux images d'une étoile parcourrent ce fil, observer les passages de cette étoile par le fil vertical.

On peut encore, pour déterminer la valeur en arc d'un tour de la vis, mesurer la distance focale de la lentille et la valeur d'un pas de la vis. C'est la méthode qui a été préférée par Bessel dans ses recherches avec l'héliomètre de Kœnigsberg. Nous renverrons le lecteur au Mémoire lui-même (*). Il y trouvera des travaux d'optique d'une grande élégance et d'une grande importance, entre autres une méthode excessivement précise pour déterminer la distance focale d'une lentille.

Quelle que soit la méthode employée pour déterminer la valeur de R, on trouvera qu'elle varie avec la température : on peut évidemment toujours représenter R par une expression de la forme

$$R = a - b(t - t_0).$$

On trouvera la valeur des constantes a et b en déterminant R à différentes températures, et résolvant par les méthodes ordinaires l'ensemble des équations résultantes.

96. *Comparaison de ces différents micromètres.* — Le micromètre à fils est le seul qui soit employé à l'Observatoire de Paris, et il paraît, en effet, que, dans un système d'observations courantes, c'est-à-dire qui ne sont pas instituées en vue d'un objet spécial et déterminé, ce micromètre est encore le meilleur.

Les micromètres annulaires, de la construction de Fraunhofer, ont été regardés comme indispensables pour l'observation des objets nébuleux les plus faibles, des comètes, etc. « Je puis dire que l'expérience de vingt ans ne m'a jamais donné l'occasion d'employer le micromètre annulaire, car j'ai trouvé que tout objet céleste, visible dans le champ obscur de la lunette, quelque faible qu'il soit, est aussi mesurable à l'aide du micromètre à fils luisants. Ceci a été justifié encore par les observations de la co-

(*) Bessel. — *Königsberger Beobachtungen*, vol. XV.

mète de M. Faye, instituées par M. O. Struve, aux mois de mars et d'avril 1844, à une époque où la comète avait disparu dans tous les télescopes des autres observatoires d'Europe (*) ». De plus, deux observations faites à des distances différentes du centre du micromètre ne comportent point, en général, la même précision, et, par suite, ne sont pas comparables.

L'héliomètre de Fraunhofer a de grands avantages. On peut, avec lui, comparer deux astres de distance angulaire considérable, 1°,5 et même 2°, dans le grand héliomètre de Merz et Mahler; les mesures y sont indépendantes de la stabilité de l'instrument et du mouvement diurne; en outre, il n'exige, lui non plus, aucun éclairement; mais, au point de vue optique, il offre d'assez graves inconvénients : la correction relative à l'aberration de sphéricité, qui peut être parfaite pour une lentille complète, ne l'est pas pour chacune de ses moitiés. Au plan d'intersection, il se produit comme une *inflexion* des rayons lumineux qui rend les images moins nettes et les dilate dans une direction perpendiculaire à ce plan (**). D'autre part, l'éclairement de l'image donnée par une des deux lentilles est moitié moindre que celui de l'image donnée par l'objectif complet, ce qui augmente beaucoup le minimum de grandeur des astres que l'héliomètre peut servir à observer. Enfin si l'on a à sa disposition un bon objectif de grandes dimensions, ce qui est, jusqu'à présent, même après les travaux de Foucault et de M. Martin, si difficile à obtenir, on ne se résoudra qu'à regret à le soumettre à tous les risques d'une taille par moitié, puisqu'on est certain de lui faire perdre ainsi une partie de ses qualités optiques.

Pour obvier à cet inconvénient, Ramsden (***), puis, après lui, Amici (****) et Steinheil (*****) ont placé, entre l'objectif et l'ocu-

(*) Struve. — *Description de l'Observatoire central de Poulkowa*, p. 129.

(**) *Astronomical and Meteorological Observations made at the Radcliffe Observatory in the year* 1853.

(***) *Journal des savants pour* 1788; Lettre de Piazzi sur les instruments de Ramsden.

(****) Amici. — *Nouveau micromètre intermédiaire* (*Astronomische Correspondenz, von Zach*, vol. IX, p. 517).

(*****) Steinheil. — *Schumacher's Jahrbuch für* 1844, p. 120.

laire, une lentille de petites dimensions, coupée en deux comme l'héliomètre, et qu'on a appelée depuis *héliomètre oculaire*. Mais ici l'imperfection des images, inévitable dans tout appareil basé sur le principe des images doubles, se présente avec plus d'intensité, parce que les rayons tombent sur cette lentille intermédiaire après avoir été déjà rendus convergents par l'objectif lui-même. Aussi, pour l'observation des étoiles doubles distantes de moins d'une ou deux secondes, Struve a-t-il été obligé de conserver le micromètre filaire à cause de sa supériorité optique, la plupart de ces systèmes d'étoiles ne pouvant pas être reconnus avec l'héliomètre oculaire.

Remarque. — Sur l'héliomètre consulter, outre les ouvrages déjà indiqués :

BESSEL. — *Theorie eines mit einem Heliometer versehenen Æquatoreals* (*Astronomische Untersuchungen*, vol. I).

STRUVE. — *Description de l'Observatoire central de Poulkowa*, p. 195 203 et suiv.

HANSEN. — *Ausführliche Methode mit dem Fraunhofer'schen Heliometer Versuche anzustellen* (Gotha, 1827).

IV. — OCULAIRE A DOUBLE IMAGE.

97. *Description et principe.* — Cet oculaire a été imaginé par M. Airy; il est destiné à la mesure des distances et des angles de position des étoiles doubles. Il se compose de quatre lentilles dont l'une L, qui forme l'appareil micrométrique et qui est la deuxième à partir de l'objectif, est coupée en deux suivant un plan passant par son centre. L'une des moitiés de cette lentille est fixe, l'autre est mise en mouvement par une vis micrométrique à tête divisée; l'oculaire tout entier tourne autour d'un axe qui coïncide sensiblement avec l'axe de la lunette, et sa position se lit sur un cercle divisé, le *cercle de position*, muni de deux verniers opposés.

La lentille L doit avoir une position telle, que chaque faisceau de rayons venant de l'objectif se partage également entre ses deux segments; et pour cela, sa distance à celle qui la précède du côté de l'objectif doit être très-sensiblement égale à la distance focale de cette lentille. Quant au grossissement de l'oculaire, on le fait varier à volonté, en changeant la lentille la plus voisine de l'œil sans toucher à aucune des autres.

Chaque moitié de la lentille L peut évidemment être considérée comme recevant les rayons d'une moitié de l'objectif, et dès lors, aussitôt que la demi-lentille mobile sera écartée de la position où elle forme avec la demi-lentille fixe une lentille complète, c'est-à-dire du zéro de son échelle, elle jouera, vis à vis du demi-faisceau de rayons qui lui correspond, l'effet d'une sorte de prisme, et au sortir de la lentille l'axe de ce demi-pinceau fera, dans un plan parallèle à celui qui passe par la ligne de section et l'axe de la lunette, avec l'axe du demi-pinceau qui tombe sur la demi-lentille fixe un angle sensiblement proportionnel à la longueur dont la demi-lentille a été déplacée. En d'autres termes, avec cet oculaire, on verra, sur une ligne dont la direction est très-voisine de celle de la ligne de section, deux images d'un même objet, et leur distance apparente sera sensiblement proportionnelle au déplacement de la demi-lentille mobile.

98. *Modes d'observation.* — 1° *Distances égales.* — Dans le cas où la distance des étoiles n'est pas trop grande, ne surpasse pas 15″ par exemple, le meilleur mode d'observation est le suivant : on tourne l'oculaire jusqu'à ce que la ligne de section coïncide avec celle qui passe par les deux étoiles, et l'on fait mouvoir la lentille mobile jusqu'à ce que la distance entre l'image mobile de la plus grande étoile et l'image fixe de la plus petite soient sensiblement égale à la distance des deux étoiles. L'aspect que présentent les deux images est alors celui-ci :

La distance des deux étoiles est égale à la moitié du déplacement de la lentille.

Cette méthode comporte une très-grande précision; l'œil ne pouvant tolérer les plus petites erreurs, soit sur la distance, soit sur l'angle de position : ceci provient de ce que l'œil peut comparer séparément les distances Aa et A′a, A′a et A′a' qui doivent être égales entre elles. Une erreur sur la distance produirait les apparences suivantes :

et une erreur sur la position, l'apparence

2° *Méthode des distances inégales et du losange.* — Quand les étoiles sont plus éloignées, 30″ par exemple, il vaut mieux se servir de la méthode suivante. Pour déterminer l'angle de position, les images sont placées ainsi :

et, pour la mesure de la distance, on leur donne les positions suivantes :

La distance des deux étoiles est alors évidemment égale au déplacement de la lentille.

3° *Méthode de la demi-distance.* — Si la distance des deux étoiles est encore plus grande, on fait mouvoir la lentille jusqu'à placer l'image mobile d'une des étoiles au milieu de la distance qui sépare les images des deux étoiles données par la demi-lentille fixe; la distance est alors égale au double du déplacement de la lentille, et l'apparence est la suivante :

Quelle que soit la méthode employée, il faut toujours répéter la mesure en faisant mouvoir la demi-lentille mobile en sens inverse, et prendre la moyenne des valeurs ainsi obtenues.

On a fait quelquefois les mesures, en amenant en coïncidence l'image mobile de la petite étoile avec l'image fixe de la grande ou inversement; une pareille méthode n'offre évidemment qu'une exactitude bien moindre que les autres.

99. *Détermination des constantes.* — 1° *Zéro du cercle de position.* — Ce zéro correspond à la position de l'oculaire pour laquelle la ligne de séparation des deux images d'un même objet est dans le méridien céleste qui passe par cet objet. On le détermine comme il suit : la dernière lentille de l'oculaire (celle qui est la plus voisine de l'œil) est portée par un tube spécial T, qui glisse à frottement un peu dur dans le tube où sont encastrées les trois autres lentilles; en son foyer est tendu un fil, et le tube T peut être fixé dans deux positions marquées à l'avance et telles que dans l'une le fil ait la direction de la ligne de séparation des images, et dans l'autre une direction perpendiculaire.

Ceci posé, visons une étoile avec la lunette, et mettons en marche le mouvement d'horlogerie : puis, déplaçant successivement la vis micrométrique d'un grand nombre de tours en avant et en arrière, tournons avec la main le tube T jusqu'à ce que, pendant le déplacement de la vis, l'image mobile de l'étoile ne quitte pas le fil; la direction de ce dernier coïncidera alors avec la ligne de séparation des images. Arrêtons le mouvement d'horlogerie, et faisons tourner le cercle de position jusqu'à ce que, dans son mouvement à travers le champ, l'étoile reste constamment sous le fil. En diminuant ou augmentant de 90° la lecture du cercle de position, on aura la lecture qui correspond au point *zéro*.

2° *Valeur d'un tour de la vis.* — La ligne de section ayant été rendue parallèle au mouvement diurne, on donne au tube T la position où le fil est perpendiculaire à cette ligne. On vise alors une étoile avec la lunette, et en tournant la vis micrométrique on obtient deux images de l'astre qui passent successivement par le fil. L'intervalle de temps qui s'écoule entre leurs passages est converti en arc, le résultat multiplié par le cosinus de la déclinaison, et la comparaison du nombre ainsi obtenu avec le nombre de tours dont on a fait tourner la vis donne la valeur d'un tour de celle-ci.

100. *Coloration de l'image.* — *Achromatisme.* — Chacune des deux images d'un même objet est en réalité formée par une

moitié de l'objectif; elles ont donc toutes deux tous les défauts des images données par une moitié de lentille. Avec une lentille entière on peut, en choisissant convenablement la position de l'image, l'obtenir à peu près sans coloration. Mais dans les images séparées, fournies par les deux moitiés d'une lentille, une pareille compensation de couleurs ne peut exister dans une direction perpendiculaire au plan de section. Il se produit comme un déplacement latéral du foyer de chaque faisceau de rayons ayant un indice de réfraction déterminé. Aussi les deux images d'un objet seront-elles colorées sur la portion de leur contour qui est voisine de la perpendiculaire à la ligne de section (*).

Cette coloration des images peut causer quelque incertitude sur les mesures des angles de position, et faire différer les valeurs trouvées par différents observateurs. L'image d'une étoile n'est pas ronde, mais elle est allongée dans une direction perpendiculaire à la ligne de séparation des images. Il n'en résulte pas, il est vrai, d'incertitude sur l'estimation des distances, mais bien sur l'estime de la direction de la ligne de séparation des images.

Ces remarques prouvent que l'oculaire double est particulièrement propre à la mesure des distances entre les deux images d'un objet, mais qu'il n'est pas très-avantageux pour la détermination de leur angle de position, et que si l'on veut en faire un instrument commode et précis, la première condition à laquelle il doive satisfaire est d'être achromatique.

Cette question de l'achromatisme de l'oculaire double a été traitée par M. Airy (**). Entre les sept quantités (distances focales des quatre lentilles, distances qui les séparent l'une de l'autre), on obtient trois équations; il y a donc une infinité de formes différentes de solution. M. Airy en donne une qui est sujette à deux inconvénients : 1° elle diminue singulièrement l'étendue du champ; 2° elle exige une vis micrométrique, dont le

---

(*) Pour Jupiter, par exemple, l'une des images serait bleue en bas et rouge en haut; l'autre, au contraire, serait bleue en haut et rouge en bas. Mais les bords latéraux ne seront ni plus ni moins colorés que lorsque la demi-lentille mobile forme avec l'autre une lentille complète.

(**) *Memoirs of the Royal Society*, vol. XV, p. 199 et suiv.

pas ait une valeur considérable, et par suite peu précise. Depuis, M. Valz, de Marseille, a repris cette étude, et, en remplaçant la lentille convexe dont se servait M. Airy par une lentille concave, il évite les deux inconvéniens précédents, et de plus il rend presque insensible la distorsion des images que présente l'oculaire de M. Airy (*).

Remarque I. — Sur l'oculaire à double image, consulter :

Airy. — *Astronomical Observations made at the Royal Observatory Greenwich during the year* 1840 (Introduction, p. LXV et suiv.).

Kaiser. — *Investigations on Airy's double-image micrometer.* (*Memoirs of the R. A. Society*, vol. XXXIV, 1866.)

(*) *Monthly Notices of the R. A. Society*, vol. X, p. 160.

CHAPITRE IX.

CORRECTIONS DES OBSERVATIONS MICROMÉTRIQUES.

I. — Réfraction. — Formules générales.

101. *Influence de la réfraction sur la distance apparente de deux astres.* — Les observations micrométriques donnent toujours les différences apparentes d'ascension droite et de déclinaison, tantôt immédiatement, tantôt à l'aide d'un calcul. Si l'influence de la réfraction était la même sur les deux étoiles, la différence observée entre les lieux apparents, serait précisément égale à la différence des lieux vrais; mais comme l'effet de la réfraction change avec la hauteur de l'astre, il faut faire subir une correction aux observations micrométriques. Toutefois, dans le cas où les deux astres sont situés sur le même parallèle, les observations étant faites au même point du micromètre, c'est-à-dire à la même hauteur, la réfraction a la même influence sur chacune d'elles, et, par suite, cette correction est nulle (*).

Les Tables ordinaires de réfraction, par exemple celles qui sont publiées dans les *Tabulæ Regiomontanæ*, donnent la réfraction pour un état normal de l'atmosphère (c'est-à-dire pour un état déterminé du baromètre et du thermomètre), sous la forme

$$\alpha \tan z,$$

où z désigne la distance zénitale apparente, et α un facteur variable avec cette distance zénithale, qui, pour $z = 45^\circ$, est égal à $57'',682$, et qui diminue quand la distance zénithale augmente, de sorte que, pour $z = 85^\circ$, il n'est plus que $51'',310$. A l'aide

(*) Cette remarque ne s'applique point aux micromètres qui donnent directement les distances et les angles de position.

de ces tables on peut aisément en calculer d'autres dont l'argument soit la distance zénithale vraie ζ, et d'où l'on obtienne la réfraction sous la forme

$$\rho = \beta \tang \zeta,$$

β étant fonction de ζ; on a donc

$$\zeta = z + \beta \tang \zeta, \quad \zeta' = z' + \beta' \tang \zeta'.$$

Des tables de ce genre ont été calculées par Bessel; on les trouvera dans les *Astronomiche Untersuchungen*, vol. I.

Soient maintenant :

z et z' les distances zénithales apparentes des deux étoiles au moment de l'observation,

g' et $180^\circ - g$ les angles opposés aux côtés z et z' dans le triangle formé par le zénith et les deux étoiles,

D la distance apparente,

a la différence des azimuts.

Nous aurons les relations approchées

$$D \sin \tfrac{1}{2}(g' + g) = a \sin \tfrac{1}{2}(z' + z),$$
$$D \cos \tfrac{1}{2}(g' + g) = z' - z;$$

ou en simplifiant l'écriture

$$D \sin g_0 = a \sin z_0,$$
$$D \cos g_0 = z' - z.$$

Le triangle formé par le zénith et les lieux vrais des étoiles donnera de même, en représentant par des lettres grecques les quantités analogues,

$$\Delta \sin \gamma_0 = a \sin \zeta_0,$$
$$\Delta \cos \gamma_0 = \zeta' - \zeta.$$

On en déduit

$$\Delta \sin \gamma_0 = D \sin g_0 \frac{\sin \zeta_0}{\sin z_0} = (1 + \beta_0) D \sin g_0,$$

$$\Delta \cos \gamma_0 = D \cos g_0 \frac{\zeta' - \zeta}{z' - z} = \frac{d\zeta}{dz} D \cos g_0,$$

β_0 étant la valeur de β correspondante à la distance zénithale

$$\zeta_0 = \tfrac{1}{2}(\zeta + \zeta')$$

et déduite de l'équation

$$\rho_0 = \beta_0 \operatorname{tang} \zeta_0.$$

De ces équations on tire facilement

$$\gamma_0 = g_0 - \left(\frac{d\zeta}{dz} - \beta_0 - 1\right) \sin g_0 \cos g_0,$$

$$\Delta = D + \left[\beta_0 + \left(\frac{d\zeta}{dz} - \beta_0 - 1\right) \cos^2 g_0\right] D.$$

Mais de l'équation

$$\zeta = z + \beta \operatorname{tang} \zeta,$$

on déduit

$$\frac{dz}{d\zeta} = 1 - \frac{1}{\cos^2 \zeta}\left(\beta + \frac{1}{2}\frac{d\beta}{d\zeta} \sin 2\zeta\right);$$

et si l'on pose

$$(a) \qquad c = \frac{1}{\cos^2 \zeta}\left(\beta + \frac{1}{2}\frac{d\beta}{d\zeta} \sin 2\zeta\right),$$

il vient

$$(b) \qquad \frac{d\zeta}{dz} - 1 - \beta = \frac{1}{1 - c} - 1 - \beta.$$

Cette expression est, comme on le voit aisément, sensiblement proportionnelle à $\operatorname{tang}^2 \zeta$; par conséquent, en posant

$$(c) \qquad \frac{d\zeta}{dz} - 1 - \beta = K \operatorname{tang}^2 \zeta,$$

les formules précédentes en γ_0 et Δ deviendront

$$(1) \qquad \begin{cases} \gamma = g - K \sin g \cos g \operatorname{tang}^2 \zeta, \\ \Delta = D + D(\beta + K \cos^2 g \operatorname{tang}^2 \zeta). \end{cases}$$

Ces formules donnent les corrections qu'il faut apporter à la distance apparente de deux étoiles et à l'angle g que le grand cercle passant par les deux étoiles fait avec le cercle vertical pour les débarrasser de l'influence de la réfraction. La quantité K peut être facilement calculée à l'aide des formules (*a*), (*b*) et (*c*), et ses valeurs être converties en tables ayant pour argument la distance zénithale vraie. Ce travail a été fait par Bessel; on en trouvera les résultats dans les *Astronomiche Untersuchungen*, vol. I, p. 198 (*), ouvrage qui contient, en outre, les variations de K correspondantes à des variations données dans la hauteur du baromètre et du thermomètre.

102. *Calcul de* ζ_0. — Pour obtenir la valeur de K, on a besoin de connaître la distance zénithale vraie ζ_0. Mais, puisque l'on sait toujours, au moins approximativement, quelles sont les ascensions droites et les déclinaisons des deux étoiles, on obtiendra assez exactement la valeur de ζ_0 en la calculant à l'aide de la moyenne arithmétique de leurs ascensions droites ainsi que de leurs déclinaisons, et de la latitude connue du lieu d'observation. Comme il faut en même temps la valeur de l'angle parallactique, il sera commode de se servir, pour ce calcul, des formules suivantes :

$$(\beta)\quad \left\{\begin{aligned} \sin\zeta\,\sin\eta &= \cos\varphi\,\sin t_0,\\ \sin\zeta\,\cos\eta &= \sin\varphi\,\cos\delta_0 - \cos\varphi\,\sin\delta_0\cos t_0,\\ \cos\zeta &= \sin\varphi\,\sin\delta_0 + \cos\varphi\,\cos\delta_0\cos t_0, \end{aligned}\right.$$

où η représente l'angle parallactique. Posons maintenant,

$$\begin{aligned} \cos n &= \cos\varphi\,\sin t_0,\\ \sin N\,\sin n &= \cos\varphi\,\cos t_0,\\ \cos N\,\sin n &= \sin\varphi, \end{aligned}$$

nous aurons

$$\begin{aligned} \sin\zeta\,\sin\eta &= \cos n,\\ \sin\zeta\,\cos\eta &= \sin n\,\cos(N + \delta_0),\\ \cos\zeta &= \sin n\,\sin(N + \delta_0); \end{aligned}$$

ou bien

$$(2)\quad \left\{\begin{aligned} \operatorname{tang}\zeta\,\sin\eta &= \cot n\,.\,\operatorname{cos\acute{e}c}(N + \delta_0),\\ \operatorname{tang}\zeta\,\cos\eta &= \cot(N + \delta_0). \end{aligned}\right.$$

(*) *Voir* aussi à ce sujet : Bessel, *Uber die correction wegen der Strahlenbrechung bei Mikrometerbeobachtungen* (*Astronomische Nachrichten*, vol. III).

Les grandeurs N et $\cot \eta$ peuvent, pour une latitude déterminée, être réduites en tables ayant pour argument l'angle horaire t. Si l'on a à sa disposition les tables dont nous avons déjà parlé (*Astronomie sphérique*, n° 35), on pourra s'en servir pour trouver la distance zénithale et l'angle parallactique. La relation entre les formules précédentes et celles qui ont servi à l'établissement des tables que nous venons d'indiquer est facile à établir.

II. — APPLICATION AUX DIFFÉRENTS MICROMÈTRES.

103. *Micromètres au moyen desquels on mesure la distance et les angles de position.* — L'angle de position observé p est la somme de deux angles ayant pour sommet le lieu apparent du milieu M des deux étoiles, savoir : l'angle parallactique e et l'angle g que le grand cercle mené par les deux étoiles fait avec le cercle vertical; on a donc

$$p = e + g.$$

L'angle de position vrai ϖ est de même la somme de deux angles analogues ayant pour sommet le lieu vrai du point M, et l'on a

$$\varpi = \eta + \gamma.$$

D'un autre côté, on a aussi

$$e = \eta - \frac{d\eta}{d\zeta}\beta \operatorname{tang}\zeta = \eta + \beta \sin\eta \operatorname{tang}\delta \operatorname{tang}\zeta,$$

$$g = p - e = p - \eta - \beta \sin\eta \operatorname{tang}\delta \operatorname{tang}\zeta.$$

Il faut introduire cette valeur dans les équations (1) du n° 101; mais, au lieu de la substituer tout entière dans les termes des équations (1) qui contiennent K en facteur, on peut se contenter d'y substituer son premier terme. On aura donc, puisque $\gamma = \varpi - \eta$,

$$(3)\quad \begin{cases} \varpi = p - \beta \sin\eta \operatorname{tang}\delta \operatorname{tang}\zeta - K \sin(p-\eta)\cos(p-\eta)\operatorname{tang}^2\zeta, \\ \Delta = D + D(\beta + K\cos^2(p-\eta)\operatorname{tang}^2\zeta), \end{cases}$$

formules au moyen desquelles on pourra obtenir les distances zénithales et les angles de position vrais, au moyen des distances et des angles de position apparents. En outre, sauf le cas où ζ

serait très-grand, on pourrait poser

$$\beta = K;$$

les formules précédentes deviendraient alors

$$\varpi = p - K \sin n \operatorname{tang} \delta \operatorname{tang} \zeta - K \sin(p - n) \cos(p - n) \operatorname{tang}^2 \zeta,$$
$$\Delta = D + KD[1 + \cos^2(p - n) \operatorname{tang}^2 \zeta].$$

Dans ce genre d'observations, on a coutume de déterminer le zéro du cercle de position comme il suit : ayant bissecté une étoile avec un fil on fait tourner le cercle jusqu'à ce que la direction du fil et celle du mouvement de l'étoile coïncident; mais, de cette manière, on ne détermine que la direction du parallèle apparent, direction qu'il faut corriger aussi de l'influence de la réfraction. Pour obtenir la valeur de cette correction, on fera $p = 90°$ dans la formule relative à ϖ, ce qui donnera pour expression de la correction

$$- K \operatorname{tang}^2 \zeta \sin n \cos n - \beta \operatorname{tang} \zeta \sin n \operatorname{tang} \delta \quad (*).$$

En la retranchant de la valeur trouvée précédemment, on aura l'expression complète de la correction de l'angle de position; on obtient ainsi

$$\varpi = p - K \operatorname{tang}^2 \zeta \sin(p - n) \cos(p - n) + K \operatorname{tang}^2 \zeta \sin n \cos n.$$

104. A l'aide des formules (3), on peut aisément obtenir celles qui donnent les corrections nécessaires à la transformation des différences apparentes d'ascension droite et de déclinaison en différences vraies.

En effet, les grandeurs apparentes sont liées par les relations

$$D \sin p = (\alpha' - \alpha) \cos \delta,$$
$$D \cos p = \delta' - \delta;$$

(*) Cette expression peut encore se mettre sous la forme simple

$$- \tfrac{1}{2} K \frac{\sin 2\varphi \sin t}{\cos^2 \zeta \cos \delta};$$

elle doit être appliquée avec son signe, si la graduation croît sur le cercle de position dans le même sens que les angles de position.

et les grandeurs vraies par les relations analogues

$$\Delta \sin \varpi = (\alpha'_1 - \alpha_1) \cos \delta,$$
$$\Delta \cos \varpi = \delta'_1 - \delta_1.$$

On a donc

$$d(\alpha' - \alpha) = \sin p \sec \delta . d\mathrm{D} + \mathrm{D} . \sec \delta \cos p . dp + (\alpha' - \alpha) \operatorname{tang} \delta . d\delta,$$

ou, puisque $d\delta = -\beta \operatorname{tang} \zeta \cos \eta$,

$$\begin{aligned} d(\alpha' - \alpha) &= \sin p \sec \delta . d\mathrm{D} + \mathrm{D} . \sec \delta \cos p . dp \\ &\quad - \beta(\alpha' - \alpha) \operatorname{tang} \delta \operatorname{tang} \zeta \cos \eta \quad (*), \\ d(\delta' - \delta) &= \cos p . d\mathrm{D} - \mathrm{D} . \sin p . dp. \end{aligned}$$

Substituons dans ces formules les valeurs de $d\mathrm{D}$ et dp tirées des équations (3), nous aurons

$$(4) \left\{ \begin{aligned} d(\alpha' - \alpha) &= \mathrm{K} . \Delta . \sec \delta \operatorname{tang}^2 \zeta \cos(p - \eta) \sin \eta \\ &\quad + \beta . \Delta \sec \delta (\sin p - \operatorname{tang} \zeta \operatorname{tang} \delta \sin \eta \cos p) \\ &\quad - \beta \operatorname{tang} \zeta \cos \eta \operatorname{tang} \delta . (\alpha' - \alpha), \\ d(\delta' - \delta) &= \mathrm{K} . \Delta . \operatorname{tang}^2 \zeta \cos(p - \eta) \cos \eta \\ &\quad + \beta . \Delta . (\cos p + \operatorname{tang} \zeta \operatorname{tang} \delta \sin \eta \sin p). \end{aligned} \right.$$

En faisant dans ces expressions $p = 90°$, et par suite

$$\Delta . \sec \delta = \alpha' - \alpha = -(t' - t),$$

nous obtiendrons

$$d(\alpha' - \alpha) = -(\mathrm{K} \operatorname{tang}^2 \zeta \sin^2 \eta + \beta - \beta \operatorname{tang} \zeta \cos \eta \operatorname{tang} \delta)(t' - t),$$
$$d(\delta' - \delta) = -(\mathrm{K} \operatorname{tang}^2 \zeta \sin \eta \cos \eta \cos \delta + \beta \operatorname{tang} \zeta \sin \eta \sin \delta)(t' - t).$$

Ces formules donnent les corrections qu'il faut apporter aux différences d'ascension droite et de déclinaison de deux étoiles,

(*) Si, avec les distances et les angles de position apparents, on avait calculé les différences d'ascension droite et de déclinaison sans tenir compte de la réfraction, et qu'on veuille corriger de l'effet de la réfraction les grandeurs ainsi obtenues, il faudrait négliger dans cette formule les termes en β, puisque alors on se serait servi, pour la transformation, des formules

$$\mathrm{D} \sin p = (\alpha' - \alpha) \cos \delta,$$
$$\mathrm{D} \cos p = \delta' - \delta.$$

dont les angles horaires diffèrent de $(t'-t)$, dans le cas où la différence de leurs déclinaisons est nulle, c'est-à-dire où les deux étoiles sont sur le même parallèle. Les expressions de $d(\alpha'-\alpha)$ et de $d(\delta'-\delta)$, prises en signe contraire, sont donc les variations qu'éprouvent l'ascension droite et la déclinaison apparente d'une étoile pendant le temps, qu'en vertu du mouvement diurne, elle met à parcourir l'angle horaire $t'-t$, et les coefficients de $t'-t$ sont les variations de l'ascension droite et de la déclinaison apparente d'une étoile pour une variation de l'angle horaire égale à une seconde d'arc. Soient h et h' les variations pendant une seconde de temps, on a

$$(5)\quad \begin{cases} h = 15(\mathrm{K}\,\mathrm{tang}^2\zeta\sin^2\eta + \beta - \beta\,\mathrm{tang}\,\zeta\cos\eta\,\mathrm{tang}\,\delta), \\ h' = 15(\mathrm{K}\,\mathrm{tang}^2\zeta\sin\eta\cos\eta\cos\delta + \beta\,\mathrm{tang}\,\zeta\sin\eta\sin\delta). \end{cases}$$

105. *Micromètres avec lesquels on détermine les différences d'ascension droite par les passages à un fil normal à la direction du mouvement diurne, et les différences de déclinaison par une mesure immédiate.* — Dans les observations de ce genre, l'influence de la réfraction n'entre en considération qu'au moment où les deux étoiles sont dans le même cercle horaire ; on doit donc considérer la différence des réfractions comme dépendant seulement de la différence des ascensions droites.

Pour avoir les formules relatives à ce cas, il suffit de supposer que les deux étoiles soit réellement dans le même cercle horaire ; on aura alors $p=0$, et la distance D sera la différence $\delta'-\delta$ des déclinaisons ; il faudra donc introduire dans les formnles (4) les valeurs

$$\mathrm{D}\sin p = 0,\quad \mathrm{D}\cos p = \delta'-\delta,\quad \alpha'-\alpha = 0,$$

de plus, on supposera

$$\beta = \mathrm{K};$$

on aura ainsi

$$d(\alpha'-\alpha) = \mathrm{K}(\delta'-\delta)(\mathrm{tang}^2\zeta\sin\eta\cos\eta - \mathrm{tang}\,\zeta\sin\eta\,\mathrm{tang}\,\delta)\,\mathrm{s\acute{e}c}\,\delta,$$
$$d(\delta'-\delta) = \mathrm{K}(\delta'-\delta)(\mathrm{tang}^2\eta\cos^2\eta + 1).$$

Ces formules s'expriment plus commodément au moyen des quantités auxiliaires $\cot n$ et N employées plus haut [n° 102, équation (2)]; on a ainsi

$$d(\alpha' - \alpha) = K \frac{\cot n \cos(N + 2\delta)}{\sin^2(N + \delta)\cos^2\delta}(\delta' - \delta),$$

$$d(\delta' - \delta) = K \frac{1}{\sin^2(N + \delta)}(\delta' - \delta).$$

Rien ne sera plus facile, connaissant les valeurs de K, N et $\cot n$ (*voir* n° 102), de réduire en tables les expressions précédentes. On aura ainsi, pour une valeur donnée de $\delta' - \delta$, 10′ par exemple, et pour un lieu déterminé, les corrections qu'il faut apporter aux differences données directement par le micromètre à fils. Dans chaque cas, on multipliera les nombres tirés des tables par le rapport à 10′ de la différence réelle de déclinaison des deux astres, exprimée en minutes et fractions de minute.

Au voisinage de l'horizon, les expressions précédentes varient trop pour que l'interpolation soit permise, et que, par suite, la construction de tables soit possible. On calcule alors les corrections directement, au moyen des formules elles-mêmes.

105. *Micromètre circulaire.* — Si, pendant le passage des étoiles à travers le micromètre circulaire, la réfraction ne changeait pas, chaque étoile décrirait dans le champ de la lunette une corde parallèle à l'équateur, et les différences d'ascension droite et de déclinaison, calculées au moyen des entrées et des sorties observées, devraient simplement être corrigées de la différence des réfractions, au moment du passage des étoiles dans le même cercle horaire, celui du centre de l'anneau. On aurait alors, comme pour le micromètre précédent,

$$(a)\left\{\begin{aligned} d(\alpha' - \alpha) &= K(\delta' - \delta)(\tan^2\zeta \sin\eta \cos\eta - \tan\zeta \sin\eta \tan\delta)\sec\delta, \\ d(\delta' - \delta) &= K(\delta' - \delta)(\tan^2\zeta \cos^2\eta + 1). \end{aligned}\right.$$

Mais, comme en réalité la réfraction varie pendant la durée du passage de l'étoile dans le champ du micromètre, le résultat est le même que si les étoiles avaient un mouvement propre en ascension droite et en déclinaison. Désignons par h et h' les variations de l'ascension droite et de la déclinaison d'une étoile en une seconde de temps; aux valeurs calculées, d'après les observations, pour le temps du passage par le cercle horaire du centre et pour la différence de déclinaison de l'étoile et du centre, il faudra, ainsi que nous l'avons vu au n° 87, ajouter les corrections suivantes :

$$d\tfrac{1}{2}(t+t') = + \frac{\delta - D}{\cos^2\delta}\frac{h'}{15}, \quad d(\delta - D) = + \frac{\mu^2}{\delta - D}\frac{h}{15},$$

où D est la déclinaison du centre de l'anneau, et μ la demi-corde est donnée par l'équation

$$\mu^2 = r^2 - (\delta - D)^2.$$

En outre, puisque, dans le calcul de la formule

$$\mu = \frac{15}{2}(t' - t)\cos\delta,$$

on a pris pour valeur de δ la déclinaison vraie, tandis qu'on aurait dû employer la déclinaison apparente, il en résulte qu'il faut, dans le calcul préliminaire, corriger μ de la quantité

$$-\mu \operatorname{tang}\delta . \beta \operatorname{tang}\zeta \cos\eta;$$

ou, en d'autres termes, si l'on a calculé la différence de déclinaison de l'étoile et du centre sans tenir compte de la réfraction, il faudra, au nombre ainsi trouvé, ajouter la correction

$$+ \frac{\mu^2}{\delta - D}\beta \operatorname{tang}\delta \operatorname{tang}\zeta \cos\eta,$$

de telle sorte que la correction complète est

$$d\tfrac{1}{2}(t+t') = + \frac{(\delta - D)}{\cos^2\delta}\frac{h'}{15},$$

$$d(\delta - D) = + \frac{\mu^2}{\delta - D}\left(\frac{h}{15} + \beta \operatorname{tang}\delta \operatorname{tang}\zeta \cos\eta\right).$$

On obtiendrait les corrections analogues pour la seconde étoile en remplaçant, dans les expressions précédentes, h, h', δ, β, ζ et η par les quantités analogues caractérisant la seconde étoile; et si, dans les deux cas, on remplace, dans les coefficients de $(\delta - D)$ et $\frac{\mu^2}{(\delta - D)}$, les grandeurs correspondantes à chaque étoile par les quantités analogues correspondantes au milieu de l'arc qui les joint, on aura, pour correction des différences d'ascension droite et de déclinaison,

$$d(\alpha' - \alpha) = \frac{\delta' - \delta}{\cos^2\delta} \frac{h'}{15},$$

$$d(\delta' - \delta) = \left[\frac{\mu'^2}{(\delta' - D)^2} - \frac{\mu^2}{(\delta - D)^2}\right]\left(\frac{h}{15} + \beta \operatorname{tang}\delta \operatorname{tang}\zeta \cos\eta\right)$$

$$= -\left[\frac{r^2(\delta' - \delta)}{(\delta - D)(\delta' - D)} + \delta' - \delta\right]\left(\frac{h}{15} + \beta \operatorname{tang}\delta \operatorname{tang}\zeta \cos\eta\right).$$

Substituons maintenant ici les valeurs de h et de h' tirées des équations (5) du n° 104, et supposons $\beta = K$, nous aurons

$$d(\alpha' - \alpha) = + K(\delta' - \delta)(\operatorname{tang}^2\zeta \sin\eta \cos\eta + \operatorname{tang}\zeta \sin\eta \operatorname{tang}\delta),$$

$$d(\delta' - \delta) = - K(\delta' - \delta)(\operatorname{tang}^2\zeta \sin^2\eta + 1)$$

$$- K(\delta' - \delta)\frac{r^2}{(\delta - D)(\delta' - D)}(\operatorname{tang}^2\zeta \sin^2\eta + 1).$$

En combinant ces corrections avec celles que nous avons déjà trouvées, et qui se déduisent des équations (a), nous aurons pour expressions complètes des corrections qu'il faut apporter aux différences d'ascension droite et de déclinaison, calculées à l'aide des observations micrométriques sans tenir compte de la réfraction,

$$(A)\quad \begin{cases} d(\alpha' - \alpha) = K(\delta' - \delta) \operatorname{tang}^2\zeta \sin 2\eta \operatorname{séc}\delta, \\ d(\delta' - \delta) = K(\delta' - \delta) \operatorname{tang}^2\zeta \cos 2\eta \\ \qquad\qquad - K(\delta' - \delta)\dfrac{r^2}{(\delta' - D)(\delta - D)}(\operatorname{tang}^2\zeta \sin^2\eta + 1). \end{cases}$$

Exemple. — Le 9 septembre 1849, à l'Observatoire de Bilk, on a comparé la planète Métis avec une étoile dont le lieu apparent était

$$\alpha = 22^h\, 1^m\, 56^s{,}63, \quad \delta = -21^\circ 43' 27'',08.$$

A $23^h 23^m 19^s,3$ de temps sidéral, l'observation a donné

$$\alpha'-\alpha = +1^m 9^s,65 \qquad \delta'-D = -5'17'',5,$$
$$= +17'24'',75, \quad \delta - D = +6'34'',2;$$

il en résulte

$$\delta'-\delta = -11'51'',7;$$

d'autre part on avait

$$r = 9'26'',9.$$

Avec les valeurs

$$t_0 = 1^h 20^m 45^s = 20^\circ 11', \quad \delta_0 = -21^\circ 49', \quad \varphi = 51^\circ 12',5,$$

calculons ζ et η, nous obtenons

$$\cot n = \bar{1},34516, \quad N = 37^\circ 1',9,$$

et

$$\eta = 12^\circ 55',3, \quad \zeta = 75^\circ 9',6;$$

pour cette distance zénithale, les Tables donnent

$$\log K = \bar{4},2114,$$

et, par suite, le calcul de la correction de réfraction se fera d'après les formules (A), comme il suit :

$\log K$	$= \bar{4},4214$	$\log \sin 2\eta$	$= \bar{1},6394$
$\log(\delta'-\delta)$ ..	$= 2,8523_n$		$0,4273_n$
$\log \tan^2\zeta$ ...	$= 1,1536$	$\log \cos 2\eta$	$= \bar{1},9542$
	$0,4273_n$	1er terme $\Delta(\delta'-\delta)$ ..	$= -2'',41$
$\log \sin^2\eta$	$= \bar{2},6990$		
	$0,0667_n$	$\log(\tan^2\zeta \sin^2\eta + 1)$.	$= 0,2335$
$\log \cos\delta$	$= \bar{1},9677$	$\log r^2$	$= 5,5061$
$\Delta(\alpha'-\alpha)$ ...	$= -1'',25$	$\log K(\delta'-\delta)$	$= \bar{1},2737_n$
			$5,0133_n$
		$\log(\delta-D)(\delta'-D)$.	$= 5,0975_n$
		2e terme $\Delta(\delta'-\delta)$ ..	$+0'',82$

$$\Delta(\alpha'-\alpha) = -1'',25, \quad \Delta(\delta'-\delta) = -3'',23;$$

par conséquent, les différences d'ascension droite et de déclinaison corrigées de la réfraction sont

$$\alpha' - \alpha = +17'23'',50, \quad \delta' - \delta = -11'54'',93.$$

Remarque. — Sur les corrections des observations micrométriques, consulter :

YVON VILLARCEAU. — *Observations faites à l'Équatorial de Gambey en 1857* (*Annales de l'Observatoire de Paris*, t. XIII, p. 60 et suiv.).

M. LOEWY. — *Instruction sur l'emploi de l'Équatorial et méthode de réduction* (*Annales de l'Observatoire de Paris*, t. XXIII, p. C.16 et suiv.).

III. — INFLUENCE DE LA PRÉCESSION, DE LA NUTATION, DE L'ABERRATION SUR L'ANGLE DE POSITION ET LA DISTANCE DE DEUX ÉTOILES.

106. *Formules générales.* — La précession lunisolaire change la position des cercles de déclinaison, et, par suite, l'angle de position d'une étoile par rapport à une autre. Le triangle sphérique formé par le pôle de l'écliptique, celui de l'équateur et l'étoile, donne, pour la variation de l'angle η que le cercle de latitude fait avec le cercle de déclinaison de l'étoile [*Astronomie sphérique*, n° 9, et 3e des équations (11), n° 39],

$$d\eta \cos\delta = -d\lambda \sin\varepsilon \sin\alpha + d\varepsilon \cos\alpha;$$

car ici $dB = 0$, puisque la latitude de l'étoile n'est pas altérée par la précession lunisolaire et par la nutation.

La somme de l'angle η et de l'angle de position p d'une autre étoile rapportée à la première est égale à l'angle que le cercle de latitude fait avec le grand cercle qui joint les positions des deux étoiles; et puisque ni la nutation ni la précession n'ont d'influence sur celui-ci, les variations de p et de η sont égales, mais de signes contraires, et l'on a

$$(a) \qquad dp \cos\delta = d\lambda \sin\varepsilon \sin\alpha - d\varepsilon \cos\alpha.$$

Comme la précession lunisolaire ne change pas l'obliquité de l'écliptique, on a, pour la variation annuelle de l'angle de position par l'effet de la précession,

$$\frac{dp}{dt}\cos\delta = \sin\alpha \sin\varepsilon \frac{d\lambda}{dt},$$

ou, pour la variation annuelle de p,

$$\frac{dp}{dt} = n \sin\alpha \operatorname{séc}\delta,$$

où

$$n = 20'',06442 - 0'',0000970204 . t.$$

Si cette formule doit servir à calculer la variation pour un long espace de temps, il faut déterminer les valeurs de n, α et δ correspondantes au milieu de cet intervalle, et multiplier par l'intervalle lui-même la valeur de $\frac{dp}{dt}$, qu'elles ont servi à obtenir.

Pour trouver les variations produites par la nutation, nous remplacerons, dans (a), $d\lambda$ et $d\varepsilon$ par leurs valeurs (*Astronomie sphérique*, n° 61), en négligeant toutefois les petits termes; et nous aurons, pour la variation complète de p due à la précession et à la nutation,

$$\begin{aligned} dp = &+ 20'',0644 \sin\alpha \operatorname{séc}\delta \\ &+ (-6'',8650 \sin\Omega + 0'',0825 \sin 2\Omega - 0'',5054 \sin 2\odot) \\ &\times \sin\alpha \operatorname{séc}\delta - (9'',2231 \cos\Omega - 0'',0897 \cos 2\Omega \\ &+ 0'',5509 \cos 2\odot) \cos\alpha \operatorname{séc}\delta, \end{aligned}$$

ou, en se servant des notations ordinaires (*Astronomie sphérique*, n° 87),

$$dp = \mathrm{A}n \sin\alpha \operatorname{séc}\delta + \mathrm{B} \cos\alpha \operatorname{séc}\delta,$$

formule qui donne la différence entre l'angle de position changé par la précession et la nutation, et l'angle de position rapporté à l'équinoxe moyen et l'équateur moyen au commencement de l'année.

Pour trouver l'influence de l'aberration sur la distance et l'angle de position de deux étoiles, rappelons-nous que l'on a représenté (*Astronomie sphérique*, n° 87)

par $\mathrm{C}c + \mathrm{D}d$ l'aberration en ascension droite,
par $\mathrm{C}c' + \mathrm{D}d'$ l'aberration en déclinaison,

où

$$\mathrm{C} = -20'',445 \cos\varepsilon \cos\odot, \qquad \mathrm{D} = -20'',445 \sin\odot,$$
$$c = \operatorname{séc}\delta \cos\alpha, \qquad c' = \operatorname{tang}\varepsilon \cos\delta - \sin\delta \sin\alpha,$$
$$d = \operatorname{séc}\delta \sin\alpha, \qquad d' = \sin\delta \cos\alpha.$$

Soient maintenant λ et ν les différences d'ascension droite et de déclinaison des deux étoiles : les variations apportées à ces différences par l'effet de l'aberration, variations égales à la différence d'aberration des deux étoiles, sont données par les équations

$$\Delta\lambda = C\Delta c + D\Delta d,$$
$$\Delta\nu = C\Delta c' + D\Delta d',$$

où

$$\Delta c = -\lambda \operatorname{s\acute{e}c}\delta \sin\alpha + \nu \operatorname{s\acute{e}c}\delta \operatorname{tang}\delta \cos\alpha,$$
$$\Delta d = +\lambda \operatorname{s\acute{e}c}\delta \cos\alpha + \nu \operatorname{s\acute{e}c}\delta \operatorname{tang}\delta \sin\alpha,$$
$$\Delta c' = -\lambda \sin\delta \cos\alpha - \nu(\operatorname{tang}\varepsilon \sin\delta + \cos\delta \sin\alpha),$$
$$\Delta d' = -\lambda \sin\delta \sin\alpha + \nu \cos\delta \cos\alpha.$$

On aura donc, en introduisant ces valeurs dans les formules précédentes,

$$\Delta\lambda.\cos\delta = -C(\lambda \sin\alpha - \nu \operatorname{tang}\delta \cos\alpha) + D(\lambda\cos\alpha + \nu \operatorname{tang}\delta \sin\alpha),$$
$$\Delta\nu = -C[\lambda \sin\delta \cos\alpha + \nu(\operatorname{tang}\varepsilon \sin\delta + \cos\delta \sin\alpha)]$$
$$- D(\lambda \sin\delta \sin\alpha - \nu \cos\delta \cos\alpha).$$

D'ailleurs, en désignant par s et P la distance et l'angle de position, on a

$$s.\sin P = \lambda \cos\delta,$$
$$s.\cos P = \nu,$$

d'où

$$s^2 = \lambda^2 \cos^2\delta + \nu^2, \quad \operatorname{tang} P = \frac{\lambda \cos\delta}{\nu},$$

et, par conséquent,

$$s\Delta s = \lambda \cos^2\delta.\Delta\lambda + \nu\Delta\nu - (Cc' + Dd')\lambda^2 \cos\delta \sin\delta.$$

Substituons, dans cette expression, les valeurs trouvées pour $\Delta\lambda$ et $\Delta\nu$, ainsi que les valeurs de c' et de d', nous aurons, après une réduction bien simple,

$$s\Delta s = (\lambda^2 \cos^2\delta + \nu^2)[-C(\operatorname{tang}\varepsilon \sin\delta + \cos\delta \sin\alpha) + D \cos\delta \cos\alpha],$$

ou bien

$$\Delta s = -Cs(\operatorname{tang}\varepsilon \sin\delta + \cos\delta \sin\alpha) + Ds \cos\delta \cos\alpha.$$

D'ailleurs

$$s^2 dP = \nu \cos\delta . \Delta\lambda - \lambda \cos\delta . \Delta\nu - \lambda\nu \sin\delta (Cc' + Dd'),$$

ce qui donne, après substitution des valeurs de $\Delta\lambda$, $\Delta\nu$, c' et d',

$$dP = C \operatorname{tang}\delta \cos\alpha + D \operatorname{tang}\delta \sin\alpha.$$

Enfin introduisons dans ces expressions les notations suivantes :

$$a' = \frac{n \operatorname{séc}\delta \sin\alpha}{60}, \quad b' = \frac{\operatorname{séc}\delta \cos\alpha}{60},$$

$$c' = \frac{\operatorname{tang}\delta \cos\alpha}{60}, \quad d' = \frac{\operatorname{tang}\delta \sin\alpha}{60},$$

$$c = \frac{s}{\omega}(\operatorname{tang}\varepsilon \sin\delta + \cos\delta \sin\alpha), \quad d = \frac{s}{\omega} \cos\delta \cos\alpha,$$

où les facteurs $\frac{1}{60}$ et $\frac{1}{\omega} = \frac{1}{206\,265}$ ont été ajoutés pour obtenir, en minutes et secondes d'arc, les corrections de la distance et de l'angle de position ; nous aurons alors

la distance observée..... = la distance vraie + $cC + dD$,

l'angle de position observé = l'angle vrai au commencement de l'année + $a'A + b'B + c'C + d'D$.

Puisque c, d, c' et d' sont indépendants de l'angle de position, l'aberration fait varier dans le même rapport toutes les distances quelles que soient leurs directions, et change tous les angles de position de la même quantité.

Par conséquent, si, autour d'une étoile donnée, nous imagi-nons comme une couronne d'autres étoiles placées sur une circonférence de petit cercle ayant la première pour centre, l'aberration aura pour effet d'augmenter ou de diminuer le rayon de ce cercle, et en même temps de le faire tourner d'un petit angle autour de son centre, mais il conservera toujours la forme circulaire, et les rayons dirigés vers les diverses étoiles feront toujours entre eux les mêmes angles.

APPENDICE.

NOTES ET TABLES.

NOTES.

NOTE I.

SUR L'ÉQUATION PERSONNELLE,

par C. WOLF.

Lorsque l'on compare les déterminations faites par différents observateurs de l'instant d'un phénomène astronomique, passage d'une étoile derrière les fils de la lunette, occultation d'un astre par la Lune, ou bien les pointés de la mire méridienne, des traits d'un cercle gradué, on reconnaît qu'après l'élimination des erreurs accidentelles, les nombres obtenus diffèrent généralement entre eux; cette différence ne peut être attribuée qu'à une influence propre à chaque observateur, et porte pour cette raison le nom de *différence d'équation personnelle*.

Signalée pour la première fois par Maskelyne en 1795, la différence d'estime du temps des passages par deux observateurs fut étudiée par Bessel avec un très grand soin (*). Depuis cette époque, les astronomes ont pris l'habitude indispensable de tenir compte de cette différence d'équation personnelle dans tous les travaux qui nécessitent la comparaison des observations de passage faites par plusieurs observateurs. De là une grande quantité de matériaux relatifs à l'étude de cette différence, sur l'historique desquels le lecteur consultera avec fruit une Notice de M. Radau insérée dans le *Moniteur scientifique de Quesneville*, n[os] du 15 novembre 1865 et suivants.

(*) *Astronomische Beobachtungen auf der königlichen Universitats-Sternwarte zu Königsberg;* abtheilung VIII.

Plus tard, on reconnut des différences analogues dans les pointés faits sous le microscope des traits d'une règle ou d'un cercle divisé, dans les observations du nadir et de la mire méridienne, et dans les observations d'une étoile ou du bord d'un astre entre deux fils ou sous un fil. Ces différences, beaucoup plus petites en général que les premières, ont nécessairement une origine différente, puisque, dans ce dernier cas, les deux objets dont on détermine la position relative sont immobiles, tandis que dans le premier l'un des deux au moins est en mouvement. Nous étudierons successivement l'équation personnelle dans les observations de passages, et l'équation personnelle dans les pointés fixes.

I. — *Équation personnelle dans les observations de passages.*

a. Détermination des différences d'équation personnelle. — Les différences d'équations personnelles dans les observations de passages se déterminent par plusieurs procédés.

1° S'il s'agit de plusieurs observateurs ayant fait successivement des séries d'observations de passages à une même lunette méridienne et sur la même pendule, les différences des corrections de pendule, ramenées à un même instant physique en tenant compte de la marche de cette pendule, donneront les différences d'équation personnelle. On est dans l'habitude de rapporter tous les observateurs B, C, D,... à l'un quelconque d'entre eux A, les différences A — B, A — C, A — D sont alors les *corrections personnelles* qu'il faut appliquer, avec leur signe, aux observations de B, C, D,... pour les ramener à celles de A.

2° Souvent aussi on fait, pour la détermination des corrections personnelles, des séries particulières d'observations disposées comme il suit. L'observateur A ayant estimé les temps des passages d'une étoile aux fils de la lunette méridienne qui précèdent le fil milieu, l'observateur B note ensuite les passages de la même étoile aux fils qui restent. Les temps observés, réduits au fil milieu, devraient donner deux moyennes identiques : la différence de ces moyennes est la différence des équations personnelles. On élimine d'ailleurs l'influence des erreurs de réduction en renversant alternativement le rôle des observateurs, B commençant l'observation que A termine. Il est commode, pour ce mode de détermination, d'avoir disposé les fils de la lunette symétriquement par rapport au fil milieu. Si, par exemple, le réticule est composé de huit fils placés symétriquement deux à deux de part et d'autre d'un neuvième qui occupe le milieu, l'observateur A note les passages aux deux premiers et aux deux derniers fils, B aux quatre fils intermédiaires : la réduction au fil milieu se fait par une simple moyenne, l'erreur de position des fils s'éliminant d'ailleurs par l'alternance des deux observateurs.

A l'Observatoire de Greenwich, un grand nombre de déterminations des différences personnelles ont été faites en 1852, à l'aide d'un oculaire spécial appelé *binocular eye-piece*. Le tube de l'oculaire, après la lentille de champ, se bifurque en deux branches faisant un angle de 120°; un prisme équilatéral, placé à la bifurcation, divise le faisceau lumineux en deux parties, dont chacune est réfléchie dans l'une des branches. Deux observateurs peuvent donc suivre simultanément la marche d'une même étoile dans le champ de la lunette; un même observateur peut aussi observer successivement par la branche est et par la branche ouest.

Mais il est à remarquer que les différences d'équation personnelle ainsi obtenues se sont montrées tout autres que celles qu'on avait obtenues par des procédés différents. L'équation personnelle d'un même observateur est différente aussi, suivant qu'il observe par la branche est ou par la branche ouest; ce qui tient à la différence de direction du mouvement apparent de l'étoile.

S'il s'agit du Soleil, pour l'observation des bords duquel les différences d'estime sont souvent très-grandes et *généralement différentes de ce qu'elles sont pour les étoiles*, on peut opérer très-simplement par projection; si, en effet, on tire légèrement l'oculaire de la lunette, on obtient, sur un écran de papier blanc, une image très-nette du réticule et du Soleil lui-même. Plusieurs observateurs peuvent alors simultanément déterminer les temps des passages de chaque bord à chacun des fils. Mais il n'est pas certain que les corrections personnelles ainsi obtenues puissent légitimement s'appliquer à des observations faites autrement que par projection.

3° Les deux observateurs peuvent employer des instruments différents, placés sur le même méridien, ou sur deux méridiens très-voisins, dont la différence de longitude se déduit de la distance en mètres qui les sépare, et déterminer les passages des mêmes étoiles à la même pendule, ou les corrections de cette pendule.

4° Enfin, dans les déterminations de longitude, où l'équation personnelle joue un rôle très-important, on en élimine l'influence ou l'on en détermine la valeur par l'échange des stations. Après une première détermination faite par l'observateur A à la station *a*, et B en *b*, A vient observer avec ses instruments en *b*, et B en *a*. La différence des deux résultats obtenus donne le double de la différence des équations personnelles, supposées constantes, et leur moyenne en est indépendante.

Tous ces procédés sont applicables, soit que l'on estime le moment du passage par la méthode dite *de l'œil et de l'oreille*, soit que l'on fasse emploi d'un chronographe.

Les résultats généraux qui se déduisent des comparaisons ainsi effectuées entre les observateurs sont les suivants :

1° Les différences d'équation personnelle s'élèvent parfois, mais rarement, à une seconde et plus (Maskelyne-Kinnebroock, Bessel-W. Struve, Nehus-Wolfers, Gerling-Nicolaï, etc.). Le plus souvent, ces différences restent au-dessous de $0^s,3$.

2° Entre deux observateurs, la différence ne reste pas absolument constante et varie avec le temps, quoique les conditions extérieures d'observation restent les mêmes. Il est donc indispensable, dans un observatoire, de déterminer fréquemment les différences de corrections personnelles.

Mais il faut remarquer que cette variabilité est surtout marquée chez les jeunes astronomes, qui n'ont pas encore une grande habitude de leur instrument. Un changement d'instrument ou d'oculaire suffit aussi pour produire ces variations. L'astronome qui a commencé une série d'observations dans la discussion desquelles son erreur personnelle peut jouer un rôle, doit donc s'abstenir, pendant toute la durée de son travail, d'observer des passages à un instrument différent, ou de modifier celui dont il fait usage.

3° Bessel a cherché l'influence, sur l'erreur personnelle d'un observateur, du grossissement employé et de la déclinaison de l'étoile, c'est-à-dire de la vitesse apparente de l'astre dans le champ de la lunette : il a cru pouvoir énoncer que cette influence était nulle.

Il a montré que l'erreur personnelle est très-différente dans l'observation des phénomènes instantanés et dans celle des passages d'étoiles.

4° Les équations personnelles affectent aussi bien les temps des passages observés par la méthode chronographique que ceux qu'on obtient par l'emploi de l'œil et de l'oreille. Arago, vers 1842, avait cru que l'emploi d'un chronomètre à pointage pourrait éliminer l'équation personnelle. M. Bond, promoteur, en Amérique, du procédé d'enregistrement électrique, notait, parmi les avantages de ce procédé, celui de réduire les équations personnelles sinon à zéro, du moins à un petit nombre de centièmes de seconde. L'expérience a montré qu'il n'en est rien. Peut-être les équations personnelles sont-elles en effet rendues un peu moindres et un peu plus constantes, mais ce résultat même, d'abord mis en avant par plusieurs observateurs à une époque de véritable engouement pour la méthode américaine, ne paraît pas confirmé par la comparaison des nombreuses observations de longitude dans lesquelles on a employé les deux méthodes (*).

(*) L'emploi du chronographe électrique a été pendant quelques années très-prôné en Allemagne et en Angleterre; aujourd'hui l'enthousiasme semble un peu refroidi. A l'Observatoire de Paris, M. Le Verrier s'est constamment refusé à l'introduire dans la Salle méridienne. Cependant, si dans une longue série d'observations régulières, les embarras que cause l'usage du chronographe ne sont pas compensés par l'augmentation de la précision, il est des cas où cet appareil peut rendre de véritables services. A l'Équatorial, il peut être employé avec avantage pour l'observation de deux astres très-voisins; il est surtout utile dans les observations *rapides*, telles que les observations des étoiles par zones et la construction des cartes célestes. On peut même alors se servir avantageusement de l'électricité pour enregistrer en même temps les différences de déclinaison. Le chronographe électrique est également indispensable pour l'appréciation des intervalles de temps extrêmement petits. Dans tous les cas intermédiaires, l'emploi si commode de la méthode de l'œil et de l'oreille doit être préféré.

Telles sont les conséquences, peu nombreuses on le voit, et forcément incomplètes, auxquelles avait conduit la détermination des différences d'équation personnelle. Les méthodes astronomiques ont l'inconvénient d'exiger un temps très-long et de ne permettre, par conséquent, que des déterminations trop rares de la différence des corrections personnelles. Un appareil qui pourrait chaque jour, en quelques minutes, donner la correction actuelle et *absolue* de l'observateur rendrait de grands services à la science, en augmentant la précision des résultats et diminuant la fatigue nécessaire pour les obtenir.

Remarquons, en effet, avec Bessel que l'existence de la correction personnelle dans l'estime du temps ne permet de comparer les ascensions droites obtenues par un même astronome, et *a fortiori* par plusieurs, qu'à la condition que la correction de chacun d'eux reste constante pour tous les astres observés, ou bien suit une loi de variation connue. Or il est à peu près certain que cette constance n'a pas lieu; et, d'autre part, la recherche directe de la loi de variation suppose connues les différences réelles d'ascension droite des étoiles de différente déclinaison. On sait de plus que l'équation personnelle d'un même observateur varie suivant le diamètre de l'astre. D'où il suit que, tant que la correction absolue d'un astronome ne sera pas connue pour l'observation des diverses étoiles et celle du Soleil, par exemple, les positions relatives de ces astres seront entachées d'une erreur inévitable. On n'a, jusqu'à présent, d'autre moyen de s'en affranchir que de combiner les observations d'un grand nombre d'astronomes, dans l'espoir que les erreurs personnelles, se comportant comme les erreurs accidentelles, s'annuleront les unes par les autres. Malheureusement on a des raisons de croire que les corrections personnelles sont plus souvent de même signe que de signe contraire. Et c'est en effet ce qui doit avoir lieu si quelque propriété physiologique de l'œil ou de nos organes préside à leur origine.

La question de la détermination absolue de la correction personnelle est donc capitale pour l'astronomie. Une fois cette donnée acquise, ainsi que les lois qui président à ces variations, elle devient une quantité calculable de même ordre que les erreurs instrumentales et s'éliminant comme elles.

Il faut remarquer encore que la connaissance de cette grandeur absolue est indispensable si l'on veut en découvrir l'origine.

b. Détermination de l'équation personnelle absolue. — Les premiers essais de détermination de la correction absolue remontent à Gauss, en 1837. Plus tard, en 1854, M. Prazmowski publia un projet d'appareil qui ne fut pas exécuté. Des appareils furent construits, et des expériences réelles furent exécutées par M. Hartmann (*), professeur au lycée de Rinteln, par MM. Plantamour et Hirsch (**) à Neufchâtel, par moi-même à Paris (***), et par M. Kaiser à Leyde (****). Je renverrai, pour la description de ces appareils, aux Mémoires originaux, ou au résumé donné par M. Radau dans la Notice citée plus haut. La méthode d'expérimentation est d'ailleurs nécessairement celle-ci : produire un astre artificiel passant derrière les fils d'une lunette à des époques connues d'une manière absolue, et comparer à ces époques celles que donne l'estime de l'observateur ou l'enregistrement électrique qu'il en fait. Mais j'insisterai sur ce point que, si l'appareil n'est pas destiné à une étude purement théorique, et doit donner les corrections absolues applicables aux observations réelles, il doit remplir cette condition fondamentale que l'observation de l'astre artificiel s'y fasse dans des circonstances absolument identiques à celles dans lesquelles a lieu l'observation réelle.

Le résultat capital qui ressort des nombreuses expériences faites à l'aide de ces appareils est celui-ci : que, par l'éducation, la correction personnelle d'un observateur est bientôt réduite à un minimum au-dessous duquel elle ne peut tomber, et, par suite, devient beaucoup plus constante (Hartmann, Wolf, Kaiser).

Il est d'ailleurs plusieurs éléments, en dehors de l'observateur, qui modifient la grandeur de cette correction. On peut étudier successivement l'influence : 1° du sens du mouvement de l'étoile

---

(*) *Astronomische Nachrichten*, 28 août 1865.

(**) *Détermination télégraphique de la différence de longitude entre Genève et Neufchâtel;* Genève et Bâle, 1864.

(***) *Annales de l'Observatoire impérial* (*Mémoires*), t. VIII, p. 153.

(****) *Beschreibung der Zeitcollimatoren der Sternwarte in Leiden* (*Annalen der Sternwarte*), 2e vol., p. 19; 1870

et de la position de l'observateur; 2° de la rapidité de ce mouvement; 3° du grossissement de l'oculaire. Quant à l'éclat de l'étoile et à l'éclairement du champ, ces conditions ne paraissent pas exercer d'influence sensible, résultat conforme à celui que M. Dunkin a déduit de la discussion des observations de Greenwich.

1° Le sens du mouvement de l'étoile a une influence marquée sur la grandeur de la correction personnelle (Wolf). Si l'on remarque que l'estime du temps du passage se fait généralement par la méthode de Bradley, c'est-à-dire par la comparaison des distances au fil des deux positions qu'occupe l'étoile à la seconde qui précède et à celle qui suit le passage, on voit que cette différence de l'erreur personnelle revient à celle-ci : deux points étant marqués de part et d'autre d'une ligne droite, l'un des intervalles paraît proportionnellement plus grand que l'autre. Or ce résultat, que nous retrouverons dans les pointés d'une étoile ou d'un trait de graduation entre deux fils, est un fait général qui doit avoir sa cause dans une dissymétrie de la diffusion des rameaux nerveux de part et d'autre des points où se forme l'image de la ligne médiane sur la rétine, ou dans une sorte d'astigmatisme de l'œil. On peut donc dire que la différence dont il est question représente la partie *statique* de l'erreur personnelle.

J'ai trouvé ensuite que, abstraction faite de cette erreur, ma correction ne variait pas sensiblement, quelle que fût l'inclinaison de la ligne suivie par l'étoile relativement à la ligne des yeux. Mais ce résultat, ainsi que l'a fait remarquer M. Fœrster, n'est pas général, et je ne le considère que comme un argument en faveur du procédé d'éducation de l'œil au moyen d'un appareil spécial. En effet, la discussion de nombreuses observations faites en Allemagne, à l'aide des *lunettes brisées* (*Astronomie pratique*, p. 300), a montré à M. Littrow et à M. Fœrster que l'inclinaison de la ligne suivie par l'étoile a une influence marquée sur la grandeur des équations personnelles : conséquence qui complique étrangement la discussion des déterminations de longitudes faites à l'aide de ces instruments, et qui, jointe à la diminution de stabilité de l'axe de collimation résultant de l'introduction du prisme réflecteur, doit conduire à l'abandon de ces sortes d'instruments pour les observations de haute précision.

2° L'influence de la rapidité du mouvement de l'étoile, ou, dans les observations réelles, de la déclinaison de l'étoile, a été étudiée par Bessel, mais par un procédé détourné, qui n'a pu le conduire à un résultat bien certain. Il a admis que la vitesse du mouvement est sans influence, au moins pour les étoiles situées à plus de 20° du pôle. J'ai trouvé, au contraire, que la correction personnelle augmente avec la vitesse du mouvement, et que l'erreur moyenne de l'observation du passage à un fil semble être minimum pour une certaine vitesse, qui, pour la lunette et le grossissement que j'employais, serait un peu plus grande que la vitesse équatoriale. La vitesse de l'image de l'étoile dans le plan des fils étant proportionnelle à la distance focale de l'objectif, on peut exprimer le résultat précédent en disant que, pour un même oculaire, la correction personnelle augmente en même temps que cette distance focale. Mais la précision d'une observation serait maxima pour une certaine valeur de cette distance, qui, pour moi, ne différerait pas beaucoup de 2 mètres.

M. Pape et M. Dunkin avaient également démontré, par la discussion d'un grand nombre d'observations faites soit par la méthode de l'œil et de l'oreille, soit par l'enregistrement électrique, que l'erreur moyenne probable d'une observation de passage est fonction de la distance polaire de l'étoile, et qu'elle augmente sensiblement quand cette distance polaire diminue.

3° Les expériences faites avec des grossissements différents m'ont fait voir qu'un grossissement trop faible augmente considérablement ma correction personnelle; elle diminue quand l'oculaire devient plus fort, mais il est une limite qu'il est inutile de dépasser, la diminution devenant presque insensible.

On cherche souvent, dans les petits instruments, à compenser leur faible grossissement naturel par la puissance de l'oculaire. L'espace apparent parcouru par l'étoile en une seconde devient en effet plus grand, et l'estime des intervalles à comparer plus facile; mais il faut remarquer qu'en même temps on augmente l'épaisseur apparente des fils, et que, par suite, il peut s'introduire une cause nouvelle d'erreur, tous les observateurs ne rapportant pas au même axe idéal les deux positions de l'étoile à l'origine et à la fin de la seconde. Il peut aussi arriver que, pour un même observateur, cet axe diffère pour la position à l'origine et pour la position à la fin de la seconde.

Les résultats contenus dans les deux paragraphes précédents semblent établir des règles assez nettes sur l'emploi des instruments dans les observations de haute précision, et ces règles sont d'accord avec ce qu'a appris l'expérience des astronomes. Il est inutile d'augmenter outre mesure la longueur des lunettes : un objectif de 2 mètres de distance focale paraît le mieux approprié aux observations méridiennes ; et, d'autre part, le grossissement ne doit pas non plus dépasser certaines limites, de même qu'il ne doit pas être trop faible. L'usage a consacré, pour la lunette de 2 mètres, le grossissement de cent à cent vingt fois.

Tels sont les résultats qui paraissent ressortir du nombre trop restreint des expériences faites jusqu'ici sur l'équation personnelle. Ces lois sont encore, on le voit, particulières à un petit nombre d'observateurs, et ne se généraliseront que lorsque l'emploi des appareils propres à la détermination de cette quantité sera passé dans l'usage courant des observatoires.

c. Origine de l'équation personnelle. — Nous avons maintenant à rechercher l'origine de ce phénomène singulier de l'équation personnelle.

Bessel, dans la Note où il a résumé ses principales observations sur l'équation personnelle, s'exprime ainsi :

« Ces diverses expériences font voir qu'aucun observateur, même lorsqu'il croit suivre rigoureusement la méthode d'observation de Bradley, ne peut être certain d'estimer exactement les temps absolus. La différence des estimes se comprendra si l'on admet que les impressions sur l'œil et sur l'oreille ne peuvent être comparées l'une à l'autre au même moment, et que deux observateurs emploient des temps différents pour superposer l'une de ces impressions à l'autre. La différence sera plus grande encore si les deux observateurs suivent une marche différente, l'un passant de la vue à l'audition, l'autre de l'audition à la vue. Que des méthodes différentes d'observation puissent modifier cette différence, cela n'a rien de surprenant, si l'on regarde comme vraisemblable qu'une impression sur l'un des deux sens seulement est perçue au moment ou presque au moment où elle est produite, et que c'est l'arrivée d'une deuxième sensation qui apporte une perturbation, variable suivant la nature de cette dernière sensation. »

Cette opinion de Bessel, que l'erreur d'estime du temps a sa cause dans l'impossibilité où se trouverait notre esprit de superposer instantanément deux sensations arrivant par des organes différents, paraît avoir été adoptée par la plupart des astronomes, et être encore admise aujourd'hui.

Mais je ne crois pas que l'opinion de Bessel ait jamais été plus nettement formulée qu'elle ne l'a été dans ces derniers temps par M. Faye. A propos du travail de MM. Plantamour et Hirsch, cet éminent astronome s'exprime ainsi (*) :

« Pour rendre le problème plus intelligible, qu'on veuille bien me permettre de recourir à une image grossière. Imaginez un instant que l'esprit soit un œil placé dans l'intérieur du cerveau, un œil attentif aux modifications que chaque sensation détermine dans les filets nerveux qui y aboutissent. Si les sensations de même nature se produisent en un même point, cet œil intérieur jugera aisément si elles sont successives ou simultanées; mais si elles proviennent de sens différents dont les nerfs aboutissent à des régions différentes du cerveau, l'œil intérieur aura besoin de se mouvoir pour passer d'une région à l'autre, et le temps ainsi employé ne sera pas perçu; des sensations séparées par un intervalle très-réel seront notées à faux comme simultanées. Le temps perdu, le temps ainsi employé à aller d'une sensation à l'autre peut s'élever à plus d'une seconde; il variera d'ailleurs d'un individu à l'autre selon la rapidité avec laquelle son œil interne se meut pour contempler successivement les touches de ce clavier prodigieusement complexe qu'on nomme le *cerveau*.

» Je n'ai pas besoin de dire que je n'attache aucune réalité à cette comparaison ; notre esprit n'est pas un œil intérieur. Toujours est-il que la nécessité de comparer deux sensations d'origine

---

(*) *Comptes rendus des séances de l'Académie des Sciences*, 12 septembre 1864, t. LIX, p. 475.

différente condamne l'esprit à un travail bien singulier, puisqu'il emploie un temps si considérable à établir une communication entre des filets nerveux différents. Cette besogne est d'ailleurs très-fatigante, tandis que la comparaison de sensations de même origine ne l'est pas ou l'est beaucoup moins. »

L'explication de Bessel, formulée par M. Faye d'une façon si nette et si originale, s'applique-t-elle à toutes les équations personnelles ou seulement à certains cas? C'est ce qu'il convient d'examiner d'abord.

En premier lieu, je ferai remarquer qu'il est bien difficile de l'admettre pour les équations, très-rares d'ailleurs, dont la valeur atteint ou dépasse une seconde. Il faudrait admettre, en effet, lorsque Bessel observait $1^s,22$ plus tôt que Argelander, que son *œil intérieur* laissait passer inaperçu un battement de seconde pendant qu'il allait d'une sensation à l'autre, et que cependant il le retrouvait pour lui comparer la position de l'étoile après qu'elle avait passé sous le fil. L'examen des expériences de Bessel conduit à une autre conclusion :

1° Quand Bessel observait sur une pendule à secondes, il notait des temps plus faibles de $1^s,22$ que ceux d'Argelander;

2° Observait-il sur une pendule à demi-secondes, la différence se réduisait à $0^s,72$, c'est-à-dire $0^s,5 + 0^s,22$;

3° Enfin, dans l'observation des phénomènes instantanés, la différence n'était plus que $0^s,22$.

Ainsi, quand la numération du temps se continue après l'observation du phénomène, Bessel est toujours en erreur d'*un battement*, plus une fraction $0^s,22$, qui se retrouve seule dès que l'attention n'est plus occupée après l'observation d'un phénomène instantané. Je crois donc être en droit d'admettre avec Encke « qu'il y a tout lieu de croire qu'une autre manière de compter les battements avait été adoptée ». Un phénomène semblable s'est rencontré à l'Observatoire de Paris : un observateur notait des temps de passage plus faibles d'une seconde que ceux qu'estimaient ses collègues. Il a suffi de quelques expériences sur des passages artificiels pour le convaincre de son erreur et le ramener à une appréciation normale de la seconde. On peut seulement s'étonner que les expériences de Bessel avec la pendule à demi-secondes et sur les phénomènes instantanés ne lui aient pas fait apercevoir aussi son erreur.

Pour les équations personnelles ordinaires, généralement inférieures à $0^s,3$, cette sorte de paresse de l'esprit dont parlent Bessel et M. Faye est une explication très-satisfaisante, et j'ai pu constater sur moi-même, dans mes premières expériences, l'existence de ce temps mort. Il faut remarquer ici ce résultat paradoxal, que plus un observateur est paresseux à passer d'une sensation à l'autre, de l'audition de la seconde à l'examen de la position occupée par l'étoile, plus il observe *en avance* sur le temps réel du passage, puisque, pendant le temps mort, l'étoile s'est rapprochée du fil avant le passage, s'en est éloignée après le passage.

Mais chez un observateur exercé, surtout chez celui dont l'équation personnelle a été réduite à un minimum par une éducation appropriée, il faut avouer qu'on ne voit plus cette superposition de deux sensations distinctes venant de l'extérieur. Pour lui, le battement de la seconde n'est pas un phénomène inattendu auquel il ait besoin de prêter une attention particulière. Comme un musicien qui, après une mesure battue à blanc, s'est pénétré du rhythme qu'il doit suivre, et n'a plus besoin de voir le bâton du chef d'orchestre (*), l'observateur n'écoute plus les battements de la pendule, mais un battement intérieur que sa pensée y substitue : si bien qu'on a vu des observateurs continuer leur opération sans s'apercevoir que la pendule avait cessé de battre, et aussi que toute irrégularité du bruit de cette pendule trouble et irrite l'astronome, en dérangeant la poursuite de son rhythme intérieur.

J'ai constaté d'ailleurs sur moi-même :

1° Que ma correction personnelle restait la même lorsque j'ob-

(*) Ce fait que les musiciens d'un orchestre arrivent à jouer avec un ensemble parfait me paraît une démonstration évidente de la possibilité de réduire presque à zéro l'équation personnelle *par une éducation appropriée*. Que serait-ce qu'un orchestre dont les exécutants auraient les uns par rapport aux autres des *équations personnelles* de $0^s,2$, $0^s,3$ et 1^s? C'est là pourtant où en sont les astronomes.

servais sur le bruit de la seconde, ou lorsque la seconde était marquée par un éclair instantané dans le champ de la lunette;

2° Qu'elle restait encore la même lorsque la seconde m'était communiquée par de légères commotions dans les doigts de la main gauche.

Ainsi, qu'il s'agisse de deux sensations de même nature arrivant toutes deux à l'œil, ou de deux sensations arrivant l'une à l'œil, l'autre par un autre sens, la correction personnelle d'un observateur dont l'éducation est faite ne varie pas. On ne peut donc en attribuer la cause au temps nécessaire à l'esprit pour superposer deux sensations d'origine différente.

Nous sommes conduits par cette discussion à distinguer trois sortes d'équations personnelles :

1° L'équation supérieure à une seconde, dont la cause doit être dans une manière erronée de compter les battements;

2° L'équation personnelle ordinaire, à laquelle s'applique l'explication donnée par Bessel et M. Faye;

3° Enfin l'équation personnelle réduite à un minimum par l'éducation, dont la cause doit être dans quelque propriété de l'œil d'après ce qui vient d'être dit, puisqu'elle existe encore quand l'œil intervient seul dans l'opération. Il nous reste à rechercher cette cause.

Avant d'aborder cette explication, il me paraît nécessaire de faire une remarque sur la manière dont l'œil peut être employé à la mesure du temps et sur la limite de l'exactitude que nous donne cet organe.

La succession du temps ne peut devenir sensible à un quelconque de nos organes que par les changements successifs qui affectent la sensation du phénomène observé. Si nous regardons un objet dont la couleur varie rapidement, pour notre œil le temps pendant lequel sa couleur restera invariable sera un espace unique et indivisible. Or, si l'on remarque que l'impression sur la rétine dure un certain temps après qu'elle a été produite, on comprendra que, lorsque ces variations de couleur se succéderont de plus en plus rapidement, il arrivera au moment où la durée de chaque impression différente sera justement égale à la durée de la sensation lumineuse; et dès lors l'œil aura atteint la limite de sensibilité qu'il peut apporter à l'observation du temps, puisque, dans une succession plus rapide, toutes les couleurs se confondront et cesseront de produire la succession qui seule peut donner à l'œil la notion du temps. On sait que cette limite est à peu près de $0^s,1$.

Si la notion de la succession du temps est donnée à l'œil par les variations de position d'un point lumineux, nous viendrons nous buter encore à la même limite. Supposons ce point tournant très-lentement en cercle : l'œil pourra le saisir dans ses positions successives et fractionner par conséquent le temps total employé à parcourir le cercle. Si le mouvement devient plus rapide, le point lumineux sera vu, à chaque instant, non pas seulement dans la position qu'il occupe à cet instant, mais dans toutes les positions qu'il occupe *pendant que dure la sensation correspondante à ce point*, c'est-à-dire *en avant* de sa position réelle ; et aussi dans toutes celles dont la sensation dure encore pour l'œil à cet instant, c'est-à-dire dans un intervalle égal au premier *en arrière* de sa position réelle. Toutes ces positions sont simultanées pour l'œil ; il lui est donc impossible de subdiviser le temps de la rotation complète en fractions plus petites que celle qui correspond au *double de la durée* de la sensation lumineuse ; de sorte que si le point parcourt le cercle entier en un temps égal au double de cette durée, le temps n'existe plus pour l'œil ; il se trouve en présence d'un phénomène continu.

Ces réflexions nous font voir immédiatement que la durée de l'impression lumineuse doit nécessairement intervenir dans l'équation personnelle qui affecte l'observation d'un objet en mouvement. Ainsi, dans le cas précédent, il est bien clair que si deux observateurs voulaient noter, à un moment déterminé, la position occupée par le point lumineux, ils pourraient choisir l'une quelconque des positions qu'il occupe pendant un temps égal au double de la durée de l'impression ; s'ils ne choisissent pas la même, il y aura entre eux différence d'estime, différence d'équation personnelle. Déjà M. Hartmann avait indiqué cette cause de l'erreur personnelle : « L'un des observateurs fixe peut-être le commencement, l'autre la fin ou le milieu de la durée apparente de l'impression lumineuse ou sonore. »

C'est par ces considérations que j'ai été conduit à considérer la durée de l'impression lumineuse comme la cause de l'équation personnelle réduite à son minimum par l'éducation, et dont l'observateur paraît ne pouvoir se débarrasser. Cette équation pourrait donc porter le nom d'*équation physiologique.*

Quant à l'impression du son, d'après les expériences de M. Helmholtz, elle dure moins d'un centième de seconde; elle ne doit donc pas intervenir dans l'appréciation de la position vraie de l'étoile. Ce qui explique pourquoi j'ai trouvé mon équation personnelle constante, que la seconde fût battue par la pendule, ou par un éclair lumineux dans le champ de la lunette.

Je ne décrirai pas les expériences sur lesquelles j'ai cherché à appuyer cette manière de voir, et renverrai le lecteur à mon Mémoire original, ou à la notice de M. Radau, ou encore à l'analyse bienveillante qu'en a donnée M. Fœrster dans le *Vierteljahrsschrift der Astronomische Gesellschaft* de novembre 1866, p. 219 et suiv.

d. Équation personnelle dans les phénomènes instantanés. — Des erreurs personnelles se montrent aussi dans les observations des phénomènes instantanés, occultation d'étoiles par la Lune, observation des contacts dans les éclipses de Soleil, éclipses des satellites de Jupiter, etc. Elles sont en général très-différentes de l'équation dans les observations de passage d'une étoile, et prennent leur source dans des phénomènes encore peu connus. Je dirai seulement quelques mots des occultations.

Il se présente dans les occultations d'une étoile par la Lune un phénomène très-étrange et dont l'origine est difficile à démêler. L'étoile paraît parfois s'arrêter au bord de la Lune, d'autres fois s'avancer jusque sur le disque à l'intérieur du bord avant de disparaître, et cela à une profondeur souvent considérable. Plusieurs astronomes ont voulu voir dans ces faits une preuve de l'existence d'une atmosphère autour de la Lune. Mais cette explication est contredite par l'ensemble des phénomènes qui démontrent au contraire que, dans les circonstances où elle devrait le mieux se manifester, la réfraction est totalement insensible sur les bords de notre satellite. Peut-être faut-il voir dans cet empiétement de l'étoile sur le disque un effet de la persistance de l'impression lumineuse jointe à la continuation du mouvement de l'œil qui suivait la marche de l'étoile, effet analogue à celui qui nous fait continuer à voir le Soleil ou un objet brillant, lorsqu'après l'avoir considéré quelque temps, nous portons rapidement le regard sur un fond un peu sombre. Toujours est-il que ce phénomène introduit dans l'observation des occultations une cause d'erreur parfois considérable.

c. Méthodes proposées pour annuler l'équation personnelle. — Nous abordons maintenant une question capitale au point de vue de l'astronomie de précision ; est-il possible d'annuler l'équation personnelle dans les observations de passages?

Nous avons vu déjà que les espérances fondées par Arago et M. Bond sur l'emploi des chronographes a été démentie par l'expérience. Dans la méthode d'observation chronographique, la cause physiologique d'une erreur personnelle subsiste; et il faut y ajouter encore l'erreur résultant de ce que la main de l'observateur doit recevoir du cerveau l'ordre d'enregistrer le phénomène, après que celui-ci a été perçu. Aussi l'emploi des chronographes électriques n'a-t-il pas augmenté sensiblement la précision des déterminations de longitude, comme le prouve la comparaison des résultats obtenus à l'Observatoire de Paris par la méthode de l'œil et de l'oreille, avec ceux qu'a donnés en Allemagne, en Angleterre et en Amérique l'emploi de l'enregistrement électrique, et aussi la comparaison directe des deux méthodes appliquées simultanément en Allemagne à la détermination d'une même différence de longitude.

Pour détruire l'erreur personnelle dans sa source même, il faudrait détruire le mouvement de l'étoile par rapport au fil derrière lequel on l'observe : quelle que soit l'explication qu'on adopte de l'équation personnelle, il ne subsiste, en effet, dans le cas du repos relatif du fil et de l'étoile, que l'erreur statique du pointé d'un fil sur un point lumineux fixe, erreur insignifiante par rapport à la première. L'expérience a prouvé d'ailleurs que les pointés des circompolaires au moyen du fil mobile (*) se font sans erreur

(*) *Astronomie pratique*, n° 43, p. 204.

personnelle appréciable. Le procédé d'observation consisterait donc à donner au fil mobile une vitesse égale à la vitesse de l'étoile dans le plan focal de la lunette, à bissecter l'étoile au moyen de ce fil et à déterminer la position de celui-ci par rapport au fil moyen fictif à un moment connu (*).

Wheatstone, le premier, a conseillé l'emploi de ce procédé. A peu près vers la même époque, M. Le Verrier avait proposé le problème à plusieurs horlogers de Paris. Deux solutions en ont été données : l'une par M. Rédier, l'autre par le P. Braun. Le lecteur en trouvera une description dans la Notice de M. Radau. J'ai eu entre les mains l'appareil de M. Rédier, et les résultats qu'il m'avait donnés m'avaient fait concevoir de son emploi les meilleurs résultats. Il était facile, même sans l'emploi d'un enregistreur électrique, d'obtenir plusieurs pointés d'une même étoile, réductibles à une position unique, et d'éliminer les erreurs provenant d'une inégalité de vitesse du fil et de l'étoile. Malheureusement ces essais ne purent être continués. On remarquera du reste qu'un semblable appareil doit donner à la marche du fil une précision égale à celle que l'on obtient d'une vis micrométrique, et c'est là un problème d'une solution difficile en horlogerie.

M. Faye a, de son côté, proposé à plusieurs reprises l'emploi de la photographie comme moyen d'enregistrer les passages et de supprimer complétement l'intervention de l'observateur. S'il devient plus tard possible d'obtenir *en plein jour* une impression photographique *instantanée* de l'image d'une étoile, comme on obtient celle du Soleil, nul doute que cette méthode ne parvienne à donner les ascensions droites absolues avec une précision encore inconnue.

Mais, en attendant la réalisation si désirable de ce dernier progrès de l'astronomie d'observation, il serait du plus grand intérêt que l'usage s'introduisît dans les observatoires de ne pas aban-

---

(*) C'est par un procédé semblable qu'on évite l'erreur personnelle dont est affectée l'observation à l'équatorial des différences d'ascension droite d'une comète ou d'une nébuleuse comparée à une étoile. Au moyen du mouvement d'horlogerie on donne à la lunette un mouvement égal à celui du ciel, et l'on observe micrométriquement la distance des deux astres rendus immobiles dans le champ.

donner au hasard l'éducation des observateurs, mais de les former à l'aide d'appareils propres à réduire au minimum leur équation personnelle et à en donner à chaque instant la valeur absolue et les variations. M. Kaiser a introduit à l'Observatoire de Leyde l'usage de pareils instruments (*Zeitcollimator*) et en a obtenu les meilleurs résultats.

On n'admettrait pas dans un orchestre un musicien qui ne saurait pas suivre la mesure. Nous ne pouvons être aussi sévères pour les astronomes : j'ai montré que l'intervention de l'organe de la vue laissera toujours subsister une erreur personnelle bien supérieure à celle que permet l'organe de l'ouïe. Mais du moins doit-on chercher à rapprocher les observateurs de l'accord le plus parfait possible et à faire cesser la cacophonie résultant d'équations personnelles trop fortes et sans cesse variables.

II. — *Équations personnelles dans les pointés fixes.*

Détermination ; précautions à prendre pour les éviter. — Les erreurs personnelles que j'ai appelées statiques nous arrêteront moins longtemps. Ce sont celles qui affectent les pointés d'un objet sous un fil ou entre deux fils, par rapport auxquels il est fixe, en ce sens qu'il ne se rapproche pas de ces fils d'un mouvement continu. Leur étude consisterait uniquement en une énumération des faits observés, car on n'a pu en déduire jusqu'ici aucune loi, et la cause en est complétement inconnue. Tout au plus peut-on dire, ainsi que nous l'avons vu plus haut, que l'erreur du pointé a sa source dans une dissymétrie de l'œil qui fait que nous jugeons mal de l'égalité des distances entre un objet, point ou trait, et deux traits placés de part et d'autre. Cette erreur de jugement est portée à son maximum lorsque les deux espaces dont nous devons apprécier l'égalité sont eux-mêmes dissymétriques, soit par suite d'un éclairement inégal, soit parce que le point dont nous devons estimer la position fait partie d'un objet placé dissymétriquement par rapport aux fils. Tel serait un trait de graduation formé d'un sillon dont les deux talus seraient inégalement éclairés, ou encore le bord d'un astre à disque sensible placé entre deux fils d'un micromètre. L'observateur devra donc éviter avec soin de pareils pointés; le bord d'un astre doit toujours être pointé à l'aide d'un seul fil que l'on amène à toucher le bord, ou mieux encore dans une position telle, que les ondulations résultant de l'agitation de l'atmosphère produisent des écarts égaux de part et d'autre du fil. Dans ce cas, l'axe du fil est considéré comme tangent au bord de l'astre.

Le pointé d'une étoile dont on veut déterminer la hauteur ou la distance zénithale se fait soit en plaçant l'image focale entre deux fils parallèles, distants d'un petit nombre de secondes d'arc, ou bien en bissectant l'étoile à l'aide d'un fil unique. Dans le premier mode de pointé, il se manifeste presque constamment une équation personnelle, reconnue vers 1837 par MM. Mauvais et E. Bouvard, et qui a été étudiée par M. Laugier (*) et par M. Prazmowski. D'après ce dernier observateur, l'erreur augmente proportionnellement à la distance des fils, et elle paraît être indépendante du grossissement. Le pointé sous un fil paraît exempt d'erreur personnelle.

Il est d'ailleurs toujours facile de s'assurer de l'existence de ce genre d'erreur et d'en mesurer la valeur absolue. Il suffit d'observer une étoile zénithale dans la position couchée, d'abord les pieds au nord, puis les pieds au sud : la différence des deux pointés (réduits au méridien) donne le double de l'erreur personnelle de pointé. On peut aussi pointer alternativement la même étoile sous le fil inférieur, au milieu des fils et sous le fil supérieur. La moyenne des pointés extrêmes doit être égale au pointé du milieu, sinon la différence donne la valeur de l'erreur. Cette erreur, dans le cas des fils parallèles, peut s'élever à 1″; il est donc indispensable de la déterminer pour chaque observateur, et de s'assurer qu'elle ne varie pas avec la distance zénithale.

Les pointés du nadir sont soumis à une cause d'erreur semblable, aussi bien que celui des mires méridiennes et des collimateurs usités pour la flexion et la détermination de la collimation. Le lecteur consultera avec profit sur ce sujet le Mémoire déjà cité de M. Laugier, et les Mémoires publiés par M. Y. Villarceau sur

(*) LAUGIER. — *Mémoire sur la détermination des distances polaires des étoiles fondamentales*, p. 27 et suiv.

la détermination des latitudes (*Annales de l'Observatoire*, t. VIII et IX des *Mémoires*).

Je signalerai encore comme sujettes à une erreur personnelle les observations des traits d'une règle ou d'un cercle divisé; la lecture des traits inscrits sur le tambour ou les bandes d'un enregistreur (Littrow); les déterminations des distances d'étoiles doubles à l'héliomètre par la méthode de Bessel. D'après les expériences de M. Laugier (*loco citato*, p. 39), les déterminations de distances ou de diamètres, faites en amenant les images au contact (héliomètre, prismes biréfringents), paraissent offrir une exactitude bien supérieure et n'être pas affectées d'erreur personnelle.

Ces phénomènes, je le répète, ne sont soumis à aucune loi connue; il faut seulement que l'astronome soit prévenu de leur existence, afin d'en tenir compte et d'en éliminer l'influence dans les résultats de ses observations.

NOTE II.

ÉTUDE GÉOMÉTRIQUE DE L'ERREUR D'EXCENTRICITÉ,

par E. Barbier.

I. — *Cercle dont la graduation est cylindrique.*

Si un cercle, parfaitement gradué suivant les génératrices d'un cylindre de révolution, tourne de manière que son axe géométrique soit immobile, les points de la graduation qui viennent se placer successivement devant un index fixe sont séparés par des arcs égaux à la rotation du cercle.

Dans les cercles gradués des instruments de précision, les tourillons ne guident jamais assez parfaitement le mouvement du cercle pour qu'on puisse négliger l'erreur d'excentricité; cette erreur provient du jeu que l'axe a nécessairement dans les coussinets qui le supportent.

Une position *réelle* du cercle peut être ramenée à la position *théorique* à l'aide d'une petite translation qui n'est autre que l'*excentricité* du cercle par rapport à ses coussinets. On doit, dans les instruments de précision, éliminer cette excentricité en la regardant comme très-petite et variable dans chaque position du cercle, la grandeur et la direction de cette excentricité restant inconnues dans chaque cas.

On arrive à éliminer l'erreur d'excentricité en faisant la moyenne de plusieurs lectures simultanées, en des points du contour du cercle, convenablement distribués.

A. Pour établir plus facilement les conditions de l'élimination de l'erreur d'excentricité, nous supposerons d'abord que tout point visé soit donné par une ligne de visée fixe, ayant la direction d'un rayon du cercle théorique, et qu'on ait un moyen de connaître rigoureusement la graduation qui correspond à un point du cercle réel ainsi visé; nous appellerons une telle graduation, une *lecture théorique* du cercle réel. La différence entre une lecture théorique du cercle réel et une lecture théorique du cercle théorique ne dépend que de la petite translation qui amènerait le cercle réel à se confondre avec le cercle théorique; cette différence est donc l'influence *essentielle* de l'excentricité sur une lecture.

La différence entre une lecture théorique du cercle réel et une lecture théorique du cercle théorique est un arc dont le sinus est donné par l'une des expressions suivantes, qui sont parfaitement équivalentes :

1° La ligne qui projette, sur la ligne de visée, le centre réel;

2° La projection de l'excentricité sur la tangente au cercle théorique au point où la ligne de visée le rencontre;

3° La projection, sur la ligne de visée, de l'excentricité tournée d'un angle droit dans le plan du cercle;

4° La projection, sur la perpendiculaire à l'excentricité, du rayon suivant lequel se fait la visée, projection réduite dans le rapport de l'excentricité au rayon.

PROPOSITION I. — *Lorsque la somme algébrique des projections des rayons de visée d'un cercle gradué sur la perpendiculaire à l'excentricité est nulle, la moyenne des lectures théoriques du cercle réel et la moyenne des lectures théoriques du cercle théorique ne diffèrent pas, si le cube de l'excentricité est négligeable.*

En effet, au troisième ordre près, les sinus des arcs qui représentent l'influence de l'excentricité sur les lectures sont égaux aux arcs eux-mêmes; or la somme algébrique de ces sinus est nulle, car, réduite dans le rapport de l'excentricité au rayon, elle n'est autre que la somme algébrique donnée, que nous supposons nulle : donc la somme algébrique des arcs est au plus une quantité du troisième ordre; de là résulte la proposition énoncée.

D'autre part, pour que la somme algébrique des projections de plusieurs lignes sur une même droite soit nulle, il faut et il suffit que cette droite soit perpendiculaire à la résultante géométrique des lignes, ou que cette résultante elle-même soit nulle : ainsi l'excentricité sera éliminée, au troisième ordre près, si l'excentricité a la direction de la résultante des rayons de visée ou si cette résultante est nulle. On arrive ainsi à l'énoncé suivant :

THÉORÈME I. — *Les moyennes des lectures théoriques du cercle réel sont débarrassées de l'erreur d'excentricité, au troisième ordre près, si la résultante des rayons de visée est nulle.*

Ou sous une autre forme :

THÉORÈME II. — *Les moyennes des lectures théoriques du cercle réel sont débarrassées de l'erreur d'excentricité, si le centre des moyennes distances des points visés sur le cercle théorique est au centre de ce cercle.*

Ces théorèmes donnent la condition nécessaire et suffisante pour que l'excentricité soit éliminée, au troisième ordre près, quelle que soit sa direction.

Corollaire I. — La moyenne de deux lectures ne peut éliminer l'excentricité, quelle que soit sa direction, que dans le cas où ces lectures sont faites en deux points diamétralement opposés.

Corollaire II. — La moyenne de trois lectures ne peut éliminer l'excentricité, quelle que soit sa direction, que dans le cas où ces lectures sont faites en trois points dont le centre des moyennes distances soit sur l'axe du cercle.

Corollaire III. — Des lectures faites suivant des rayons du cercle, disposés comme les rayons d'un polygone régulier, ont une moyenne débarrassée de l'erreur d'excentricité.

Corollaire IV. — Si des lectures l_1, l_2, l_3, l_4 et l_5 sont faites suivant cinq rayons distincts, inclinés l'un sur l'autre de 60°, la moyenne est entièrement débarrassée de l'erreur d'excentricité.

Dans l'application de ce Corollaire IV, il conviendrait de répéter la première lecture et la cinquième, qui doivent entrer deux fois dans la moyenne, et d'ajouter à la somme des cinq lectures les nouvelles valeurs de la première et de la cinquième; le quotient

$$\frac{1}{7}(2l_1 + l_2 + l_3 + l_4 + 2l_5)$$

de cette somme par 7 est débarrassé de l'erreur d'excentricité.

B. Venons maintenant au cas réel, celui où les lectures sont faites au moyen de *microscopes-micromètres*, et pour préciser les conditions du problème, adoptons les hypothèses suivantes :

1° Les centres optiques des objectifs des microscopes employés sont à la même distance du limbe;

2° La valeur en arc d'un tour de la vis micrométrique est rigoureusement connue, pour chaque microscope, par rapport à la position théorique du limbe;

3° Les micromètres étant au zéro, les axes optiques des microscopes sont les prolongements de rayons du cercle théorique, distants d'un nombre entier de division du cercle.

Dans ces conditions, rigoureusement satisfaites, si l'on avait un moyen de connaître les distances en arc des points du cercle réel ainsi visés anx traits voisins, on serait dans le cas où les propositions précédentes sont applicables.

Les micromètres donnent le moyen de connaître les distances de leurs zéros aux traits voisins; mais il faut remarquer que l'excentricité, outre son influence *essentielle* que nous avons étudiée plus haut, aura, sur chaque lecture, une influence *indirecte* provenant du changement de la distance théorique du limbe aux centres optiques des objectifs des microscopes.

Soient d la distance théorique des centres optiques des objectifs au limbe, et $d + e$ la distance réelle de l'un d'eux; la valeur réelle en arc d'un tour de vis est à très-peu près égale à sa valeur théorique multipliée par le rapport de $d + e$ à d. On voit donc que le changement causé par l'excentricité, dans la valeur en arc d'un tour de vis, est très-sensiblement proportionnel au changement de la distance du limbe au microscope.

Pour un microscope, le changement de cette distance est, au second ordre près, donné par l'une des expressions suivantes :

1° La projection de l'excentricité sur l'axe optique du microscope;

2° La projection sur l'excentricité du rayon qui passe par le zéro du micromètre, projection réduite dans le rapport de l'excentricité au rayon.

Proposition II. — *Lorsque les sommes algébriques des projections des rayons qui passent aux zéros des micromètres sur la perpendiculaire à l'excentricité et sur la direction même de l'excentricité sont séparément nulles, la moyenne des lectures, à peu près égales, faites aux micromètres est débarrassée de la première puissance de l'excentricité.*

En effet, d'une part (Prop. I), la somme algébrique des projections des rayons suivant lesquels sont établis les microscopes est alors nulle, au troisième ordre près, et par suite les erreurs essentielles d'excentricité se compensent; d'autre part, au second ordre près, les erreurs causées par les changements de distance du limbe aux microscopes sont proportionnelles aux projections, sur la direction de l'excentricité, des rayons suivant lesquels sont fixés les microscopes; elles se compensent donc aussi, puisque la somme algébrique de ces projections est nulle par hypothèse.

On pourrait éviter l'erreur *indirecte* produite sur une lecture par l'excentricité, en pointant, au micromètre, les deux traits les plus voisins du zéro, et partageant leur distance en parties proportionnelles aux valeurs, en tours de vis, des distances du zéro à ces deux traits. Mais cette méthode n'est que théorique, à cause du temps qu'exigeraient alors les lectures. Quoi qu'il en soit, on déduit des propositions précédentes l'énoncé suivant :

Théorème III. — *La moyenne des lectures à peu près égales, faites à des microscopes-micromètres normaux au limbe du cercle gradué, est débarrassée de l'erreur d'excentricité, si le centre des moyennes distances des points visés est au centre du cercle.*

On suppose que le carré de l'excentricité est négligeable et que les centres optiques des objectifs sont à la même distance du limbe.

II. — *Cercle dont la graduation est plane.*

Si un cercle plan, parfaitement gradué suivant les rayons d'un cercle, tourne de manière que la perpendiculaire passant par son centre soit immobile, les points de la graduation qui viennent successivement se placer devant un index fixe sont séparés par des arcs égaux à l'angle dont a tourné le cercle.

Mais à cause du jeu indispensable de l'axe, les tourillons ne guident jamais assez bien le mouvement du cercle dans son plan pour qu'on puisse négliger les erreurs qui en résultent, c'est-à-dire les erreurs d'excentricité.

Nous avons à distinguer ici deux sortes d'excentricité : la première vient du jeu de l'axe dans le sens de sa longueur; la deuxième est l'*excentricité proprement dite* des tourillons par rapport aux coussinets.

La première excentricité ne causerait aucune erreur, si les points visés étaient donnés par des lignes de visée fixes et normales au plan du cercle, et si d'autre part on avait un moyen de déterminer la distance angulaire d'un point visé au trait voisin.

Des microscopes-micromètres, disposés normalement au cercle, permettent de faire cette mesure; mais il faut remarquer qu'en déplaçant le plan du cercle parallèlement à lui-même, la première espèce d'excentricité change la valeur en arc d'un tour de la vis micrométrique. Aussi, au grand cercle méridien Secrétan-Eichens que possède l'Observatoire de Paris, l'action d'un puissant ressort ramène-t-il incessamment l'axe à buter contre une pièce fixe très-solide, de manière qu'il n'y a point à tenir compte de cette première espèce d'excentricité.

L'excentricité *proprement dite* peut, pour chaque microscope, donner deux composantes : l'une, dirigée suivant les rayons du cercle, l'autre suivant la perpendiculaire à ce rayon. La première altère *indirectement* la lecture en changeant la valeur en arc d'un tour de vis, la seconde influe *directement* sur la lecture.

Au second ordre près, la première composante cause une erreur proportionnelle au produit de la lecture faite au micromètre par la projection de l'excentricité sur le rayon du cercle qui passe au point visé; ou encore au produit de la lecture faite au micromètre par la projection du rayon du cercle qui passe au point visé, sur la direction de l'excentricité.

Au second ordre près, la seconde composante influe sur la lecture proportionnellement à la projection de l'excentricité sur la perpendiculaire au rayon du cercle qui passe par le point visé; ou encore, proportionnellement à la projection, sur une perpendiculaire à l'excentricité, du rayon du cercle qui passe au point visé. On en déduit :

THÉORÈME IV. — *Si le carré de l'excentricité est négligeable, la moyenne des lectures, à peu près égales, faites à des microscopes-micromètres normaux au plan du cercle gradué est exempte des erreurs produites par l'excentricité du cercle dans son plan, lorsque le centre des moyennes distances des points visés est au centre du cercle.*

On suppose ici, comme dans un cercle à graduation cylindrique, que les centres optiques des objectifs de deux microscopes diamétralement opposés sont à la même distance de la graduation, condition qui est d'ailleurs toujours suffisamment réalisée par suite de l'égalité donnée par le constructeur aux microscopes fournis pour un même cercle. Quant à cette condition, que les axes optiques des microscopes soient normaux à la surface visée, il suffit évidemment qu'elle soit remplie à quelques degrés près.

III. — *Cercle dont la graduation est conique.*

Lorsque le limbe gradué a la forme d'un tronc de cône, dont les traits de division sont des génératrices, et que les lectures se font par des lignes de visée normales au limbe, il y a encore deux sortes d'excentricité à distinguer : la première provient du glissement de l'axe du cercle dans le sens de sa longueur; la seconde est l'*excentricité proprement dite* de cet axe par rapport aux coussinets.

La première de ces deux causes d'erreur n'influera qu'*indirectement* sur les lectures, puisque les lignes de visée restent néanmoins dans un même plan avec l'axe du cercle et la génératrice du limbe qui passe par le point visé. Elle se fera sentir par les changements qu'elle produira dans la valeur d'un tour de la vis micrométrique, dans la distance des centres optiques des objectifs des microscopes au limbe gradué, et enfin dans le rayon de la circonférence sur laquelle se trouvent les points visés. Cette erreur est proportionnelle à la lecture faite sur le micromètre, elle n'est donc point éliminée dans la moyenne : aussi devra-t-on l'éviter avec soin, au moyen d'une disposition analogue à celle que nous avons indiquée plus haut.

Quant à l'*excentricité proprement dite* du cercle gradué suivant les génératrices, on ne peut l'éviter *à priori;* mais il est possible de la faire disparaître de la moyenne d'un certain nombre de lectures convenablement disposées sur le pourtour de ce cercle. En effet, elle a, sur une lecture quelconque, une double influence; elle en change la valeur *directement* en déplaçant la génératrice du tronc de cône qui passe au point dont l'image coïncide avec le zéro du micromètre, *indirectement* en faisant varier la distance du centre optique de l'objectif à la surface graduée.

On peut évaluer séparément ces deux effets en décomposant l'excentricité suivant la tangente et suivant le rayon de la circonférence qui passe aux points visés.

Or la première composante seule déplace la génératrice sur laquelle se trouve le point visé, et, au second ordre près, l'erreur commise sur une lecture est proportionnelle à sa valeur; par conséquent, si l'on suppose que le carré de l'excentricité puisse être négligé, on arrive à l'énoncé suivant :

Théorème V. — *La moyenne des lectures qui correspondent aux points de rencontre de lignes fixes normales à une graduation tronc-conique est débarrassée de l'influence directe de l'excentricité, si le centre des moyennes distances de ces points est au centre de la graduation.*

D'autre part, si les centres optiques des objectifs des microscopes sont à la même distance de la surface graduée, les erreurs provenant de l'influence indirecte de l'excentricité sont, au second ordre près, proportionnelles au produit de la seconde composante de l'excentricité et des lectures faites au micromètre. Par conséquent, si les lectures sont à peu près égales, les erreurs sont sensiblement proportionnelles à la projection de l'excentricité sur le rayon du cercle qui passe au point visé. On obtient ainsi l'énoncé suivant, qui comprend toutes les erreurs provenant de l'excentricité proprement dite :

Théorème VI. — *La moyenne des lectures faites à des microscopes-micromètres normaux au limbe tronc-conique d'un cercle gradué est débarrassée des erreurs dues à l'excentricité du cercle dans son plan, si le centre des moyennes distances des points visés est au centre du cercle.*

En résumé, si les lectures sont faites à des objectifs également distants du limbe gradué, les erreurs qu'occasionnerait un mouvement de l'axe dans le sens de sa longueur ne sont point éliminées dans les cercles à graduation conique ou plane par des lectures simultanées faites à plusieurs microscopes; au contraire, les erreurs provenant de l'excentricité proprement dite sont toujours éliminées dans la moyenne, si le centre des moyennes distances des points visés est sur l'axe.

NOTE III.

SUR LA PARALLAXE DU SOLEIL,

par C. André.

Les méthodes qui permettent d'arriver à la connaissance de la parallaxe du Soleil sont de deux espèces bien distinctes : les unes, *directes* en donnent la valeur au moyen d'observations astronomiques faites spécialement dans ce but, et sans avoir besoin de résultats de nature différente obtenus par d'autres moyens; les autres, *indirectes*, conduisent à la solution d'une façon tout à fait détournée.

Nous examinerons successivement ces deux modes de détermination (*).

I. — *Méthodes directes.*

Par les observations des passages de Vénus sur le disque du Soleil.

Nous avons montré (*Astronomie sphérique*, n° 140) comment l'observation des passages de Vénus pouvait conduire à la détermination de la parallaxe solaire. Depuis que Halley a fait connaître cette méthode précieuse, on n'a pu l'appliquer qu'aux passages de 1761 et 1769. Par la discussion de toutes les observations faites alors, Encke avait été conduit à la valeur

$$8'',57116.$$

Ce résultat a été longtemps admis comme définitif; cependant Encke lui-même émettait, dans ses Mémoires (**), quelques doutes sur l'exactitude de cette valeur :

« Aux extrémités de la base qui, pour ainsi dire, a servi à déterminer la parallaxe, les observations paraissent soumises à des causes d'erreur assez graves. Toutes les observations européennes présentent cet inconvénient que le Soleil a été très-bas, et, si l'on ne peut pas dire la même chose de Taïti, l'accord peu satisfaisant des instants notés par le même observateur, soit entre eux, soit avec ceux des autres observateurs, peut encore faire craindre ici une incertitude semblable.

» *Les observations données fourniraient la valeur de la paral-*

(*) Consulter à ce sujet le Mémoire suivant : *Investigation of the Distance of the sun and of the Elements which depend upon it* (*Astronomical and Meteorological Observations made at the U. S. Naval Observatory*, 1865).

(**) Encke. — *Entfernung der Sonne von der Erde aus dem Venusdurchgang von* 1768 (*Gotha* 1822).

Encke. — *Venusdurchgang von* 1769 (*Gotha* 1824).

laxe avec le plus grand degré de certitude, si les longitudes de toutes les stations étaient déterminées d'une manière sûre, de sorte qu'il fût possible de faire servir chaque entrée et chaque sortie séparément à la formation des équations de condition. »

C'est dans cet ordre d'idées que M. Powalky (*) a repris à nouveau la discussion des observations si nombreuses du siècle dernier, en se servant des observations astronomiques récentes pour rectifier les longitudes des différentes stations.

Cette discussion le conduisit à la valeur de π

$$8'',832,$$

avec une erreur probable de $\pm 0'',021$.

Mais pour les observations faites à San-José, que tout le portait à croire très-bonnes, les erreurs finales étaient très-considérables; cette remarque l'a décidé à augmenter arbitrairement de 10^s la longitude qu'il avait admise pour cette station, et cette correction, introduite dans les équations finales, donne pour la parallaxe la valeur

$$8'',86,$$

qu'il considère comme la valeur la plus probable de la parallaxe solaire. Quant à l'erreur probable

$$0'',021,$$

attribuée par Powalki à cette valeur, on doit la considérer comme à peu près illusoire, si l'on réfléchit à la grande variation que détermine, dans la valeur de la parallaxe, le faible changement 10^s apporté à la longitude d'une seule des stations; la valeur

$$0'',04$$

paraît beaucoup plus vraisemblable, c'est celle que nous lui attribuerons.

(*) C.-R. Powalky. — *Beiträge zu einer Vollständigeren Beurtheilung Venusdurchgang und Ermittelung einiger Genauerer Resultate aus denselben* (*Astronomische Nachrichten*, n° 1814; 1870).

Par l'observation des planètes Mars et Vénus à leur voisinage de la Terre.

Cette méthode repose sur la comparaison, avec des étoiles voisines, de Vénus lorsqu'elle est en conjonction inférieure, ou de Mars lorsque cette planète est en opposition. La distance de Vénus à la Terre est alors environ les 0,3 de la distance de la Terre au Soleil, et celle de Mars les 0,5 de la même quantité.

Il semble donc, au premier abord, que l'observation de Vénus en conjonction inférieure soit plus avantageuse que celle de Mars en opposition; mais des considérations d'une autre nature font que, dans la pratique, le résultat est inverse. En effet, dans les circonstances que nous avons indiquées, les étoiles qui avoisinent Mars sont toujours visibles, puisque la planète étant directement opposée au Soleil, les observations ne peuvent se faire que la nuit; tandis que, au contraire, Vénus se projetant alors sur la sphère céleste en des points très-voisins du Soleil, la comparaison de la planète avec une étoile voisine ne peut se faire que pendant un temps très-court, un peu avant le lever du Soleil ou un peu après son coucher. Pour Mars en opposition, la comparaison peut se faire pendant toute la nuit, ce qui permet de répéter les mesures un grand nombre de fois, et assure une exactitude plus grande du résultat.

Ceci posé, la comparaison de Mars avec des étoiles voisines peut se faire soit en mesurant les différences de déclinaison des étoiles et de Mars, soit en déterminant leurs différences d'ascensions droites.

1° *Mesure des différences d'ascensions droites.* — On mesure, avec un équatorial, les différences d'ascensions droites entre Mars et des étoiles voisines à l'est et à l'ouest du méridien. Cette méthode a été appliquée pour la première fois par MM. Bond, à l'Observatoire de Harvard College, pendant l'opposition de 1849-1850. La valeur déduite pour la parallaxe du Soleil est de 8″,605, avec une erreur probable de 0″,4 (*).

(*) *Astronomical Journal*, n° 103.

Cette méthode n'a pas reçu toute l'attention qu'elle mérite, probablement par suite de la défiance générale des astronomes pour les observations des temps. Cependant, appliquée à une station dont la latitude ne surpasserait pas 40°, avec un instrument réglé avec soin et installé dans de bonnes conditions de stabilité, elle paraît digne d'une entière confiance; il conviendra surtout de choisir, comme étoiles de comparaison, des étoiles assez voisines de Mars pour que les mesures des différences d'ascension droite puissent se faire à l'aide du fil mobile : l'*équation personnelle* se trouvera alors réduite à une simple erreur de pointé, c'est-à-dire à une valeur de même ordre que dans les mesures de déclinaison.

Nous remarquerons, en outre, que peut-être l'observation au fil horizontal d'un altazimut serait préférable à celle faite aux fils horaires d'un équatorial.

2° *Mesure des différences de déclinaison entre Mars et des étoiles voisines.* — Cette mesure a été faite par deux procédés différents.

a. Dans des observatoires de l'un et l'autre hémisphère, on fait, à peu près simultanément, avec un équatorial, des mesures micrométriques de Mars et d'un certain nombre d'étoiles voisines. C'est ainsi que fut organisée, en 1849, par les États-Unis d'Amérique, l'expédition du capitaine Gilliss au Chili (*). Depuis, en 1862, ce mode d'observation fut repris sous la direction du même astronome : les stations étaient Upsal, Leyde et Washington dans l'hémisphère boréal; Santiago dans l'hémisphère austral. La discussion de ces observations, faites par Hall (**), a conduit, pour la parallaxe du Soleil, à la valeur

$$8'',842 \pm 0'',04,$$

l'erreur probable étant déduite d'un examen un peu grossier des discordances qui existent entre les différents résultats obtenus,

(*) *United states Naval Expedition to Chili*, vol. III.

(**) *Astronomical and Meteorological Observations made at the United States Naval Observatory during the year* 1863.

ainsi que des erreurs systématiques probables des différents observateurs.

b. Dans des observatoires de l'un et l'autre hémisphère, on observe, au cercle méridien, Mars à l'époque de son opposition, et un certain nombre d'étoiles voisines préalablement choisies avec soin. Cette méthode avait déjà été employée en 1832 par les observatoires de Greenwich, Cambridge et Altona dans l'hémisphère nord, et par celui du cap de Bonne-Espérance dans l'hémisphère sud; elle avait alors conduit à la valeur

$$9'',028,$$

qui non-seulement paraît plus approchée de la vérité que la valeur donnée par Encke, mais aussi dont l'erreur probable est moindre que l'erreur absolue de cette dernière.

Depuis, en 1862, Winnecke a recommandé ce procédé de détermination de la parallaxe du Soleil (*), et, sous son impulsion, son application a reçu un développement considérable. Les conditions d'observation étaient alors excessivement favorables; en octobre 1862 la distance de la planète Mars à la Terre descendait presque jusqu'à la valeur minimum qu'elle puisse prendre; elle n'était alors guère supérieure à 0,4, et, par suite, presque égale à la distance de Vénus au moment de sa conjonction inférieure; de plus, la déclinaison de la planète était alors boréale, ce qui offre quelque avantage, les observatoires de l'hémisphère austral étant, en général, situés à une distance de l'équateur plus petite que ceux de l'hémisphère boréal. Nous discuterons plus loin, en détail, les observations qui ont été faites en 1862 conformément au plan de Winnecke; mais auparavant nous ferons ressortir les avantages et les inconvénients d'une pareille méthode.

Les observations étant faites de nuit en nuit avec les mêmes étoiles, il y a peu de chance qu'une série d'observations faite à une station soit perdue par suite du défaut d'observations correspon-

---

(*) A. WINNECKE. — *Considérations concernant les observations méridiennes à faire pendant l'opposition prochaine de Mars dans le but de déterminer sa parallaxe* (*Mélanges mathématiques et astronomiques, tirés du* « Bulletin de l'Académie impériale des Sciences de Saint-Pétersbourg », vol. III).

dantes à l'autre station; tandis que, dans le procédé de Gilliss (*a*), la planète étant comparée chaque nuit à une étoile différente, on perdra toutes celles qui n'auront point été faites la même nuit dans les deux observatoires. D'un autre côté, les résultats donnés par le procédé de Winnecke seront soumis aux erreurs provenant de toutes celles qui affectent les instruments employés, et des autres causes particulières à chaque étoile; de plus les observations ne pourront être, comme dans l'autre procédé, répétées pendant la même nuit.

La grandeur probable de l'erreur due à la première cause peut être déduite des recherches d'Auwers sur les déclinaisons des étoiles fondamentales, et paraît comprise entre deux ou trois dixièmes de seconde; il est donc prudent de chercher autant que possible à observer les mêmes étoiles dans les différents observatoires, afin de rendre l'effet de ces deux causes d'erreur aussi faible que possible. Quant à l'impossibilité où l'on se trouve de pouvoir répéter les observations dans la même nuit, cette cause d'inexactitude relative paraît être beaucoup moins sérieuse quand on songe que les observations micrométriques faites avec un équatorial sont en général moins précises que les observations méridiennes.

Quoi qu'il en soit, il est évident qu'il faut apporter à ce genre d'observations tout le soin possible, car une variation d'une seconde sur l'angle compris entre les directions de Mars en culmination observée de deux stations, dont les latitudes sont à peu près égales à celles du cap de Bonne-Espérance et de Poulkowa, correspondait à peine, dans l'opposition de 1862, à une variation d'un trentième sur la valeur de la parallaxe solaire adoptée par Encke.

En résumé, la comparaison des deux méthodes (*a*) et (*b*) nous conduit à cette conséquence que, si l'on pouvait obtenir une coopération active de presque tous les observatoires du monde, la méthode micrométrique devrait être préférée, tandis qu'au contraire on devrait suivre la seconde si, dans l'un ou l'autre hémisphère, un ou deux observatoires seulement coopéraient à cette recherche. C'est précisément l'arrangement inverse qui a été adopté en 1862.

Arrivons maintenant à la discussion des observations méridiennes de 1862.

1. En comparant chaque couple d'observations *correspondantes*, faites dans chacun des deux hémisphères, on aurait une valeur de la parallaxe de Mars et, par suite, de celle du Soleil; mais, en procédant ainsi, on perd un grand nombre d'observations qui, faites à l'une des deux stations, n'ont par leurs correspondantes dans l'autre. Or il est un moyen de les faire concourir toutes à la détermination de la parallaxe, et, par suite, d'accroître, pour ainsi dire indéfiniment, l'exactitude du résultat.

Les perturbations du mouvement de la Terre et de Mars étant parfaitement connues pour l'époque des observations, chaque observation de la planète conduira, en réalité, à une équation de condition entre la parallaxe, les six éléments de l'orbite de la Terre et ceux de Mars. Treize observations, comparées à la théorie, suffiraient alors en toute rigueur pour corriger les éléments de celle-ci. Mais, si les observations ne comprennent qu'un court intervalle de temps, un mois par exemple, les coefficients des corrections seront si faibles que l'on ne pourra accorder aucune confiance aux valeurs qui en seront déduites. En fait, nous dirons que nos équations suffisent seulement à déterminer un petit nombre de fonctions des éléments, et que, si le choix des valeurs de ces éléments n'a été déterminé que par les conditions de satisfaire aux fonctions précédentes, elles pourront varier beaucoup sans cesser de satisfaire à nos équations de condition.

L'une de ces fonctions est certainement l'erreur de la déclinaison de Mars ou, si l'on veut, l'erreur dz de la coordonnée rectiligne z, qui représente la distance absolue de la planète au plan de l'équateur terrestre. Cette erreur peut être développée en série suivant les puissances du temps, et les coefficients de ce développement remplaçent les éléments eux-mêmes.

Nous avons donc

$$dz = \alpha + \beta t + \gamma t^2 + \ldots;$$

comme on a

$$z = \Delta \sin \delta,$$

Δ étant la distance de la planète à la Terre, et δ sa déclinaison, il vient

$$dz = \Delta \cos\delta . d\delta,$$

et, par suite, on a, pour l'erreur tabulaire de la déclinaison,

$$d\delta = \frac{\text{séc}\,\delta}{\Delta}(\alpha + \beta t + \gamma t^2 + \ldots).$$

Si l'on étudie la table des *erreurs tabulaires* données par Winnecke dans ses *Beobachtungen des Mars um die Zeit der Opposition*, 1862, on reconnaît non-seulement qu'une telle supposition est possible, mais, en outre, que le coefficient de t^2 ne surpasse jamais $0'',0004$; pour un court intervalle, on pourra donc négliger ce terme sans s'exposer à commettre aucune erreur sensible.

D'autre part, l'expression de l'erreur tabulaire de déclinaison doit évidemment comprendre un terme constant provenant de toutes les erreurs constantes commises dans la mesure des déclinaisons; soit D_0 ce terme, $\delta\varpi$ la correction de la parallaxe et posons, en outre,

$$\Delta' = \Delta \cos\delta;$$

chaque comparaison d'une déclinaison observée et de la déclinaison calculée qui lui correspond, donnera une équation de la forme

$$d\delta = f\delta\varpi + D_0 + \frac{\alpha}{\Delta'} + \frac{\beta t}{\Delta'},$$

α et β, D_0 et $\delta\varpi$ étant des quantités inconnues à déterminer; tel est le pricipe de la méthode employée.

2. Les observations comprises dans la discussion actuelle sont les suivantes :

HÉMISPHÈRE NORD.

POULKOWA. — *Beobachtungen des Mars* von Dr A. Winnecke...	31	observ.
HELSINGFORS. — *Beobachtungen des Mars und der Winnecke'schen Vergleichsterne* ...	18	»
LEIDEN. — *Astronomische Nachrichten*, t. LXII ...	29	»
GREENWICH. — *Greenwich observations, of* 1862 ...	40	»
ALBANY. — *Washington observations, of* 1863 ...	26	»
WASHINGTON. — *Washington observations, of* 1862 ...	36	»

HÉMISPHÈRE SUD.

WILLIAMSTOWN. — Par M. Robert Saint-Ellery.................. 51 obsc.v.
CAP DE BONNE-ESPÉRANCE. — Par M. Thomas Maclear......... 43 »
SANTIAGO. — *Observaciones meridianas i micrometricas relativas al planeta Marte al tiempo de su opposicion,* en 1862. *Verificadas en el Observatorio Nacional de Santiago de Chile*........ 49 »

Pour l'hémisphère nord................	154
Pour l'hémisphère sud................	143
Total..	297

3. Quant à la discussion de ces observations, elle a été faite comme il suit. Le point essentiel est de les rendre rigoureusement comparables entre elles; on y arrive en les déduisant toutes séparément d'une position des étoiles de comparaison. Dans le plan de Winnecke, chaque observation de Mars est comparée aux observations analogues de huit étoiles de comparaison. Une éphéméride des positions de ces étoiles étant préparée, la comparaison de la distance polaire observée d'une étoile avec celle que donne l'éphéméride donne une correction apparente de cette observation. La moyenne des huit corrections ainsi obtenues dans une nuit de travail par un même observateur est considérée comme la correction qu'il faut appliquer à la distance polaire de Mars observée le même soir.

Si chaque observateur observait chaque nuit les huit étoiles de comparaison, la position moyenne adoptée pour chaque étoile serait entièrement indifférente; mais, fréquemment, on ne peut observer qu'une partie des étoiles de comparaison; il est donc nécessaire de diriger le calcul de réduction de telle sorte que la position moyenne obtenue pour chaque étoile soit indépendante du lieu particulier où elle a été observée. Le peu d'observations dont on dispose empêchant de les corriger toutes des erreurs particulières à chaque instrument et à chaque observatoire, on a déduit les positions adoptées des observations faites à Greenwich, Poulkowa, Albany et Washington, en ayant soin de les rendre comparables entre elles au moyen des corrections données par Auwers, pour chacun de ces observatoires, dans son Mémoire *sur les corrections nécessaires pour réduire les différents catalogues à un catalogue fondamental.*

Quant aux distances polaires de Mars, elles ont été calculées d'après les Tables de M. Le Verrier, en adoptant $8'',9$ pour parallaxe du Soleil.

Pour former les équations de condition, les observations ont été divisées en cinq séries de vingt à vingt-cinq jours de durée; les deux premières comprennent les observations faites avec le groupe d'étoiles choisi par Winnecke; de plus, par une discussion attentive des observations, on a trouvé que, pour les ramener à la même erreur probable, on devait les multiplier par un facteur convenable, que j'appellerai la mesure de précision.

Ceci posé, soient :

α l'erreur de la distance polaire nord au milieu de la série;

β la variation de α en dix jours, quantité supposée constante pendant la série;

π' le quotient par 0,89 de la correction de la parallaxe moyenne horizontale équatoriale du Soleil;

la forme générale des équations de condition sera

$$o = K\left(\alpha + \beta\frac{t}{10} + \frac{0{,}89 \sin z'}{\Delta}\pi' + d\mathfrak{P}\right),$$

où l'on a représenté par :

K la mesure de la précision;

t l'époque exprimée en jours du milieu de chaque série;

z' la distance zénithale géocentrique apparente, comptée vers le sud;

Δ la distance de la planète à la Terre;

$d\mathfrak{P}$ la différence entre la distance polaire géocentrique nord calculée et la même quantité donnée par l'observation.

En appliquant cette équation générale à chacune des 297 observations dont on dispose, on forme cinq séries d'équations numériques, où les coefficients de l'inconnue principale π' sont de signes contraires pour chacun des deux hémisphères. On traite séparément chacune de ces séries par la méthode des moindres carrés, et l'on obtient, comme équations normales de chaque série :

$$1^\circ \left\{ \begin{aligned} 0 &= +311{,}0\alpha_1 - 15{,}5\beta_1 - 32{,}4\pi' + 48'',5, \\ 0 &= - 11{,}5\alpha_1 + 145{,}8\beta_1 + 144{,}0\pi' + 14'',0, \\ 0 &= - 32{,}4\alpha_1 + 114{,}6\beta_1 + 533{,}9\pi' + 41'',8; \end{aligned} \right.$$

$$2^\circ \left\{ \begin{aligned} 0 &= +308{,}0\alpha_2 + 6{,}2\beta_2 + 122{,}7\pi' + 2'',5, \\ 0 &= + 6{,}2\alpha_2 + 41{,}1\beta_2 - 19{,}9\pi' - 1'',3, \\ 0 &= +122{,}7\alpha_2 - 19{,}9\beta_2 + 719{,}6\pi' - 22'',3; \end{aligned} \right.$$

$$3^\circ \left\{ \begin{aligned} 0 &= +237{,}0\alpha_3 + 4{,}8\beta_3 + 67{,}9\pi' + 3'',9, \\ 0 &= + 4{,}8\alpha_3 + 33{,}6\beta_3 - 12{,}4\pi' - 7'',1, \\ 0 &= + 67{,}9\alpha_3 - 12{,}4\beta_3 + 567{,}1\pi' + 13'',0; \end{aligned} \right.$$

$$4^\circ \left\{ \begin{aligned} 0 &= +292{,}0\alpha_4 - 23{,}8\beta_4 + 62{,}1\pi' + 44'',4, \\ 0 &= - 23{,}8\alpha_4 + 24{,}7\beta_4 - 11{,}0\pi' - 9'',7, \\ 0 &= + 62{,}1\alpha_4 - 11{,}0\beta_4 + 427{,}9\pi' + 38'',4; \end{aligned} \right.$$

$$5^\circ \left\{ \begin{aligned} 0 &= +264{,}0\alpha_5 + 23{,}5\beta_5 - 83{,}2\pi' + 75'',1, \\ 0 &= + 23{,}5\alpha_5 + 45{,}4\beta_5 + 26{,}4\pi' + 7'',5, \\ 0 &= - 83{,}2\alpha_5 + 26{,}4\beta_5 + 378{,}1\pi' + 38'',6. \end{aligned} \right.$$

La résolution de chaque système d'équations, pris isolément, donne pour les inconnues les valeurs :

1° $\alpha_1 = -0'',167$, $\beta_1 = -0'',053$, $\pi' = -0'',077$;

2° $\alpha_2 = -0'',020$, $\beta_2 = +0'',024$, $\pi' = +0'',039$;

3° $\alpha_3 = -0'',016$, $\beta_3 = +0'',210$, $\pi' = -0'',016$;

4° $\alpha_4 = -0'',188$, $\beta_4 = +0'',187$, $\pi' = -0'',057$;

5° $\alpha_5 = -0'',354$, $\beta_5 = +0'',119$, $\pi' = -0'',188$,

qui, à proprement parler, ne doivent être considérées que comme des premières approximations. Pour obtenir une valeur plus exacte de π', nous procéderons par approximations successives. β est la variation que subirait la valeur de α en dix jours, si cette quantité variait uniformément; or, comme nous avons maintenant une série de valeurs de α, pour des dates distantes de quinze à vingt jours, nous pourrions, si toutes ces valeurs étaient comparables, en déduire par différence les valeurs de β. En réalité, deux de ces valeurs seulement, les deux premières, sont rigoureusement comparables entre elles; mais, prises deux à deux, toutes les séries d'observations ont des étoiles communes; les différences probables des moyennes des huit étoiles sont donc si petites, qu'il paraît difficile qu'il en résulte des erreurs sur les valeurs de β déduites de leurs différences.

La comparaison des cinq valeurs successives de α donne pour β les nouvelles valeurs

$$+0'',09, \quad +0'',05, \quad -0'',05, \quad -0'',12, \quad -0'',12;$$

les nombres y croissent en sens inverse des valeurs déduites des équations, et, de plus, ils y ont des signes contraires. Un pareil résultat ne peut être attribué qu'à des erreurs accidentelles, et, au lieu de se servir de l'un ou de l'autre des deux systèmes de valeurs de β, il est préférable de déduire, de leur ensemble, les valeurs les plus probables de cette inconnue; elles sont

$$\beta_1 = +0'',04, \quad \beta_2 = +0'',04, \quad \beta_3 = 0,00,$$
$$\beta_4 = -0'',03, \quad \beta_5 = -0'',03.$$

Une seconde approximation donne alors pour π'

$$\pi' = -0'',05.$$

Portant ces valeurs de β et de π' dans la première équation de chaque série, on aura de nouvelles valeurs de α, qui, combinées avec les valeurs précédentes de β et portées dans la dernière équation de chaque série donneront, pour π', et, par suite, pour π, les valeurs suivantes :

1°	$\pi' = -0'',096,$	$\pi = 8'',815;$
2°	$\pi' = +0'',034,$	$\pi = 8'',930;$
3°	$\pi' = -0'',023,$	$\pi = 8'',880;$
4°	$\pi' = -0'',059,$	$\pi = 8'',847;$
5°	$\pi' = +0'',175,$	$\pi = 8'',744;$
Moyenne ...	$\pi' = -0'',050,$	$\pi = 8'',855.$

L'erreur probable de chaque équation est d'environ 0″,82; l'erreur probable de la valeur conclue pour π' est donc approximativement de 0″,016, et l'erreur probable de la quantité π est elle-même de 0″,014.

Mais cette méthode suppose que les erreurs de toutes les équations séparées sont entièrement indépendantes, hypothèse qui revient à admettre que les observations faites à chaque observatoire ne sont point affectées d'erreurs particulières à l'observateur.

Cette hypothèse est peu probable; mais l'influence d'une pareille cause d'erreur est peut-être insensible. Pour s'en assurer, on a calculé, d'après les méthodes ordinaires, les résidus correspondant à chaque équation. Éliminant alors les équations qui correspondent à des observations où ces erreurs sont considérables, on a trouvé, pour la valeur de la parallaxe du Soleil, déduite des observations méridiennes de Mars à son opposition de 1862, le nombre

$$8'',855,$$

avec une erreur probable de

$$\pm 0'',020,$$

quantité qui n'est que le

$$\frac{1}{442}$$

de la valeur elle-même de la parallaxe.

Comparaison de ces deux méthodes. — La parallaxe relative de Vénus par rapport au Soleil, que la première méthode a pour objet direct de trouver, et la parallaxe de Mars, dont la détermination est le but direct de la seconde, étant deux grandeurs peu différentes l'une de l'autre, la supériorité de l'une des méthodes sur l'autre ne peut venir que de la précision même des observations.

Les observations méridiennes de Mars sont des observations du genre de celles auxquelles sont habitués les astronomes, et se font avec les instruments ordinaires de l'Observatoire, instruments bien connus et très-stables, et dans des lieux dont les longitudes sont aussi bien connues. De plus, la déclinaison de Mars est obtenue dans chaque cas par l'observation simultanée de Mars et d'un certain nombre d'étoiles voisines de son parallèle : les réfractions doivent alors être à peu près les mêmes pour tous ces astres, et les erreurs des Tables disparaître dans la différence. On doit donc admettre qu'il ne peut guère y avoir sur la déclinaison de Mars d'erreur supérieure à 0″,5, ce qui fait une erreur de $\frac{1}{60}$ sur la valeur de la parallaxe de la planète.

Les observations des passages de Vénus sur le disque du Soleil, au lieu de se faire dans des observatoires, s'effectuent la plupart du temps dans des stations dont la longitude est incertaine, et nous avons vu plus haut (p. 453) quelle différence considérable introduisait, dans la valeur de la parallaxe, une faible variation de longitude d'une seule station. La détermination exacte de la longitude de chaque station est donc une condition indispensable à la précision du résultat cherché, longitude qui sera obtenue par des observations du même ordre, mais faites souvent dans des conditions moins favorables que les observations méridiennes de Mars. En outre, l'observation elle-même de l'instant du contact de la planète et du Soleil n'a pu se faire jusqu'ici avec grande exactitude. Ainsi, dans l'observation du dernier passage de Mercure, de 1868 nov. 1 (*), l'époque observée du même contact a varié depuis $20^h 59^m 49^s,23$, nombre déduit des observations d'Oppolzer à Vienne, et $21^h 0^m 52^s,2$ déduit de celles de Penrose à Wimbledon, c'est-à-dire de près d'*une minute*. Le phénomène, en effet, n'est pas aussi simple qu'on pourrait le croire au premier abord ; et, en général, il ne se réduit pas aux circonstances très-nettes que présenteraient deux cercles géométriques de grandeurs inégales dont le plus petit s'avancerait vers le plus grand, de manière à en traverser deux fois le contour en lui devenant successivement tangent à l'extérieur et à l'intérieur. Mais, en réalité, au moment d'un contact intérieur par exemple, les pointes lumineuses, dirigées en regard l'une de l'autre, que doivent présenter les parties du disque solaire situées en dehors du disque de

(*) NEWCOMB. — *On Observing the coming Transits of Venus* (*The American Journal of Science and Arts*, n° 148, juillet 1870.

la planète de part et d'autre du point de contact des deux disques, paraissent émoussées, et les deux cercles sont séparés l'un de l'autre par une sorte de *goutte noire* qui forme comme une protubérance du disque de la planète à l'endroit où a lieu son contact avec le disque du Soleil. Puis, tout à coup, cette *goutte noire* ou *ligament noir* disparaît par la réunion brusque des deux pointes lumineuses émoussées entre lesquelles elle était placée, et le disque de la planète reprend sa forme ordinaire.

Ce phénomène du ligament noir a été généralement, depuis Lalande, attribué à l'*irradiation*. La forte lumière émise par le Soleil produirait sur la rétine l'effet de nous faire voir le disque solaire plus grand et le disque de la planète plus petit qu'ils ne le sont en réalité. Au moment du contact réel, la lumière disparaîtrait au voisinage du point de contact, et les contours apparents, encore séparés d'une quantité égale au double de l'irradiation, paraîtraient réunis en ce point par un ligament noir.

Mais les expériences de Benel, d'Arago, celles de L. Foucault sur le pouvoir optique, celles de MM. Wolf et André montrent que, dans une vision à travers une bonne lunette, il ne se produit aucun phénomène appréciable d'irradiation. L'explication précédente ne peut être admise. D'ailleurs, pour beaucoup des observateurs du passage de Mercure du 4 novembre 1868, les phénomènes du contact de la planète et du bord du Soleil se sont passés avec une régularité géométrique, qui montre bien que, dans le cas où la goutte noire a été vue, il faut en chercher la cause dans les conditions particulières de l'observation.

De nombreuses expériences, faites sur des mires mobiles simulant un passage de Vénus sur le disque du Soleil, au moyen d'objectifs de qualités et d'ouvertures très-variées, ont amené MM. Wolf et André (*) aux conclusions suivantes :

1° Avec un objectif d'ouverture suffisante (20 centimètres au moins) et bien dépouillé d'aberration, le contact peut s'observer avec une précision pour ainsi dire géométrique et sans apparition d'aucun phénomène étranger.

2° Le ligament noir se produit toutes les fois que l'observateur,

(*) *Comptes rendus des séances de l'Académie des Sciences*, t. XLII, 1869.

faisant usage d'un objectif fortement affecté d'aberration, met au point de manière à obtenir une image de la planète bien nettement définie sur ses bords, c'est-à-dire lorsqu'il pointe l'oculaire, non sur l'image focale, mais sur le cercle d'aberration minima. L'image de la planète est alors rétrécie, celle du Soleil augmentée; et *bien avant le contact réel*, la lumière du filet lumineux compris entre la planète et le bord du Soleil, se trouvant diffusée *par l'aberration* sur la planète d'une part, sur le fond du ciel de l'autre, devient assez faible pour être insensible, et il se produit un pont obscur, qui semble se prolonger sur la planète et sur le fond du ciel lui-même. Il est alors impossible de noter l'instant vrai du contact réel.

Il suit de là que, si l'on veut que l'observation du prochain passage de Vénus n'échoue pas comme celle du passage de 1769, il faut que les observateurs mettent tous leurs soins à éviter la formation du ligament noir, et, pour cela, qu'ils emploient des lunettes d'une ouverture suffisante, bien dépouillées d'aberration, et dont l'oculaire soit mis au point sur la véritable image focale.

Au lieu d'une lunette ordinaire, les astronomes allemands ont recommandé l'emploi des héliomètres : cette méthode n'est pas non plus sans inconvénients. Il est clair, en tous cas, qu'une série de mesures micrométriques de la position relative de Vénus et du Soleil pendant le passage de l'astre peut tenir lieu de l'observation des contacts, et faire connaître l'époque qui y correspond.

II. — *Méthodes indirectes.*

Par l'équation parallactique de la Lune.

Parmi toutes les inégalités dont le mouvement de la Lune est affecté, il en est une qui contient, en facteur, la parallaxe solaire et dans l'expression de laquelle le coefficient de cette constante est à peu près égal à 15. Par conséquent, si les observations permettaient de connaître la valeur de cette inégalité à $0'',1$ près, et si, d'autre part, la théorie permettait de calculer exactement la valeur du coefficient, la comparaison des nombres ainsi obtenus ferait connaître la valeur de la parallaxe solaire à $0'',007$ près.

Mais, en réalité, il n'en est pas ainsi, de telle sorte qu'on ne peut espérer obtenir, par cette méthode, une précision aussi grande.

La formule qu'ont adoptée, pour l'*équation parallactique* E de la Lune, MM. Delaunay et Plana (*) est la suivante :

$$E = F \frac{1-\mu}{1+\mu} \frac{1}{\left(1-\frac{m^2}{6}\right)\sin P} \sin\pi,$$

où l'on a représenté par :

π la constante de la parallaxe solaire,

μ la masse de la Lune $\left(\mu = \frac{1}{81,5}\text{ est la valeur adoptée}\right)$,

P la constante de la parallaxe lunaire ($P = 3422'',7$),

m le rapport des moyens mouvements du Soleil et de la Lune,

F un facteur constant dont la valeur est, d'après M. Delaunay, égale à 0,24123.

D'un autre côté, les observations de la Lune sont loin de conduire à une valeur de l'équation parallactique aussi précise que nous l'avons supposée. Ainsi, dans son second Mémoire sur les corrections à apporter aux éléments de l'orbite lunaire, M. Airy déduit des observations méridiennes de la Lune faites à Greenwich pendant toute la durée d'un siècle, de 1750 à 1851, la valeur 122'',79 pour l'équation parallactique, tandis que les observations faites à l'altazimut, prises isolément, conduisent au nombre 125,50 (**). Si l'on rejette les observations antérieures à 1811, à cause de l'incertitude de la valeur du diamètre de la Lune employée dans les réductions, le résultat devient 124'',37. En résumé, Airy conclut, des observations de Greenwich, que la vraie valeur de l'équation parallactique ne peut guère différer de

$$124'',7.$$

Hansen a calculé théoriquement l'équation parallactique en adoptant, pour la parallaxe solaire, le nombre 8'',66 (***), et il

(*) DELAUNAY. — *Théorie de la Lune*, vol. II, p. 847.

(**) *Mémoirs of the Royal Astronomical Society*, vol. XXIX, p. 16.

(***) HANSEN. — *Tables de la Lune*, p. 8.

trouva 122″, 098 : d'autre part, la comparaison des positions qui en résultent pour la Lune avec celles observées à Greenwich et à Dorpat montre qu'il faut multiplier ce nombre par 1,03573, et que, par conséquent, la valeur de l'équation parallactique est de

$$126'',56.$$

De son côté, M. Stone a déduit, de 2075 observations faites à Greenwich, la valeur (*)

$$125'',36,$$

moyenne entre les deux précédentes, et que nous adopterons comme valeur définitive résultant des observations de Greenwich.

La comparaison des observations de la Lune, faites de 1862 à 1865 inclusivement, à l'Observatoire de Washington avec les Tables d'Hansen, a donné à M. Newcomb (**) la valeur

$$125'',46.$$

Nous combinerons ensemble ces différents résultats en donnant à ce dernier le poids 4, à la valeur de Stone le poids 8, à celle d'Hansen le poids 1 ; nous trouverons ainsi, pour valeur la plus probable de l'équation parallactique de la Lune déduite des observations,

$$125'',49.$$

La comparaison de ce nombre avec la formule de M. Delaunay conduit à la valeur

$$8'',838 \pm 0'',025$$

pour la parallaxe solaire.

Par l'équation lunaire de la Terre combinée avec la masse de la Lune.

Par suite de la présence de la Lune, le mouvement de la Terre est soumis à une inégalité qu'on nomme *équation lunaire*, et qui

---

(*) *Monthly Notices of the Royal Astronomical Society*, mai 1867.

(**) *Astronomical and Meteorological Observations made at the U.S. Naval Observatory*, 1865.

contient encore en facteur la parallaxe solaire. On peut donc déduire la valeur de cette constante de la comparaison des valeurs de l'équation lunaire donnée par la théorie et de sa valeur déduite des observations du Soleil, le mouvement apparent de cet astre pour un observateur placé sur la Terre étant exactement le même que le mouvement de la Terre vu du Soleil.

Or, dans la construction de ses Tables du Soleil, M. Le Verrier, en ayant uniquement égard aux observations du Soleil faites vers les époques des quadratures de la Lune, et lorsque l'équation lunaire s'élève au moins à 3″,8 en valeur absolue, a déduit, des observations de 35 annnées à Greenwich (1816 à 1850), 42 années à Paris (1804 à 1845), et 17 années à Kœnigsberg (1815 à 1832), pour le coefficient de l'équation lunaire de la Terre, la valeur

$$6'',50 \; (*),$$

avec une erreur probable d'environ 0″,03.

Depuis, cette recherche a été complétée par M. Newcomb, avec les observations de 14 années à Greenwich (1851 à 1864) et de 5 années à Washington (1861 à 1865) : la première série d'observations lui a donné la valeur

$$6'',56,$$

avec une erreur probable de 0″,04; la seconde le nombre

$$6'',51,$$

avec une erreur probable de 0″,07.

En combinant toutes ces valeurs avec les poids suivants :

11 pour les observations employées par M. Le Verrier,
6 pour celles de Greenwich employées par M. Newcomb,
2 pour celles de Washington,

on trouve, pour valeur la plus probable du coefficient de l'équation lunaire,

$$6'',520,$$

avec une erreur probable de 0,023.

(*) *Annales de l'Observatoire de Paris* (*Mémoires*), t. IV, p. 100.

Quoique les erreurs accidentelles des observations dont ce résultat dépend soient considérables, les observations offrent ce caractère inappréciable, qu'elles paraissent complétement soustraites à toute cause d'erreur systématique. Parmi toutes les sources constantes d'erreur auxquelles sont soumises les observations du Soleil, il n'y en a aucune, en effet, qu'on puisse admettre changer systématiquement avec le premier et le dernier quartier de la Lune; et dès lors la précision de la détermination de l'équation lunaire va en augmentant indéfiniment avec le nombre des observations.

Ceci posé, en développant la longitude et la parallaxe de la Lune de manière à comprendre la variation et le terme correspondant dans la parallaxe, on trouve, pour le coefficient P de l'équation lunaire de la Terre,

$$P = 1,0080 \frac{1}{1+\mu} \frac{\pi}{p},$$

où l'on représente par :

μ la masse de la Lune rapportée à celle de la Terre prise pour unité,

π la parallaxe solaire,

p le sinus de la parallaxe de la Lune exprimé en secondes.

La parallaxe de la Lune peut être considérée comme connue dans les limites d'exactitude que doit comporter la détermination de la parallaxe du Soleil; en remplaçant p par sa valeur, on a

$$\text{(A)} \qquad \pi = 0,016461 . P\left(1 + \frac{1}{\mu}\right).$$

La recherche de la parallaxe du Soleil se trouve ainsi ramenée à celle de l'équation lunaire P, dont nous avons plus haut donné la valeur, et à celle de la masse μ de la Lune.

La meilleure détermination de cette quantité résulte de la comparaison des constantes de la précession et de la nutation, comparaison qui donne le rapport des forces perturbatrices du Soleil et de la Lune par le changement de direction de l'axe de rotation de la Terre. Nous déduirons la valeur de ce rapport du Mémoire de M. Serret (*), en ayant soin d'y rétablir, dans l'expression de la partie périodique Ω de l'inclinaison de l'équateur vrai sur l'écliptique fixe, les termes du troisième ordre par rapport à l'excentricité de l'orbite lunaire et à l'inclinaison de cette orbite sur l'écliptique vraie (**), termes qui ont été négligés par l'auteur. Si l'on désigne par :

M la masse du Soleil,
ε le rapport des forces perturbatrices du Soleil et de la Lune,
$\varkappa$ la force perturbatrice du Soleil,
N la constante de la nutation,
a la précession luni-solaire pour 1850,

M. Serret arrive aux formules

$$(a)\quad N = [\bar{1},38669]\,\varkappa\varepsilon,\quad a = [\bar{1},96272]\,\varkappa + [\bar{1},95922]\,\varkappa\varepsilon.$$

Les nombres entre crochets représentent des logarithmes.

D'autre part, d'après Peters, la valeur de la constante de nutation N est égale à

$$N = 9'',223;$$

et la valeur de précession luni-solaire a déduite de la valeur de la précession générale donnée par Struve, et de la masse de Vénus conclue par M. Le Verrier de ses recherches sur le mouvement de cette planète, est

$$a = 50'',378;$$

substituant ces valeurs de N et de a dans les équations (a), on trouve

$$\log \varkappa\varepsilon = 1,57818,\quad \log \varkappa = 1,23898,\quad \log \varepsilon = 0,33920.$$

Or la comparaison de la chute des graves vers le centre de la Terre avec la chute de cette planète vers le Soleil, ou, en d'autres

(*) Serret. — *Théorie du mouvement de la Terre autour de son centre de gravité* [*Annales de l'Observatoire de Paris* (*Mémoires*), t. V, p. 239 et suiv.].

(**) Ce qui se fait en remplaçant dans Ω l'inclinaison c par la valeur

$$(1 + \tfrac{3}{2}e'^2)\sin c \cos c,$$

' étant l'excentricité de l'orbite lunaire.

termes, la comparaison de la longueur du pendule à seconde avec la durée de l'année sidérale donne

$$\log M.\pi^3 = 8,35488,$$

et puisque

$$\varepsilon = \frac{\mu . p^3}{M\pi^3},$$

on en déduit

$$\varepsilon = [2,24812]\mu;$$

de la valeur précédemment trouvée pour ε, il résulte donc

$$\mu = \frac{1}{81,08},$$

et par la formule (A)

$$\pi = 8'',809.$$

Parmi les données qui concourent à la détermination de cette valeur, les plus incertaines sont : d'une part, la constante de la nutation ainsi que la masse de la Lune qu'on en déduit; et, d'autre part, la valeur du coefficient de l'équation lunaire de la Terre. L'erreur probable de la constante de la nutation employée est d'environ $\frac{1}{600}$ de sa valeur totale, ce qui conduit à une erreur de $\frac{1}{200}$ sur la masse de la Lune qu'on en déduit, et, par suite, à une erreur de 0'',044 sur la parallaxe solaire; sur le second facteur l'erreur probable est de 0'',031, de telle sorte que l'erreur probable du résultat est de

$$\pm 0'',054.$$

Par la détermination expérimentale de la vitesse de la lumière combinée avec la valeur connue de l'abberration.

La méthode expérimentale de Foucault est trop connue pour que nous ayons à nous y arrêter. Nous nous contenterons d'en rappeler les résultats. D'après cet illustre physicien, la vitesse de la lumière serait de 298 millions de mètres, avec une erreur maximum de 500 000 mètres, c'est-à-dire moindre que $\frac{1}{6000}$. Or les belles observations de Struve ont déterminé avec une grande précision le rapport entre la vitesse de la lumière et la vitesse moyenne de la Terre dans son orbite. Les expériences de Foucault font donc connaître la vitesse de la Terre et, par suite, les dimensions de son orbite. On a trouvé ainsi

$$8'',86$$

pour valeur de la parallaxe solaire.

Comparaison de ces trois méthodes. — La méthode de l'équation parallactique de la Lune paraît, au premier abord, très-avantageuse, puisque la parallaxe du Soleil s'y déduit d'une quantité quinze fois plus grande environ donnée par les observations. Mais cette méthode suppose que l'on connaît bien et l'expression théorique qui lie l'équation parallactique à la parallaxe du Soleil, et les valeurs numériques de toutes les autres inégalités du mouvement de la Lune : conditions qu'on peut à peine considérer comme remplies dans l'état actuel de la science, vu la complexité extrême de la théorie du mouvement de la Lune autour de la Terre.

Quant aux inégalités du mouvement apparent du Soleil, que la méthode de l'équation lunaire de la Terre suppose bien déterminées, elles sont beaucoup mieux connues dans leur ensemble que les inégalités de la Lune, car la théorie du mouvement du Soleil est incomparablement plus simple que la théorie du mouvement de la Lune. Mais, d'un autre côté, la parallaxe du Soleil se déduit ici d'une quantité moindre qu'elle même, et, de plus, le rapport de la masse de la Lune à celle de la Terre n'est pas encore connu avec toute l'exactitude désirable.

La valeur déduite des expériences de Foucault repose sur la connaissance de la constante de l'aberration, quantité à peu près égale au double de la parallaxe solaire; de telle sorte qu'une erreur de $\frac{1}{20}$ de seconde sur la valeur de la constante de l'aberration (c'est à peu près l'erreur probable de la valeur adoptée) en entraînerait une de $\frac{1}{40}$ de seconde sur la valeur de la parallaxe.

Mais des expériences aussi délicates peuvent renfermer des causes d'erreur constantes qui échappent à l'expérimentateur le plus habile; et les expériences de Foucault n'ont point été publiées avec tous les détails qui permettraient de s'assurer que ces incertitudes ne sont pas à redouter ; aussi serait-il bon qu'elles fussent répétées dans des conditions aussi différentes que possible de celles qu'a employées cet illustre physicien.

Conclusion.

Les différentes valeurs obtenues pour la parallaxe solaire avec leurs erreurs probables et les poids correspondants sont comprises dans le tableau suivant :

NATURE DES OBSERVATIONS.	PARALLAXE.	POIDS.
Observations méridiennes de mars 1862....	8″,855 ± 0″,020	25
Observations micrométriques de mars 1862.	8,842 ± 0,040	6
Équation parallactique de la Lune	8,838 ± 0,028	16
Équation lunaire de la Terre	8,809 ± 0,054	3
Passage de Vénus en 1769................	8,860 ± 0,040	6
Expériences de Foucault.................	8,860 ±	?

La dernière de ces valeurs ne doit pas être considérée comme un résultat astronomique, et il est difficile de lui assigner une erreur probable. La moyenne de toutes les autres, prise en tenant compte des poids de chacune d'elles, est 8″,847. La comparaison de tous ces résultats conduit à cette conclusion que, dans l'état actuel de l'astronomie, la valeur la plus probable de la parallaxe moyenne équatoriale du Soleil est

$$8'',847$$

avec une erreur probable de

$$\pm 0'',013.$$

En nombres ronds de centièmes, nous adopterons donc pour valeur actuelle de cette constante le nombre

$$8'',85.$$

TABLES.

INSTRUCTIONS POUR L'EMPLOI DES TABLES.

I. — Table d'interpolation.

Nous avons vu (*Astronomie sphérique*, p. 35) que lorsqu'une fonction est donnée par une série de valeurs numériques correspondantes à des valeurs équidistantes de la variable, on peut la représenter par l'expression

$$(a)\quad \left\{\begin{aligned} f(a \pm nw) = f(a) \pm nf'(a) + \frac{n^2}{2}f''(a) \\ \pm \frac{n(n^2-1)}{6}f'''(a) \\ + \frac{n^2(n^2-1)}{24}f^{\text{iv}}(a) \pm \ldots, \end{aligned}\right.$$

qui contient les différences paires situées sur la même ligne horizontale que $f(a)$, et les moyennes arithmétiques des différences d'ordre impair qui sont des deux côtés de cette ligne.

Dans tous les cas où l'on n'aura à employer que les différences secondes, il conviendra de remplacer la formule précédente par celle-ci, qui est beaucoup plus commode :

$$(\text{A})\qquad f(a + nw) = f(a) \pm n\left[f'(a) \pm \frac{n-1}{2}f''(a)\right].$$

De même on a (*Astronomie sphérique*, p. 31)

$$f'''(a) = \tfrac{1}{2}[f'''(a - \tfrac{1}{2}) + f'''(a + \tfrac{1}{2})].$$

En remplaçant cette expression par sa valeur, le terme correspondant de l'équation (a) devient

$$(\text{B}) \qquad \frac{n(n^2-1)}{12}\left[f'''\left(a-\tfrac{1}{2}\right)+f'''\left(a+\tfrac{1}{2}\right)\right].$$

La Table I (p. 487 à p. 489) contient, de centièmes en centièmes, de 0 à 1, les valeurs des coefficients

$$\frac{n(n^2-1)}{12}, \quad \frac{n^2(n^2-1)}{24},$$

ainsi que les logarithmes de

$$\frac{n(n^2-1)}{12}, \quad \frac{n-1}{2},$$

qui servent aux calculs des expressions (A) et (B).

La dernière colonne donne les valeurs de l'argument n, exprimées en minutes et dixièmes de minute, l'intervalle total de 0 à 1 étant supposé égal à 24 heures.

II. — Latitude réduite et logarithme du rayon de la Terre.

Cette Table contient les valeurs du logarithme du rayon de la Terre en un point, et celles de l'*angle de la verticale*, c'est-à-dire de la différence $\varphi-\varphi'$ entre la latitude géographique et la latitude géocentrique du lieu correspondant. Ces valeurs ont été calculées d'après les formules suivantes démontrées (*Astronomie sphérique*, n° 66) et dont les coefficients se déduisent des éléments trouvés par Bessel :

$$\varphi'-\varphi = -11'30'',65 \sin 2\varphi + 1'',16 \sin 4\varphi - \ldots,$$

$$\log\rho = \bar{1},9992747 + 0,0007271 \cos 2\varphi - 0,0000018 \cos 4\varphi + \ldots,$$

où ρ est exprimé en parties du rayon équatorial pris pour unité.

III. — Conversion des parties décimales du degré en minutes et secondes, et réciproquement.

1° Pour convertir en minutes et secondes un arc qui est exprimé en parties décimales du degré, on tirera les minutes et les secondes de la première des Tables III, en considérant à part les dixièmes et les centièmes du nombre donné; en prenant ensuite les millièmes et les dix-millièmes, on déduira les secondes, dixièmes et centièmes de seconde de la deuxième des Tables III; pour les chiffres décimaux suivants on se servira de la seconde Table, dont les nombres devront être reculés de deux rangs vers la droite : la somme de ces trois valeurs donnera l'expression cherchée.

Exemple. — Soit à exprimer en minutes et secondes le nombre

$$0^\circ,83542.$$

Pour..............	$0^\circ,83$	$49'.48''$
Pour..............	0,0054	19,44
Pour..............	0,00002	0,07
		50. 7,51

2° Pour la transformation inverse, on cherche dans la première Table le nombre immédiatement inférieur au nombre de minutes et de secondes donné, on trouve en regard les centièmes de degré correspondants; on opère de même pour le reste avec la seconde Table; multipliant ensuite le dernier reste par 10 ou par 100, on trouve dans cette même Table la fraction décimale correspondante.

Exemple. — Soit à exprimer en parties décimales du degré le nombre

$$43'47'',52.$$

Pour..............	$43'.12''$	$0^\circ,72$
Reste..............	35,52	0,00
Pour..............	35,28	0,0098
Reste..............	0,24	0,00007
		0,72987

IV. — Conversion du temps sidéral en temps moyen.

V. — Conversion du temps moyen en temps sidéral.

L'usage de ces Tables se comprend à la simple vue.

VI. — Réduction du temps en jours.

La Table VI sert à réduire en jours et parties décimales du jour un intervalle de temps quelconque donné en siècles, du calendrier Julien ou Grégorien, années, dates du mois, heures, minutes et secondes.

La colonne marquée *époque*, *année fictive*, exige seule une courte explication. Les nombres qu'elle contient donnent en jours et parties décimales du jour la correction qu'il faut ajouter à janvier 0 dans les années communes, à janvier 1 dans les années bissextiles pour obtenir l'époque de l'année fictive en temps moyen de Paris (*voir* à ce sujet *Astronomie sphérique*, n° 88).

Exemple. — Trouver quelle est, en temps moyen de Paris, l'époque de l'année fictive pour l'année 1768. Dans la première des Tables VI, colonne calendrier grégorien, on trouvera en regard de 1700 le nombre $-0,220$; la Table suivante donne $-0,43$ pour les 68 dernières années; et comme l'année 1768 est bissextile, on a, pour l'époque de l'année fictive en temps moyen de Paris,

$$1 - 0,65 = 0,35$$

ou

$$\text{Janvier } 0.8^{h}24^{m}.$$

VII et VIII. — Correction du midi. — Correction du minuit.

On a vu (*Astronomie sphérique*, n° 114) que si l'on veut déterminer le temps par les hauteurs correspondantes du Soleil, il faut appliquer à la moyenne arithmétique des temps une correction, la *correction du midi*, dépendant de la variation de la déclinaison de cet astre, et donnée par l'expression

$$x = -A\mu \operatorname{tang}\varphi + B\mu \operatorname{tang}\delta,$$

où μ est la variation de la déclinaison en 48 heures et où A et B sont données par les expressions

$$A = \frac{1}{720}\,\frac{\tau}{\sin\tau}, \quad B = \frac{1}{720}\,\frac{\tau}{\tan g\tau},$$

τ étant le demi-intervalle des deux observations.

De même, si, par suite du mauvais état du ciel, on n'a pu observer que des hauteurs correspondantes dans l'après-midi d'un certain jour et dans la matinée du jour suivant, la correction qu'il faut faire subir à la moyenne des temps, ou *correction du minuit*, pour avoir le minuit vrai, est égale à

$$y = \frac{T}{12^h - T}\,(A\mu\,\tan g\varphi - B\mu\,\tan g\delta),$$

T étant le demi-intervalle des observations, et l'angle τ qui entre dans les valeurs de A et B étant alors défini par l'équation

$$T + \tau = 12^h.$$

La Table VII donne les valeurs de A et B pour toutes les valeurs de τ comprises entre 0 et 6 heures; tandis que dans la Table VIII on trouve les valeurs de l'expression

$$f = \frac{T}{12^h - T},$$

pour toutes les valeurs de T comprises entre 6 et 12 heures.

IX. — Réduction au méridien.

Delambre a donné (*Astronomie sphérique*, n° 109), pour la détermination de la latitude par les hauteurs circumméridiennes, une formule très-commode, qui est la suivante :

$$\varphi = z + \delta - b.2\sin^2\tfrac{1}{2}t + b^2\cot(\varphi - \delta).2\sin^4\tfrac{1}{2}t,$$

où b représente la quantité

$$\frac{\cos\varphi\cos\delta}{\sin(\varphi - \delta)}.$$

Les Tables IX sont destinées à simplifier le calcul de la latitude φ. On y trouve :

1° Les valeurs de l'expression

$$m = \frac{2\sin^2\frac{1}{2}t}{\sin 1''},$$

calculées de seconde en seconde pour toutes les valeurs de t comprises entre $0^h 0^m$ et $0^h 30^m$;

2° Les valeurs de

$$n = \frac{2\sin^4\frac{1}{2}t}{\sin 1''},$$

de dix en dix secondes pour toutes les valeurs de t comprises entre les mêmes limites;

3° Dans les expressions précédentes, t représente l'angle horaire de l'astre; ses différentes valeurs ne sont donc égales aux différences entre l'heure du passage au méridien et celle de l'observation que si pendant cet intervalle la *marche* du chronomètre peut être considérée comme insensible. Dans le cas contraire il n'est point nécessaire de corriger séparément chaque angle horaire observé. En effet, soit Δu la marche de la pendule en vingt-quatre heures, t l'angle horaire observé, t' l'angle horaire vrai, on a

$$\frac{t'}{t} = \frac{24^h}{24^h - \Delta u} = \frac{86400}{86400 - \Delta u},$$

d'où

$$\frac{t'}{t} = \frac{1}{1 - \frac{\Delta u}{86400}}.$$

D'autre part, on a, avec toute l'exactitude désirable,

$$\sin\frac{1}{2}t' = \frac{t'}{t}\sin\frac{1}{2}t,$$

ou

$$\sin^2\frac{1}{2}t' = \left(\frac{t'}{t}\right)^2 \sin^2\frac{1}{2}t,$$

et si l'on pose

$$k = \frac{t'}{t} = \frac{1}{\left(1 - \frac{\Delta u}{86400}\right)^2},$$

il viendra

$$\sin^2 \tfrac{1}{2} t' = k \sin^2 \tfrac{1}{2} t,$$

de telle sorte que pour tenir compte de la marche de la pendule, il suffit de multiplier la valeur de m que donnent les Tables par le facteur k. Une petite Table supplémentaire (p. 520) donne les valeurs de $\log k$ pour les valeurs positives de la marche Δu, comprises entre 0 et 30 secondes. Si la marche était négative, il faudrait prendre le complément à l'unité de la partie décimale du logarithme et donner à celui-ci la caractéristique $\bar{1}$.

Si les observations ont été faites avec un chronomètre de temps moyen, le facteur k doit être multiplié par

$$\mu^2 = (1,00273791)^2.$$

Enfin, dans le cas où l'astre observé est le Soleil, il faut substituer au facteur k le coefficient

$$k' = \left(\frac{1}{1 - \frac{\Delta u - \Delta e}{86400}}\right)^2,$$

Δe étant l'accroissement de l'*équation du temps* en vingt-quatre heures.

X. — Logarithmes de m et de n.

L'emploi de cette Table n'exige aucune explication.

XI. — Réfraction moyenne.

Dans cette Table sont comprises les valeurs de la réfraction moyenne (*Astronomie sphérique*, p. 219) pour une température de + 10° C. et une hauteur de $0^m,760$, réduite à + 10° C; elles ont été extraites des instructions pour le service de l'Observatoire de Paris.

XII. — Réfraction d'après Bessel.

Bessel (*Astronomie sphérique*, p. 230) représente la réfraction moyenne par a tang$z$, z étant la distance zénithale apparente, et adopte, pour expression de la réfraction vraie $\delta z'$,

$$\delta z' = (a \operatorname{tang} z)\, \gamma^{1+p} (\mathrm{B}.\mathrm{T})^{1+q},$$

d'où

$$\log \delta z' = (\log a + \log \operatorname{tang} z) + (1+p) \log \gamma + (1+q)(\log \mathrm{B} + \log \mathrm{T}).$$

1° Les Tables XII-A donnent les valeurs de log$a$, $1+p$ et $1+q$ avec la distance zénithale apparente pour argument, pour toutes les distances zénithales comprises entre 0° et 85°.

Si l'on prend la distance zénithale vraie pour argument, $\delta z'$ peut se mettre sous une forme analogue

$$\delta z' = (a' \operatorname{tang} \zeta)\, \gamma^{1+p'} (\mathrm{B}.\mathrm{T})^{1+q'},$$

où ζ est la distance zénithale vraie; la seconde moitié de chaque Table donne les valeurs de loga', $1+p'$ et $1+q'$ avec ζ pour argument.

2° b_m étant la hauteur barométrique observée et exprimée en mètres, on a

$$\mathrm{B} = b_m \frac{443,296}{333,78} \frac{100}{100 - 10\lambda},$$

$$\mathrm{T} = \frac{100 + \lambda(c - 10)}{100 + \mu(c - 10)} = 100[1 - (\mu - \lambda)(c - 10)],$$

où λ représente la dilatation entre 0° et 100° de l'unité de longueur de l'échelle du baromètre, μ la dilatation entre les mêmes limites de l'unité de volume de mercure, et c la température du thermomètre intérieur exprimée en degrés centigrades.

La Table XII-B donne les valeurs de log B et log T.

3° m' étant la dilatation de l'unité de volume d'air à la pression de $0^{m},760$ entre 0° et 100° C., on a

$$\gamma = \frac{100 + 9,31 . m'}{100 + m'c'},$$

c' étant la température du thermomètre extérieur, la Table XII-C donne les valeurs de $\log y$.

Remarque. — Ces Tables ne vont que jusqu'à 85° de distance zénithale. Pour des distances zénithales plus fortes, on ne peut se fier à aucune Table de réfraction. En effet, on rencontre parfois, pour toute distance zénithale, des différences anormales entre la réfraction vraie et celle que l'on déduit des Tables, et ces différences deviennent très-sensibles pour les distances zénithales considérables. Heureusement la plupart des observations astronomiques importantes peuvent être faites à des distances zénithales inférieures à 85° et même à 80°, et au-dessous de cette dernière limite l'expérience à montré qu'on pouvait accorder la plus grande confiance aux Tables de Bessel. Dans les cas extrêmes où l'astre observé ne s'éloignerait pas de plus de 5° de l'horizon, on peut calculer une valeur approchée de la réfraction à l'aide de la Table supplémentaire suivante, déduite des observations d'Argelander, où la réfraction $\delta z'$ est encore mise sous la forme $\delta z' = R y^{1+p} (B.T)^{1+q}$.

DISTANCE ZÉNITHALE apparente.	log R	$1+p$	$1+q$
85°. 0'	2,76687	1,1229	1,0127
30	2,80590	1,1408	1,0147
86. 0	2,84444	1,1624	1,0172
30	2,88555	1,1888	1,0204
87. 0	2,93174	1,2215	1,0244
30	2,98269	1,2624	1,0298
88. 0	3,03686	1,3141	1,0368
30	3,09723	1,3797	1,0465
89. 0	3,16572	1,4653	1,0593
30	3,24542	1,5789	1,0780

XIII. — Éléments de réduction et constantes.

Ces Tables n'ont évidemment besoin d'aucune explication.

XIV. — Observations au cercle méridien.

Ces Tables renferment les valeurs des deux termes de la réduction au méridien, tels que les donne la théorie du cercle méridien (*Astronomie pratique*, p. 234). Quelques remarques sont nécessaires.

1° La Table XIV donne les valeurs de A pour des valeurs de l'angle horaire inférieures à 10^m. Si l'on veut avoir les valeurs de A pour une valeur de τ supérieure à 10^m, on cherchera la valeur correspondante au temps $\frac{\tau}{10}$, et on la multipliera par 100. L'approximation est suffisante parce que l'astre, étant très-voisin du pôle, le second facteur B est nécessairement très-petit.

2° Il suffira d'exprimer B en

millièmes si $A < 100''$,
centièmes si $A < 10''$,
dixièmes si $A < 1''$.

TABLE I. — Table d'interpolation.

n	$\frac{n(n^2-1)}{12}$	log	$\frac{n^2(n^2-1)}{24}$	$\log \frac{n-1}{2}$	ARG. HOR.
					h m
± 0,00	∓ 0,00000	−∞	− 0,000	$\bar{1}$,6990 n	0. 0,0
01	00083	$\bar{4}$,921		6946 n	14,4
02	00167	$\bar{3}$,2217		6902 n	28,8
03	00250	3976		6857 n	43,2
04	00333	5222		6812 n	57,6
± 0,05	∓ 0,00416	$\bar{3}$,6187		$\bar{1}$,6767 n	1.12,0
06	00498	6974		6721 n	26,4
07	00580	7638		6675 n	40,8
08	00662	8211		6628 n	55,2
09	00744	8715		6580 n	2. 9,6
± 0,10	∓ 0,00825	$\bar{3}$,9165		$\bar{1}$,6532 n	24,0
11	00906	9569	− 0,001	6484 n	38,4
12	00986	9937		6435 n	52,8
13	01065	$\bar{2}$,02736		6385 n	3. 7,2
14	01144	05835		6335 n	21,6
± 0,15	∓ 0,01222	$\bar{2}$,08703		$\bar{1}$,6284 n	36,0
16	01299	11368		6232 n	50,4
17	01376	13853		6180 n	4. 4,8
18	01451	16179		6128 n	19,2
19	01526	18360		6075 n	33,6
± 0,20	∓ 0,01600	$\bar{2}$,20412	− 0,002	$\bar{1}$,6021 n	48,0
21	01673	22345		5966 n	5. 2,4
22	01745	24170		5911 n	16,8
23	01815	25894		5855 n	31,2
24	01885	27527		5798 n	45,6
± 0,25	∓ 0,01953	$\bar{2}$,29073		$\bar{1}$,5740 n	6. 0,0
26	02020	30539	− 0,003	5682 n	14,4
27	02086	31931		5623 n	28,8
28	02150	33252		5563 n	43,2
29	02213	34506		5502 n	57,6
± 0,30	∓ 0,02275	$\bar{2}$,35698		$\bar{1}$,5441 n	7.12,0
31	02335	36830	− 0,004	5378 n	26,4
32	02394	37905		5315 n	40,8
33	02451	38926		5250 n	55,2
34	02506	39895		5185 n	8. 9,6
± 0,35	∓ 0,02559	$\bar{2}$,40813		$\bar{1}$,5119 n	24,0

TABLE I. — Table d'interpolation.

n	$\frac{n(n^2-1)}{12}$	log	$\frac{n^2(n^2-1)}{24}$	$\log\frac{n-1}{2}$	ARC. HOR.
					h m
± 0,35	∓ 0,02559	$\bar{2}$,40813	— 0,004	$\bar{1}$,5119 n	8.24,0
36	02611	41684	— 0,005	5051 n	38,4
37	02661	42508		4983 n	52,8
38	02709	43287		4914 n	9. 7,2
39	02756	44023		4843 n	21,6
± 0,40	∓ 0,02800	$\bar{2}$,44716	— 0,006	$\bar{1}$,4771 n	9.36,0
41	02842	45367		4698 n	50,4
42	02883	45978		4624 n	10. 4,8
43	02921	46550		4548 n	19,2
44	02957	47082	— 0,007	4472 n	33,6
± 0,45	∓ 0,02991	$\bar{2}$,47576		$\bar{1}$,4393 n	10.48,0
46	03022	48032		4314 n	11. 2,4
47	03051	48451		4232 n	16,8
48	03078	48833		4150 n	31,2
49	03103	49178	— 0,008	4065 n	45,6
± 0,50	∓ 0,03125	$\bar{2}$,49485		$\bar{1}$,3979 n	12. 0,0
51	03145	49756		3892 n	14,4
52	03162	49991		3802 n	28,8
53	03176	50188		3711 n	43,2
54	03188	50349	— 0,009	3617 n	57,6
± 0,55	∓ 0,03197	$\bar{2}$,50473		$\bar{1}$,3522 n	13.12,0
56	03203	50559		3424 n	26,4
57	03207	50606		3324 n	40,8
58	03207	50615		3222 n	55,2
59	03205	50585		3118 n	14. 9,6
± 0,60	∓ 0,03200	$\bar{2}$,50515	— 0,010	$\bar{1}$,3010 n	14.24,0
61	03192	50403		2900 n	38,4
62	03181	50251		2788 n	52,8
63	03166	50055		2672 n	15. 7,2
64	03149	49815		2553 n	21,6
± 0,65	∓ 0,03128	$\bar{2}$,49528		$\bar{1}$,2430 n	15.36,0
66	03104	49195		2304 n	50,4
67	03077	48812		2175 n	16. 4,8
68	03046	48379		2041 n	19,2
69	03012	47892		1903 n	33,6
± 0,70	∓ 0,02975	$\bar{2}$,47349		$\bar{1}$,1761 n	16.48,0

TABLE I. — Table d'interpolation.

n	$\frac{n(n^2-1)}{12}$	log	$\frac{n^2(n^2-1)}{24}$	$\log\frac{n-1}{2}$	ARC. HOR.
					h m
± 0,70	∓ 0,02975	$\bar{2}$,47349	— 0,010	$\bar{1}$,1761 n	16.48,0
71	02934	46747		1614 n	17. 2,4
72	02890	46084		1461 n	16,8
73	02842	45355		1303 n	31,2
74	02790	44557		1139 n	45,6
± 0,75	∓ 0,02734	$\bar{2}$,43686	— 0,009	$\bar{1}$,0969 n	18. 0,0
76	02675	42735		0792 n	14,4
77	02612	41701		0607 n	28,8
78	02545	40575		0414 n	43,2
79	02475	39352		0212 n	57,6
± 0,80	∓ 0,02400	$\bar{2}$,38021		$\bar{1}$,0000 n	19.12,0
81	02321	36574		$\bar{2}$,978 n	26,4
82	02239	34997		954 n	40,8
83	02152	33280		929 n	55,2
84	02061	31404		903 n	20. 9,6
± 0,85	∓ 0,01966	$\bar{2}$,29350	— 0,008	$\bar{2}$,875 n	20.24,0
86	01866	27096		845 n	38,4
87	01762	24612		813 n	52,8
88	01654	21684	— 0,007	778 n	21. 7,2
89	01542	18806		740 n	21,6
± 0,90	∓ 0,01425	$\bar{2}$,15381	— 0,006	$\bar{2}$,699 n	21.36,0
91	01304	11514		653 n	50,4
92	01178	07100	— 0,005	602 n	22. 4,8
93	01047	01996		544 n	19,2
94	00912	$\bar{3}$,9599	— 0,004	477 n	33,6
± 0,95	∓ 0,00772	$\bar{3}$,8875		$\bar{2}$,398 n	22.48,0
96	00627	7974	— 0,003	301 n	23. 2,4
97	00478	6792	— 0,002	176 n	16,8
98	00323	5098		000 n	31,2
99	00164	2151	— 0,001	$\bar{3}$,70 n	45,6
± 1,00	∓ 0,00000	— ∞	— 0,000	— ∞	24. 0,0

TABLE II. — Latitude réduite et Logarithme du rayon de la Terre.

Argument φ = Latitude géographique. — Aplatissement = $\frac{1}{299,15}$.

φ	$\varphi - \varphi'$	$\log \rho$	φ	$\varphi - \varphi'$	$\log \rho$
0°. 0'	0'. 0",00	0,000 0000	30°. 0'	9'.57",12	$\bar{1}$,999 6392
1. 0	0.24,02	$\bar{1}$,999 9996	10	59,12	6355
2. 0	0.48,02	9982	20	10. 1,11	6319
3. 0	1.11,95	9961	30	3,07	6282
4. 0	1.35,80	9930	40	5,02	6245
5. 0	1.59,54	9891	50	6,94	6208
6. 0	2.23,12	$\bar{1}$,999 9843	31. 0	10. 8,85	$\bar{1}$,999 6171
7. 0	2.46,54	9786	10	10,73	6134
8. 0	3. 9,76	9721	20	12,59	6096
9. 0	3.32,74	9648	30	14,44	6059
10. 0	3.55,47	9566	40	16,26	6021
11. 0	4.17,92	9476	50	18,06	5984
12. 0	4.40,06	$\bar{1}$,999 9377	32. 0	10.19,84	$\bar{1}$,999 5946
13. 0	5. 1,85	9271	10	21,60	5908
14. 0	5.23,28	9157	20	23,34	5870
15. 0	5.44,33	9035	30	25,05	5832
16. 0	6. 4,95	8905	40	26,75	5794
17. 0	6.25,14	8768	50	28,43	5755
18. 0	6.44,86	$\bar{1}$,999 8624	33. 0	10.30,08	$\bar{1}$,999 5717
19. 0	7. 4,09	8472	10	31,71	5678
20. 0	7.22,80	8314	20	33,32	5640
21. 0	7.40,99	8149	30	34,91	5601
22. 0	7.58,61	7977	40	36,48	5562
23. 0	8.15,66	7799	50	38,03	5523
24. 0	8.32,10	$\bar{1}$,999 7614	34. 0	10.39,55	$\bar{1}$,999 5484
25. 0	8.47,93	7424	10	41,06	5445
26. 0	9. 3,12	7228	20	42,54	5406
27. 0	9.17,65	7027	30	44,00	5367
28. 0	9.31,50	6820	40	45,44	5327
29. 0	9.44,66	6608	50	46,86	5288
30. 0	9.57,12	$\bar{1}$,999 6392	35. 0	10.48,25	$\bar{1}$,999 5248

TABLE II. — Latitude réduite et Logarithme du rayon de la Terre.

φ' = Latitude réduite. — ρ = Rayon de la Terre.

φ	$\varphi - \varphi'$	$\log \rho$	φ	$\varphi - \varphi'$	$\log \rho$
35°. 0'	10'.48",25	$\bar{1}$,999 5248	40°. 0'	11'.19",76	$\bar{1}$,999 4027
10	49,63	5208	10	20,46	3985
20	50,98	5169	20	21,13	3944
30	52,31	5129	30	21,79	3902
40	53,62	5089	40	22,42	3860
50	54,90	5049	50	23,02	3819
36. 0	10.56,16	$\bar{1}$,999 5009	41. 0	11.23,61	$\bar{1}$,999 3777
10	57,41	4969	10	24,17	3735
20	58,63	4929	20	24,70	3693
30	59,82	4888	30	25,22	3651
40	11. 1,00	4848	40	25,71	3609
50	2,15	4807	50	26,18	3567
37. 0	11. 3,28	$\bar{1}$,999 4767	42. 0	11.26,62	$\bar{1}$,999 3525
10	4,39	4726	10	27,04	3483
20	5,47	4686	20	27,44	3441
30	6,54	4645	30	27,82	3399
40	7,58	4604	40	28,17	3357
50	8,59	4563	50	28,50	3315
38. 0	11. 9,59	$\bar{1}$,999 4522	43. 0	11.28,80	$\bar{1}$,999 3273
10	10,56	4481	10	29,08	3230
20	11,51	4440	20	29,34	3188
30	12,44	4399	30	29,58	3146
40	13,34	4358	40	29,79	3104
50	14,22	4317	50	29,98	3062
39. 0	11.15,08	$\bar{1}$,999 4276	44. 0	11.30,14	$\bar{1}$,999 3019
10	15,92	4234	10	30,29	2977
20	16,73	4193	20	30,41	2935
30	17,52	4152	30	30,50	2892
40	18,29	4110	40	30,57	2850
50	19,04	4069	50	30,62	2808
40. 0	11.19,76	$\bar{1}$,999 4027	45. 0	11.30,65	$\bar{1}$,999 2766

TABLE II. — Latitude réduite et Logarithme du rayon de la Terre.

Argument φ = Latitude géographique. — Aplatissement = $\frac{1}{299,15}$.

φ	$\varphi - \varphi'$	$\log \rho$	φ	$\varphi - \varphi'$	$\log \rho$
45°. 0'	11'.30",65	$\bar{1}$,999 2766	50°. 0'	11'.20",55	$\bar{1}$,999 1502
10	30,65	2723	10	19,85	1460
20	30,63	2681	20	19,13	1419
30	30,58	2639	30	18,39	1377
40	30,51	2596	40	17,63	1335
50	30,42	2554	50	16,84	1294
46. 0	11.30,31	$\bar{1}$,999 2512	51. 0	11.16,02	$\bar{1}$,999 1252
10	30,17	2470	10	15,19	1211
20	30,01	2427	20	14,33	1170
30	29,82	2385	30	13,45	1128
40	29,61	2343	40	12,55	1087
50	29,38	2300	50	11,62	1046
47. 0	11.29,12	$\bar{1}$,999 2258	52. 0	11.10,67	$\bar{1}$,999 1005
10	28,85	2216	10	9,70	0963
20	28,54	2174	20	8,71	0922
30	28,22	2132	30	7,69	0881
40	27,87	2089	40	6,66	0840
50	27,50	2047	50	5,60	0800
48. 0	11.27,10	$\bar{1}$,999 2005	53. 0	11. 4,51	$\bar{1}$,999 0759
10	26,69	1963	10	3,40	0718
20	26,24	1921	20	2,27	0677
30	25,78	1879	30	1,12	0637
40	25,29	1837	40	10.59,94	0596
50	24,78	1795	50	58,74	0556
49. 0	11.24,24	$\bar{1}$,999 1753	54. 0	10.57,52	$\bar{1}$,999 0515
10	23,69	1711	10	56,28	0475
20	23,11	1669	20	55,02	0435
30	22,50	1627	30	53,73	0395
40	21,87	1586	40	52,42	0355
50	21,22	1544	50	51,09	0315
50. 0	11.20,55	$\bar{1}$,999 1502	55. 0	10.49,74	$\bar{1}$,999 0275

TABLE II. — Latitude réduite et Logarithme du rayon de la Terre.

φ' = Latitude géocentrique. ρ = Rayon de la Terre.

φ	$\varphi - \varphi'$	$\log \rho$	φ	$\varphi - \varphi'$	$\log \rho$
55°. 0'	10'.49",74	$\bar{1}$,999 0275	60°. 0'	9'.59",12	$\bar{1}$,998 9121
10	48,36	0235	61. 0	46,74	8902
20	46,97	0195	62. 0	33,65	8688
30	45,55	0155	63. 0	19,85	8479
40	44,11	0116	64. 0	5,36	8275
50	42,65	0076	65. 0	8.50,21	8077
56. 0	10.41,16	$\bar{1}$,999 0037	66. 0	8.34,40	$\bar{1}$,998 7884
10	39,65	$\bar{1}$,998 9998	67. 0	17,97	7697
20	38,13	9958	68. 0	0,92	7517
30	36,58	9919	69. 0	7.43,29	7342
40	35,01	9880	70. 0	25,08	7174
50	33,41	9841	71. 0	6,33	7013
57. 0	10.31,80	$\bar{1}$,998 9802	72. 0	6.47,06	$\bar{1}$,998 6859
10	30,16	9764	73. 0	27,28	6713
20	28,50	9725	74. 0	7,03	6573
30	26,83	9686	75. 0	5.46,33	6441
40	25,13	9648	76. 0	25,20	6317
50	23,40	9610	77. 0	3,67	6201
58. 0	10.21,66	$\bar{1}$,998 9571	78. 0	4.41,77	$\bar{1}$,998 6093
10	19,90	9533	79. 0	19,53	5993
20	18,11	9495	80. 0	3.56,96	5901
30	16,31	9457	81. 0	34,10	5818
40	14,48	9419	82. 0	10,98	5743
50	12,63	9382	83. 0	2.47,63	5676
59. 0	10.10,77	$\bar{1}$,998 9344	84. 0	2.24,07	$\bar{1}$,998 5619
10	8,88	9307	85. 0	0,33	5570
20	6,97	9269	86. 0	1.36,44	5530
30	5,04	9232	87. 0	12,43	5498
40	3,08	9195	88. 0	0.48,34	5476
50	1,11	9158	89. 0	24,18	5463
60. 0	9.59,12	$\bar{1}$,998 9121	90. 0	0. 0,00	$\bar{1}$,998 5458

TABLE III. — Conversion des parties décimales du degré en minutes et secondes, et réciproquement.

0°,01	0'.36"	0°,36	21'.36"	0°,71	42'.36"
02	1.12	37	22.12	72	43.12
03	1.48	38	22.48	73	43.48
04	2.24	39	23.24	74	44.24
05	3. 0	40	24. 0	75	45. 0
0,06	3.36	0,41	24.36	0,76	45.36
07	4.12	42	25.12	77	46.12
08	4.48	43	25.48	78	46.48
09	5.24	44	26.24	79	47.24
10	6. 0	45	27. 0	80	48. 0
0,11	6.36	0,46	27.36	0,81	48.36
12	7.12	47	28.12	82	49.12
13	7.48	48	28.48	83	49.48
14	8.24	49	29.24	84	50.24
15	9. 0	50	30. 0	85	51. 0
0,16	9.36	0,51	30.36	0,86	51.36
17	10.12	52	31.12	87	52.12
18	10.48	53	31.48	88	52.48
19	11.24	54	32.24	89	53.24
20	12. 0	55	33. 0	90	54. 0
0,21	12.36	0,56	33 36	0,91	54.36
22	13.12	57	34.12	92	55.12
23	13.48	58	34.48	93	55.48
24	14.24	59	35.24	94	56.24
25	15. 0	60	36 0	95	57. 0
0,26	15.36	0,61	36.36	0,96	57.36
27	16.12	62	37.12	97	58.12
28	16.48	63	37.48	98	58.48
29	17.24	64	38.24	99	59.24
30	18. 0	65	39. 0	1,00	60. 0
0,31	18.36	0,66	39.36		
32	19.12	67	40.12		
33	19.48	68	40.48		
34	20.24	69	41.24		
35	21. 0	70	42. 0		

II. *Petit miroir.* — L'erreur causée par la forme prismatique du petit miroir n'a pas d'importance réelle. En effet, les rayons venant du grand miroir rencontrent toujours le petit sous le même angle; il en résulte que l'erreur commise sur chaque lecture est, pour toutes les positions du grand miroir, la même que lorsque les deux miroirs sont parallèles entre eux, et que, par conséquent, elle disparaît dans la différence de deux lectures, c'est-à-dire dans la valeur instrumentale de la distance angulaire de deux objets.

Remarque. — Les calculs qui précèdent s'appliquent seulement au cas où les deux faces du miroir sont perpendiculaires au plan du sextant; dans le cas général, les calculs seraient longs et pénibles; la solution d'un pareil problème n'offrirait d'ailleurs aucun intérêt pratique : ce que nous avons dit suffit amplement pour montrer l'effet d'un défaut de parallélisme, d'autant plus que le cas précédent est celui où l'erreur produite par la forme prismatique du miroir atteint son maximum.

77. *Verres colorés pour les observations du Soleil et de la Lune.* — Dans les observations du Soleil, et même de la Lune lorsqu'elle est pleine, on interpose généralement sur le trajet des rayons lumineux émanés de l'astre des verres colorés, afin d'affaiblir leur intensité et d'empêcher l'œil de se fatiguer aussi rapidement. Ces verres sont, dans la *fig.* 42, en X et en Y; ils sont portés par un axe parallèle au plan du sextant, de façon à ce qu'on puisse tantôt les rabattre sur le côté, dans la position indiquée *fig.* 42, tantôt les placer devant le petit ou le grand miroir : dans ce second cas, ils viennent buter contre un arrêt et prennent par suite une position déterminée. Chacun des groupes X et Y est formé de trois ou quatre verres dont la teinte va en se fonçant de plus en plus, depuis le vert jusqu'aurouge-brun. Le groupe X sert à l'observation directe de l'astre, et le groupe Y à l'observation de son image réfléchie.

Si les deux faces d'un quelconque de ces verres étaient parallèles, son interposition n'altérerait en aucune façon la valeur des angles obtenus avec le sextant, puisque les rayons qui tombent sur

TABLE III. — Conversion des parties décimales du degré en minutes et secondes, et réciproquement.

0°,0001	0″,36	0°,0036	12″,96	0°,0071	25″,56
02	0,72	37	13,32	72	25,92
03	1,08	38	13,68	73	26,28
04	1,44	39	14,04	74	26,64
05	1,80	40	14,40	75	27,00
0,0006	2,16	0,0041	14,76	0,0076	27,36
07	2,52	42	15,12	77	27,72
08	2,88	43	15,48	78	28,08
09	3,24	44	15,84	79	28,44
10	3,60	45	16,20	80	28,80
0,0011	3,96	0,0046	16,56	0,0081	29,16
12	4,32	47	16,92	82	29,52
13	4,68	48	17,28	83	29,88
14	5,04	49	17,64	84	30,24
15	5,40	50	18,00	85	30,60
0,0016	5,76	0,0051	18,36	0,0086	30,96
17	6,12	52	18,72	87	31,32
18	6,48	53	19,08	88	31,68
19	6,84	54	19,44	89	32,04
20	7,20	55	19,80	90	32,40
0,0021	7,56	0,0056	20,16	0,0091	32,76
22	7,92	57	20,52	92	33,12
23	8,28	58	20,88	93	33,48
24	8,64	59	21,24	94	33,84
25	9,00	60	21,60	95	34,20
0,0026	9,36	0,0061	21,96	0,0096	34,56
27	9,72	62	22,32	97	34,92
28	10,08	63	22,68	98	35,28
29	10,44	64	23,04	99	35,64
30	10,80	65	23,40	0,0100	36,00
0,0031	11,16	0,0066	23,76		
32	11,52	67	24,12		
33	11,88	68	24,48		
34	12,24	69	24,84		
35	12,60	70	25,20		

TABLE IV. — Conversion du temps sidéral en temps moyen.

Argument : Temps sidéral. — La correction est négative.

TEMPS sidéral.	TEMPS moyen.	TEMPS sidéral.	TEMPS moyen.	TEMPS sidéral.	TEMPS moyen.	TEMPS sidéral.	TEMPS moyen.	TEMPS sidéral.	TEMPS moyen.
h	m s	m	s	m	s	s	s	s	s
1	0. 9,830	1	0,164	31	5,079	1	0,003	31	0,085
2	0.19,659	2	0,328	32	5,242	2	0,005	32	0,087
3	0.29,489	3	0,491	33	5,406	3	0,008	33	0,090
4	0.39,318	4	0,655	34	5,570	4	0,011	34	0,093
5	0.49,148	5	0,819	35	5,734	5	0,014	35	0,096
6	0.58,977	6	0,983	36	5,898	6	0,016	36	0,098
7	1. 8,807	7	1,147	37	6,062	7	0,019	37	0,101
8	1.18,636	8	1,311	38	6,225	8	0,022	38	0,104
9	1.28,466	9	1,474	39	6,389	9	0,025	39	0,106
10	1.38,296	10	1,638	40	6,553	10	0,027	40	0,109
11	1.48,125	11	1,802	41	6,717	11	0,030	41	0,112
12	1.57,955	12	1,966	42	6,881	12	0,033	42	0,115
13	2. 7,784	13	2,130	43	7,045	13	0,035	43	0,117
14	2.17,614	14	2,294	44	7,208	14	0,038	44	0,120
15	2.27,443	15	2,457	45	7,372	15	0,041	45	0,123
16	2.37,273	16	2,621	46	7,536	16	0,044	46	0,126
17	2.47,103	17	2,785	47	7,700	17	0,046	47	0,128
18	2.56,932	18	2,949	48	7,864	18	0,049	48	0,131
19	3. 6,762	19	3,113	49	8,027	19	0,052	49	0,134
20	3.16,591	20	3,277	50	8,191	20	0,055	50	0,137
21	3.26,421	21	3,440	51	8,355	21	0,057	51	0,139
22	3.36,250	22	3,604	52	8,519	22	0,060	52	0,142
23	3.46,080	23	3,768	53	8,683	23	0,063	53	0,145
24	3.55,909	24	3,932	54	8,847	24	0,066	54	0,147
		25	4,096	55	9,010	25	0,068	55	0,150
		26	4,259	56	9,174	26	0,071	56	0,153
		27	4,423	57	9,338	27	0,074	57	0,156
		28	4,587	58	9,502	28	0,076	58	0,158
		29	4,751	59	9,666	29	0,079	59	0,161
		30	4,915	60	9,830	30	0,082	60	0,164

TABLE V. — Conversion du temps moyen en temps sidéral.

Argument : Temps moyen. — La correction est positive.

TEMPS moyen.	TEMPS sidéral.	TEMPS moyen.	TEMPS sidéral.	TEMPS moyen.	TEMPS sidéral.	TEMPS moyen.	TEMPS sidéral.	TEMPS moyen.	TEMPS sidéral.
h	m s	m	s	m	s	s	s	s	s
1	0. 9,856	1	0,164	31	5,093	1	0,003	31	0,085
2	0.19,713	2	0,329	32	5,257	2	0,005	32	0,088
3	0.29,569	3	0,493	33	5,421	3	0,008	33	0,090
4	0.39,426	4	0,657	34	5,585	4	0,011	34	0,093
5	0.49,282	5	0,821	35	5,750	5	0,014	35	0,096
6	0.59,139	6	0,986	36	5,914	6	0,016	36	0,099
7	1. 8,995	7	1,150	37	6,078	7	0,019	37	0,101
8	1.18,852	8	1,314	38	6,242	8	0,022	38	0,104
9	1.28,708	9	1,478	39	6,407	9	0,025	39	0,107
10	1.38,565	10	1,643	40	6,571	10	0,027	40	0,110
11	1.48,421	11	1,807	41	6,735	11	0,030	41	0,112
12	1.58,278	12	1,971	42	6,900	12	0,033	42	0,115
13	2. 8,134	13	2,136	43	7,064	13	0,036	43	0,118
14	2.17,991	14	2,300	44	7,228	14	0,038	44	0,120
15	2.27,847	15	2,464	45	7,392	15	0,041	45	0,123
16	2.37,704	16	2,628	46	7,557	16	0,044	46	0,126
17	2.47,560	17	2,793	47	7,721	17	0,047	47	0,129
18	2.57,417	18	2,957	48	7,885	18	0,049	48	0,131
19	3. 7,273	19	3,121	49	8,049	19	0,052	49	0,134
20	3.17,129	20	3,285	50	8,214	20	0,055	50	0,137
21	3.26,986	21	3,450	51	8,378	21	0,057	51	0,140
22	3.36,842	22	3,614	52	8,542	22	0,060	52	0,142
23	3.46,699	23	3,778	53	8,707	23	0,063	53	0,145
24	3.56,555	24	3,943	54	8,871	24	0,066	54	0,148
		25	4,107	55	9,035	25	0,068	55	0,151
		26	4,271	56	9,199	26	0,071	56	0,153
		27	4,435	57	9,364	27	0,074	57	0,156
		28	4,600	58	9,528	28	0,077	58	0,159
		29	4,764	59	9,692	29	0,079	59	0,162
		30	4,928	60	9,856	30	0,082	60	0,164

ABLE VI. — Réduction du temps en jours.

ANNÉES séculaires.	NOMBRE de jours.	ÉPOQUE année fict.	ANNÉES séculaires.	NOMBRE de jours.	ÉPOQUE année fict.
Calendrier julien.			700	401 763	— 3,46
			800	365 238	— 4,23
			900	328 713	— 5,01
— 800	949 638	+ 8,06	1000	292 188	— 5,78
— 700	913 113	+ 7,30	1100	255 663	— 6,56
— 600	876 588	+ 6,53	1200	219 138	— 7,33
— 500	840 063	+ 5,77	1300	182 613	— 8,11
— 400	803 538	+ 5,00	1400	146 088	— 8,89
— 300	767 013	+ 4,24	1500	109 563	— 9,66
— 200	730 488	+ 3,47			
— 100	639 963	+ 2,71	**Calendrier grégorien.**		
0	657 438	+ 1,94			
100	620 913	+ 1,17	1500	109 573	+ 0,336
200	584 388	+ 0,40	1600	73 048	— 0,442
300	547 863	— 0,37	1700	36 524	— 0,220
400	511 338	— 1,15	1800	0	0,000
500	474 813	— 1,92	1900	36 524	+ 0,220
600	438 288	— 2,69	2000	73 049	— 0,560

ANNÉES d'un siècle.	NOMBRE de jours.	ÉPOQUE année fict.	ANNÉES d'un siècle.	NOMBRE de jours.	ÉPOQUE année fict.
0	0	+ 0,10	22	8 035	+ 0,43
1	365	+ 0,34	23	8 400	+ 0,67
2	730	+ 0,59	24	8 766	— 0,09
3	1 095	+ 0,83	25	9 131	+ 0,16
4	1 461	+ 0,07	26	9 496	+ 0,40
5	1 826	+ 0,31	27	9 861	+ 0,64
6	2 191	+ 0,55	28	10 227	— 0,12
7	2 556	+ 0,80	29	10 592	+ 0,12
8	2 922	+ 0,04	30	10 957	+ 0,37
9	3 287	+ 0,28	31	11 322	+ 0,61
10	3 652	+ 0,52	32	11 688	— 0,15
11	4 017	+ 0,76	33	12 053	+ 0,09
12	4 383	+ 0,01	34	12 418	+ 0,34
13	4 748	+ 0,25	35	12 783	+ 0,58
14	5 113	+ 0,49	36	13 149	— 0,18
15	5 478	+ 0,73	37	13 514	+ 0,06
16	5 844	— 0,02	38	13 879	+ 0,30
17	6 209	+ 0,22	39	14 244	+ 0,55
18	6 574	+ 0,46	40	14 610	— 0,21
19	6 939	+ 0,70	41	14 975	+ 0,03
20	7 305	— 0,06	42	15 340	+ 0,27
21	7 670	+ 0,19	43	15 705	+ 0,52

TABLE VI. — Réduction du temps en jours.

ANNÉES d'un siècle.	NOMBRE de jours.	ÉPOQUE année fict.	ANNÉES d'un siècle.	NOMBRE de jours.	ÉPOQUE année fict.
44	16 071	— 0,24	72	26 298	— 0,46
45	16 436	0,00	73	26 663	— 0,22
46	16 801	+ 0,24	74	27 028	+ 0,02
47	17 166	+ 0,48	75	27 393	+ 0,27
48	17 532	— 0,27	76	27 759	— 0,49
49	17 897	— 0,03	77	28 124	— 0,25
50	18 262	+ 0,21	78	28 489	— 0,01
51	18 627	+ 0,45	79	28 854	+ 0,23
52	18 993	— 0,30	80	29 220	— 0,52
53	19 358	— 0,06	81	29 585	— 0,28
54	19 723	+ 0,18	82	29 950	— 0,04
55	20 088	+ 0,42	83	30 315	+ 0,20
56	20 454	— 0,34	84	30 681	— 0,55
57	20 819	— 0,09	85	31 046	— 0,31
58	21 184	+ 0,15	86	31 411	— 0,07
59	21 549	+ 0,39	87	31 776	+ 0,17
60	21 915	— 0,37	88	32 142	— 0,59
61	22 280	— 0,13	89	32 507	— 0,34
62	22 645	+ 0,12	90	32 872	— 0,10
63	23 010	+ 0,36	91	33 237	+ 0,14
64	23 376	— 0,40	92	33 603	— 0,62
65	23 741	— 0,16	93	33 968	— 0,37
66	24 106	+ 0,09	94	34 333	— 0,13
67	24 471	+ 0,33	95	34 698	+ 0,11
68	24 837	— 0,43	96	35 064	— 0,65
69	25 202	— 0,19	97	35 429	— 0,41
70	25 567	+ 0,05	98	35 794	— 0,16
71	25 932	+ 0,30	99	36 159	+ 0,08

FRACTIONS d'année.	NOMBRE de jours.		DATE.	ANNÉE commune.	ANNÉE bissextile.
0,1	36,5		Janv. 0	0	— 1
0,2	73,0		Févr. 0	31	30
0,3	109,5		Mars 0	59	59
0,4	146,0		Avril 0	90	90
0,5	182,5		Mai 0	120	120
0,6	219,0		Juin 0	151	151
0,7	255,5		Juill. 0	181	181
0,8	292,0		Août 0	212	212
0,9	328,5		Sept. 0	243	243
			Oct. 0	273	273
			Nov. 0	304	304
			Déc. 0	334	334

TABLE VI. — Réduction du temps en jours.

HEURES.	FRACTIONS décimales du jour.	MINUTES.	FRACTIONS décimales du jour.	MINUTES.	FRACTIONS décimales du jour	SECONDES.	FRACTIONS décimales du jour	SECONDES.	FRACTIONS décimales du jour.
1	0,04167	1	0,00069	31	0,02153	1	0,00001	31	0,00036
2	08333	2	0139	32	2222	2	02	32	37
3	12500	3	0208	33	2292	3	03	33	38
4	16667	4	0278	34	2361	4	05	34	39
5	20833	5	0347	35	2431	5	06	35	41
6	0,25000	6	0,00417	36	0,02500	6	0,00007	36	0,00042
7	29167	7	0486	37	2569	7	08	37	43
8	33333	8	0556	38	2639	8	09	38	44
9	37500	9	0625	39	2708	9	10	39	45
10	41667	10	0694	40	2778	10	12	40	46
11	0,45833	11	0,00764	41	0,02847	11	0,00013	41	0,00047
12	50000	12	0833	42	2917	12	14	42	49
13	54167	13	0903	43	2986	13	15	43	50
14	58333	14	0972	44	3056	14	16	44	51
15	62500	15	1042	45	3125	15	17	45	52
16	0,66667	16	0,01111	46	0,03194	16	0,00019	46	0,00053
17	70833	17	1181	47	3264	17	20	47	54
18	75000	18	1250	48	3333	18	21	48	56
19	79167	19	1319	49	3403	19	22	49	57
20	83333	20	1389	50	3472	20	23	50	58
21	0,87500	21	0,01458	51	0,03542	21	0,00024	51	0,00059
22	91667	22	1528	52	3611	22	25	52	60
23	95833	23	1597	53	3681	23	27	53	61
24	1,00000	24	1667	54	3750	24	28	54	62
		25	1736	55	3819	25	29	55	64
		26	0,01806	56	0,03889	26	0,00030	56	0,00065
		27	1875	57	3958	27	31	57	66
		28	1944	58	4028	28	32	58	67
		29	2014	59	4097	29	34	59	68
		30	2083	60	4167	30	35	60	69

TABLE VII. — Correction du midi.

L'argument τ est égal au demi-intervalle des temps des observations.

$$A = \frac{1}{720}\,\frac{\tau}{\sin\tau}, \quad B = \frac{1}{720}\,\frac{\tau}{\operatorname{tang}\tau}.$$

τ	logA	logB	τ	logA	logB
h m 0. 0	$\bar{3}$,7247	$\bar{3}$,7247	h m 0.30	$\bar{3}$,7259	$\bar{3}$,7222
1	7247	7247	31	7260	7220
2	7247	7247	32	7261	7219
3	7247	7247	33	7262	7217
4	7247	7247	34	7263	7215
5	$\bar{3}$,7247	$\bar{3}$,7246	35	$\bar{3}$,7264	$\bar{3}$,7213
6	7247	7246	36	7265	7211
7	7248	7246	37	7266	7209
8	7248	7245	38	7267	7207
9	7248	7245	39	7268	7205
10	$\bar{3}$,7248	$\bar{3}$,7244	40	$\bar{3}$,7269	$\bar{3}$,7203
11	7249	7244	41	7270	7200
12	7249	7243	42	7271	7198
13	7249	7242	43	7272	7196
14	7250	7242	44	7274	7193
15	$\bar{3}$,7250	$\bar{3}$,7241	45	$\bar{3}$,7275	$\bar{3}$,7191
16	7251	7240	46	7276	7188
17	7251	7239	47	7277	7186
18	7251	7238	48	7279	7183
19	7252	7237	49	7280	7180
20	$\bar{3}$,7253	$\bar{3}$,7236	50	$\bar{3}$,7281	$\bar{3}$,7177
21	7253	7235	51	7283	7174
22	7254	7234	52	7284	7172
23	7254	7232	53	7286	7169
24	7255	7231	54	7287	7166
25	$\bar{3}$,7256	$\bar{3}$,7230	55	$\bar{3}$,7289	$\bar{3}$,7162
26	7256	7228	56	7290	7159
27	7257	7227	57	7292	7156
28	7258	7225	58	7293	7153
29	7259	7224	59	7295	7150
0.30	$\bar{3}$,7259	$\bar{3}$,7222	1. 0	$\bar{3}$,7297	$\bar{3}$,7146

TABLE VII. — Correction du midi.

L'argument τ est égal au demi-intervalle des temps des observations.

$$A = \frac{1}{720}\,\frac{\tau}{\sin\tau}, \quad B = \frac{1}{720}\,\frac{\tau}{\operatorname{tang}\tau}.$$

τ	logA	logB	τ	logA	logB
h m 1. 0	$\bar{3}$,7297	$\bar{3}$,7146	h m 1.30	$\bar{3}$,7359	$\bar{3}$,7015
1	7298	7143	31	7362	7010
2	7300	7139	32	7364	7005
3	7302	7136	33	7367	6999
4	7304	7132	34	7369	6993
5	$\bar{3}$,7305	$\bar{3}$,7128	35	$\bar{3}$,7372	$\bar{3}$,6988
6	7307	7125	36	7374	6982
7	7309	7121	37	7377	6976
8	7311	7117	38	7380	6970
9	7313	7113	39	7383	6964
10	$\bar{3}$,7315	$\bar{3}$,7109	40	$\bar{3}$,7386	$\bar{3}$,6958
11	7317	7105	41	7388	6952
12	7319	7101	42	7391	6946
13	7321	7097	43	7394	6940
14	7323	7092	44	7397	6934
15	$\bar{3}$,7325	$\bar{3}$,7088	45	$\bar{3}$,7400	$\bar{3}$,6927
16	7327	7083	46	7403	6921
17	7329	7079	47	7406	6914
18	7331	7075	48	7409	6908
19	7333	7070	49	7412	6901
20	$\bar{3}$,7336	$\bar{3}$,7065	50	$\bar{3}$,7415	$\bar{3}$,6894
21	7338	7061	51	7418	6888
22	7340	7056	52	7421	6881
23	7342	7051	53	7424	6874
24	7345	7046	54	7428	6867
25	$\bar{3}$,7347	$\bar{3}$,7041	55	$\bar{3}$,7431	$\bar{3}$,6859
26	7349	7036	56	7434	6852
27	7352	7031	57	7437	6845
28	7354	7026	58	7441	6838
29	7357	7021	59	7444	6830
1.30	$\bar{3}$,7359	$\bar{3}$,7015	2. 0	$\bar{3}$,7447	$\bar{3}$,6823

TABLE VII. — Correction du midi.

L'argument τ est égal au demi-intervalle des temps des observations.

$$A = \frac{1}{720}\,\frac{\tau}{\sin\tau}, \quad B = \frac{1}{720}\,\frac{\tau}{\tang\tau}.$$

τ	logA	logB	τ	logA	logB
2ʰ. 0ᵐ	$\bar{3}$,7447	$\bar{3}$,6823	2ʰ.30ᵐ	$\bar{3}$,7562	$\bar{3}$,6556
1	7451	6815	31	7566	6546
2	7454	6807	32	7570	6536
3	7458	6800	33	7575	6525
4	7461	6792	34	7579	6514
5	$\bar{3}$,7464	$\bar{3}$,6784	35	$\bar{3}$,7583	$\bar{3}$,6504
6	7468	9776	36	7588	6493
7	7472	6768	37	7592	6482
8	7475	6759	38	7597	6471
9	7479	6751	39	7601	6460
10	$\bar{3}$,7482	$\bar{3}$,6743	40	$\bar{3}$,7606	$\bar{3}$,6448
11	7486	6734	41	7610	6437
12	7490	6726	42	7615	6425
13	7494	6717	43	7620	6414
14	7497	6708	44	7624	6402
15	$\bar{3}$,7501	$\bar{3}$,6700	45	$\bar{3}$,7629	$\bar{3}$,6390
16	7505	6691	46	7634	6378
17	7509	6682	47	7638	6366
18	7513	6673	48	7643	6354
19	7517	6663	49	7648	6342
20	$\bar{3}$,7521	$\bar{3}$,6654	50	$\bar{3}$,7653	$\bar{3}$,6329
21	7525	6645	51	7658	6317
22	7529	6635	52	7663	6304
23	7533	6626	53	7668	6291
24	7537	6616	54	7673	6278
25	$\bar{3}$,7541	$\bar{3}$,6606	55	$\bar{3}$,7678	$\bar{3}$,6265
26	7545	6597	56	7683	6252
27	7549	6587	57	7688	6239
28	7553	6577	58	7693	6225
29	7557	6567	59	7698	6212
2.30	$\bar{3}$,7562	$\bar{3}$,6556	3. 0	$\bar{3}$,7703	$\bar{3}$,6198

TABLE VII. — Correction du midi.

L'argument τ est égal au demi-intervalle des temps des observations.

$$A = \frac{1}{720}\,\frac{\tau}{\sin\tau}, \quad B = \frac{1}{720}\,\frac{\tau}{\tang\tau}.$$

τ	logA	logB	τ	logA	logB
h m 3. 0	$\bar{3}$,7703	$\bar{3}$,6198	h m 3.30	$\bar{3}$,7873	$\bar{3}$,5717
1	7708	6184	31	7879	5699
2	7713	6170	32	7885	5680
3	7719	6156	33	7891	5661
4	7724	6142	34	7898	5641
5	$\bar{3}$,7729	$\bar{3}$,6127	35	$\bar{3}$,7904	$\bar{3}$,5622
6	7735	6113	36	7910	5602
7	7740	6098	37	7916	5582
8	7745	6083	38	7923	5562
9	7751	6068	39	7929	5542
10	$\bar{3}$,7756	$\bar{3}$,6053	40	$\bar{3}$,7936	$\bar{3}$,5522
11	7762	6038	41	7942	5501
12	7767	6023	42	7949	5480
13	7773	6007	43	7955	5459
14	7779	5991	44	7962	5437
15	$\bar{3}$,7784	$\bar{3}$,5975	45	$\bar{3}$,7969	$\bar{3}$,5416
16	7790	5959	46	7975	5394
17	7796	5943	47	7982	5372
18	7801	5927	48	7989	5350
19	7807	5910	49	7995	5327
20	$\bar{3}$,7813	$\bar{3}$,5894	50	$\bar{3}$,8002	$\bar{3}$,5304
21	7819	5877	51	8009	5281
22	7825	5860	52	8016	5258
23	7831	5843	53	8023	5234
24	7836	5825	54	8030	5211
25	$\bar{3}$,7842	$\bar{3}$,5808	55	$\bar{3}$,8037	$\bar{3}$,5186
26	7848	5790	56	8044	5162
27	7854	5772	57	8051	5137
28	7860	5754	58	8058	5112
29	7867	5736	59	8065	5187
3.30	$\bar{3}$,7873	$\bar{3}$,5717	4. 0	$\bar{3}$,8072	$\bar{3}$,5062

TABLE VII. — Correction du midi.

L'argument τ est égal au demi-intervalle des temps des observations.

$$A = \frac{1}{720}\,\frac{\tau}{\sin\tau}, \quad B = \frac{1}{720}\,\frac{\tau}{\tan g\,\tau}.$$

τ	logA	logB	τ	logA	logB
h m 4. 0	$\bar{3}$,8072	$\bar{3}$,5062	h m 4.30	$\bar{3}$,8303	$\bar{3}$,4131
1	8079	5036	31	8311	4093
2	8086	5010	32	8319	4055
3	8094	4983	33	8328	4016
4	8101	4957	34	8336	3977
5	$\bar{3}$,8108	$\bar{3}$,4930	35	$\bar{3}$,8344	$\bar{3}$,3937
6	8116	4902	36	8353	3896
7	8123	4874	37	8361	3855
8	8130	4846	38	8370	3813
9	8138	4818	39	8378	3771
10	$\bar{3}$,8145	$\bar{3}$,4789	40	$\bar{3}$,8387	$\bar{3}$,3728
11	8153	4760	41	8396	3684
12	8160	4731	42	8404	3639
13	8168	4701	43	8413	3593
14	8176	4671	44	8422	3548
15	$\bar{3}$,8183	$\bar{3}$,4640	45	$\bar{3}$,8430	$\bar{3}$,3501
16	8191	4609	46	8439	3454
17	8199	4578	47	8448	3406
18	8206	4546	48	8457	3357
19	8214	4514	49	8466	3397
20	$\bar{3}$,8222	$\bar{3}$,4482	50	3,8475	$\bar{3}$,3256
21	8230	4449	51	8484	3205
22	8238	4415	52	8493	3152
23	8246	4381	53	8502	3099
24	8254	4347	54	8511	3045
25	$\bar{3}$,8262	$\bar{3}$,4312	55	$\bar{3}$,8520	$\bar{3}$,2989
26	8270	4277	56	8530	2933
27	8278	4241	57	8539	2876
28	8286	4205	58	8548	2817
29	8294	4168	59	8558	2758
4.30	$\bar{3}$,8303	$\bar{3}$,4131	5. 0	$\bar{3}$,8567	$\bar{3}$,2697

TABLE VII. — Correction du midi.

L'argument τ est égal au demi-intervalle des temps des observations.

$$A = \frac{1}{720}\,\frac{\tau}{\sin\tau}, \quad B = \frac{1}{720}\,\frac{\tau}{\operatorname{tang}\tau}.$$

τ	logA	logB	τ	logA	logB
h m 5. 0	$\bar{3}$,8567	$\bar{3}$,2697	h m 5.30	$\bar{3}$,8868	$\bar{3}$,0025
1	8576	2635	31	8878	$\bar{4}$,9889
2	8586	2572	32	8889	9748
3	8595	2507	33	8900	9602
4	8605	2442	34	8911	9449
5	$\bar{3}$,8614	$\bar{3}$,2374	35	$\bar{3}$,8922	$\bar{4}$,9290
6	8624	2306	36	8932	9125
7	8634	2236	37	8943	8953
8	8643	2164	38	8954	8770
9	8653	2091	39	8965	8580
10	$\bar{3}$,8663	$\bar{3}$,2016	40	$\bar{3}$,8977	$\bar{4}$,8379
11	8673	1940	41	8988	8168
12	8683	1861	42	8999	7945
13	8693	1781	43	9010	7709
14	8703	1699	44	9021	7457
15	$\bar{3}$,8713	$\bar{3}$,1615	45	$\bar{3}$,9033	$\bar{4}$,7189
16	8723	1529	46	9044	6901
17	8733	1440	47	9055	6591
18	8743	1349	48	9067	6255
19	8753	1256	49	9078	5889
20	$\bar{3}$,8763	$\bar{3}$,1160	50	$\bar{3}$,9090	$\bar{4}$,5487
21	8773	1061	51	9102	5041
22	8784	0960	52	9113	4541
23	8794	0855	53	9125	3973
24	8804	0748	54	9137	3316
25	$\bar{3}$,8815	$\bar{3}$,0637	55	$\bar{3}$,9148	$\bar{4}$,2536
26	8825	0522	56	9160	1579
27	8836	0404	57	9172	0341
28	8846	0282	58	9184	$\bar{5}$,8593
29	8857	0156	59	9196	5594
5.30	$\bar{3}$,8868	$\bar{3}$,0025	6. 0	$\bar{3}$,9208	$-\infty$

TABLE VIII. — Correction du minuit.

L'argument T est égal au demi-intervalle des temps des observations.

$$f = \frac{T}{12^h - T}.$$

T	log f	T	log f	T	log f	T	log f
h m		h m		h m		h m	
6. 0	0,0000	6.30	0,0725	7. 0	0,1461	7.30	0,2219
1	0,0024	31	0,0750	1	0,1486	31	0,2244
2	0,0048	32	0,0774	2	0,1511	32	0,2270
3	0,0072	33	0,0798	3	0,1536	33	0,2296
4	0,0096	34	0,0823	4	0,1561	34	0,2322
5	0,0120	35	0,0848	5	0,1586	35	0,2348
6	0,0145	36	0,0872	6	0,1611	36	0,2374
7	0,0169	37	0,0896	7	0,1636	37	0,2400
8	0,0193	38	0,0920	8	0,1661	38	0,2426
9	0,0217	39	0,0945	9	0,1686	39	0,2452
10	0,0241	40	0,0969	10	0,1711	40	0,2478
11	0,0265	41	0,0993	11	0,1736	41	0,2504
12	0,0290	42	0,1018	12	0,1761	42	0,2530
13	0,0314	43	0,1042	13	0,1786	43	0,2556
14	0,0338	44	0,1067	14	0,1811	44	0,2583
15	0,0362	45	0,1092	15	0,1836	45	0,2609
16	0,0386	46	0,1116	16	0,1862	46	0,2636
17	0,0410	47	0,1141	17	0,1887	47	0,2662
18	0,0435	48	0,1165	18	0,1912	48	0,2689
19	0,0459	49	0,1190	19	0,1938	49	0,2715
20	0,0483	50	0,1214	20	0,1963	50	0,2742
21	0,0507	51	0,1239	21	0,1988	51	0,2768
22	0,0531	52	0,1264	22	0,2014	52	0,2795
23	0,0556	53	0,1288	23	0,2039	53	0,2822
24	0,0580	54	0,1313	24	0,2065	54	0,2848
25	0,0604	55	0,1337	25	0,2090	55	0,2875
26	0,0628	56	0,1362	26	0,2116	56	0,2902
27	0,0653	57	0,1387	27	0,2141	57	0,2929
28	0,0677	58	0,1412	28	0,2167	58	0,2956
29	0,0701	59	0,1436	29	0,2193	59	0,2983
6.30	0,0725	7. 0	0,1461	7.30	0,2219	8. 0	0,3010

TABLE VIII. — Correction du minuit.

L'argument T est égal au demi-intervalle des temps des observations.

$$f = \frac{T}{12^h - T}.$$

T	log f	T	log f	T	log f	T	log f
h m 8. 0	0,3010	h m 8.30	0,3854	h m 9. 0	0,4771	h m 9.30	0,5798
1	0,3037	31	0,3883	1	0,4803	31	0,5835
2	0,3065	32	0,3912	2	0,4836	32	0,5871
3	0,3092	33	0,3942	3	0,4868	33	0,5908
4	0,3119	34	0,3971	4	0,4901	34	0,5946
5	0,3147	35	0,4001	5	0,4934	35	0,5983
6	0,3174	36	0,4030	6	0,4966	36	0,6021
7	0,3202	37	0,4060	7	0,4999	37	0,6058
8	0,3229	38	0,4090	8	0,5032	38	0,6096
9	0,3257	39	0,4120	9	0,5066	39	0,6134
10	0,3285	40	0,4150	10	0,5099	40	0,6172
11	0,3312	41	0,4180	11	0,5133	41	0,6211
12	0,3340	42	0,4210	12	0,5166	42	0,6250
13	0,3368	43	0,4240	13	0,5200	43	0,6290
14	0,3396	44	0,4271	14	0,5234	44	0,6329
15	0,3424	45	0,4301	15	0,5268	45	0,6368
16	0,3452	46	0,4332	16	0,5302	46	0,6408
17	0,3481	47	0,4362	17	0,5337	47	0,6448
18	0,3509	48	0,4393	18	0,5371	48	0,6488
19	0,3537	49	0,4424	19	0,5406	49	0,6528
20	0,3566	50	0,4455	20	0,5441	50	0,6569
21	0,3594	51	0,4486	21	0,5476	51	0,6610
22	0,3622	52	0,4517	22	0,5511	52	0,6651
23	0,3651	53	0,4549	23	0,5546	53	0,6692
24	0,3680	54	0,4580	24	0,5582	54	0,6734
25	0,3709	55	0,4612	25	0,5617	55	0,6776
26	0,3737	56	0,4643	26	0,5653	56	0,6818
27	0,3766	57	0,4675	27	0,5689	57	0,6861
28	0,3795	58	0,4707	28	0,5725	58	0,6903
29	0,3824	59	0,4739	29	0,5761	59	0,9946
8.30	0,3854	9. 0	0,4771	9.30	0,5798	10. 0	0,6990

TABLE VIII. — Correction du minuit.

L'argument T est égal au demi-intervalle des temps des observations.

$$f = \frac{T}{12^{h} - T}.$$

T	log f	T	log f	T	log f	T	log f
$10^{h}.0^{m}$	0,6990	$10^{h}.30^{m}$	0,8451	$11^{h}.0^{m}$	1,0414	$11^{h}.30^{m}$	1,3617
1	0,7033	31	0,8506	1	1,0494	31	1,3771
2	0,7077	32	0,8562	2	1,0575	32	1,3930
3	0,7121	33	0,8619	3	1,0657	33	1,4094
4	0,7166	34	0,8676	4	1,0740	34	1,4264
5	0,7211	35	0,8734	5	1,0824	35	1,4440
6	0,7256	36	0,8792	6	1,0911	36	1,4624
7	0,7301	37	0,8851	7	1,0999	37	1,4815
8	0,7347	38	0,8910	8	1,1088	38	1,5014
9	0,7393	39	0,8970	9	1,1178	39	1,5222
10	0,7439	40	0,9031	10	1,1271	40	1,5440
11	0,7486	41	0,9093	11	1,1365	41	1,5669
12	0,7533	42	0,9155	12	1,1461	42	1,5911
13	0,7581	43	0,9218	13	1,1559	43	1,6165
14	0,7629	44	0,9281	14	1,1659	44	1,6435
15	0,7677	45	0,9345	15	1,1761	45	1,6721
16	0,7726	46	0,9410	16	1,1865	46	1,7027
17	0,7775	47	0,9476	17	1,1971	47	1,7355
18	0,7824	48	0,9543	18	1,2080	48	1,7709
19	0,7874	49	0,9610	19	1,2191	49	1,8093
20	0,7924	50	0,9678	20	1,2304	50	1,8512
21	0,7975	51	0,9747	21	1,2421	51	1,8976
22	0,8026	52	0,9817	22	1,2540	52	1,9494
23	0,8077	53	0,9888	23	1,2662	53	2,0080
24	0,8129	54	0,9960	24	1,2788	54	2,0756
25	0,8182	55	1,0033	25	1,2916	55	2,1553
26	0,8235	56	1,0107	26	1,3048	56	2,2529
27	0,8288	57	1,0182	27	1,3184	57	2,3784
28	0,8342	58	1,0258	28	1,3324	58	2,5550
29	0,8396	59	1,0337	29	1,3468	59	2,8567
10.30	0,8451	11. 0	1,0415	11.30	1,3617	12. 0	∞

TABLE IX. — Réduction au méridien.

$$m = \frac{2 \sin^2 \frac{1}{2} t}{\sin 1''}.$$

t	0^m	1^m	2^m	t	0^m	1^m	2^m
0ˢ	0″,00	1″,96	7″,85	30ˢ	0″,49	4″,42	12″,27
1	0,00	2,03	7,98	31	0,52	4,52	12,43
2	0,00	2,10	8,12	32	0,56	4,62	12,60
3	0,00	2,16	8,25	33	0,59	4,72	12,76
4	0,01	2,23	8,39	34	0,63	4,82	12,93
5	0,01	2,31	8,52	35	0,67	4,92	13,10
6	0,02	2,38	8,66	36	0,71	5,03	13,27
7	0,02	2,45	8,80	37	0,75	5,13	13,44
8	0,03	2,52	8,94	38	0,79	5,24	13,62
9	0,04	2,60	9,08	39	0,83	5,34	13,79
10	0,05	2,67	9,22	40	0,87	5,45	13,96
11	0,06	2,75	9,36	41	0,91	5,56	14,13
12	0,08	2,83	9,50	42	0,96	5,67	14,31
13	0,09	2,91	9,64	43	1,01	5,78	14,49
14	0,11	2,99	9,79	44	1,06	5,90	14,67
15	0,12	3,07	9,94	45	1,10	6,01	14,85
16	0,14	3,15	10,09	46	1,15	6,13	15,03
17	0,16	3,23	10,24	47	1,20	6,24	15,21
18	0,18	3,32	10,39	48	1,26	6,36	15,39
19	0,20	3,40	10,54	49	1,31	6,48	15,57
20	0,22	3,49	10,69	50	1,36	6,60	15,76
21	0,24	3,58	10,84	51	1,42	6,72	15,95
22	0,26	3,67	11,00	52	1,48	6,84	16,14
23	0,28	3,76	11,15	53	1,53	6,96	16,32
24	0,31	3,85	11,31	54	1,59	7,09	16,51
25	0,34	3,94	11,47	55	1,65	7,21	16,70
26	0,37	4,03	11,63	56	1,71	7,34	16,89
27	0,40	4,12	11,79	57	1,77	7,46	17,08
28	0,43	4,22	11,95	58	1,83	7,60	17,28
29	0,46	4,32	12,11	59	1,89	7,72	17,47
30	0,49	4,42	12,27	60	1,96	7,85	17,67

TABLE IX. — Réduction au méridien.

$$m = \frac{2 \sin^2 \frac{1}{2} t}{\sin 1''}.$$

t	3^m	4^m	5^m	t	3^m	4^m	5^m
0ˢ	17″,67	31″,42	49″,09	30ˢ	24″,05	39″,76	59″,40
1	17,87	31,68	49,41	31	24,28	40,05	59,75
2	18,07	31,94	49,74	32	24,51	40,35	60,11
3	18,27	32,20	50,07	33	24,74	40,65	60,47
4	18,47	32,47	50,40	34	24,98	40,95	60,84
5	18,67	32,74	50,73	35	25,21	41,25	61,20
6	18,87	33,01	51,07	36	25,45	41,55	61,57
7	19,07	33,27	51,40	37	25,68	41,85	61,94
8	19,28	33,54	51,74	38	25,92	42,15	62,31
9	19,48	33,81	52,07	39	26,16	42,45	62,68
10	19,69	34,09	52,41	40	26,40	42,76	63,05
11	19,90	34,36	52,75	41	26,64	43,06	63,42
12	20,11	34,64	53,09	42	26,88	43,37	63,79
13	20,32	34,91	53,43	43	27,12	43,68	64,16
14	20,53	35,19	53,77	44	27,37	43,99	64,54
15	20,74	35,46	54,11	45	27,61	44,30	64,91
16	20,95	35,74	54,46	46	27,86	44,61	65,29
17	21,16	36,02	54,80	47	28,10	44,92	65,67
18	21,38	36,30	55,15	48	28,35	45,24	66,05
19	21,60	36,58	55,50	49	28,60	45,55	66,43
20	21,82	36,87	55,84	50	28,85	45,87	66,81
21	22,03	37,15	56,19	51	29,10	46,18	67,19
22	22,25	37,44	56,55	52	29,36	46,50	67,58
23	22,47	37,72	56,90	53	29,61	46,82	67,96
24	22,70	38,01	57,25	54	29,86	47,14	68,35
25	22,92	38,30	57,60	55	30,12	47,46	68,73
26	23,14	38,59	57,96	56	30,38	47,79	69,12
27	23,37	38,88	58,32	57	30,64	48,11	69,51
28	23,60	39,17	58,68	58	30,90	48,43	69,90
29	23,82	39,46	59,03	59	31,16	48,76	70,29
30	24,05	39,76	59,40	60	31,42	49,09	70,68

TABLE IX. — Réduction au méridien.

$$m = \frac{2\sin^2\frac{1}{2}t}{\sin 1''}.$$

t	6^m	7^m	8^m	t	6^m	7^m	8^m
0^s	70″,68	96″,20	125″,65	30^s	82″,95	110″,44	141″,85
1	71,07	96,66	126,17	31	83,38	110,93	142,40
2	71,47	97,12	126,70	32	83,81	111,43	142,96
3	71,86	97,58	127,22	33	84,23	111,92	143,52
4	72,26	98,04	127,75	34	84,66	112,41	144,08
5	72,66	98,50	128,28	35	85,09	112,90	144,64
6	73,06	98,97	128,81	36	85,52	113,40	145,20
7	73,46	99,43	129,34	37	85,95	113,90	145,76
8	73,86	99,90	129,87	38	86,39	114,40	146,33
9	74,26	100,37	130,40	39	86,82	114,90	146,89
10	74,66	100,84	130,94	40	87,26	115,40	147,46
11	75,06	101,31	131,47	41	87,70	115,90	148,03
12	75,47	101,78	132,01	42	88,14	116,40	148,60
13	75,88	102,25	132,55	43	88,57	116,90	149,17
14	76,29	102,72	133,09	44	89,01	117,41	149,74
15	76,69	103,20	133,63	45	89,45	117,92	150,31
16	77,10	103,67	134,17	46	89,89	118,43	150,88
17	77,51	104,15	134,71	47	90,33	118,94	151,45
18	77,93	104,63	135,25	48	90,78	119,45	152,03
19	78,34	105,10	135,80	49	91,23	119,96	152,61
20	78,75	105,58	136,34	50	91,68	120,47	153,19
21	79,16	106,06	136,88	51	92,12	120,98	153,77
22	79,58	106,55	137,43	52	92,57	121,49	154,35
23	80,00	107,03	137,98	53	93,02	122,01	154,93
24	80,42	107,51	138,53	54	93,47	122,53	155,51
25	80,84	107,99	139,08	55	93,92	123,05	156,09
26	81,26	108,48	139,63	56	94,38	123,57	156,67
27	81,68	108,97	140,18	57	94,83	124,09	157,25
28	82,10	109,46	140,74	58	95,29	124,61	157,84
29	82,52	109,95	141,29	59	95,74	125,13	158,43
30	82,95	110,44	141,85	60	96,20	125,65	159,02

TABLE IX. — Réduction au méridien.

$$m = \frac{2 \sin^2 \frac{1}{2} t}{\sin 1''}.$$

t	9ᵐ	10ᵐ	11ᵐ	t	9ᵐ	10ᵐ	11ᵐ
0ˢ	159″,02	196″,32	237″,54	30ˢ	177″.18	216″,44	259″,62
1	159,61	196,97	238,26	31	177,80	217,12	260,37
2	160,20	197,63	238,98	32	178,43	217,81	261,12
3	160,80	198,28	239,70	33	179,05	218,50	261,88
4	161,39	198,94	240,42	34	179,68	219,19	262,64
5	161,98	199,60	241,14	35	180,30	219,88	263,39
6	162,58	200,26	241,87	36	180,93	220,58	264,15
7	163,17	200,92	242,60	37	181,56	221,27	264,91
8	163,77	201,59	243,33	38	182,19	221,97	265,68
9	164,37	202,25	244,06	39	182,82	222,66	266,44
10	164,97	202,92	244,79	40	183,46	223,36	267,20
11	165,57	203,58	245,52	41	184,09	224,06	267,96
12	166,17	204,25	246,25	42	184,72	224,76	268,72
13	166,77	204,92	246,98	43	185,35	225,46	269,49
14	167,37	205,59	247,72	44	185,99	226,16	270,26
15	167,97	206,26	248,45	45	186,63	226,86	271,03
16	168,58	206,93	249,19	46	187,27	227,57	271,80
17	169,19	207,60	249,93	47	187,91	228,27	272,57
18	169,80	208,27	250,67	48	188,55	228,98	273,34
19	170,41	208,94	251,41	49	189,19	229,68	274,11
20	171,02	209,62	252,15	50	189,83	230,39	274,88
21	171,63	210,30	252,89	51	190,47	231,10	275,65
22	172,24	210,98	253,63	52	191,12	231,81	276,43
23	172,85	211.66	254,37	53	191,76	232,52	277,20
24	173,47	212,34	255,12	54	192,41	233,23	277,98
25	174,08	213,02	255,87	55	193,06	233,94	278,76
26	174,70	213,70	256,62	56	193,71	234,66	279,55
27	175,32	214,38	257,37	57	194,36	235,38	280,33
28	175,94	215,07	258,12	58	195,01	236,10	281,12
29	176,56	215,75	258,87	59	195,66	236,82	281,90
30	177,18	216,44	259,62	60	196,32	237,54	282,68

TABLE IX. — Réduction au méridien.

$$m = \frac{2\sin^2 \frac{1}{2} t}{\sin 1''}.$$

t	12m	13m	14m	t	12m	13m	14m
0s	282",68	331",74	384",74	30s	306",72	357",74	412",68
1	283,47	332,59	385,65	31	307,54	358,62	413,63
2	284,26	333,44	386,56	32	308,36	359,51	414,59
3	285,04	334,29	387,48	33	309,18	360,39	415,54
4	285,83	335,15	388,40	34	310,00	361,28	416,49
5	286,62	336,00	389,32	35	310,82	362,17	417,44
6	287,41	336,86	390,24	36	311,65	363,07	418,40
7	288,20	337,72	391,16	37	312,47	363,96	419,35
8	289,00	338,58	392,09	38	313,30	364,85	420,31
9	289,79	339,44	393,01	39	314,12	365,75	421,27
10	290,58	340,30	393,94	40	314,95	366,64	422,23
11	291,38	341,16	394,86	41	315,78	367,53	423,19
12	292,18	342,02	395,79	42	316,61	368,42	424,15
13	292,98	342,88	396,72	43	317,44	369,31	425,11
14	293,78	343,75	397,65	44	318,27	370,21	426,07
15	294,58	344,62	398,58	45	319,10	371,11	427,04
16	295,38	345,49	399,52	46	319,94	372,01	428,01
17	296,18	346,36	400,45	47	320,78	372,91	428,97
18	296,99	347,23	401,38	48	321,62	373,82	429,93
19	297,79	348,10	402,32	49	322,45	374,72	430,90
20	298,60	348,97	403,26	50	323,29	375,62	431,87
21	299,40	349,84	404,20	51	324,13	376,52	432,84
22	300,21	350,71	405,14	52	324,97	377,43	433,82
23	301,02	351,58	406,08	53	325,81	378,34	434,79
24	301,83	352,46	407,02	54	326,66	379,26	435,76
25	302,64	353,34	407,96	55	327,50	380,17	436,73
26	303,46	354,22	408,90	56	328,35	381,08	437,71
27	304,27	355,10	409,84	57	329,19	381,99	438,69
28	305,09	355,98	410,79	58	330,04	382,90	439,67
29	305,90	356,86	411,73	59	330,89	383,82	440,65
30	306,72	357,74	412,68	60	331,74	384,74	441,63

TABLE IX. — Réduction au méridien.

$$m = \frac{2 \sin^2 \frac{1}{2} t}{\sin 1''}.$$

t	15^m	16^m	17^m	t	15^m	16^m	17^m
0^s	441",63	502",46	567",2	30^s	471",55	534",33	601",0
1	442,62	503,50	568,3	31	472,57	535,41	602,2
2	443,60	504,55	569,4	32	473,58	536,50	603,3
3	444,58	505,60	570,5	33	474,60	537,58	604,5
4	445,56	506,65	571,6	34	475,62	538,67	605,6
5	446,55	507,70	572,8	35	476,64	539,75	606,8
6	447,54	508,76	573,9	36	477,65	540,83	607,9
7	448,53	509,81	575,0	37	478,67	541,91	609,1
8	449,51	510,86	576,1	38	479,70	543,00	610,2
9	450,50	511,92	577,2	39	480,72	544,09	611,4
10	451,50	512,98	578,4	40	481,74	545,18	612,5
11	452,49	514,03	579,5	41	482,77	546,27	613,7
12	453,48	515,09	580,6	42	483,79	547,36	614,8
13	454,48	516,15	581,7	43	484,82	548,45	616,0
14	455,47	517,21	582,9	44	485,85	549,55	617,2
15	456,47	518,27	584,0	45	486,88	550,64	618,3
16	457,47	519,34	585,1	46	487,91	551,73	619,5
17	458,47	520,40	586,2	47	488,94	552,83	620,6
18	459,47	521,47	587,4	48	489,97	553,93	621,8
19	460,47	522,53	588,5	49	491,01	555,03	623,0
20	461,47	523,60	589,6	50	492,05	556,13	624,1
21	462,48	524,67	590,8	51	493,08	557,24	625,3
22	463,48	525,74	591,9	52	494,12	558,34	626,5
23	464,48	526,81	593,0	53	495,15	559,44	627,6
24	465,49	527,89	594,2	54	496,19	560,55	628,8
25	466,50	528,96	595,3	55	497,23	561,65	630,0
26	467,51	530,03	596,5	56	498,28	562,76	631,2
27	468,52	531,11	597,6	57	499,32	563,87	632,3
28	469,53	532,18	598,7	58	500,37	564,98	633,5
29	470,54	533,26	599,9	59	501,41	566,08	634,7
30	471,55	534,33	601,0	60	502,46	567,18	635,9

TABLE IX. — Réduction au méridien.

$$m = \frac{2\sin^2\frac{1}{2}t}{\sin 1''}.$$

t	18m	19m	20m	t	18m	19m	20m
0s	635",9	708",4	784",9	30s	671",6	746",2	824",6
1	637,0	709,7	786,2	31	672,8	747,4	825,9
2	638,2	710,9	787,5	32	674,1	748,7	827,3
3	639,4	712,1	788,8	33	675,3	750,0	828,6
4	640,6	713,4	790,1	34	676,5	751,3	829,9
5	641,7	714,6	791,4	35	677,7	752,6	831,2
6	642,9	715,9	792,7	36	678,9	753,8	832,6
7	644,1	717,1	794,0	37	680,1	755,1	833,9
8	645,3	718,4	795,4	38	681,3	756,4	835,3
9	646,5	719,6	796,7	39	682,6	757,7	836,6
10	647,7	720,9	798,0	40	683,8	759,0	838,0
11	648,9	722,1	799,3	41	685,0	760,2	839,3
12	650,0	723,4	800,7	42	686,2	761,5	840,7
13	651,2	724,6	802,0	43	687,4	762,8	842,0
14	652,4	725,9	803,3	44	688,7	764,1	843,4
15	653,6	727,2	804,6	45	689,9	765,4	844,7
16	654,8	728,4	806,0	46	691,1	766,7	846,1
17	656,0	729,7	807,3	47	692,4	768,0	847,5
18	657,2	730,9	808,6	48	693,6	769,3	848,9
19	658,4	732,2	809,9	49	694,8	770,6	850,2
20	659,6	733,5	811,3	50	696,0	771,9	851,6
21	660,8	734,7	812,6	51	697,3	773,2	852,9
22	662,0	736,0	813,9	52	698,5	774,5	854,3
23	663,2	737,3	815,2	53	699,7	775,8	855,7
24	664,4	738,5	816,6	54	701,0	777,1	857,1
25	665,6	739,8	817,9	55	702,2	778,4	858,4
26	666,8	741,1	819,2	56	703,5	779,7	859,8
27	668,0	742,3	820,5	57	704,7	781,0	861,1
28	669,2	743,6	821,9	58	705,9	782,3	862,5
29	670,4	744,9	823,2	59	707,1	783,6	863,9
30	671,6	746,2	824,6	60	708,4	784,9	865,3

TABLE IX. — Réduction au méridien.

$$m = \frac{2 \sin^2 \frac{1}{2} t}{\sin 1''}.$$

t	21^m	22^m	23^m	t	21^m	22^m	23^m
0ˢ	865″,3	949″,6	1037″,8	30ˢ	907″,0	993″,2	1083″,3
1	866,6	951,0	1039,3	31	908,4	994,7	1084,8
2	868,0	952,4	1040,8	32	909,8	996,2	1086,4
3	869,4	953,8	1042,3	33	911,2	997,6	1087,9
4	870,8	955,3	1043,8	34	912,6	999,1	1089,5
5	872,1	956,7	1045,3	35	914,0	1000,6	1091,0
6	873,5	958,2	1046,8	36	915,5	1002,1	1092,6
7	874,9	959,6	1048,3	37	916,9	1003,5	1094,1
8	876,3	961,1	1049,8	38	918,3	1005,0	1095,7
9	877,6	962,5	1051,3	39	919,7	1006,5	1097,2
10	879,0	963,9	1052,8	40	921,1	1008,0	1098,8
11	880,4	965,4	1054,3	41	922,5	1009,4	1100,3
12	881,8	966,9	1055,9	42	923,9	1010,9	1101,9
13	883,2	963,3	1057,4	43	925,3	1012,4	1103,4
14	884,6	969,8	1058,9	44	926,8	1013,9	1105,0
15	886,0	971,2	1060,4	45	928,2	1015,4	1106,5
16	887,4	972,7	1062,0	46	929,6	1016,9	1108,1
17	888,8	974,1	1063,5	47	931,0	1018,4	1109,6
18	890,2	975,5	1065,0	48	932,4	1019,9	1111,2
19	891,6	977,0	1066,5	49	933,8	1021,4	1112,7
20	893,0	978,5	1068,1	50	935,2	1022,8	1114,3
21	894,4	979,9	1069,6	51	936,6	1024,3	1115,8
22	895,8	981,4	1071,1	52	938,1	1025,8	1117,4
23	897,2	982,9	1072,6	53	939,5	1027,3	1118,9
24	898,6	984,4	1074,2	54	940,9	1028,8	1120,5
25	900,0	985,8	1075,7	55	942,3	1030,3	1122,0
26	901,4	987,3	1077,2	56	943,8	1031,8	1123,6
27	902,8	988,8	1078,7	57	945,2	1033,3	1125,1
28	904,2	990,3	1080,3	58	946,6	1034,8	1126,7
29	905,6	991,8	1081,8	59	948,1	1036,3	1128,3
30	907,0	993,2	1083,3	60	949,6	1037,8	1129,9

TABLE IX. — Réduction au méridien.

$$m = \frac{2 \sin^2 \frac{1}{2} t}{\sin 1''}.$$

t	24^m	25^m	26^m	t	24^m	25^m	26^m
0^s	1129″,9	1225″,9	1325″,9	30^s	1177″,5	1275″,4	1377″,3
1	1131,4	1227,5	1327,6	31	1179,1	1277,1	1379,0
2	1133,0	1229,2	1329,3	32	1180,7	1278,8	1380,8
3	1134,6	1230,8	1331,0	33	1182,3	1280,4	1382,5
4	1136,2	1232,5	1332,7	34	1183,9	1282,1	1384,2
5	1137,8	1234,1	1334,4	35	1185,5	1283,8	1385,9
6	1139,3	1235,7	1336,1	36	1187,1	1285,5	1387,7
7	1140,9	1237,3	1337,8	37	1188,7	1287,1	1389,4
8	1142,5	1239,0	1339,5	38	1190,3	1288,8	1391,2
9	1144,0	1240,6	1341,2	39	1191,9	1290,5	1392,9
10	1145,6	1242,3	1342,9	40	1193,5	1292,2	1394,7
11	1147,2	1243,9	1344,6	41	1195,1	1293,8	1396,4
12	1148,8	1245,6	1346,3	42	1196,7	1295,5	1398,2
13	1150,4	1247,2	1348,0	43	1198,3	1297,2	1399,9
14	1152,0	1248,9	1349,7	44	1199,9	1298,9	1401,7
15	1153,6	1250,5	1351,4	45	1201,5	1300,5	1403,4
16	1155,2	1252,2	1353,2	46	1203,1	1302,2	1405,2
17	1156,8	1253,8	1354,9	47	1204,7	1303,9	1406,9
18	1158,3	1255,5	1356,6	48	1206,4	1305,6	1408,7
19	1159,9	1257,1	1358,3	49	1208,0	1307,3	1410,4
20	1161,5	1258,8	1360,1	50	1209,6	1309,0	1412,2
21	1163,1	1260,5	1361,8	51	1211,2	1310,7	1413,9
22	1164,7	1262,2	1363,5	52	1212,9	1312,4	1415,7
23	1166,3	1263,8	1365,2	53	1214,5	1314,1	1417,4
24	1167,9	1265,5	1367,0	54	1216,1	1315,7	1419,2
25	1169,5	1267,1	1368,7	55	1217,7	1317,4	1420,9
26	1171,1	1268,8	1370,4	56	1219,4	1319,1	1422,7
27	1172,7	1270,5	1372,1	57	1221,0	1320,8	1424,4
28	1174,3	1272,1	1373,9	58	1222,6	1322,5	1426,2
29	1175,9	1273,7	1375,6	59	1224,2	1324,2	1427,9
30	1177,5	1275,4	1377,3	60	1225,9	1325,9	1429,7

TABLE IX. — Réduction au méridien.

$$m = \frac{2 \sin^2 \frac{1}{2} t}{\sin 1''}.$$

t	27m	28m	29m	t	27m	28m	29m
0s	1429",7	1537",5	1649",0	30s	1483",1	1592",7	1706",3
1	1431,4	1539,3	1650,9	31	1484,9	1594,6	1708,2
2	1433,2	1541,1	1652,8	32	1486,7	1596,5	1710,2
3	1434,9	1542,9	1654,7	33	1488,5	1598,3	1712,1
4	1436,7	1544,8	1656,6	34	1490,3	1600,2	1714,0
5	1438,5	1546,6	1658,5	35	1492,1	1602,1	1715,9
6	1440,3	1548,4	1660,4	36	1493,9	1604,0	1717,9
7	1442,1	1550,2	1662,3	37	1495,7	1605,9	1719,8
8	1443,9	1552,1	1664,2	38	1497,5	1607,7	1721,7
9	1445,6	1553,9	1666,1	39	1499,3	1609,6	1723,6
10	1447,4	1555,8	1668,0	40	1501,1	1611,5	1725,6
11	1449,2	1557,6	1669,9	41	1502,9	1613,3	1727,5
12	1451,0	1559,5	1671,9	42	1504,7	1615,2	1729,5
13	1452,8	1561,3	1673,9	43	1506,5	1617,1	1731,5
14	1454,5	1563,2	1675,7	44	1508,4	1619,0	1733,4
15	1456,3	1565,0	1677,6	45	1510,2	1620,8	1735,3
16	1458,1	1566,9	1679,5	46	1512,0	1622,7	1737,2
17	1459,9	1568,7	1681,4	47	1513,8	1624,6	1739,2
18	1461,6	1570,5	1683,3	48	1515,6	1626,5	1741,2
19	1463,4	1572,4	1685,2	49	1517,4	1628,3	1743,1
20	1465,2	1574,3	1687,2	50	1519,2	1630,2	1745,1
21	1466,9	1576,1	1689,1	51	1521,0	1632,1	1747,0
22	1468,7	1578,0	1691,0	52	1522,9	1634,0	1749,0
23	1470,5	1579,8	1692,9	53	1524,7	1635,9	1750,9
24	1472,3	1581,7	1694,8	54	1526,5	1637,7	1752,8
25	1474,1	1583,5	1696,7	55	1528,3	1639,6	1754,8
26	1475,9	1585,3	1698,6	56	1530,2	1641,5	1756,8
27	1477,7	1587,2	1700,5	57	1532,0	1643,3	1758,7
28	1479,5	1589,1	1702,5	58	1533,8	1645,2	1760,7
29	1481,3	1590,9	1704,4	59	1535,6	1647,1	1762,6
30	1483,1	1592,7	1706,3	60	1537,5	1649,0	1764,6

TABLE IX. — Réduction au méridien.

$$n = \frac{2 \sin^2 \frac{1}{2} t}{\sin 1''}.$$

$$k = \frac{1}{\left(1 - \frac{\Delta u}{86400}\right)^2}$$

t	n	t	n	t	n	t	n	Δu	$\log k$
m s	″	m s	″	m s	″	m s	″	s	
0. 0	0,00	15. 0	0,47	20. 0	1,49	25. 0	3,64	+ 0	0,000 0000
1. 0	0,00	10	0,49	10	1,54	10	3,74	1	0101
2. 0	0,00	20	0,52	20	1,60	20	3,84	2	0201
3. 0	0,00	30	0,54	30	1,65	30	3,94	3	0302
4. 0	0,00	40	0,56	40	1,70	40	4,05	4	0402
5. 0	0,01	50	0,59	50	1,76	50	4,15	5	0503
6. 0	0,01	16. 0	0,61	21. 0	1,82	26. 0	4,26	6	0,000 0603
7. 0	0,02	10	0,64	10	1,87	10	4,37	7	0704
8. 0	0,04	20	0,67	20	1,93	20	4,48	8	0804
9. 0	0,06	30	0,69	30	1,99	30	4,60	9	0905
10. 0	0,09	40	0,72	40	2,06	40	4,72	10	1005
11. 0	0,14	50	0,75	50	2,12	50	4,83	11	1106
12. 0	0,19	17. 0	0,78	22. 0	2,19	27. 0	4,96	12	0,000 1206
10	0,20	10	0,81	10	2,25	10	5,08	13	1307
20	0,22	20	0,84	20	2,32	20	5,20	14	1407
30	0,23	30	0,88	30	2,39	30	5,33	15	1508
40	0,24	40	0,91	40	2,46	40	5,46	16	1608
50	0,25	50	0,95	50	2,54	50	5,60	17	1709
13. 0	0,26	18. 0	0,98	23. 0	2,61	28. 0	5,73	18	0,000 1809
10	0,28	10	1,02	10	2,69	10	5,87	19	1910
20	0,30	20	1,06	20	2,77	20	6,01	20	2010
30	0,31	30	1,09	30	2,85	30	6,15	21	2111
40	0,33	40	1,13	40	2,93	40	6,30	22	2212
50	0,34	50	1,18	50	3,01	50	6,44	23	2312
14. 0	0,36	19. 0	1,22	24. 0	3,10	29. 0	6,59	24	0,000 2412
10	0,38	10	1,26	10	3,18	10	6,75	25	2513
20	0,39	20	1,30	20	3,27	20	6,90	26	2613
30	0,41	30	1,35	30	3,36	30	7,06	27	2714
40	0,43	40	1,40	40	3,45	40	7,22	28	2814
50	0,45	50	1,44	50	3,55	50	7,38	29	2915
15. 0	0,47	20. 0	1,49	25. 0	3,64	30. 0	7,55	30	0,000 3015

TABLE X. — Logarithmes de n.

$$\log n = \log \frac{2 \sin^4 \frac{1}{2} t}{\sin 1''}.$$

t	$\log n$	t	$\log n$	t	$\log n$	t	$\log n$
m s		m s		m s		m s	
0. 0	$-\infty$	15. 0	$\bar{1}$,6747	20. 0	0,1742	25. 0	0,5615
1. 0	$\bar{6}$,9706	10	6939	10	1886	10	5730
2. 0	$\bar{4}$,1747	20	7128	20	2029	20	5845
3. 0	$\bar{4}$,8791	30	7316	30	2170	30	5959
4. 0	$\bar{3}$,3788	40	7502	40	2311	40	6072
5. 0	$\bar{3}$,7665	50	7686	50	2450	50	6184
6. 0	$\bar{2}$,0832	16. 0	$\bar{1}$,7867	21. 0	0,2589	26. 0	0,6296
7. 0	3509	10	8047	10	2726	10	6407
8. 0	5829	20	8225	20	2862	20	6517
9. 0	7875	30	8402	30	2997	30	6626
10. 0	9705	40	8576	40	3131	40	6735
11. 0	$\bar{1}$,1360	50	8749	50	3264	50	6843
12. 0	$\bar{1}$,2871	17. 0	$\bar{1}$,8920	22. 0	0,3396	27. 0	0,6951
10	3111	10	9089	10	3527	10	7057
20	3347	20	9257	20	3657	20	7164
30	3580	30	9423	30	3786	30	7269
40	3810	40	9588	40	3915	40	7374
50	4037	50	9751	50	4042	50	7478
13. 0	$\bar{1}$,4262	18. 0	$\bar{1}$,9913	23. 0	0,4168	28. 0	0,7582
10	4483	10	0,0072	10	4293	10	7685
20	4701	20	0231	20	4418	20	7787
30	4917	30	0388	30	4541	30	7889
40	5130	40	0544	40	4664	40	7990
50	5341	50	0698	50	4786	50	8090
14. 0	$\bar{1}$,5549	19. 0	0,0851	24. 0	0,4907	29. 0	0,8190
10	5754	10	1003	10	5027	10	8290
20	5957	20	1153	20	5146	20	8389
30	6158	30	1302	30	5264	30	8487
40	6356	40	1450	40	5382	40	8585
50	6553	50	1597	50	5499	50	8682
15. 0	$\bar{1}$,6747	20. 0	0,1742	25. 0	0,5615	30. 0	0,8779

TABLE X. — Logarithmes de m.

$$\log m = \log \frac{2 \sin^2 \frac{1}{2} t}{\sin 1''}.$$

t	0^m	1^m	2^m	t	0^m	1^m	2^m
0^s	$-\infty$	0,29303	0,89509	30^s	$\bar{1}$,69097	0,64521	1,08891
1	$\bar{4}$,73673	30739	90230	31	71945	65481	09468
2	$\bar{3}$,33879	32151	90945	32	74703	66431	10042
3	69097	33541	91654	33	77376	67370	10611
4	94085	34909	92357	34	79968	68299	11177
5	$\bar{2}$,13467	0,36255	0,93055	35	$\bar{1}$,82486	0,69218	1,11739
6	29303	37581	93747	36	84933	70127	12298
7	42692	38888	94434	37	87313	71027	12853
8	54291	40174	95115	38	89629	71918	13404
9	64521	41442	95791	39	91886	72800	13952
10	$\bar{2}$,73673	0,42692	0,96462	40	$\bar{1}$,94085	0,73673	1,14497
11	81951	43925	97127	41	96229	74537	15038
12	89509	45140	97788	42	98323	75393	15576
13	96461	46338	98443	43	0,00366	76240	16110
14	$\bar{1}$,02898	47519	99094	44	02363	77080	16641
15	$\bar{1}$,08891	0,48685	0,99740	45	0,04315	0,77911	1,17169
16	14497	49836	1,00381	46	06224	78734	17694
17	19763	50971	01017	47	08092	79550	18216
18	24767	52092	01649	48	09921	80358	18735
19	29423	53198	02276	49	11712	81158	19250
20	$\bar{1}$,33879	0,54291	1,02898	50	0,13467	0,81952	1,19762
21	38117	55370	03517	51	15187	82738	20271
22	42157	56436	04131	52	16875	83517	20778
23	46018	57489	04740	53	18528	84288	21281
24	49715	58529	05345	54	20151	85053	21782
25	$\bar{1}$,53261	0,59557	1,05946	55	0,21745	0,85813	1,22280
26	56667	60573	06543	56	23310	86564	22775
27	59945	61577	07136	57	24848	87310	23267
28	63104	62570	07725	58	26358	88049	23756
29	66152	63551	08310	59	27843	88782	24243
30	$\bar{1}$,69097	0,64521	1,08891	60	0,29303	0,89509	1,24727

TABLE X. — Logarithmes de *m*.

$$\log m = \log \frac{2 \sin^2 \frac{1}{2} t}{\sin 1''}.$$

t	3^m	4^m	5^m	t	3^m	4^m	5^m
0^s	1,24727	1,49714	1,69096	30^s	1,38116	1,59945	1,77373
1	25208	50076	69385	31	38529	60266	77636
2	25687	50435	69673	32	38940	60586	77898
3	26163	50793	69960	33	39348	60904	78160
4	26636	51150	70246	34	39755	61222	78420
5	1,27107	1,51505	1,70531	35	1,40160	1,61538	1,78680
6	27575	51859	70815	36	40563	61854	78938
7	28041	52211	71099	37	40964	62168	79197
8	28504	52562	71382	38	41364	62481	79454
9	28965	52912	71663	39	41761	62793	79710
10	1,29423	1,53260	1,71944	40	1,42157	1,63103	1,79967
11	29879	53606	72223	41	42551	63413	80221
12	30332	53952	72502	42	42943	63722	80476
13	30783	54296	72780	43	43333	64029	80729
14	31232	54639	73057	44	43722	64335	80982
15	1,31679	1,54980	1,73333	45	1,44109	1,64641	1,81234
16	32123	55320	73608	46	44494	64945	81486
17	32566	55659	73883	47	44877	65248	81736
18	33006	55996	74157	48	45259	65550	81986
19	33443	56332	74429	49	45639	65851	82236
20	1,33878	1,56667	1,74701	50	1,46018	1,66151	1,82484
21	34311	57000	74972	51	46395	66450	82732
22	34743	57332	75242	52	46770	66748	82979
23	35172	57663	75511	53	47143	67045	83225
24	35598	57993	75780	54	47515	67341	83471
25	1,36022	1,58321	1,76048	55	1,47886	1,67636	1,83716
26	36445	58648	76314	56	48255	67930	83960
27	36866	58974	76580	57	48622	68223	84204
28	37285	59299	76846	58	48988	68515	84447
29	37702	59622	77110	59	49352	68806	84690
30	1,38116	1,59945	1,77373	60	1,49714	1,69096	1,84931

TABLE X. — Logarithmes de m.

$$\log m = \log \frac{2 \sin^2 \frac{1}{2} t}{\sin 1''}.$$

t	6m	7m	8m	t	6m	7m	8m
0s	1,84931	1,98320	2,09917	30s	1,91883	2,04311	1,15182
1	85172	98526	10098	31	92105	04504	15352
2	85412	98732	10278	32	92327	04697	15522
3	85651	98937	10458	33	92548	04888	15691
4	85890	99142	10637	34	92769	05080	15860
5	1,86129	1,99347	2,10817	35	1,92990	2,05271	1,16029
6	86366	99551	10995	36	93209	05462	16198
7	86603	99755	11174	37	93428	05652	16366
8	86840	99958	11352	38	93646	05842	16534
9	87075	2,00161	11530	39	93864	06031	16701
10	1,87310	2,00363	2,11707	40	1,94082	2,06220	1,16868
11	87545	00565	11884	41	94299	06409	17035
12	87779	00766	12061	42	94515	06597	17202
13	88012	00967	12237	43	94731	06785	17368
14	88244	01167	12413	44	94946	06972	17534
15	1,88476	2,01367	2,12589	45	1,95161	2,07159	1,17700
16	88708	01566	12764	46	95375	07346	17865
17	88938	01765	12939	47	95589	07532	18030
18	89168	01964	13114	48	95802	07718	18194
19	89398	02162	13288	49	96014	07903	18359
20	1,89627	2,02360	2,13462	50	1,96226	2,08088	1,18523
21	89855	02557	13635	51	96438	08273	18687
22	90083	02753	13809	52	96649	08457	18850
23	90310	02954	13982	53	96860	08641	19013
24	90536	03148	14154	54	97070	08824	19176
25	1,90762	2,03341	2,14326	55	1,97279	2,90007	1,19338
26	90987	03536	14498	56	97488	09190	19500
27	91212	03730	14670	57	97697	09372	19662
28	91436	03924	14841	58	97905	09554	19824
29	91660	04118	15011	59	98112	09735	19985
30	1,91883	2,04311	2,15182	60	1,98320	2,09917	1,20146

TABLE X. — Logarithmes de m.

$$\log m = \log \frac{2 \sin^2 \frac{1}{2} t}{\sin 1''}.$$

t	9^m	10^m	11^m	t	9^m	10^m	11^m
0ˢ	2,20146	2,29296	2,37574	30ˢ	2,24842	2,33534	2,41434
1	20307	29441	37705	31	24994	33671	41560
2	20467	29586	37836	32	25146	33809	41685
3	20627	29730	37967	33	25297	33946	41811
4	20787	29874	38098	34	25449	34083	41936
5	2,20946	2,30017	2,38229	35	2,25600	2,34220	2,42061
6	21106	30161	38360	36	25751	34357	42186
7	21264	30304	38490	37	25902	34493	42310
8	21423	30447	38619	38	26052	34630	42435
9	21581	30590	38749	39	26202	34766	42559
10	2,21739	2,30732	2,38879	40	2,26352	2,34901	2,42683
11	21897	30874	39009	41	26501	35037	42807
12	22055	31016	39138	42	26651	35172	42931
13	22212	31158	39267	43	26800	35307	43055
14	22369	31300	39396	44	26949	35442	43178
15	2,22525	2,31441	2,39525	45	2,27097	2,35577	2,43302
16	22682	31582	39654	46	27246	35712	43425
17	22838	31723	39782	47	27394	35846	43548
18	22994	31864	39910	48	27542	35980	43670
19	23150	32004	40038	49	27689	36114	43793
20	2,23304	2,32144	2,40166	50	2,27836	2,36248	2,43915
21	23459	32284	40294	51	27984	36381	44037
22	23614	32424	40421	52	28130	36515	44159
23	23768	32563	40548	53	28277	36648	44281
24	23922	32703	40675	54	28423	36781	44403
25	2,24076	2,32842	2,40802	55	2,28569	2,36913	2,44525
26	24230	32980	40929	56	28715	37046	44646
27	24383	33019	41055	57	28861	37178	44767
28	24536	33258	41181	58	29006	37310	44888
29	24689	33396	41307	59	29151	37442	45009
30	2,24842	2,33534	2,41434	60	2,29296	2,37574	2,45130

TABLE X. — Logarithmes de m.

$$\log m = \log \frac{2 \sin^2 \frac{1}{2} t}{\sin 1''}.$$

t	12^m	13^m	14^m	t	12^m	13^m	14^m
0^s	2,45130	2,52081	2,58516	30^s	2,48675	2,55358	2,61563
1	45250	52192	58619	31	48790	55465	61662
2	45371	52303	58722	32	48906	55572	61762
3	45491	52414	58825	33	49021	55679	61861
4	45611	52525	58928	34	49136	55785	61961
5	2,45731	2,52635	2,59031	35	2,49251	2,55892	2,62060
6	45850	52746	59134	36	49366	55999	62159
7	45970	52856	59236	37	49481	56105	62258
8	46089	52967	59339	38	49596	56211	62357
9	46209	53077	59441	39	49711	56317	62456
10	2,46328	2,53187	2,59543	40	2,49825	2,56423	2,62555
11	46446	53297	59645	41	49939	56529	62654
12	46565	53406	59747	42	50053	56635	62752
13	46684	53516	59849	43	50167	56740	62850
14	46802	53625	59951	44	50281	56846	62949
15	2,46920	2,53735	2,60052	45	2,50394	2,56951	2,63047
16	47038	53844	60154	46	50508	57056	63145
17	47156	53953	60255	47	50621	57161	63243
18	47274	54062	60357	48	50734	57266	63341
19	47392	54170	60458	49	50847	57371	63438
20	2,47509	2,54279	2,60559	50	2,50960	2,57476	2,63536
21	47626	54387	60660	51	51073	57580	63634
22	47743	54496	60760	52	51185	57685	63731
23	47860	54604	60861	53	51298	57789	63828
24	47977	54712	60961	54	51410	57893	63925
25	2,48094	2,54820	2,61062	55	2,51522	2,57997	2,64022
26	48210	54928	61162	56	51634	58101	64119
27	48327	55035	61263	57	51746	58205	64216
28	48443	55143	61363	58	51858	58309	64313
29	48559	55250	61463	59	51969	58412	64410
30	2,48675	2,55358	2,61563	60	2,52081	2,58516	2,64506

TABLE X. — Logarithmes de m.

$$\log m = \log \frac{2 \sin^2 \frac{1}{2} t}{\sin 1''}.$$

t	15^m	16^m	17^m	t	15^m	16^m	17^m
0^s	2,64506	2,70109	2,75373	30^s	2,67353	2,72781	2,77890
1	64603	70200	75458	31	67446	72869	77973
2	64699	70291	75543	32	67539	72957	78056
3	64795	70381	75628	33	67633	73044	78138
4	64891	70471	75713	34	67726	73132	78220
5	2,64987	2,70561	2,75798	35	2,67818	2,73219	2,78302
6	65083	70651	75883	36	67911	73306	78385
7	65179	70741	75957	37	68004	73393	78467
8	65274	70830	76052	38	68097	73480	78549
9	65370	70920	76136	39	68189	73567	78631
10	2,65466	2,71010	2,76220	40	2,68281	2,73654	2,78713
11	65561	71099	76304	41	68374	73741	78795
12	65656	71188	76388	42	68466	73827	78877
13	65751	71278	76472	43	68558	73914	78958
14	65846	71367	76556	44	68650	74001	79040
15	2,65941	2,71456	2,76640	45	2,68742	2,74087	2,79121
16	66036	71545	76724	46	68834	74173	79203
17	66131	71634	76808	47	68926	74259	79284
18	66225	71723	76892	48	69017	74346	79366
19	66320	71811	76976	49	69109	74432	79447
20	2,66414	2,71900	2,77059	50	2,69201	2,74518	2,79528
21	66509	71989	77143	51	69292	74604	79609
22	66603	72077	77226	52	69383	74690	79690
23	66697	72165	77309	53	69474	74775	79771
24	66791	72254	77392	54	69565	74861	79852
25	2,66885	2,72342	2,77476	55	2,69656	2,74947	2,79933
26	66979	72430	77559	56	69747	75032	80014
27	67073	72518	77642	57	69838	75118	80094
28	67166	72606	77724	58	69929	75203	80175
29	67260	72694	77807	59	70019	75288	80255
30	2,67353	2,72781	2,77890	60	2,70109	2,75373	2,80336

TABLE X. — Logarithmes de m.

$$\log m = \log \frac{2\sin^2 \frac{1}{2}t}{\sin 1''}.$$

t	18^m	19^m	20^m	t	18^m	19^m	20^m
0^s	2,80336	2,85029	2,89481	30^s	2,82714	2,87284	2,91625
1	80416	85105	89554	31	82792	87358	91696
2	80496	85181	89626	32	82870	87432	91766
3	80576	85257	89698	33	82948	87506	91837
4	80656	85333	89770	34	83026	87580	91907
5	2,80736	2,85409	2,89842	35	2,83104	2,87654	2,91977
6	80816	85485	89914	36	83182	87728	92048
7	80896	85561	89986	37	83260	87802	92118
8	80976	85636	90058	38	83337	87876	92188
9	81056	85712	90130	39	83414	87949	92258
10	2,81135	2,85787	2,90202	40	2,83492	2,88023	2,92328
11	81215	85863	90274	41	83570	88096	92398
12	81295	85938	90346	42	83648	88170	92468
13	81375	86014	90417	43	83725	88243	92538
14	81454	86089	90489	44	83802	88317	92608
15	2,81533	2,86164	2,90560	45	2,83879	2,88390	2,92677
16	81612	86239	90632	46	83957	88463	92747
17	81691	86314	90703	47	84034	88536	92817
18	81770	86389	90774	48	84111	88610	92886
19	81849	86464	90845	49	84188	88683	92956
20	2,81928	2,86539	2,90917	50	2,84264	2,88756	2,93026
21	82007	86614	90988	51	84341	88828	93096
22	82086	86689	91058	52	84418	88901	93164
23	82165	86763	91129	53	84495	88974	93233
24	82244	86838	91200	54	84571	89047	93303
25	2,82322	2,86912	2,91271	55	2,84648	2,89119	2,93372
26	82401	86987	91342	56	84724	89192	93441
27	82479	87061	91413	57	84801	89265	93510
28	82558	87136	91484	58	84877	89337	93579
29	82636	87210	91555	59	84953	89410	93648
30	2,82714	2,87284	2,91625	60	2,85029	2,89481	2,93717

TABLE X. — Logarithmes de *m*.

$$\log m = \log \frac{2 \sin^2 \frac{1}{2} t}{\sin 1''}.$$

t	21^m	22^m	23^m	t	21^m	22^m	23^m
0^s	2,93717	2,97755	3,01613	30^s	2,95759	2,99705	3,03479
1	93786	97820	01675	31	95827	99769	03540
2	93855	97886	01738	32	95894	99834	03602
3	93923	97952	01801	33	95961	99898	03663
4	93992	98017	01864	34	96028	99962	03725
5	2,94061	2,98083	3,01926	35	2,96095	3,00026	3,03787
6	94129	98148	01989	36	96162	00090	03848
7	94198	98214	02052	37	96229	00154	03909
8	94266	98279	02114	38	96296	00218	03970
9	94335	98344	02177	39	96362	00282	04031
10	2,94403	2,98410	3,02239	40	2,96429	3,00346	3,04092
11	94471	98475	02302	41	96496	00409	04153
12	94540	98540	02364	42	96563	00473	04214
13	94608	98605	02426	43	96630	00537	04275
14	94676	98670	02489	44	96696	00600	04336
15	2,94744	2,98735	3,02551	45	2,96763	3,00664	3,04397
16	94812	98800	02613	46	96829	00728	04458
17	94880	98865	02675	47	96896	00791	04519
18	94948	98930	02737	48	96962	00855	04580
19	95016	98995	02799	49	97028	00918	04641
20	2,95084	2,99060	3,02861	50	2,97095	3,00981	3,04701
21	95152	99125	02923	51	97161	01045	04762
22	95219	99189	02985	52	97227	01108	04823
23	95287	99254	03047	53	97293	01171	04883
24	95355	99319	03109	54	97359	01234	04944
25	2,95422	2,99383	3,03171	55	2,97425	3,01298	3,05004
26	95490	99448	03232	56	97491	01361	05065
27	95557	99512	03294	57	97557	01424	05125
28	95625	99576	03356	58	97623	01487	05185
29	95692	99641	03417	59	97689	01550	05246
30	2,95759	2,99705	3,03479	60	2,97755	3,01613	3,05306

TABLE X. — Logarithmes de *m*.

$$\log m = \log \frac{2 \sin^2 \frac{1}{2} t}{\sin 1''}.$$

t	24^m	25^m	26^m	t	24^m	25^m	26^m
0^s	3,05306	3,08848	3,12252	30^s	3,07095	3,10567	3,13904
1	05366	08906	12307	31	07154	10623	13959
2	05426	08664	12363	32	07213	10680	14013
3	05487	09022	12418	33	07272	10737	14068
4	05547	09079	12474	34	07331	10793	14122
5	3,05607	3,09137	3,12529	35	3,07389	3,10850	3,14177
6	05667	09195	12585	36	07448	10906	14231
7	05727	09252	12640	37	07507	10963	14285
8	05787	09310	12695	38	07566	11019	14340
9	05847	09367	12751	39	07625	11076	14394
10	3,05907	3,09425	3,12806	40	3,07683	3,11132	3,14448
11	05966	09482	12861	41	07742	11188	14502
12	06026	09540	12916	42	07801	11245	14557
13	06086	09597	12971	43	07879	11301	14611
14	06146	09655	13026	44	07918	11357	14665
15	3,06205	3,09712	3,13081	45	3,07976	3,11413	3,14719
16	06265	09769	13136	46	08035	11469	14773
17	06324	09826	13191	47	08093	11535	14827
18	06384	09883	13246	48	08151	11582	14881
19	06444	09941	13301	49	08210	11638	14935
20	3,06503	3,09998	3,13356	50	3,08268	3,11694	3,14989
21	06562	10055	13411	51	08326	11750	15043
22	06622	10112	13466	52	08384	11805	15096
23	06681	10169	13521	53	08442	11861	15150
24	06740	10226	13576	54	08501	11917	15204
25	3,06800	3,10283	3,13631	55	3,08559	3,11973	3,15258
26	06859	10340	13686	56	08617	12029	15312
27	06918	10396	13740	57	08675	12085	15365
28	06977	10453	13795	58	08733	12140	15419
29	07036	10510	13850	59	08791	12196	15472
30	3,07095	3,10567	3,13904	60	3,08848	3,12252	3,15526

TABLE X. — Logarithmes de m.

$$\log m = \log \frac{2 \sin^2 \frac{1}{2} t}{\sin 1''}.$$

t	27m	28m	29m	t	27m	28m	29m
0s	3,15526	3,18681	3,21725	30s	3,17118	3,20216	3,23208
1	15580	18733	21775	31	17170	20267	23257
2	15633	18784	21825	32	17223	20318	23306
3	15666	18836	21875	33	17275	20369	23355
4	15740	18887	21924	34	17327	20419	23404
5	3,15793	3,18939	3,21974	35	3,17380	3,20470	3,23453
6	15847	18990	22023	36	17433	20520	23501
7	15900	19042	22073	37	17485	20571	23550
8	15953	19093	22123	38	17538	20621	23599
9	16007	19145	22172	39	17590	20672	23648
10	3,16060	3,19196	3,22222	40	3,17642	3,20722	3,23697
11	16113	19247	22272	41	17694	20772	23745
12	16166	19299	22321	42	17746	20822	23794
13	16210	19350	22371	43	17799	20873	23843
14	16373	19401	22420	44	17851	20924	23891
15	3,16326	3,19452	3,22470	45	3,17903	3,20974	3,23940
16	16379	19503	22519	46	17955	21024	23988
17	16432	19554	22568	47	18007	21075	24037
18	16485	19606	22618	48	18059	21125	24086
19	16538	19657	22667	49	18111	21175	24134
20	3,16591	3,19708	3,22716	50	3,18163	3,21225	3,24182
21	16643	19759	22766	51	18215	21275	24231
22	16696	19810	22815	52	18267	21325	24279
23	16749	19861	22864	53	18319	21375	24328
24	16802	19912	22913	54	18371	21425	24376
25	3,16855	3,19962	3,22963	55	3,18422	3,21475	3,24424
26	16907	20013	23012	56	18474	21525	24473
27	16960	20064	23061	57	18526	21575	24521
28	17013	20115	23110	58	18578	21625	24569
29	17066	20166	23159	59	18629	21675	24617
30	3,17118	3,20216	3,23208	60	3,18681	3,21725	3,24665

TABLE XI. — Réfraction moyenne.

Température : + 10 degrés centigrades.
Pression barométrique réduite à + 10 degrés : $0^m,760$.

DISTANCE zénithale appar.	RÉFRACTION moyenne.	DISTANCE zénithale appar.	RÉFRACTION moyenne.	DISTANCE zénithale appar.	RÉFRACTION moyenne.	DISTANCE zénithale appar.	RÉFRACTION moyenne.
° ′	′ ″	° ′	′ ″	° ′	′ ″	° ′	′ ″
0. 0	0. 0,0	36. 0	0.42,3	56. 0	1.26,2	65. 0	2. 4,5
1. 0	0. 1,0	37. 0	0.43,9	20	1.27,3	10	2. 5,4
2. 0	0. 2,0	38. 0	0.45,5	40	1.28,4	20	2. 6,3
3. 0	0. 3,1	39. 0	0.47,2	57. 0	1.29,6	30	2. 7,3
4. 0	0. 4,1	40. 0	0.48,9	20	1.30,7	40	2. 8,3
5. 0	0. 5,1	41. 0	0.50,7	40	1.31,9	50	2. 9,3
6. 0	0. 6,1	42. 0	0.52,5	58. 0	1.33,1	66. 0	2.10,3
7. 0	0. 7,2	43. 0	0.54,3	20	1.34,3	10	2.11,3
8. 0	0. 8,2	44. 0	0.56,3	40	1.35,5	20	2.12,3
9. 0	0. 9,2	45. 0	0.58,3	59. 0	1.36,8	30	2.13,4
10. 0	0.10,3	46. 0	1. 0,3	20	1.38,0	40	2.14,4
11. 0	0.11,3	47. 0	1. 2,5	40	1.39,3	50	2.15,5
12. 0	0.12,4	48. 0	1. 4,7	60. 0	1.40,7	67. 0	2.16,6
13. 0	0.13,5	20	1. 5,4	20	1.42,0	10	2.17,7
14. 0	0.14,5	40	1. 6,2	40	1.43,4	20	2.18,8
15. 0	0.15,6	49. 0	1. 7,0	61. 0	1.44,8	30	2.19,9
16. 0	0.16,7	20	1. 7,8	20	1.46,3	40	2.21,1
17. 0	0.17,8	40	1. 8,6	40	1.47,8	50	2.22,2
18. 0	0.19,0	50. 0	1. 9,4	62. 0	1.49,3	68. 0	2.23,4
19. 0	0.20,1	20	1.10,2	10	1.50,0	10	2.24,6
20. 0	0.21,2	40	1.11,0	20	1.50,8	20	2.25,8
21. 0	0.22,4	51. 0	1.11,9	30	1.51,6	30	2.27,0
22. 0	0.23,6	20	1.12,8	40	1.52,4	40	2.28,3
23. 0	0.24,7	40	1.13,6	50	1.53,2	50	2.29,5
24. 0	0.26,0	52. 0	1.14,5	63. 0	1.54,0	69. 0	2.30,8
25. 0	0.27,2	20	1.15,4	10	1.54,8	10	2.32,1
26. 0	0.28,4	40	1.16,3	20	1.55,6	20	2.33,4
27. 0	0.29,7	53. 0	1.17,2	30	1.56,5	30	2,34,8
28. 0	0.31,0	20	1.18,2	40	1.57,3	40	2.36,1
29, 0	0,32,3	40	1.19,1	50	1.58,2	50	2.37,5
30. 0	0.33,7	54. 0	1.20,1	64. 0	1.59,0	70. 0	2.38,9
31. 0	0.35,0	20	1.21,1	10	1.59,9	10	2.40,4
32. 0	0.36,4	40	1.22,1	20	2. 0,8	20	2.41,8
33. 0	0.37,9	55. 0	1.23,1	30	2. 1,7	30	2.43,3
34. 0	0.39,3	20	1.24,1	40	2. 2,6	40	2.44,8
35. 0	0.40,8	40	1.25,2	50	2. 3,5	50	2.46,3
36. 0	0.42,3	56. 0	1.26,2	65. 0	2. 4,5	71. 0	2.47,8

TABLE XI. — Réfraction moyenne.

Température : + 10 degrés centigrades.
Pression barométrique réduite à + 10 degrés : 0m,760.

DISTANCE zénithale appar.	RÉFRACTION moyenne.	DISTANCE zénithale appar.	RÉFRACTION moyenne.	DISTANCE zénithale appar.	RÉFRACTION moyenne.	DISTANCE zénithale appar.	RÉFRACTION moyenne.
71° 0'	2'47",8	76°30'	3'58",5	79°30'	5' 5",4	82°30'	6'58",7
10	2.49,4	35	4. 0,0	35	5. 7,7	35	7. 3,0
20	2.51,0	40	4. 1,5	40	5.10,1	40	7. 7,3
30	2.52,6	45	4. 3,0	45	5.12,5	45	7.11,8
40	2.54,3	50	4. 4,6	50	5.15,0	50	7.16,3
50	2.56,0	55	4. 6,1	55	5.17,5	55	7.20,9
72. 0	2.57,7	77. 0	4. 7,7	80. 0	5.20,0	83. 0	7.25,6
10	2.59,4	5	4. 9,3	5	5.22,6	5	7.30,4
20	3. 1,2	10	4.10,9	10	5.25,2	10	7.35,3
30	3. 3,0	15	4.12,5	15	5.27,8	15	7.40,3
40	3. 4,8	20	4.14,1	20	5.30,5	20	7.45,4
50	3. 6,7	25	4.15,8	25	5.33,2	25	7.50,6
73. 0	3. 8,6	77.30	4.17,5	80.30	5.36,0	83.30	7.55,9
10	3.10,5	35	4.19,2	35	5.38,8	35	8. 1,4
20	3.12,5	40	4.21,0	40	5.41,7	40	8. 6,9
30	3.14,5	45	4.22,7	45	5.44,6	45	8.12,6
40	3.16,5	50	4.24,5	50	5.47,6	50	8.18,3
50	3.18,6	55	4.26,3	55	5.50,6	55	8.24,3
74. 0	3.20,8	78. 0	4.28,1	81. 0	5.53,7	84. 0	8.30,3
10	3.22,9	5	4.29,9	5	5.56,8	5	8.36,5
20	3.25,1	10	4.31,8	10	5.59,9	10	8.42,8
30	3.27,4	15	4.33,4	15	6. 3,1	15	8.49,3
40	3.29,7	20	4.35,6	20	6. 6,4	20	8.55,9
50	3.32,0	25	4.37,4	25	6. 9,8	25	9. 2,7
75. 0	3.34,4	78.30	4.39,5	81.30	6.13,2	84.30	9. 9,6
10	3.36,9	35	4.41,0	35	6.16,6	35	9.16,7
20	3.39,4	40	4.43,5	40	6.20,1	40	9.23,9
30	3.42,0	45	4.45,6	45	6.23,6	45	9.31,4
40	3.44,6	50	4.47,7	50	6.27,2	50	9.39,0
50	3.47,2	55	4.49,8	55	6.30,9	55	9.46,9
76. 0	3.50,0	79. 0	4.51,9	82. 0	6.34,7	85. 0	9.54,8
5	3.51,4	5	4.54,1	5	6.38,5	86. 0	11.48,8
10	3.52,7	10	4.56,3	10	6.42,4	87. 0	14.28,7
15	3.54,1	15	4.58,5	15	6.46,4	88. 0	18.23,1
20	3.55,6	20	5. 0,8	20	6.50,4	89. 0	24.22,3
25	3.57,0	25	5. 3,1	25	6.54,5	90. 0	33.47,9
76.30	3.58,5	79.30	5. 5,4	82.30	6.58,7		

TABLE XII-A. — Réfraction d'après Bessel.

DISTANCE zénithale.	$\log a$	$1+p$	$1+q$	$\log a'$	$1+p'$	$1+q'$
0° 0'	1,76 156			1,76 143		
10. 0	154			141		
20. 0	149			135		
30. 0	139			122		
40. 0	119			099		
45. 0	1,76 104		1,0018	1,76 080		1,0013
50. 0	082		23	053		16
55. 0	050		31	014		24
60. 0	001		46	1,75 953		35
65. 0	1,75 919		68	852		52
70. 0	771		1,0111	670		88
71. 0	1,75 726		1,0124	1,75 615		1,0099
72. 0	675		39	552		1,0110
73. 0	615		56	478		23
74. 0	543		75	390		38
75. 0	457		97	284		55
75.30	408		1,0200	225		64
76. 0	1,75 355		1,0220	1,75 159		1,0173
10	336		25	136		77
20	316		30	112		80
30	295		35	087		84
40	274		41	060		88
50	252		46	033		92
77. 0	1,75 229	1,0026	1,0252	1,75 005	0,9975	1,0197
10	205	26	58	1,74 976	74	1,0202
20	180	27	64	945	73	08
30	155	27	72	914	72	13
40	129	28	81	882	71	19
50	101	29	90	848	70	26
78. 0	1,75 072	1,0030	1,0299	1,74 813	0,9970	1,0234
10	043	30	1,0308	777	69	41
20	013	31	18	740	68	49
30	1,74 981	32	28	701	67	57
40	947	33	38	660	67	65
50	912	34	47	617	66	73
79. 0	1,74 876	1,0035	1,0357	1,74 573	0,9965	1,0281

TABLE XII-A. — Réfraction d'après Bessel.

DISTANCE zénithale.	log a	$1+p$	$1+q$	log a'	$1+p'$	$1+q'$
79° 0'	1,74 876	1,0035	1,0357	1,74 573	0,9965	1,0281
10	839	36	67	527	64	88
20	799	37	77	478	63	96
30	757	38	87	428	62	1,0304
40	714	39	98	376	61	12
50	670	40	1,0409	321	60	20
80. 0	1,74 623	1,0041	1,0420	1,74 263	0,9958	1,0329
10	573	42	31	203	57	37
20	521	43	42	141	55	45
30	468	45	54	075	54	54
40	412	46	66	005	52	63
50	352	47	79	1,73 933	51	72
81. 0	1,74 288	1,0049	1,0493	1,73 857	0,9949	1,0382
10	223	50	1,0508	777	48	93
20	155	52	23	692	46	1,0404
30	083	54	40	605	44	16
40	007	56	59	514	42	29
50	1,73 928	58	79	417	40	44
82. 0	1,73 845	1,0060	1,0600	1,73 314	0,9938	1,0459
10	757	62	22	207	36	76
20	663	65	46	095	34	83
30	564	67	71	1,72 974	31	1,0512
40	459	70	97	846	29	31
50	347	73	1,0725	711	26	52
83. 0	1,73 229	1,0075	1,0754	1,72 569	0,9924	1,0573
10	105	78	84	418	20	94
20	1,72 974	81	1,0815	256	17	1,0617
30	832	84	46	083	13	40
40	681	88	79	1,71 902	09	64
50	519	92	1,0914	708	05	88
84. 0	1,72 346	1,0096	1,0951	1,71 499	0,9901	1,0715
10	160	1,0100	92	276	0,9897	42
20	1,71 961	05	1,1036	037	93	71
30	749	10	82	1,70 782	88	1,0802
40	522	15	1,1130	509	82	34
50	279	21	78	216	76	68
85. 0	1,71 030	1,0027	1,1229	1,69 902	0,9870	1,0903

TABLE XII-B. — Réfraction d'après Bessel.

Facteurs dépendant du baromètre et du thermomètre intérieur.
(Les signes ± se rapportent aux logarithmes.)

MILLIM.	log B	MILLIM.	log B	DEGRÉS.	log T
725	— 0,01635	760	+ 0,00413	— 34	+ 0,00307
726	575	761	470	32	294
727	515	762	527	30	280
728	455	763	584	28	266
729	396	764	641	26	252
730	— 0,01336	765	+ 0,00698	— 24	+ 0,00238
731	277	766	755	22	225
732	217	767	811	20	211
733	158	768	868	18	196
734	099	769	924	16	182
735	— 0,01040	770	+ 0,00981	— 14	+ 0,00168
736	— 0,00981	771	+ 0,01037	12	154
737	922	772	093	10	140
738	863	773	150	8	126
739	804	774	206	6	112
740	— 0,00745	775	+ 0,01262	— 4	+ 0,00098
741	687	776	318	2	084
742	628	777	374	0	070
743	569	778	430	+ 2	056
744	511	779	485	4	042
745	— 0,00453	780	+ 0,01541	+ 6	+ 0,00028
746	394	781	597	8	014
747	336	782	652	10	0,00000
748	278	783	708	12	— 0,00014
749	220	784	763	14	028
750	— 0,00162	785	+ 0,01819	+ 16	— 0,00042
751	104	786	874	18	056
752	047	787	929	20	070
753	+ 0,00011	788	984	22	084
754	069	789	+ 0,02039	24	098
755	+ 0,00126	790	+ 0,02094	+ 26	— 0,00112
756	184	791	149	28	126
757	241	792	204	30	140
758	299	793	259	32	154
759	356	794	314	34	168
760	+ 0,00413	795	+ 0,02368		

TABLE XII-C. — Réfraction d'après Bessel.

Facteur dépendant du thermomètre extérieur.
(Les signes ± se rapportent aux logarithmes.)

DEGRÉS.	log γ	DIFF.	DEGRÉS.	log γ	DIFF.
— 35	+ 0,07373	181	0	+ 0,01448	158
34	7192	180	+ 1	1290	157
33	7012	179	2	1133	157
32	6833	179	3	0976	156
31	6654	178	4	0820	156
— 30	+ 0,06476	177	+ 5	+ 0,00664	155
29	6299	177	6	0509	155
28	6122	176	7	0354	154
27	5946	175	8	0200	153
26	5771	175	9	0047	153
— 25	+ 0,05596	174	+ 10	— 0,00106	153
24	5422	173	11	0259	151
23	5249	172	12	0410	152
22	5077	172	13	0562	151
21	4905	171	14	0713	150
— 20	+ 0,04734	170	+ 15	— 0,00863	150
19	4564	170	16	1013	149
18	4394	169	17	1162	149
17	4225	168	18	1311	148
16	4057	168	19	1459	148
— 15	+ 0,03889	167	+ 20	— 0,01607	147
14	3722	166	21	1754	147
13	3556	166	22	1901	146
12	3390	165	23	2047	146
11	3225	165	24	2193	145
— 10	+ 0,03060	164	+ 25	— 0,02338	145
9	2896	163	26	2483	144
8	2733	163	27	2627	144
7	2570	162	28	2771	143
6	2408	161	29	2914	143
— 5	+ 0,02247	161	+ 30	— 0,03057	143
4	2086	160	31	3200	142
3	1926	160	32	3342	141
2	1766	159	33	3483	141
1	1607	159	34	3624	142
0	+ 0,01448		+ 35	— 0,03765	

TABLE XIII. — Éléments de réduction.

	VALEURS DES CONSTANTES DE LA PRÉCESSION. (L'unité de temps est l'année tropique.)				OBLIQUITÉ moyenne DE L'ÉCLIPTIQUE.	
ANNÉES.	m	$\log n$	m	$\log n$	23° 27′	
	BESSEL.		BESSEL ET HANSEN.		BESSEL.	HANSEN.
1800	46",0427	1,302313	46",0457	1,302131	53",81	54",81
1810	458	292	485	113	48,97	50,13
1820	489	271	513	094	44,13	45,45
1830	520	250	541	076	39,29	40,78
1840	550	229	570	057	34,45	36,10
1850	581	208	598	039	29,60	31,42
1860	612	187	626	021	24,76	26,74
1870	643	166	654	002	19,92	22,06
1880	674	145	682	1,301984	15,08	17,38
1890	705	124	710	965	10,23	12,70
1900	736	103	738	947	5,39	8,02
	BESSEL ET LE VERRIER.		STRUVE ET PETERS.		LE VERRIER.	PETERS.
1800	46,0449	1,302250	46,0623	1,302346	55,62	54,20
1810	477	231	651	327	50,87	49,46
1820	506	213	680	309	46,11	44,72
1830	534	194	708	290	41,35	39,98
1840	562	175	737	271	36,59	35,25
1850	591	156	765	253	31,83	30,51
1860	619	138	794	234	27,07	25,77
1870	648	119	822	215	22,31	21,03
1880	676	100	851	197	17,55	16,29
1890	704	081	879	178	12,79	11,55
1900	733	063	908	159	8,03	6,81

TABLE XIII. — Éléments de réduction.

VALEURS DE LA PRÉCESSION.

(L'unité de temps est l'année tropique.)

ANNÉES.	$\frac{dl}{dt}$	log G	H	$\frac{dl}{dt}$	log G	H
		Bessel.			Hansen.	
1800	50",2224	$\bar{1}$,68896	7°.50',7	50",2219	$\bar{1}$,67324	7°. 2',1
1810	249	90	44,0	241	318	6.56,6
1820	273	85	37,4	264	312	51,1
1830	298	79	30,8	286	306	45,5
1840	322	74	24,1	309	300	40,0
1850	346	68	17,5	331	294	34,5
1860	371	63	10,9	353	288	28,9
1870	395	57	4,2	376	282	23,4
1880	420	52	6.57,6	398	276	17,9
1890	444	46	51,0	421	270	12,3
1900	469	41	44,3	443	264	6,8
		Le Verrier.			Peters.	
1800	50,2234	$\bar{1}$,68088	7.30,7	50,2411	$\bar{1}$,67906	7.14,5
1810	256	82	25,2	434	900	8,9
1820	279	76	19,8	456	894	3,4
1830	301	71	14,3	479	888	6.57,9
1840	324	64	8,9	502	881	52,3
1850	346	59	3,4	524	875	46,8
1860	369	54	6.57,9	547	869	41,2
1870	392	47	52,5	570	863	35,7
1880	414	42	47,0	592	856	30,2
1890	437	35	41,5	615	850	24,6
1900	459	30	36,0	638	844	19,1

TABLE XIII. — Éléments de réduction.

NUTATION DE L'ÉQUINOXE ET DE L'OBLIQUITÉ.

JOURS.	Δλ (LE VERRIER). 1850	Variation en 50 ans.	Δε	JOURS.	Δλ (LE VERRIER). 1850	Variation en 50 ans.	Δε
± 10	±1,375	± 0	∓0,013	± 70	± 9,628	± 2	∓0,091
20	2,751	1	0,026	80	11,003	2	0,104
30	4,126	1	0,039	90	12,378	3	0,117
40	5,502	1	0,052	100	13,754	3	0,130
50	6,877	2	0,065	200	27,508	6	0,261
60	8,252	2	0,078	300	41,261	9	0,391

CONSTANTES DIVERSES.

NATURE DE LA CONSTANTE.	NOMBRES.	LOGARITHMES.
Base des logarithmes naturels............	2,7182818	0,4342945
Module des logarithmes de Briggs........	0,4342945	$\bar{1}$,6377843
Rayon du cercle en secondes.............	206264,8	5,3144251
Rayon du cercle en minutes..............	3437,7468	3,5362739
Rayon du cercle en degrés...............	57,29578	1,7581226
Longueur de la circonférence en secondes.	1296000	6,1126050
Longueur de la circonférence en minutes..	21600	4,3344538
Longueur de la circonférence en degrés...	360	2,5563025
Rapport de la circonférence au diamètre..	3,14159265	0,4971499
Parallaxe horizontale équatoriale du Soleil.	8″,9	0,94939
Durée de l'année sidérale (Hansen et Olufsen)......	365j,2563582	2,5625978
Durée de l'année tropique en 1800 (Hansen et Olufsen)........	364,2422042	2,5625809
Durée de l'année julienne..............	365,25	2,5625902

Durée de l'année tropique à l'époque *t* (Hansen et Olufsen) :

$365^{j},2422042 - 0,0000000063168\,(t - 1800)$.

TABLE XIV-A. — Observations au cercle méridien.

Facteur A de la réduction au méridien dépendant de l'angle horaire τ,

$$A = \overline{60}^2 \frac{225}{4} \sin 1'' \tau^2.$$

τ est exprimé en minutes et dixièmes de minute.

τ	A	DIFF.	τ	A	DIFF.	τ	A	DIFF.
m	″		m	″		m	″	
0,0	0,00	1	3,4	11,35	68	6,7	44,1	13
0,1	0,01	3	3,5	12,03	69	6,8	45,4	13
0,2	0,04	5	3,6	12,72	72	6,9	46,7	14
0,3	0,09	7	3,7	13,44	74	7,0	48,1	14
0,4	0,16	9	3,8	14,18	75	7,1	49,5	14
0,5	0,25	10	3,9	14,93	78	7,2	50,9	14
0,6	0,35	13	4,0	15,71	79	7,3	52,3	15
0,7	0,48	15	4,1	16,50	82	7,4	53,8	14
0,8	0,63	17	4,2	17,32	83	7,5	55,2	15
0,9	0,80	18	4,3	18,15	86	7,6	56,7	15
1,0	0,98	21	4,4	19,01	87	7,7	58,2	15
1,1	1,19	22	4,5	19,88	89	7,8	59,7	16
1,2	1,41	24	4,6	20,77	92	7,9	61,3	15
1,3	1,65	27	4,7	21,69	93	8,0	62,8	16
1,4	1,92	29	4,8	22,62	95	8,1	64,4	16
1,5	2,21	30	4,9	23,57	97	8,2	66,0	16
1,6	2,51	33	5,0	24,54	96	8,3	67,6	17
1,7	2,84	34				8,4	69,3	16
1,8	3,18	36	5,1	25,5	11	8,5	70,9	17
1,9	3,54	39	5,2	26,6	10	8,6	72,6	17
2,0	3,93	40	5,3	27,6	10	8,7	74,3	17
2,1	4,33	42	5,4	28,6	11	8,8	76,0	18
2,2	4,75	44	5,5	29,7	11	8,9	77,8	17
2,3	5,19	47	5,6	30,8	11	9,0	79,5	18
2,4	5,66	48	5,7	31,9	11	9,1	81,3	18
2,5	6,14	50	5,8	33,0	12	9,2	83,1	18
2,6	6,64	52	5,9	34,2	11	9,3	84,9	19
2,7	7,16	54	6,0	35,3	12	9,4	86,8	18
2,8	7,70	56	6,1	36,5	12	9,5	88,6	19
2,9	8,26	58	6,2	37,7	13	9,6	90,5	19
3,0	8,84	60	6,3	39,0	12	9,7	92,4	19
3,1	9,44	61	6,4	40,2	13	9,8	94,3	19
3,2	10,05	64	6,5	41,5	13	9,9	96,2	20
3,3	10,69	66	6,6	42,8	13	10,0	98,2	
3,4	11,35		6,7	44,1				

TABLE XIV.-B. — Observations au cercle méridien.

Facteur B de la réduction au méridien dépendant de la déclinaison,

$B = \sin 2\delta$.

Sa valeur est donnée en dix-millièmes de seconde.

δ	B	DIFF. p. 10′.	δ	δ	B	DIFF. p. 10′.	δ
0.° 0′	0	58	90.° 0′	5.° 0′	1736	58	85.° 0′
10	58	58	89.50	10	1794	57	84.50
20	116	59	40	20	1851	57	40
30	175	58	30	30	1908	57	30
40	233	58	20	40	1965	57	20
50	291	58	10	50	2022	57	10
1. 0	349	58	89. 0	6. 0	2079	57	84. 0
10	407	58	88.50	10	2136	57	83.50
20	465	58	40	20	2193	57	40
30	523	58	30	30	2250	56	30
40	581	59	20	40	2306	57	20
50	640	58	10	50	2363	56	10
2. 0	698	58	88. 0	7. 0	2419	56	83. 0
10	756	58	87.50	10	2475	57	82.50
20	814	58	40	20	2532	56	40
30	872	58	30	30	2588	56	30
40	930	57	20	40	2644	56	20
50	987	58	10	50	2700	56	10
3. 0	1045	58	87. 0	8. 0	2756	56	82. 0
10	1103	58	86.50	10	2812	56	81.50
20	1161	58	40	20	2868	56	40
30	1219	57	30	30	2924	56	30
40	1276	58	20	40	2979	56	20
50	1334	58	10	50	3035	55	10
4. 0	1392	57	86. 0	9. 0	3090	55	81. 0
10	1449	58	85.50	10	3145	56	80.50
20	1507	57	40	20	3201	55	40
30	1564	58	30	30	3256	55	30
40	1622	57	20	40	3311	55	20
50	1679	57	10	50	3366	54	10
5. 0	1736		85. 0	10. 0	3420		80. 0

TABLE XIV-B. — Observations au cercle méridien.

Facteur B de la réduction au méridien dépendant de la déclinaison,

$B = \sin 2\delta$.

Sa valeur est donnée en millièmes.				Sa valeur est donnée en centièmes.			
δ	B	DIFF. p. 10′.	δ	δ	B	DIFF. p. 10′.	δ
10° 0′	342	54	80° 0′	23°	72	″	67°
10.30	358	5	79.30	24	74	″	66
11. 0	375	5	79. 0	25	77	″	65
11.30	391	5	78.30	26	79	″	64
12. 0	407	5	78. 0	27	81	″	63
12.30	423	5	77.30	28	83	″	62
13. 0	438	5	77. 0	29	85	″	61
13.30	454	5	76.30	30	87	″	60
14. 0	469	5	76. 0	31	88	″	59
14.30	485	5	75.30	32	90	″	58
15. 0	500	5	75. 0	33	91	″	57
15.30	515	5	74.30	34	93	″	56
16. 0	530	5	74. 0	35	94	″	55
16.30	545	5	73.30	36	95	″	54
17. 0	559	5	73. 0	37	96	″	53
17.30	574	5	72.30	38	97	″	52
18. 0	588	5	72. 0	39	98	″	51
18.30	602	5	71.30	40	99	″	50
19. 0	616	5	71. 0	41	99	″	49
19.30	629	5	70.30	42	100	″	48
20. 0	643	5	70. 0	43	100	″	47
21. 0	670	5	69. 0	44	100	″	46
22. 0	697	5	68. 0	45	100	″	45

TABLE XIV-C. — Observations au cercle méridien.

Second terme R'_2 de la réduction au méridien,

$$R'_2 = \overline{60}^4 \frac{50625}{8} \sin^3 1'' \sin 2\delta \left(\cos^2\delta - \frac{1}{6}\right) \tau^4.$$

Les arguments sont la déclinaison et l'angle horaire; la Table donne en centièmes de seconde les valeurs de $-R'_2$.

τ	89°	88°	87°	86°	85°	84°
10ᵐ	0	0	0	0	0	0
20	1	2	3	3	4	5
30	5	9	13	17	21	
40	14	28	41			
50	34	67				
60	70	139				
70	130	259				
80	222	442				
90	356	708				
100	543	1078				

FIN DE L'ASTRONOMIE PRATIQUE.

www.ingramcontent.com/pod-product-compliance
Ingram Content Group UK Ltd.
Pitfield, Milton Keynes, MK11 3LW, UK
UKHW020610230726
13926UKWH00005B/2310

9 782013 469074